应用型本科院校
土木工程专业系列教材

YINGYONGXING BENKE YUANXIAO
TUMU GONGCHENG ZHUANYE XILIE JIAOCAI

第3版

画法几何与建筑制图

HUAFA JIHE YU JIANZHU ZHITU

主　编■莫章金　马中军
参　编■李瑞鸽　董来苍　韩　剑　程　玉　朱兵见

重庆大学出版社

内容提要

本书是为了满足应用型本科院校土木工程专业"画法几何与建筑制图"课程教学的需要和制图标准、规范及绘图软件的更新,在第2版的基础上修订的。全书共12章,主要内容有:投影基本知识,点、直线、平面的投影,平面立体及其交线,曲线、曲面及曲面立体,轴测投影,制图基本知识,组合体的投影图,建筑形体的表达方法,建筑施工图,结构施工图,AutoCAD绘图技术,天正建筑CAD的应用等,并附一套施工图实例。

另外,本书有配套使用的《画法几何与建筑制图习题集》,供教学选用。

本书可作为应用型本科院校土木工程专业和工程管理专业"画法几何与建筑制图"和"建筑CAD"课程的教学用书,也可供应用型、技能型人才培养的各类相关专业的学生参考和使用。

图书在版编目(CIP)数据

画法几何与建筑制图 / 莫章金,马中军主编.--3
版.--重庆:重庆大学出版社,2022.4(2023.9 重印)
应用型本科院校土木工程专业系列教材
ISBN 978-7-5624-8525-4

Ⅰ.①画… Ⅱ.①莫… ②马… Ⅲ.①画法几何—高
等学校—教材②建筑制图—高等学校—教材 Ⅳ.
①TU204

中国版本图书馆 CIP 数据核字(2022)第 038465 号

应用型本科院校土木工程专业系列教材
画法几何与建筑制图
(第 3 版)
主 编 莫章金 马中军
责任编辑:王 婷 版式设计:范春青
责任校对:刘志刚 责任印制:赵 晟

*

重庆大学出版社出版发行
出版人:陈晓阳
社址:重庆市沙坪坝区大学城西路 21 号
邮编:401331
电话:(023)88617190 88617185(中小学)
传真:(023)88617186 88617166
网址:http://www.cqup.com.cn
邮箱:fxk@ cqup.com.cn(营销中心)
全国新华书店经销
重庆升光电力印务有限公司印刷

*

开本:787mm×1092mm 1/16 印张:17.75 字数:501 千 插页:8 开 9 页
2014 年 10 月第 2 版 2022 年 4 月第 3 版 2023 年 9 月第 11 次印刷
印数:23 001—26 000
ISBN 978-7-5624-8525-4 定价:59.00 元

第 3 版前言

本书是重庆大学出版社组织编写出版的"应用型本科院校土木工程专业系列教材"之一,是在第 2 版的基础上,为适应应用型本科人才培养的需要,以及国家制图标准、有关规范和计算机绘图软件的更新而修订的。

本书保持了第 2 版的体系和特点,修订时考虑学生后续课程的需要和应用型本科生毕业后的工作性质,本着理论够用为度的原则,着重加强实际应用和工程实例方面的内容,删减部分不常用理论(如求实长、线面相对位置、投影变换等),对于曲线曲面、相贯线和轴测投影方面的内容也进行了适当减弱,进一步增强了计算机绘图部分。对于本书内容的编排,力求叙述清晰,结合实例,深入浅出,并保证教材的实用性、规范性和先进性。

本书采用现行的国家制图标准《房屋建筑制图统一标准》(GB/T 50001—2017)、《总图制图标准》(GB/T 50103—2010)、《建筑制图标准》(GB/T 50104—2010)、《建筑结构制图标准》(GB/T 50105—2010)及有关的技术制图新标准和最新规范,如《混凝土结构施工图平面整体表示方法制图规则和构造详图》(16G 101—1)。计算机绘图部分按最新的绘图软件版本编写,其中 AutoCAD 采用 2020 版本,天正建筑软件采用 T20 天正建筑 V7.0 版本。

"画法几何与建筑制图"课程是土木工程专业的专业基础课之一,学生在学习专业课之前必须具有绘制和阅读工程图样的基本技能。因此,本课程的主要任务是:

①学习投影(主要是正投影)的基本理论和作图方法。

②培养绘制和阅读工程图样的基本技能。

本书分为 3 大部分,共 12 章。第 1 部分包括 1—5 章,为画法几何部分(32 学时);第 2 部分包括 6—10 章,为建筑和结构制图部分(36 学时);第 3 部分包括 11—12 章,为计算机绘图部分(40 学时)。总学时约 108 学时(含上机 20 学时)。以上学时仅供参考,各学校和任课教师根据实际情况与专业设置进行调整。在书后还附了一套建筑施工图和结构施工图实例,以

利于培养和训练学生阅读与绘制成套施工图的能力。

学习完本课程后,学生应能顺利读图,较熟练地用手工和计算机绘制规范标准的建筑施工图和结构施工图,为以后的课程设计和毕业设计的顺利进行打下基础,也为以后到施工单位或设计单位工作做好准备。

与本书配套的《画法几何与建筑制图习题集》同时由重庆大学出版社出版。本书还提供配套使用的多媒体资源(含电子课件 PPT 与习题答案),为教学和学生自学提供方便。

本书由莫章金、马中军担任主编。参加编写的人员及分工是:浙江万里学院董来苍编写绪论及第 1、2 章;河南城建学院韩剑编写第 3、12 章;重庆大学莫章金编写第 4、8 章,修订更新 6.1 节与第 12 章;河南工业大学程玉编写第 5、6、7 章;南阳理工学院马中军编写及修订第 9、10 章和附录;台州学院李瑞鸽编写第 11 章,朱兵见修订更新第 11 章。全书由莫章金统稿。

本书第 1 版是朱建国老师担任主审,第 2、3 版没有主审。由于编者水平有限,可能存在不妥和错误,恳请读者和同行批评指正。

编 者

2021 年 5 月

第 1 版前言

本书是重庆大学出版社组织编写出版的"应用型本科院校土木工程专业系列教材"之一,是为了满足应用型本科院校土木工程专业"画法几何与建筑制图"课程教学的需要而编写的。

"画法几何与建筑制图"是土木工程专业的专业基础课之一,在学习专业课之前必须具有绘制和阅读工程图样的基本技能。因此本课程的主要任务是:

1. 学习投影(主要是正投影)的基本理论和作图方法;

2. 培养绘制和阅读建筑工程图样的基本技能。

本教材分为 3 大部分,共 12 章。第一部分包括 1—5 章,为画法几何(32 学时);第二部分 6—10 章,为建筑和结构制图(36 学时);第三部分 11—12 章,为计算机绘图(40 学时)。总学时约 108 学时(含上机 20 学时)。在书后还附了一套建筑施工图和结构施工图实例,有利于培养和训练学生阅读与绘制成套施工图的能力。

本教材编写时考虑学生后续课程的需要和应用型本科生毕业后的工作性质,本着理论够用为度的原则,着重加强实际应用和工程实例方面的内容,删减部分不常用理论(如求实长、线面相对位置、投影变换等),对于曲线曲面、相贯线和轴测投影方面的内容也进行了适当削减,而增强了计算机绘图。对于常用内容的编排力求叙述清晰,结合实例,深入浅出,并保证教材内容的实用性、规范性和先进性。本书采用了最新制图标准——《房屋建筑制图统一标准》(GB/T 50001—2001)、《总图制图标准》(GB/T 50103—2001)、《建筑制图标准》(GB/T 50104—2001)、《建筑结构制图标准》(GB/T 50105—2001),以及有关的技术制图标准和最新规范,如《混凝土结构施工图平面整体表示方法制图规则和构造详图》。计算机绘图部分按新的绘图软件版本编写,其中 AutoCAD 采用 2008 版本,天正建筑软件采用 Tarch 7.5 版本。

学习完本课程后,学生应能较顺利地读图、较熟练地用手工和计算机绘制一般建筑施工图和结构施工图,为以后的课程设计和毕业设计打下基础,也为以后到施工单位或设计单位

工作做好准备。

与本教材配套的《画法几何与建筑制图习题集》和光盘同时由重庆大学出版社出版。

本书由莫章金、李瑞鸽任主编,马中军、董来苍任副主编。参加编写的人员及分工如下:浙江万里学院董来苍编写绪论和第1,2章;河南工业大学韩剑编写第3,12章;重庆大学莫章金编写第4,8章;台州学院程玉编写第5,6,7章;南阳理工学院马中军编写第9,10章及附录;河南城建学院李瑞鸽编写第11章。全书由莫章金统稿。

全书由重庆大学朱建国老师主审。朱老师对本书稿进行了认真细致的审阅,并提出了宝贵的意见,在此我们表示衷心的感谢。

由于编者水平有限,书中难免存在缺点和错误,恳请读者和同行批评指正。

编 者
2010 年 6 月

目　录

0

绪　论

0.1　本课程的研究对象

在现代工程建设中,无论是建造房屋还是修建道路、桥梁、水坝、电站等,都需要先将设计意图画成工程图样,然后按照工程图样进行施工。因此,工程图样是工程技术部门的重要技术文件,是工程技术人员表达和交流技术思想的重要工具,是工程界共同的技术语言。"画法几何及建筑制图"是一门教授图示、图解空间几何问题,绘制、阅读建筑工程图样的原理及方法的技术基础课。课程的研究对象是图样,即用来表达物体的形状、大小和有关技术要求的图形。

▶　0.1.1　画法几何的研究对象

画法几何是几何学的一个分支,它研究在二维平面上表示空间几何元素(点、线、面)及三维形体的图示法,以及图解空间几何问题的方法。

▶　0.1.2　建筑制图的研究对象

建筑制图以画法几何的正投影为基础,以有关的制图标准及各种规定画法为依据,研究建筑工程图样的绘制和阅读方法。

▶　0.1.3　计算机辅助绘图的研究对象

计算机辅助绘图是应用计算机及绘图软件绘制工程图样的一门新技术。在计算机硬件

与软件的支撑下,通过对产品的描述、造型、系统分析、优化、仿真和图形处理的研究,可使工程技术人员完成产品的全部设计过程,最后输出满意的设计结果和产品图形。

0.2　本课程的学习目的及要求

▶　0.2.1　画法几何的学习目的及要求

学习画法几何是为了培养学生的图示图解能力、空间想象能力和分析能力,为建筑制图奠定基础。要求学生掌握投影法的基本知识,掌握各种点、直线、平面的投影特性,掌握各种基本几何形体及其交线的画法,了解轴测投影的基本原理和画法。

▶　0.2.2　建筑制图的学习目的及要求

建筑制图课程的主要目的是培养学生绘图和读图的能力。要求学生熟悉《建筑制图标准》中有关图纸幅面、比例、字体、图线及尺寸标注的规定;掌握常用绘图工具和仪器的正确使用方法及常用几何图形的作图方法;了解视图选择的基本原则;熟练掌握运用形体分析法进行组合体的画图和读图,并能正确标注组合体的尺寸;掌握各种剖面图和断面图的画法和标注方法。在此基础上,还要了解房屋的基本组成,了解建筑总平面图、平面图、立面图、剖面图、建筑详图的作用和内容,了解各种建筑构、配件和节点的构造、材料及做法,掌握建筑平面图、建筑立面图、建筑剖面图及楼梯详图的画法和各种建筑详图的图示方法等。此外,还应了解设备施工图的组成和特点,以及室内给水、排水施工图,室内供暖施工图、电气施工图的基本内容和图示方法。

▶　0.2.3　计算机辅助绘图的学习目的及要求

计算机辅助绘图是现代工程技术人员必须掌握的技术。通过课程学习,培养学生用计算机绘图的基本能力,要求其能熟练运用绘图软件绘制一般的建筑工程图样。

0.3　本课程的学习方法

▶　0.3.1　画法几何的学习方法

画法几何是制图的理论基础,比较抽象,系统性较强。制图是投影理论的运用,实践性较强,学习时要完成一系列的绘图、识图作业,必须掌握正确的方式、方法,才能取得好的学习效果。

1）要下功夫培养空间想象能力

从二维的平面图形想象出三维形体的形状，这是初学者制图的一道难关。开始时可以借助一些模型，加强图物对照的感性认识。但要注意逐步减少使用模型，直至可以完全依靠自己的空间想象能力看懂图纸。

2）作图时要画图与读图相结合

每一次根据物体或立体图画出投影图之后，随即移开物体或立体图，按所画的视图想象原来物体的形状，看二者是否相符。坚持这种做法，将有利于培养空间想象能力。

3）要培养解题能力

一是要掌握解题的思路，认真分析哪些是已知条件，哪些需要求作，从而确定解题的方案；二是要掌握几何元素之间的各种关系（如平行、垂直、相交、交叉等）的表示方法，这样才能通过逐步作图表达出问题的解答。

4）要提高自学能力

坚持课前预习，然后带着问题听老师讲课。复习时要着重检查自己是否弄清楚了基本概念和基本方法，能否正确作图，能否正确完成作业。

▶ **0.3.2 建筑制图的学习方法**

1）空间想象和空间思维与投影分析和绘图过程紧密结合

建筑图形是用投影法在二维平面上表达空间建筑形体。因此，在学习过程中必须随时进行空间想象，展开空间思维，并与投影分析和绘图过程紧密结合。

2）理论联系实际，掌握正确的方法和技能

在掌握基本概念和理论的基础上，必须通过大量做习题、绘图和读图，才能学会和掌握运用理论去分析和解决实际问题的正确方法和步骤，以及实际绘图的正确方法、步骤和操作技能，养成正确使用尺规、计算机和绘图工具，按照正确方法、步骤绘图的习惯。

3）加强标准化意识和对国家标准的学习

为确保图样传递信息的正确与规范，对图形形成的方法和图样的具体绘制、标注方法都有严格、统一的规定，这一规定以"国家标准"的形式给出。每个学习者都必须从开始学习本课程时就加强标准化意识，认真学习并坚决遵守国家标准的各项规定。

4）和工程实际相结合

学习的最终目的是要服务于工程实际。因此，在学习中必须注意学习和积累相关的工程实际知识，通过知识的积累来加强读图和绘图能力。

5）养成良好的学风和工作态度

工程图纸（机械图纸、化工图纸、建筑图纸等）是施工的根据，往往由于图纸上一条线的疏忽或一个数字的差错，就造成严重的返工浪费，甚至可能酿成重大事故。所以应从初学制图

开始,就严格要求自己,养成认真负责、一丝不苟和力求符合国家标准的工作态度。同时又要逐步提高绘图速度,达到又快又好的要求。

▶ 0.3.3 计算机辅助制图的学习方法

加强系统学习和实际操作,使学生能熟练掌握 AutoCAD 软件的基本绘图命令、尺寸标注命令、视图及坐标变换命令以及三维制图与效果渲染功能,学会设计、绘制基于建筑基地环境的三维模型,以及建筑单体剖面图、立面图、平面图等,从而能够理解计算机图形的有关概念,为后续相关课程打下基础。

1

投影基本知识

1.1 投影的概念及分类

▶ 1.1.1 投影的形成

在生活中,我们经常可以看到,物体在日光或灯光的照射下,就会在地面或墙面上留下影子,如图 1.1(a)所示。对自然界的这一物理现象,人们加以科学的抽象,并逐步归纳概括,就形成了投影方法。在图 1.1(b)中,把光线抽象为投射线,把物体抽象为形体(只研究其形状、大小、位置,而不考虑它的物理性质和化学性质的物体),把地面抽象为投影面,并假设光线能

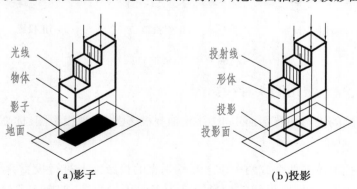

(a)影子   (b)投影

图 1.1 影子与投影

穿透物体,而将物体表面上的各个点和线都在承接影子的平面上落下它们的投影,从而使这些点、线的投影组成能够反映物体形状的投影图。这种把空间形体转化为平面图形的方法称为投影法。

要产生投影必须具备投射线、形体和投影面,这是投影的三要素。

▶ 1.1.2 投影的分类

根据投射线之间的相互关系,可将投影法分为中心投影法和平行投影法。

1)中心投影法

在图1.2(a)中,把光源抽象为一点,称为投射中心。当投射中心S在有限的距离内时,所有的投射线都汇交于S一点,这种方法所得到的投影称为中心投影,如图1.2(a)所示。在此条件下,物体投影的大小随物体距离投射中心S及投影面P的远近变化而变化。因此,用中心投影法得到物体的投影不能反映该物体的真实形状和大小。

2)平行投影法

把投射中心S移到离投影面无限远处,则投射线可看成互相平行,由此产生的投影称为平行投影。因其投射线互相平行,所得投影的大小与物体离投影中心及投影面的远近均无关。

在平行投影中,根据投射线与投影面之间是否垂直,又分为斜投影和正投影两种:投射线与投影面倾斜时称为斜投影,如图1.2(b)所示;投射线与投影面垂直时称为正投影,如图1.2(c)所示。在工程图样中广泛采用的是正投影。

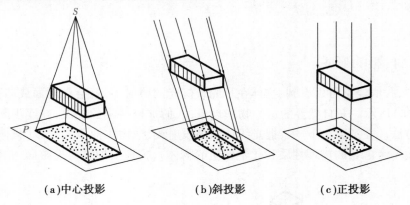

| (a)中心投影 | (b)斜投影 | (c)正投影 |

图1.2 投影的分类

▶ 1.1.3 工程上常用的4种投影图

工程图样常用的投影图有多面正投影图、轴测投影图、透视投影图、标高投影图等。

1)多面正投影图

用正投影法把形体向两个或两个以上互相垂直的投影面上进行投影,再按一定的规律将其展开到一个平面上,这样所得到的投影图称为多面正投影图,如图1.3所示。它是工程上使用最广泛的图样。

这种图的优点是能够真实准确地反映物体的形状和大小,作图方便,度量性好;其缺点是立体感差,不易看懂。

2)轴测投影图

轴测投影图是物体在一个投影面上的平行投影,简称轴测图。将物体相对于轴测投影面安置于合适的位置,选择适当的投射方向,即可得轴测投影图,如图1.4所示。这种图立体感强,容易看懂,但度量性差,作图较麻烦,并且对复杂形体也难以表达清楚,因而工程中常作为辅助图样来使用。

3)透视投影图

透视投影图是将物体在单个投影面上用中心投影法得到的投影图,简称为透视图。这种图形象逼真,如照片一样,非常接近于人们的视觉感受,但度量性差,作图麻烦,如图1.5所示。在建筑设计中,它常被用于绘制房屋、桥梁等建筑物的效果图。

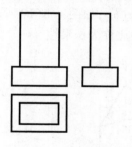

图1.3　多面正投影图

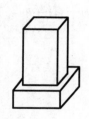

图1.4　轴测图

图1.5　透视图

4)标高投影图

标高投影图是一种带有高程数字标记的水平正投影图,是用正投影法得到的单面投影图,如图1.6所示。这种图常被用来表达地面的形状、各种不规则曲面、道路和水利工程的平面布置图以及军事地图等。

由于多面正投影图被广泛地用于绘制工程图样,所以正投影法是本书介绍的主要内容,以后书中所说的投影,如无特殊说明均指正投影。

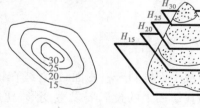

图1.6　标高投影图

1.2　正投影的基本性质

▶ 1.2.1　全等性(真形性)

当直线或平面平行于投影面时,它们的投影反映实长或实形。如图1.7(a)所示,直线 AB 平行于投影面,其投影 ab 反映 AB 的真实长度,即 $ab = AB$。如图1.7(b)所示,平面 $\triangle ABC$ 平行于投影面,其投影反映实形,即 $\triangle abc \cong \triangle ABC$。这一性质称为全等性。

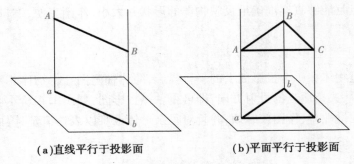

(a)直线平行于投影面　　　　(b)平面平行于投影面

图 1.7　正投影的全等性

▶ 1.2.2　积聚性

当直线或平面垂直于投影面时,其投影积聚为一点或一直线,这样的投影称为积聚投影。如图 1.8(a)所示,直线 AB 平行于投射线,其投影积聚为一点 a(b);如图 1.8(b)所示,平面 △ABC 平行于投射线,其投影积聚为一直线 abc。投影的这种性质称为积聚性。

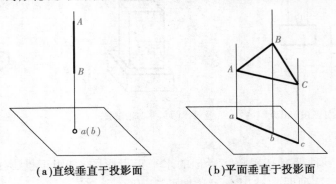

(a)直线垂直于投影面　　　　(b)平面垂直于投影面

图 1.8　正投影的积聚性

▶ 1.2.3　类似性

当直线或平面倾斜于投影面时,直线在该投影面上的投影短于实长,如图 1.9(a)所示;而平面在该投影面上的投影要发生变形,比原实形要小,但平面多边形的边数、边的平行关系、凸凹、直曲等均不变,如图 1.9(b)所示。这种情况下,直线和平面的投影不反映实长或实形,其投影形状是空间形状的类似形,因而把投影的这种性质称为类似性。

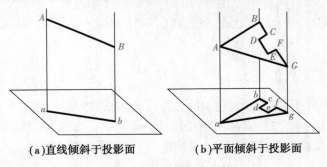

(a)直线倾斜于投影面　　　　(b)平面倾斜于投影面

图 1.9　正投影的类似性

▶ 1.2.4 重合性

两个或者两个以上的几何元素具有相同的正投影时称为投影重合,即重影。这种性质称为正投影的重合性,如图1.10所示。

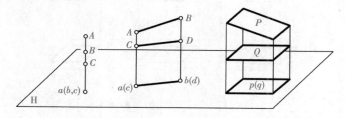

图1.10 正投影的重合性

▶ 1.2.5 平行性

当空间两直线互相平行时,它们在同一投影面上的投影仍互相平行。如图1.11(a)所示,空间两直线$AB \parallel CD$,则平面$ABba \parallel$平面$CDdc$,两平面与投影面H的交线ab,cd必互相平行。投影的这一性质称为平行性。

▶ 1.2.6 从属性与定比性

直线上的点的投影必定在直线的投影上。如图1.11(b)所示,$C \in AB$,则$c \in ab$,这一性质称为从属性。

点分线段的比例等于点的投影分线段的投影所成的比例。如图1.11(b)所示,$C \in AB$,则$AC : CB = ac : cb$,这一性质称为定比性。

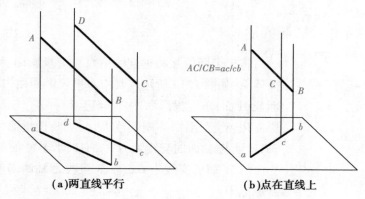

(a)两直线平行   (b)点在直线上

图1.11 正投影的平行性、从属性与定比性

1.3 三面正投影图的形成及其规律

工程上绘制图样的方法主要是正投影法,但用正投影法绘制一个投影图来表达物体的形

状往往是不够的。如图 1.12 所示,3 个形状不同的物体在投影面 H 上具有相同的正投影,因此,单凭这个投影图来确定物体的唯一形状是不可能的。

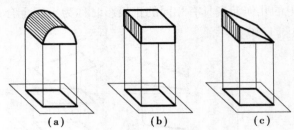

图 1.12　不同形体的单面投影

有些形体,即便是向两个投影面进行投影,也不能确定物体的唯一形状。如图 1.13 所示的 3 个形体,它们的 H,W 面投影相同,要凭这两面的投影来区分它们的形状,是不可能的。因此,若要使正投影图唯一确定物体的形状结构,仅有一面或两面投影是不够的,必须采用多面投影的方法,例如三面投影。

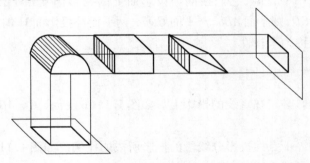

图 1.13　不同形体的两面投影

▶ 1.3.1　三面正投影图的形成

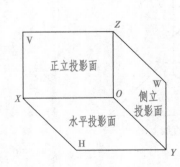

图 1.14　三投影面体系

将 3 个两两互相垂直的平面作为投影面,组成一个三投影面体系,如图 1.14 所示。其中水平投影面用 H 标记,简称水平面或 H 面;正立投影面用 V 标记,简称正立面或 V 面;侧立投影面用 W 标记,简称侧面或 W 面。两投影面的交线称为投影轴,H 面与 V 面的交线为 OX 轴,H 面与 W 面的交线为 OY 轴,V 面与 W 面的交线为 OZ 轴,3 条投影轴两两互相垂直并汇交于原点 O。

将物体放在三投影面体系中,从前向后投射得到正面投影图,也称主视图或 V 投影;从上前向下投射得到水平投影图,也称俯视图或 H 投影;从左前向右投射得到侧面投影图,也称左视图或 W 投影,如图 1.15 所示。

为了作图方便,我们将互相垂直的 3 个投影面展开在一个平面上。展开的方法是:让 V

面不动,H 面绕 OX 轴向下转动 90°,直至与 V 面重合,W 面绕 OZ 轴向右转动 90°,直至与 V 面重合,如图1.16所示。这时 OY 轴分成了两条,位于 H 面上的 Y 轴称为 OY_H,位于 W 面上的 Y 轴称为 OY_W。

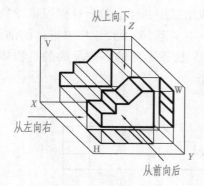

图 1.15 三面投影图的形成

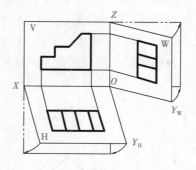

图 1.16 三投影面体系的展开

展开后的三面投影图如图 1.17(a)所示。实际作图中,投影面边框和投影轴不必画出,如图 1.17(b)所示。

▶ 1.3.2 三面正投影图的投影规律

在三投影面体系中,形体的 X 轴方向尺寸称为长度, Y 轴方向尺寸称为宽度, Z 轴方向尺寸称为高度,如图 1.17(b)所示。在形体的三面投影中,水平投影图和正面投影图在 X 轴方向都反映物体的长度,它们的位置左右应对正,即"长对正";正面投影图和侧面投影图在 Z 轴方向都反映物体的高度,它们的位置上下应对齐,即"高平齐";水平投影图和侧面投影图在 Y 轴方向都反映物体的宽度,这两个宽度一定相等,即"宽相等"。这称为"三等关系",也称"三等规律",它是形体的三面投影图之间最基本的投影关系,是画图和读图的基础。

V,H 投影——长对正;

V,W 投影——高平齐;

H,W 投影——宽相等。

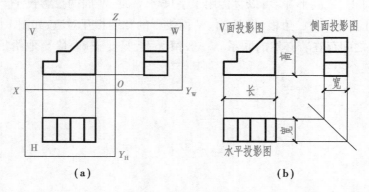

（a） （b）

图 1.17 形体的三面投影图

应当注意,这种关系无论是对整个物体还是对物体局部的每一点、线、面均符合。

在看图和画图时必须注意,以主视图为准,俯视图在主视图的正下方,左视图在主视图的正右方。画三面投影图时,一般应按上述位置配置,且不需标注其名称。

物体在三面投影体系中的位置确定后,相对于观察者,它在空间中就有上、下、左、右、前、后6个方位,如图1.18(a)所示。每个投影图都可反映出其中4个方位。V面投影反映形体的上、下和左、右关系,H面投影反映形体的前、后和左、右关系,W面投影反映形体的前、后和上、下关系,如图1.18(b)所示。而且,H,W面图远离V面投影图的一侧反映的是物体的前面,靠近V面投影图的一侧反映的是物体的后面。

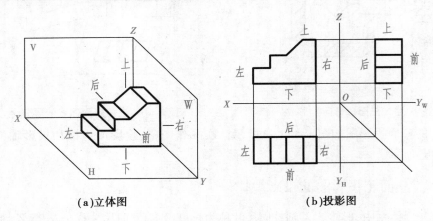

(a)立体图　　　　　　　　(b)投影图

图1.18　三面投影图的方位关系

► 1.3.3　三面正投影图的作图步骤

绘制形体的三面投影图时,应将形体上的棱线和轮廓线都画出来,并且按投影方向可见的线用粗实线表示,不可见的线用中粗虚线表示,当虚线和实线重合时只画出实线。

绘图前,应先将反映物体形状特征最明显的方向作为正面投影图的投射方向,并将物体放正,然后用正投影法分别向各投影面进行投影,如图1.19(a)所示。先画出正面投影图,然后根据"三等关系",画出其他两面投影。"长对正"可用靠在丁字尺工作边上的三角板,将V面、H面两投影对正。"高平齐"可以直接用丁字尺将V面、W面两投影拉平。"宽相等"可利用45°斜线,利用丁字尺和三角板,将H面、W面投影的宽度相互对应,如图1.19(b)所示。

三面投影图之间存在着必然的联系。一般情况下,只要正确、恰当地给出物体的两面投影,就可求出第三个投影。

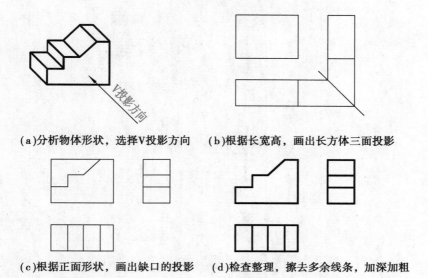

(a)分析物体形状，选择V投影方向　　(b)根据长宽高，画出长方体三面投影

(c)根据正面形状，画出缺口的投影　　(d)检查整理，擦去多余线条，加深加粗

图 1.19　画三面投影图的步骤

点、直线、平面的投影

2.1 点的投影

点、线、面是构成自然界中一切有形物体（简称"形体"）的基本几何元素，而点、线、面又是不能脱离形体而孤立存在的。因此，学习和掌握点、线、面的投影特性和规律，能够为正确理解和表达形体打下坚实的基础。

点是最基本的几何元素，为进一步研究正投影的规律，首先就要从点的投影开始。

▶ 2.1.1 点的单面投影

过空间点 A 向投影面 H 作投射线，该投射线与投影面的交点 a，即为点 A 在投影面 H 上的投影，如图 2.1 所示。从图中可以看出，仅根据点的一个投影还不足以确定点在空间的位置，因为点 a 也是点 A 移动到 A_1 位置的投影。

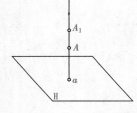

图 2.1 点的单面投影

▶ 2.1.2 点的两面投影

图 2.2 为点在两面体系中的投影图。在投影图上，一点的两个投影具有下列规律：

规律一: 点的正面投影和水平投影连线垂直 OX 轴，即 $a'a \perp OX$。

投影图上，一点的两个投影之间的连线，称为投影连线。投影连线 aa' 应垂直于 OX 轴。

因为 Aa 和 Aa' 决定一个平面 Aaa_xa'，它分别与 H 面、V 面交于直线 aa_x、$a'a_x$，并与 OX 轴交于 a_x 点。该平面包含垂直于 H 面、V 面的直线 Aa、Aa'，故也垂直于 H 面和 V 面；H 面和 V 面本身也是垂直的，因而形成 3 个互相垂直的平面 Aaa_xa'、H 面和 V 面，故它们之间交线也互相垂直，即：$aa_x \perp OX$，$a'a_x \perp OX$ 和 $aa_x \perp a'a_x$，如图 2.2(a) 所示。

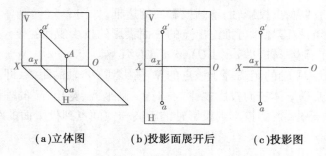

(a)立体图　　　(b)投影面展开后　　　(c)投影图

图 2.2　点在两面体系中的投影

当 H 面旋转到与 V 面重合时，H 面和 V 面上的图形保持不变，故互相垂直的直线仍互相垂直，即 $aa_x \perp OX$，$a'a_x \perp OX$。因而在投影图上，aa_x 和 $a'a_x$ 位于一条垂直于 OX 轴的直线 aa' 上，即投影连线 $aa' \perp OX$，也就是一点的两个投影一定位于垂直于投影轴的投影连线上。

投影图上，投影连线用细实线表示。

规律二：点的正面投影到 OX 轴的距离，反映该点到 H 面的距离；点的水平投影到 OX 轴的距离，反映该点到 V 面的距离，即 $a'a_x = Aa$，$aa_x = Aa'$。

H 面上的线段 aa_x，反映了点 A 到 V 面的距离；V 面上的线段 $a'a_x$，反映了点 A 到 H 面的距离。

在平面 Aaa_xa' 中，除了 $aa_x \perp a'a_x$ 外，又因 $Aa \perp H$，故有 $Aa \perp aa_x$，还因 $Aa' \perp V$，有 $Aa' \perp a'a_x$，所以图形 Aaa_xa' 是一个矩形，有 $aa_x = Aa'$，$a'a_x = Aa$，而 Aa'，Aa 分别为点 A 到 V 面和 H 面的距离。

▶ 2.1.3　点的三面投影

画法几何规定：空间点用大写字母表示，其在 H 面的投影用相应的小写字母表示；在 V 面的投影用相应的小写字母右上角加一撇表示；在 W 面投影用相应的小写字母右上角加两撇表示。如图 2.3 所示，空间点 A 的三面投影分别用 a，a'，a'' 表示。

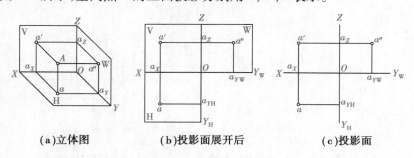

(a)立体图　　　(b)投影面展开后　　　(c)投影面

图 2.3　点的三面投影

如图 2.3(a) 所示，将空间点 A 放置在三投影面体系中，过点 A 分别作垂直于 H 面、V 面、

W 面的投射线。投射线与 H 面的交点(即垂足点)a 称为点 A 的水平投影(H 投影);投射线与 V 面的交点 a' 称为点 A 的正面投影(V 投影);投射线与 W 面的交点 a'' 称为点 A 的侧面投影(W 投影)。

按 1.3.1 节所述的方法,将三投影面展开,就得到点 A 的三面投影图,如图 2.3(b)所示。在点的投影图中,一般只画出投影轴,不画投影面的边框,如图 2.3(c)所示。

由点的二面投影的投影规律可推论出点的三面投影的投影规律:

①投影连线垂直于投影轴,即 $aa' \perp OX, a'a'' \perp OZ$;

②点的 H 投影到 OX 轴的距离等于该点的 W 投影到 OZ 轴的距离,即 $aa_X = a''a_Z$。

以上投影规律,就是形体三面投影规律"长对正、高平齐、宽相等"的理论依据。

通过图 2.3 还可看出,点的投影到投影轴的距离与空间点到投影面的距离有如下关系:

$$aa_X = a''a_Z = Aa' = A \rightarrow V$$

$$a'a_X = a''a_{Y_W} = Aa = A \rightarrow H$$

$$a'a_Z = aa_{Y_H} = Aa'' = A \rightarrow W$$

▶ 2.1.4 点的坐标

如图 2.3 所示,投射线 Aa'', Aa', Aa 分别是 A 点到 3 个投影面的距离。这些距离可分别沿着投影轴 OX, OY, OZ 方向度量,可称为 A 点的 X, Y, Z 坐标,写成 X_A, Y_A, Z_A,一般可用 $A(x, y, z)$ 来表示。

点 A 的空间坐标、三面投影与投影面距离的对应关系如下:

$X_A = aa_Y = a'a_Z = Aa''$,反映 A 点到 W 面的距离;

$Y_A = aa_X = a''a_Z = Aa'$,反映 A 点到 V 面的距离;

$Z_A = a'a_X = a''a_Y = Aa$,反映 A 点到 H 面的距离。

由此可知,点的 H 面投影由该点的 X, Y 两坐标决定;点的 V 面投影由该点的 X, Z 两坐标决定;点的 W 面投影由该点的 Y, Z 两坐标决定。

由于点的任意两个投影反映出该点的 3 个坐标,因此,点的 2 个投影就可以确定该点的空间位置,并可根据点的两个投影求出第三投影。

【例 2.1】 如图 2.4(a)所示,已知点 A 的两个投影 a 和 a',求 a''。

【解】 依据点的投影规律作图,即可求得点 A 的第三投影:

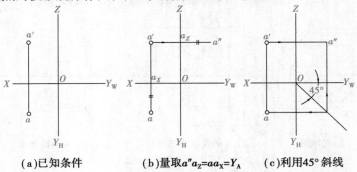

(a)已知条件   (b)量取 $a''a_Z = aa_X = Y_A$ (c)利用45°斜线

图 2.4 已知点的两个投影求第三投影

方法一:过 a' 向右作水平线,交 OZ 于 a_Z,量取 $a''a_Z = aa_X = Y_A$,确定出 a'' 的位置,如图 2.4(b)所示。

方法二:从原点 O 向右下方作45°斜线,过 a 作水平线与该斜线相交,由交点向上引垂线,与过 a' 的水平线相交,交点即为 a'',如图 2.4(c)所示。

▶ 2.1.5 特殊位置的点

1)投影面上的点

当点的 3 个坐标中有 1 个坐标为零时,则该点在某一投影面上。如图 2.5(a)所示,A 点在 V 面上,B 点在 H 面上,C 点在 W 面上。对于 A 点而言,其 V 投影 a' 与 A 重合,H 投影 a 在 OX 轴上,W 投影 a'' 在 OZ 轴上。同样可得出 B,C 两点的投影,如图 2.5(b)所示。注意,b'' 在 OY_W 轴上。

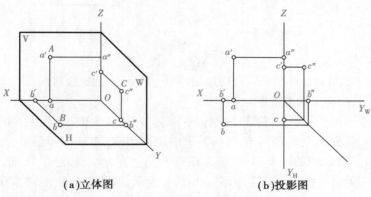

（a)立体图　　　　　　　　　　（b)投影图

图 2.5　投影面上的点

2)投影轴上的点

当点的 3 个坐标中有 2 个坐标为零时,则该点在某一投影轴上。如图 2.6(a)所示,A 点在 X 轴上,B 点在 Y 轴上,C 点在 Z 轴上。对于 A 点而言,其 H 投影 a、V 投影 a' 都与 A 点重合,且在 OX 轴上;其 W 投影 a'' 与原点 O 重合。同样可得出 B,C 两点的投影,如图 2.6(b)所示。

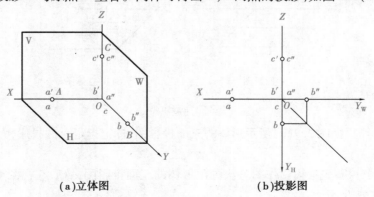

（a)立体图　　　　　　　　　　（b)投影图

图 2.6　投影轴上的点

► 2.1.6 两点的相对位置

(1)相对位置　两点的相对位置是指空间两点之间左右、前后、上下的位置关系。比较两点的坐标,就可以看出其相对位置。如图 2.7 所示,比较 A,B 两点的坐标,X 坐标值大者在左,Y 坐标值大者在前,Z 坐标值大者在上方,故点 A 在点 B 的左、后、上方。

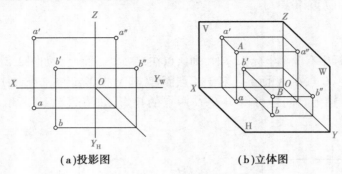

(a)投影图　　　　　　　　　　(b)立体图

图 2.7　两点的相对位置

(2)重影点　当空间两点位于某一投影面的同一条投射线上时,这两点在该投影面上的投影必然重合,称为该投影面的重影点。

重影点有 2 个坐标值相等,其第 3 个坐标值不等。在图 2.8 中,两点 A,B 的 X,Y 坐标值相等,而 Z 坐标值不等,即两点 A,B 距 W 面和 V 面的距离相同,其 H 面投影重合,故称为对 H 面的重影点;由于两点距 H 面的距离不同,点 A 在点 B 的上方,所以相对于 H 面,点 A 可见,点 B 不可见。对于不可见点的投影,其投影标记应加括号表示,如图 2.8 中点 b。同理,B,D 两点 Y,Z 坐标值相等,而 X 坐标值不等,为对 W 面的重影点;且点 B 在点 D 的左方,所以点 B 对 W 面为可见,而点 D 为不可见。C,D 点同理,可自行分析。

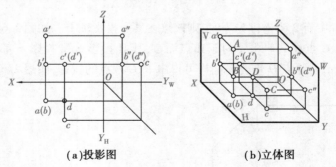

(a)投影图　　　　　　　　　　(b)立体图

图 2.8　重影点

【例2.2】　作出如图 2.9(a)所示形体的三面投影图,标记指定点的投影,并判断 A,B 两点的相对位置。

【解】　作图分析:先按投影作图方法画出形体的三面投影图,然后在视图上完成点的投影标记及相对位置分析。

作图步骤:

①画形体的三面投影图,如图 2.9(b)所示。

②按图 2.9(a)中指定点的位置,在视图中确定其投影,并按规定标记。其中 B,C 两点的 X,Z 坐标值均相同,只有 Y 坐标值不同,故此两点为对 V 面的重影点。因 $Y_c > Y_b$,所以 c' 可见,b' 不可见,用 (b') 表示。

注意:形体表面上的点的投影属于体表面上直线或平面的积聚投影时,可不注明可见性,即点的投影符号可不加括号,如图 2.9 中的 a''。

③比较 A,B 两点的坐标,可判断其相对位置,即:

$X_A < X_B$,A 点在右,B 点在左;

$Y_A > Y_B$,A 点在前,B 点在后;

$Z_A > Z_B$,A 点在上,B 点在下。

即 A 点在 B 点的右、前、上方,或 B 点在 A 点的左、后、下方。

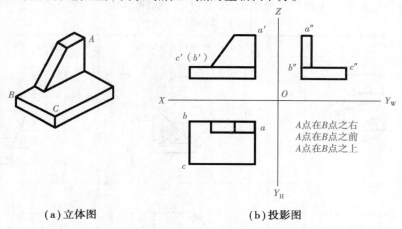

（a）立体图　　　　　　　　（b）投影图

图 2.9　形体上点的投影分析

2.2　直线的投影

▶ 2.2.1　各种位置直线的投影

按直线与 3 个投影面之间的相对位置,将空间直线分为两大类,即特殊位置直线和一般位置直线。特殊位置直线又分为投影面平行线和投影面垂直线。直线与投影面之间的夹角,称为直线的倾角。直线对 H,V,W 面的倾角分别用希腊字母 α,β,γ 表示。需要说明的是,以下所说的直线实际上指的是直线段而非无限长的直线概念。

1）投影面平行线

平行于一个投影面而与另外两个投影面都倾斜的直线,称为该投影面的平行线。投影面平行线可分为以下 3 种:

①平行于 H 面,同时倾斜于 V,W 面的直线称为水平线,如表 2.1 中 AB 线。

②平行于 V 面,同时倾斜于 H,W 面的直线称为正平线,如表 2.1 中 CD 线。

③平行于 W 面,同时倾斜于 H,V 面的直线称为侧平线,如表 2.1 中 EF 线。

下面以水平线为例,说明投影面平行线的投影特性。

在表2.1中,由于水平线 AB 平行于 H 面,同时又倾斜于 V 面、W 面,故其 H 投影 ab 与直线 AB 平行且相等,即 ab 反映直线的实长。投影 ab 倾斜于 OX 轴、OY_H 轴,其与 OX 轴的夹角反映直线对 V 面的倾角 β 的实形,与 OY_H 轴的夹角反映直线对 W 面的倾角 γ 的实形;AB 的 V 面投影和 W 面投影均小于实长,分别平行于 OX 轴、OY_W 轴,同时垂直于 OZ 轴。

同理,可分析出正平线 CD 和侧平线 EF 的投影特性。

综合表2.1中的水平线、正平线、侧平线的投影规律,可归纳出投影面平行线的投影特性如下:

①投影面平行线在它所平行的投影面上的投影反映实长,且倾斜于该投影面的投影轴,该投影与相应投影轴之间的夹角,反映空间直线与另外两个投影面的倾角;

②其余两个投影平行于相应的投影轴,但长度小于实长。

表2.1 投影面平行线

名　称	水平线(//H,∠V,∠W)	正平线(//V,∠H,∠W)	侧平线(//W,∠H,∠V)
直观图			
投影图			
投影特性	①H 投影 ab 反映实长,且反映倾角 β,γ; ②$a'b'$,$a''b''$小于实长,分别平行于 OX 轴和 OY_W 轴	①V 投影 $c'd'$ 反映实长,且反映倾角 α,γ; ②$cd,c''d''$小于实长,分别平行于 OX 轴和 OZ 轴	①W 投影 $e''f''$反映实长,且反映倾角 α,β; ②$ef,e'f'$小于实长,分别平行于 OY_H 轴和 OZ 轴

注:表中符号∠表示倾斜。

2)投影面垂直线

垂直于一个投影面的直线称为投影面垂直线,它分为3种:

①垂直于 H 面的直线称为铅垂线,如表2.2中 AB 直线;

②垂直于 V 面的直线称为正垂线,如表2.2中 CD 直线;

③垂直于 W 面的直线称为侧垂线,如表2.2中 EF 直线。

下面以铅垂线为例,说明投影面垂直线的投影特性。

在表2.2中,因直线 AB 垂直于 H 面,所以 AB 的 H 投影积聚为一点 $a(b)$;AB 垂直于 H 面的同时必定平行于 V 面和 W 面，所以由平行投影的显实性可知 $a'b' = a''b'' = AB$，并且 $a'b'$ 垂直于 OX 轴，$a''b''$ 垂直于 OY_W 轴，它们同时平行于 OZ 轴。

同理，可分析出正垂线、侧垂线的投影特性。

综合表 2.2 中的铅垂线、正垂线、侧垂线的投影规律，可归纳出投影面垂直线的投影特性如下：

①直线在它所垂直的投影面上的投影积聚为一点；

②直线的另外两个投影平行于相应的投影轴，且反映实长。

表 2.2　投影面垂直线

名　称	铅垂线（⊥H, //V, //W）	正垂线（⊥V, //H, //W）	侧垂线（⊥W, //H, //V）
直观图			
投影图			
投影特性	①ab 积聚成一点； ②$a'b'$，$a''b''$ 反映实长，且 $a'b'$，$a''b''$ 均平行于 OZ 轴	①$c'd'$ 积聚成一点； ②cd，$c''d''$ 反映实长，且 cd，$c''d''$ 分别平行于 OY_H，OY_W 轴	①$e''f''$ 积聚成一点； ②ef，$e'f'$ 反映实长，且 ef，$e'f'$ 均平行于 OX 轴

【例2.3】　已知直线 AB 的水平投影 ab，AB 对 H 面的倾角为 30°，端点 A 距水平面的距离为 10，A 点在 B 点的左下方，如图 2.10（a）所示。求 AB 的正面投影 $a'b'$。

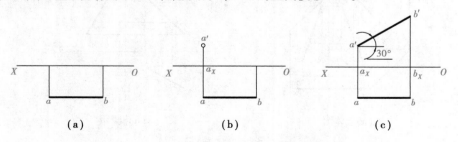

（a）　　　　　（b）　　　　　（c）

图 2.10　作正平线的 V 面投影

【解】　作图分析：由已知条件可知，AB 的水平投影 ab 平行于 OX 轴，因而 AB 是正平线，正

平线的正面投影与 OX 轴的夹角反映直线与 H 面的倾角。A 点到水平面的距离等于其正面投影 a' 到 OX 轴的距离,从而先求出 a'。

作图步骤:

①过 a 作 OX 轴的垂线 aa_X,在 aa_X 的延长线上截取 $a'a_X=10$,如图 2.10(b)所示;

②因 A 点在 B 点的左下方,故过 a' 向右上作与 OX 轴成 30°的直线,与过 b 作 OX 轴垂线 bb_X 的延长线相交得 b',加深连线 $a'b'$ 即为所求,如图 2.10(c)所示。

3)一般位置直线

与 3 个投影面都倾斜(即不平行又不垂直)的直线称为一般位置直线,简称一般线。

从图 2.11 可以看出,一般位置直线具有以下投影特性:

①直线在 3 个投影面上的投影都倾斜于投影轴,其投影与相应投影轴的夹角不能反映其与相应投影面的真实倾角;

②3 个投影的长度都小于实长。

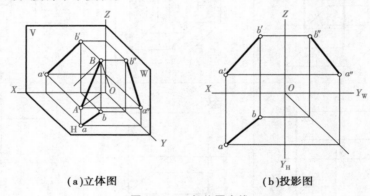

(a)立体图   (b)投影图

图 2.11 一般位置直线

▶ 2.2.2 直线上的点

从图 2.12 可以看出,直线 AB 上的任一点 C 有以下投影特性:

①从属性。点在直线上,点的各面投影必在该直线的同面投影上。

②定比性。直线上的点分割线段之比,等于该点的投影分割线段的同面投影之比。

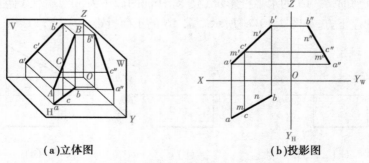

(a)立体图   (b)投影图

图 2.12 直线上点的投影

如图 2.12 所示,点 C 在直线 AB 上,把线段 AB 分成 AC 和 CB 两段,设这两段的长度之比为 $m:n$,因为经各点向同一投影面所引投射线是互相平行的,所以 $AC:CB=ac:cb=a'c':c'b'=a''$

$c'' : c''b'' = m : n$。

【例2.4】 如图2.13所示,试在直线 AB 上取一点 C,使 $AC : CB = 1 : 2$,求分点 C 的投影。

【解】 作图分析:分点 C 的投影必在直线 AB 的同面投影上,且根据定比性,$AC : CB = ac : cb = a'c' : c'b' = 1 : 2$,可用比例作图法作图。

作图步骤:

①在 H 面投影 ab 上,自 a(或 b)任作一辅助线,以任意长度为单位长度,从 a 顺次量取 3 个单位长,得点 $1, 2, 3$;

②连 3 与 b,再作 $1c // 3b$,与 ab 交于 c;

③由 c 引 OX 的垂直线,与 $a'b'$ 交于 c',则 c, c' 即为所求分点 C 的投影。

【例2.5】 如图2.14(a)所示,已知直线 CD 及点 M 的两面投影,试判断点 M 是否在直线 CD 上。

【解】 作图分析:直线 CD 处于特殊位置(CD 为侧平线),可以通过作图作出判断。

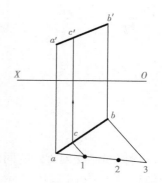

图 2.13 求分点 c, c'

作图方法有两种:

方法一:利用定比性作图,如图2.14(c)所示。

①在 H 面投影上,过 c(或 d)任作一辅助线 cD_1。使得 $cD_1 = c'd'$,截取 $cM_1 = c'm'$;

②连 dD_1,过 M_1 作 $M_1 m_1 // D_1 d$,与 cd 交于 m_1。由于 m_1 与已知的 m 不重合,所以点 M 不在 CD 上。

方法二:利用 W 投影,先画出直线 CD 和点 M 的侧面投影 $c''d''$ 和 m'',观察 m'' 是否在 $c''d''$ 上。如图2.14(b)所示,点 M 不在 CD 上。

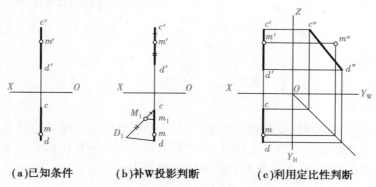

(a)已知条件　　**(b)补W投影判断**　　**(c)利用定比性判断**

图 2.14 判断点是否在直线上

▶ 2.2.3 两直线的相对位置

空间两直线的相对位置可分为 3 种:两直线平行、两直线相交、两直线交叉。前两种直线又称为同面直线,后一种又称为异面直线。下面分别介绍其投影特点。

1)平行两直线

性质:

①平行两直线的同面投影仍然平行,特殊情况下积聚或重影,如图2.15所示。

②平行两直线长度之比等于其同面投影长度之比,即比值不变。

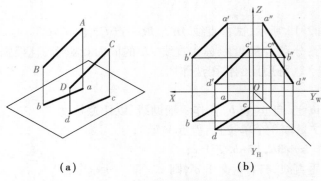

图 2.15　平行两直线的投影

2)相交两直线

性质:相交两直线的同面投影仍然相交,且交点符合直线上点的投影规律,特殊情况下积聚或重影。如图 2.16 所示,AB 与 CD 的交点 E 的投影符合点的投影规律,其投影连线垂直于相应的投影轴。

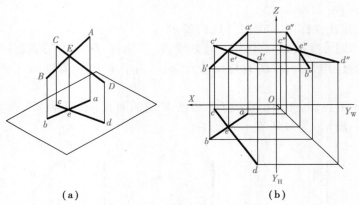

图 2.16　相交两直线的投影

3)交叉两直线

性质:交叉两直线的同面投影相交或平行,且各面投影的交点是两直线上各一点的重影,如图 2.17 所示。判断重影点的可见性时,需要看重影点在另一投影面上的投影,坐标值大的点投影可见,反之不可见,不可见点的投影标记加括号表示。

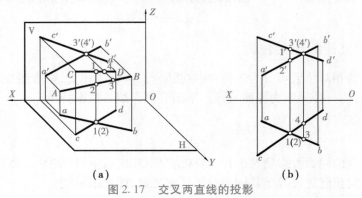

图 2.17　交叉两直线的投影

2.3 平面的投影

▶ ### 2.3.1 平面的表示方法

1)用几何元素表示平面

平面可用下列任何一组几何元素来确定其空间位置:

①不在同一直线上的 3 点(A,B,C),如图 2.18(a)所示;

②一直线和该直线外一点(AB,C),如图 2.18(b)所示;

③相交两直线(AB,BC),如图 2.18(c)所示;

④平行两直线($AC/\!/BD$),如图 2.18(d)所示;

⑤任意平面图形($\triangle ABC$),如图 2.18(e)所示。

在投影图上可以用上述任何一组几何元素的投影来表示平面的投影。

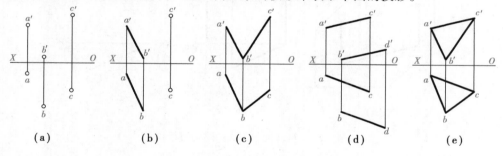

(a) (b) (c) (d) (e)

图 2.18 平面的表示方法

以上 5 种表示平面的方式可以互相转化,第 1 种是最基本的表示方式,后 4 种都是由其演变而来的。因为我们知道:在空间不属于同一直线上的 3 点能唯一地确定一个平面。因此,对同一平面来说,无论采用哪一种方式表示,它所确定的空间平面的位置是始终不变的。需要强调的是:前 4 种只确定平面的位置,第 5 种不但能确定平面的位置,而且能表示平面的形状和大小,所以一般常用平面图形来表示平面。

2)用迹线表示平面

平面的空间位置还可以由它与投影面的交线来确定,平面与投影面的交线称为该平面的迹线。如图 2.19(a)所示,P 平面与 H 面的交线称为水平迹线,用 P_H 表示;P 平面与 V 面的交线称为正面迹线,用 P_V 表示;P 平面与 W 面的交线称为侧面迹线,用 P_W 表示。

一般情况下,相邻两条迹线相交于投影轴上,它们的交点也就是平面与投影轴的交点。在投影图中,这些交点分别用 P_X,P_Y,P_Z 来表示。如图 2.19(a)所示的平面 P,实质上就是相交两直线 P_H 与 P_V 所表示的平面。也就是说,3 条迹线中的任意两条可以确定平面的空间位置,其投影如图 2.19(b)所示。

由于迹线位于投影面上,它的一个投影与自身重合,另外两个投影与投影轴重合,通常用

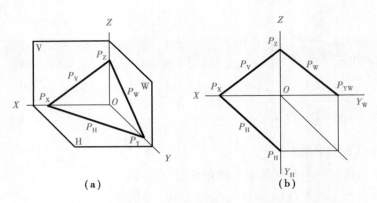

图 2.19 平面的迹线表示法

只画出与自身重合的投影并加标记的办法来表示迹线,凡是与投影轴重合的投影均不标记。特殊位置平面中,有积聚性的迹线两端用短粗实线表示,中间用细实线相连,并标出迹线符号,如图 2.20 所示。

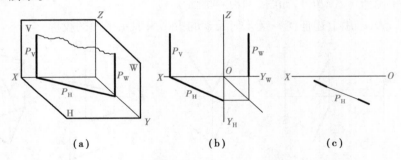

图 2.20 特殊位置平面的迹线表示法

► 2.3.2 各种位置平面的投影

根据平面与投影面的相对位置的不同,将空间平面分为两大类,即特殊位置平面和一般位置平面。特殊位置平面又分为投影面平行面和投影面垂直面。

1)投影面平行面

平行于一个投影面(同时必然垂直于另外两个投影面)的平面称为该投影面的平行面。它分为 3 种:

①平行于 H 面的平面称为水平面,如表 2.3 中的平面 P;

②平行于 V 面的平面称为正平面,如表 2.3 中的平面 Q;

③平行于 W 面的平面称为侧平面,如表 2.3 中的平面 R。

在表 2.3 中,水平面 P 平行于 H 面,同时与 V 面、W 面垂直。其水平投影反映图形的实形,V 投影和 W 投影均积聚成一条直线,且 V 投影平行于 OX 轴,W 投影平行于 OY_W 轴,它们同时垂直于 OZ 轴。同理,可分析出正平面、侧平面的投影情况。

综合表 2.3 中水平面、正平面、侧平面的投影规律,可归纳出投影面平行面的投影特性如下:

①平面在它所平行的投影面上的投影反映实形；
②平面在另外两个投影面上的投影积聚为一直线，且分别平行于相应的投影轴。

表 2.3　投影面平行面

名　称	水平面(//H,⊥V,⊥W)	正平面(//V,⊥H,⊥W)	侧平面(//W,⊥H,⊥V)
直观图	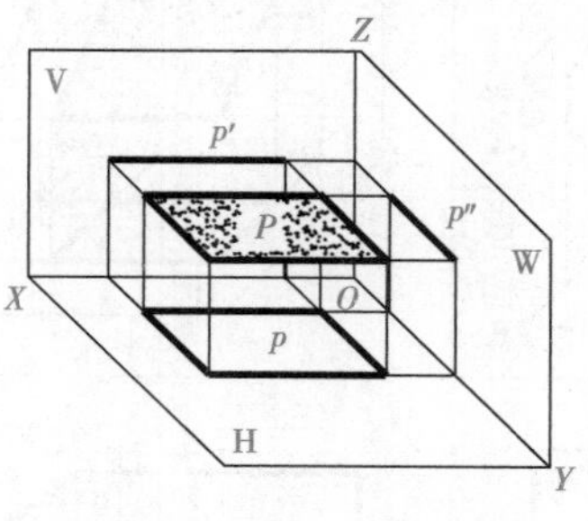	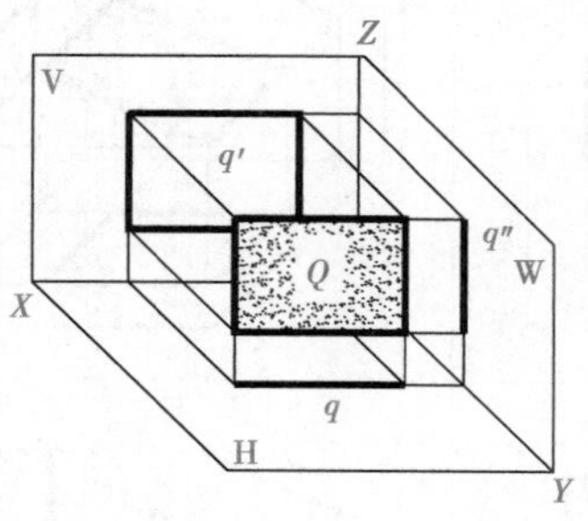	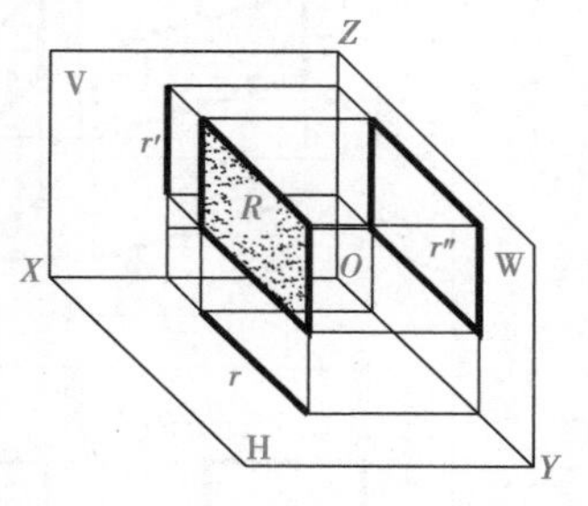
投影图	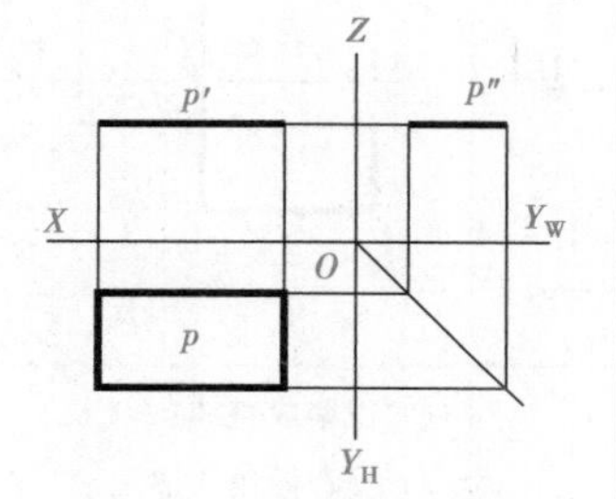	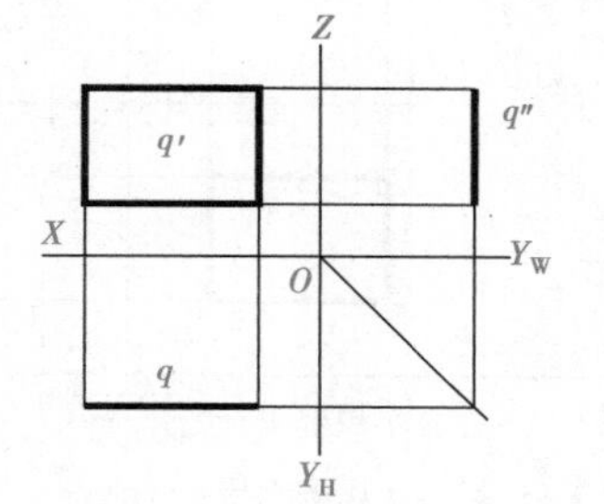	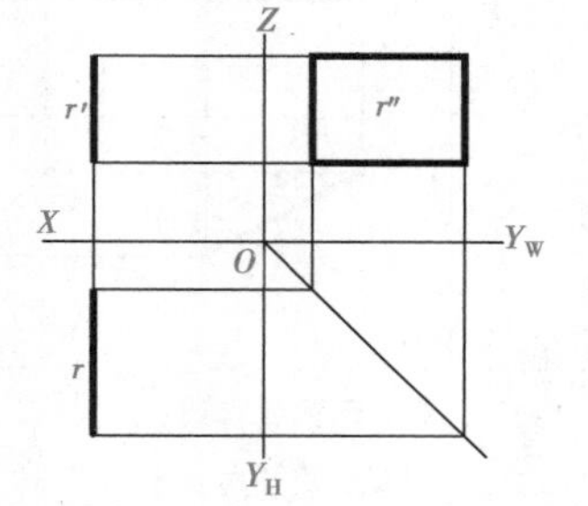
投影特性	①H 投影 p 反映实形；②p',p''积聚成直线，且 p',p''分别平行于 OX 轴和 OY_W 轴	①V 投影 q'反映实形；②q,q''积聚成直线，且 q,q''分别平行于 OX 轴和 OZ 轴	①W 投影 r''反映实形；②r,r'积聚成直线，且 r,r''分别平行于 OY_H 轴和 OZ 轴

2）投影面垂直面

垂直于一个投影面，并且同时倾斜于另外两个投影面的平面称为该投影面的垂直面。它也分为 3 种情况：

①垂直于 H 面，倾斜于 V 面和 W 面的平面称为铅垂面，如表 2.4 中的平面 P；
②垂直于 V 面，倾斜于 H 面和 W 面的平面称为正垂面，如表 2.4 中的平面 Q；
③垂直于 W 面，倾斜于 H 面和 V 面的平面称为侧垂面，如表 2.4 中的平面 R。

平面与投影面的夹角称为平面的倾角，平面与 H,V,W 面的倾角分别用 α,β,γ 标记。

在表 2.4 中，平面 P 垂直于水平面，其水平面投影积聚成一倾斜直线 p，倾斜直线 p 与 OX 轴、OY_H 轴的夹角分别反映铅垂面 P 与 V 面、W 面的倾角 β 和 γ，由于平面 P 倾斜于 V 面、W 面，所以其正面投影和侧面投影均为类似形。

表 2.4 投影面垂直面

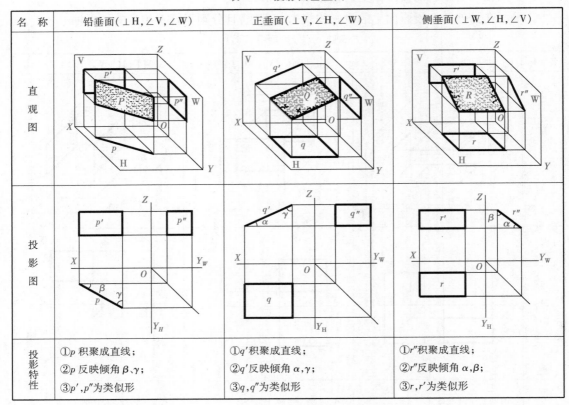

名　称	铅垂面(⊥H,∠V,∠W)	正垂面(⊥V,∠H,∠W)	侧垂面(⊥W,∠H,∠V)
直观图			
投影图			
投影特性	①p 积聚成直线; ②p 反映倾角 β、γ; ③p′,p″为类似形	①q′积聚成直线; ②q′反映倾角 α、γ; ③q,q″为类似形	①r″积聚成直线; ②r″反映倾角 α、β; ③r,r′为类似形

同理,可分析出正垂面、侧垂面的投影情况。

综合分析表 2.4 中的平面的投影情况,可归纳出投影面垂直面的投影特性如下:

①平面在它所垂直的投影面上的投影积聚成一直线,此直线与相应投影轴的夹角反映该平面对另外两个投影面的倾角;

②平面在另外两个投影面上的投影为原平面图形的类似形,面积比实形小。

对于以上两种特殊位置的平面,如果不需表示其形状和大小,只需确定其位置,可用迹线来表示,且只用有积聚性的迹线即可。如图 2.20(a)所示为铅垂面 P,不需如图 2.20(b)所示那样把所有迹线都画出,只需画出 P_H 就能确定空间平面 P 的位置,如图 2.20(c)所示。

【例 2.6】 如图 2.21(a)所示,已知正方形平面 ABCD 的 V 面投影以及 AB 的 H 面投影,求作此正方形的 H 面、W 面投影图。

【解】 作图分析:根据已知条件,正方形 ABCD 的正面投影积聚为斜直线,可知该正方形 ABCD 为一正垂面。因此 AB,CD 边是正平线,AD,BC 边是正垂线,a′b′长即为正方形各边的实长。

作图步骤:如图 2.21(b)所示。

①过 a,b 分别作 ad⊥ab,bc⊥ab,且截取 ad = bc = a′b′;

②连接 dc 即为正方形 ABCD 的水平投影;

③由正方形 ABCD 的水平投影和正面投影,根据投影关系分别求出 a'', b'', c'', d'' 并连线,即为正方形 ABCD 的侧面投影。

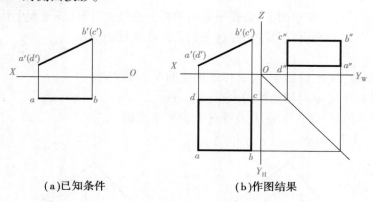

(a)已知条件   (b)作图结果

图 2.21   求作正方形的三面投影

3)一般位置平面

与 3 个投影面都倾斜(即不平行又不垂直)的平面称为一般位置平面,简称为一般面。

如图 2.22 所示,△ABC 是一般位置的平面,由平行投影的特性可知,△ABC 的 3 个投影仍是三角形,但其面积均小于实形。

一般位置平面的投影特性如下:

①三面投影都不反映空间平面图形的实形,都是原平面图形的类似形,但面积比实形小;

②三面投影都不反映该平面与投影面的倾角。

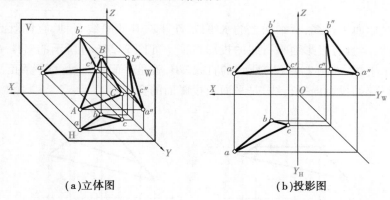

(a)立体图   (b)投影图

图 2.22   一般位置平面

▶ 2.3.3 平面上的点和直线

1)平面上的点

点在平面上的几何条件为:若点在平面内的任一已知直线上,则点必在该平面上。

2)平面上的直线

直线在平面上的几何条件为:若一直线经过平面上的两个已知点,或经过一个已知点且平行于该平面上的另一已知直线,则此直线必定在该平面上。

【例2.7】 如图2.23(a)所示,已知平面△ABC上点E的正面投影e′,求点E的水平投影。

【解】 作图分析:点在平面上,必在平面内的任一直线上,因此在平面上任取一条辅助线(如CF)过点E,点E的两面投影就必在这条辅助线两面投影上。

作图步骤:

①在平面△ABC的V投影中,过e′作辅助线的V投影c′f′;

②由f′求得f,连接cf得辅助线的水平投影cf;

③由e′向下引投影连线,在cf上求得点E的水平投影e。

结果如图2.23(b)所示。

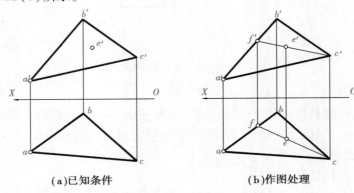

(a)已知条件　　　　　　　　(b)作图处理

图2.23　补全平面上点的投影

3)平面上的投影面平行线

平面上的投影面平行线,有平面上的水平线、正平线和侧平线3种,它们既具有平面上的直线的投影特性,又具有投影面平行线的投影特征。如图2.24(a)所示的直线EF,就是平面ABC上的一条水平线;如图2.24(b)所示的直线GH,就是平面ABC上的一条正平线。平面的迹线是平面上特殊的投影面平行线,是平面与投影面的交线。

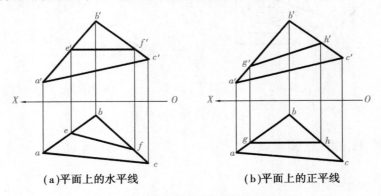

(a)平面上的水平线　　　　　　(b)平面上的正平线

图2.24　平面上的投影面平行线的投影

一平面上同一方向的投影面平行线相互平行。一平面上不同方向的投影面平行线必然相交。

【例2.8】 如图2.25(a)所示,已知BC为正平线,完成平面四边形ABCD的水平投影。

【**解**】 作图分析:*AD* 边水平投影已知,其余三边需求作,其中 *BC* 为正平线,正平线的水平投影应平行于 *OX* 轴。可以利用共面直线的平行、相交特性在平面上取点取线,使各边产生联系,从而作出所需投影。

方法一:利用平行线作图,如图 2.25(b)所示。

①在 V 投影 *a'b'c'd'* 中,过 *d'* 作辅助线 *d'e'∥b'c'* 并与 *a'b'* 交于 *e'*;

②在 H 投影中过 *d* 作 *de∥OX*,*de* 即为 *BC* 的平行线(正平线)的水平投影;

③连接 *ae* 并延长,由 *b'* 求得 *b*;

④过 *b* 作 *bc∥OX*,再连接 *cd*,加深各边,即完成平面水平投影。

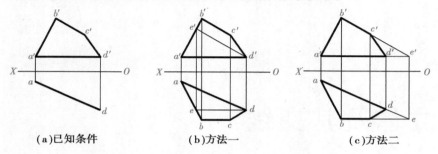

（a)已知条件　　　　　　（b)方法一　　　　　　（c)方法二

图 2.25　补全平面的 H 投影

方法二:由于平面图形各边共面,各边不平行就必相交,因此可利用相交线作图,如图 2.25(c)所示。

①在 V 投影 *a'b'c'd'* 中,延长 *b'c'* 与 *a'd'* 交于 *e'*;

②在 H 投影中延长 *ad*,并由 *e'* 求得 *e*;

③过 *e* 作 *eb∥OX*,并由 *b'c'* 求得 *bc*,再连接 *ab*、*cd*,加深各边,即完成水平投影。

3

平面立体及其交线

建筑物通常都是由多个基本形体经过叠加、相交、切割而形成的组合体。

基本形体分为平面立体（由若干平面围成的几何体）和曲面立体（由曲面或曲面与平面所围成的几何体）两大类。本章讨论平面立体的投影特征，常见的平面立体有棱柱体、棱椎体等。

平面立体的投影就是围成立体的面、线、点的投影。本章主要讨论平面立体上点的投影、平面与立体相交及两平面立体相交时截交线和相贯线的求作。

3.1 平面立体及其表面上的点

▶ 3.1.1 棱柱体及其表面上的点

棱柱体包括三棱柱、四棱柱和多棱柱等。同一棱柱，因摆放位置的不同，作图的难易程度也不同。为使投影简单，棱柱一般水平或垂直放置。其投影特点是：棱柱棱线垂直于某投影面时，棱柱在该投影面上的投影为多边形，棱面的投影具有积聚性；另两个投影是由实线或虚线组成的矩形线框。

图 3.1 为一个垂直放置的三棱柱的投影，V 投影和 W 投影为矩形，H 投影为三角形。各面投影应符合"长对正、高平齐、宽相等"的规律。

平面体表面上的点与平面内取点的方法相同，在平面体表面取点时，应注意观察分析点在平面体的哪个表面内，平面体表面上点的投影符合平面上点的投影特点，如果点所在表面的投影可见，则点的投影亦可见，反之亦不可见。点的投影不可见时，点的投影标记加括号，

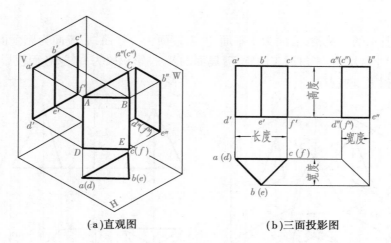

(a)直观图　　　　　　　　　　(b)三面投影图

图 3.1　三棱柱的投影

当点的投影属于平面的可见积聚性投影时,可不必判别可见性,即点的投影标记不必加括号。

【例 3.1】　已知三棱柱表面上点 A 点和 B 点的正面投影 a' 和 b',如图 3.1 所示,求其水平投影及侧面投影。

【解】　作图分析:由图 3.2(a)可见,点 A 的正面投影可见,又位于左侧,即可判定点 A 位于三棱柱左侧棱面内;点 B 的正面投影不可见,可判定点 B 在三棱柱的后棱面内。因三棱柱侧棱面的水平投影及后棱面的侧面投影有积聚性,因此可利用积聚性作图。

作图步骤:

①利用积聚性求投影,由 a' 向下向右作投影连线,与三棱柱左侧棱面的积聚投影相交得到 a 和 a'' 点;由 b' 向下向右作投影连线,与三棱柱后侧棱面的积聚投影相交得 b 和 b''。

②判定可见性:由于点 A 位于棱柱的左侧棱面,所以其侧面投影可见,其水平投影属于左棱面的积聚投影,不必判定可见性;点 B 的正面投影不可见,说明它在后棱面上,它的水平及侧面投影均属于后棱面的积聚性投影,不必判定可见性。

结果如图 3.2(b)所示。

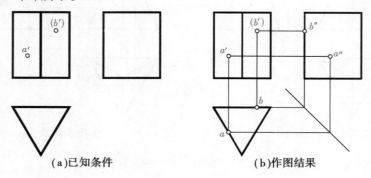

(a)已知条件　　　　　　　　　　(b)作图结果

图 3.2　三棱柱及其表面上的点

▶ 3.1.2　棱锥体及其表面上的点

棱锥体的棱线交于一点,底面为多边形。对于正棱锥,底面为正多边形,各侧棱面为全等

的等腰三角形。

如图 3.3 所示的三棱锥,底面为水平面,左右棱面为一般面,后棱面为侧垂面。它的 V 投影、W 投影和 H 投影均为三角形。注意,后棱面的 W 投影积聚为直线,各面投影应符合"长对正、高平齐、宽相等"的规律。

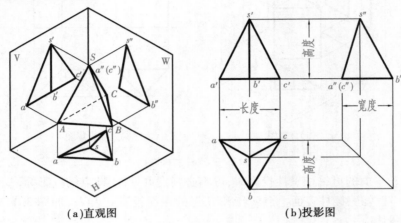

(a)直观图　　　　(b)投影图

图 3.3　三棱锥的投影

【例 3.2】　已知正三棱锥表面上点 M 的正面投影 m′和 N 点的水平投影 n,如图 3.4(a)所示,求 M,N 的另两面投影。

【解】　作图分析:由图 3.4(a)可见,点 M 的正面投影可见,且在 s′a′c′面内,故可判定 M 点应属于棱面△SAC,该棱面为一般位置平面,需借助辅助线求解。N 点的水平投影可见,且在△sab 内,可判定 N 点位于三棱锥后侧棱面上,由于该棱面为侧垂面,则可利用积聚性求出 n″。

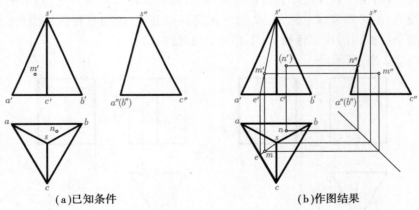

(a)已知条件　　　　(b)作图结果

图 3.4　三棱锥及其表面上的点

作图步骤:

①过 m′作辅助线 s′e′,根据 e′求出 e,连接 se,由 m′向下引垂线,与 se 相交得 m 点,按点的投影规律即可求得 m″。

②利用积聚性求 n′和 n″。先作出 n″,再作出 n′。

③判定可见性:点 M 所在的左侧棱面的各个投影可见,则 m′和 m″均可见。点 N 在后侧

棱面上,故在正面投影上 n' 不可见。

作图结果如图 3.4(b)所示。

由上述可知,求平面体表面点的方法是:当点所在的立体表面处于特殊位置时,可利用所在平面投影的积聚性直接求出点的投影;当点所在的立体表面处于一般位置时,需要在点所处的平面内作辅助线,再依据直线上的点的投影特征求点的投影。

3.2 平面立体的截交线

用来截割立体的一个或多个平面称为截平面,截平面与立体表面的交线称为截交线,截交线围成的平面图形称为截断面,如图 3.5 所示。

对于用一个截平面截断平面立体而言,平面立体的截交线是一封闭的平面多边形,多边形的各边是截平面与立体相应棱面的交线,多边形的顶点是截平面与立体相应棱线的交点。

求解平面体截交线的投影时,应先分析平面体的原形,截平面的数量及截平面相对于投影面的位置等。平面体截交线的作图方法,大体可归结为以下两种:

①交线法:求出截平面与平面立体各棱面的交线,即得截交线。

②交点法:先求出平面立体的各棱线与截平面的交点,然后把位于同一平面上的交点相连,即得截交线。

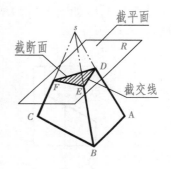

图 3.5 平面立体的截交线

【例 3.3】 如图 3.6(a)所示,已知三棱锥 $SABC$ 被正垂面 P 所截,完成三棱锥的 H,W 面投影。

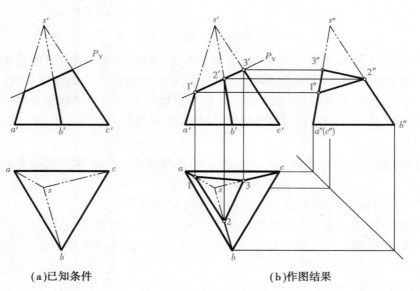

(a)已知条件   (b)作图结果

图 3.6 三棱锥的截交线

【解】 作图分析:由图 3.6(a)可见,正垂面 P_V 与三棱锥的 3 条棱线均相交,因此截交线是三角形,各顶点为正垂面 P_V 与 3 条棱线的交点。正面投影与截平面重合,可利用截交线的积聚性作图。

作图步骤:

①作出三棱锥的 W 投影。

②利用截平面的积聚性直接找出 $1',2',3'$,再利用直线上求点的方法求出 $1,2,3$ 点和 $1'',2'',3''$ 点。

③将两两相邻截交点连接在一起,即得截交线的 H 投影 $\triangle 123$ 和 W 投影 $\triangle 1''2''3''$。

④判定可见性:由于 3 段交线所在的截断面可见,则截交线的投影均可见。

⑤补齐棱线,加深。

结果如图 3.6(b)所示。

【例3.4】 如图 3.7(a)所示,已知带缺口的正四棱柱的投影轮廓,完成四棱柱的 H,W 面投影。

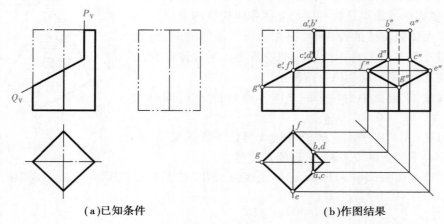

(a)已知条件　　　　　　　　(b)作图结果

图 3.7　带缺口正四棱柱的三面投影

【解】 作图分析:由图 3.7(a)可见,带缺口的正四棱柱是正四棱柱被侧平面 P 与和正垂面 Q 切去一部分而成的,从 V 面投影看出,截平面 Q 与四棱柱的三条棱线相交,交点的侧面投影可直接得到,同时能得到截交线;截平面 P 与四棱柱的顶面和棱面相交的交线也可利用积聚性直接求得,依次连接它们即可得截交线的 H 和 W 投影。

作图步骤:

①利用截平面的积聚性直接找出 b,d 和 a,c,再根据各交点的 H,V 面投影求出各点的 W 面投影。

②将两两相邻截交点连接在一起,即得截交线 W 面投影。

③判定可见性:由于截交线所在的截断面可见,截交线也可见。

④补齐棱线,整理加深。其中右棱线完整存在,其 W 面投影下边一段与左棱线重影,上边一段不重影,不可见,画虚线。

结果如图 3.7(b)所示。

需要注意的是,求多个截平面截切形体时,除了求出截平面与形体表面形成的截交线之外,还应求出截平面之间的交线。

3.3 两个平面立体相交

▶ 3.3.1 平面立体的相贯线的特性

两立体相交也称两立体相贯,如图3.8所示为三棱柱与三棱锥相贯。两立体表面的交线称为相贯线。相贯线有两个特点:共有性和封闭性。相贯线是两形体表面的共有线,同时也是两体表面的分界线,相贯线上的点是两立体表面的共有点;立体表面是有限的,所以两平面体相贯,它们的相贯线一般情况下是封闭的空间折线或平面多边形。当两平面体表面共面时,相贯线不封闭。求两平面体的相贯线实质就是求两个平面的交线或直线与平面的交点。

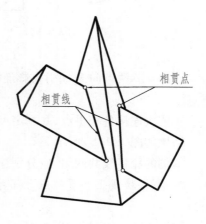

图3.8 三棱柱与三棱锥相贯

连接相贯线的原则是:必须是一立体的同一表面,同时也是另一立体同一表面上的两点才能相连。

相贯线可见性的判别:只有当相贯线位于两立体都可见的棱面上时,该段相贯线才可见;相贯线所在的两棱面中,只要有一棱面不可见,则该段相贯线就不可见。

▶ 3.3.2 平面立体的相贯线的求作

求两平面立体相贯线的方法通常有3种:

①积聚投影法:适用于两立体之一在投影面上有积聚投影的情况;

②辅助直线法:适用于已知相贯点的某一投影求其他投影的情况;

③辅助平面法:适用于两立体均无积聚投影的情况。

下面我们分别举例来介绍这3种求解方法。

(1)积聚投影法 积聚投影法即直接利用体表面的积聚投影求作相贯点的投影。

【例3.5】 如图3.9(a)所示,求两四棱柱的相贯线,并补全相贯体的W面投影。

【解】 作图分析:由图3.9(a)可见,两相贯四棱柱,一个是竖直放置的,棱面的H面投影具有积聚性,另一个则是横放的,该棱柱的W面投影具有积聚性。因此,可直接利用积聚投影求棱线与棱面的相贯点。

作图步骤:

①先作出相贯体的W面投影,相贯线的W投影与横放四棱柱重合。

②求竖放四棱柱棱面与横放四棱柱棱线的交点,利用积聚性在H面投影找到横放棱柱与竖放棱柱相交于a,b两点,并得到它们的W面投影a''和b''。

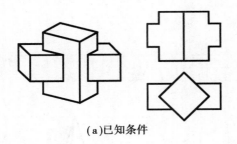
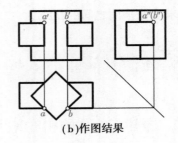

（a）已知条件　　　　　　　　　（b）作图结果

图 3.9　两四棱柱相贯

③由 a,b 两点向 V 面引投影连线,得到 a',b'。同理,可求得其他棱线与竖放四棱柱的相贯点。

④依次连接各相贯点,并判定可见性。

结果如图 3.9（b）所示。

本例的相贯线共两组,应分别连接。

注意:一棱线上两贯穿点之间穿入体内的线段不画出。如本例 A,B 点之间 V、H 投影不画线。

【例 3.6】　如图 3.10（a）所示,求作两三棱柱的相贯线,完成 V 面投影。

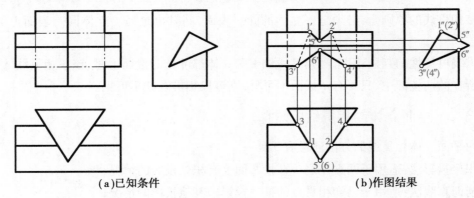

（a）已知条件　　　　　　　　　　（b）作图结果

图 3.10　两三棱柱相贯

【解】　作图分析:由图 3.10（a）可见,这两个三棱柱仅是部分相贯,其相贯线是空间折线,由于两个三棱柱在 H 面和 W 面的投影具有积聚性,故相贯线的 H 面投影与竖向放置的三棱柱的 H 面投影重合,它的 W 面投影与横向放置的三棱柱的 W 面投影重合,因此本题就变为求作相贯线的 V 面投影。

作图步骤:

①可以由 H 面投影上的 1,2,3,4 点向上作垂线,求得 $1',2',3',4'$。

②竖向放置三棱柱的前棱线与横向放置三棱柱表面贯穿点 5,6 的投影,可在 W 面中找到,即 $5'',6''$,过 $5'',6''$ 引水平线得 $5',6'$。

③依次连接各点,即得两三棱柱相贯的 V 面投影。

④判定可见性:图中 $1'3'$ 和 $2'4'$ 为不可见(因为在横放棱柱的后棱面上),画成虚线。

⑤补齐各棱线的投影,整理加深。

结果如图 3.10(b)所示。

(2)辅助直线法 当相贯线的一个投影已知而位置特殊不能直接求出相贯点的其他投影时,可用辅助线。方法如下:

①确定已知投影中的相贯点;

②利用立体表面求点的方法作辅助直线求相贯点其他投影并按顺序连线。

【例 3.7】 如图 3.11(a)所示,求作四棱柱与三棱锥的相贯线,完成 V,H 面投影。

【解】 作图分析:由图 3.11(a)可见,四棱柱的 W 面投影有积聚性,因此相贯线的 W 面投影与四棱柱的 W 面投影重合,可以直接在 W 面给相贯点编号,而现在要求作的是相贯线的 H,V 面投影,但相贯点在 H,V 面的投影难以直接得到,可以在 W 面将顶点与相贯点的投影连接起来,并延长至底棱,成为辅助线,利用这条辅助线的投影就可以求出相贯点在 H,V 面的投影。此两平面体的相贯线左右对称,我们以左侧为例,介绍其作图步骤。

作图步骤:

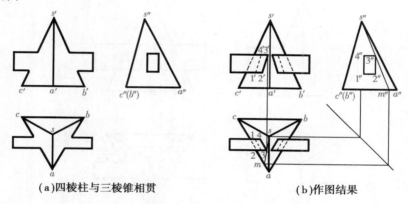

(a)四棱柱与三棱锥相贯   (b)作图结果

图 3.11 辅助直线法求相贯线

①在 W 面投影中,连接 $s''3''$,并将其延长与底棱 $a''b''$ 交于 m';

②按投影关系,求出 sm 和 $s'm'$,sm 与相关棱线交于 3 点,然后由点 3 向 V 面引投影连线得到 $3'$;

③同理,可求得其他相贯点的 H,V 面投影;

④依次连接各相贯点,并判定可见性,即可得到两立体相贯的三面投影;

⑤补齐各棱线的投影,整理加深。

结果如图 3.11(b)所示。

(3)辅助平面法 当两立体无积聚性投影或投影图中无法直接确定相贯点的投影时,可用辅助平面求作相贯点。方法如下:

①利用一个立体上的棱线或棱面作辅助平面截割另一立体(辅助平面应有积聚性);

②求出辅助截交线,辅助截交线与已知立体棱线的交点即相贯点,如图 3.12 所示。

【例 3.8】 如图 3.13(a)所示,求作四棱柱与三棱锥的相贯线,完成 V,H 投影。

【解】 用辅助平面法来解该题。

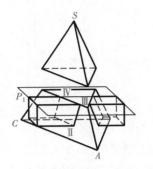

图 3.12　辅助平面法作图原理示意图

①沿四棱柱上下两个棱面各作一水平辅助面，P_{V1} 和 P_{V2}；

②辅助平面与三棱锥的截交线在 H，V 面的投影均是直线，与三棱锥的截交线的 H 面投影是两个不同大小的三角形；

③在 H 投影面上，这两个三角形的边分别与四棱柱顶面与底面的两条侧棱相交，得到 4 个相贯点的 H 面投影，由 1，2，3，4 向 V 面引投影连线，与相关棱线相交，即得到它们的 V 面投影；

④连接相贯点，并判定相贯线的可见性；

⑤补齐各棱线的投影，整理加深。

结果如图 3.13(b)所示。

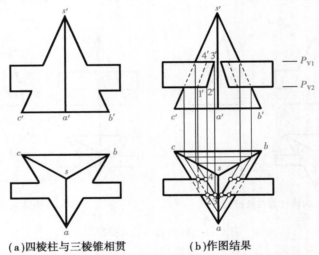

(a)四棱柱与三棱锥相贯　　　　(b)作图结果

图 3.13　辅助平面法求相贯线

在理解了辅助平面法求解问题的方法后，我们再来看一个特例。

【例 3.9】　如图 3.14(a)所示，三棱锥中间被挖成一矩形孔，已知其 V 面投影，在 H 和 W 面投影上知道三棱锥的轮廓线，求作带矩形孔的三棱锥的 H 和 W 面投影。

【解】　作图分析：这种一立体被另一立体贯穿后的空洞部分称为贯通孔，相当于两立体相贯，其孔口线相当于相贯线。由图 3.14(a)可见，三棱锥被挖成的矩形孔，可以假想是一四棱柱与三棱锥相贯后，抽出四棱柱而形成四棱柱孔，这样求解问题就转化为求相贯线的问题，求解方法同上例，只是可见性与两体相贯有所区别，应注意孔内轮廓线的表示。

作图：过程如图 3.14(b)，(c)所示。

①通过孔洞顶、底面各作一水平辅助面 P_{V1} 和 P_{V2}，求出截交线 H 面上的投影，P_{V1} 与三棱锥相交后在 H 面上的投影为一三角形，由 P_{V1} 与三棱锥相交的 4 个点的 V 面投影向 H 面作投影连线，可得到这 4 个点的 H 面投影。同时按投影关系作出这 4 个点的 W 面投影。

②同理求出由辅助面 P_{V2} 与三棱锥表面相交的 4 个点的 H,W 面投影。再作出前棱线与孔口的交点的 H,W 面投影。

③分别在 H,W 面上依次相连前后孔口的各个顶点,画出孔内轮廓线,并判定可见性。孔口可见用实线表示,孔内轮廓线不可见用虚线表示。

④整理加深三棱锥轮廓线,作图结果如图 3.14(d)所示。

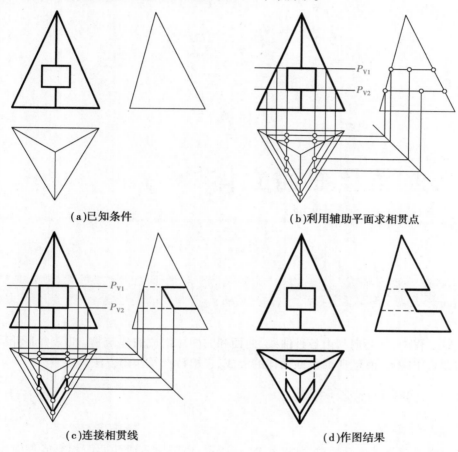

(a)已知条件　　　　　　　　　(b)利用辅助平面求相贯点

(c)连接相贯线　　　　　　　　(d)作图结果

图 3.14　三棱锥贯一矩形孔

4

曲线、曲面及曲面立体

4.1 曲 线

在建筑工程中,常会遇到由各种曲线、曲面和曲面体组成的建筑物,如图4.1所示。本章主要介绍建筑中常见曲线、曲面及曲面体的形成、投影特点及作图方法。

▶ 4.1.1 曲线的形成与分类

1)曲线的形成

曲线可以看成点的运动轨迹,如图4.2(a)所示;也可以看成两曲面相交或平面与曲面相交而形成,如图4.2(b)所示。

2)曲线的分类

曲线可分为平面曲线和空间曲线两大类。

(1)平面曲线　凡曲线上所有点都属于同一平面的曲线,称为平面曲线。如圆、椭圆、抛物线、双曲线等。

(2)空间曲线　凡曲线上有4个点不在同一平面上的曲线,称为空间曲线。如圆柱螺旋线。

▶ 4.1.2 曲线的投影特性

空间曲线的投影仍然是曲线,不反映实形。

图 4.1　实例

图 4.2　曲线的形成

平面曲线的投影取决于曲线所在平面的位置：当曲线所在平面平行于投影面时，它在该投影面上的投影反映实形；当曲线所在平面倾斜于投影面时，它在该投影面上的投影仍然是曲线，但不反映实形；当曲线所在的平面垂直于投影面时，它在该投影面上的投影就是一条直线。如图 4.3 所示。

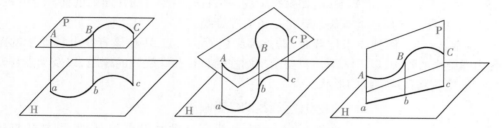

图 4.3　平面曲线的投影

当曲线的投影为曲线时，求出曲线上一系列点的投影，并将各点的同面投影依次光滑地连接起来，即得该曲线的投影。

▶ 4.1.3　圆的投影

圆是一种特殊的平面曲线。它具有平面曲线的投影特性，即圆的投影有下列 3 种特征：

①在与圆平面相平行的投影面上的投影为圆，反映实形；

②在与圆平面相垂直的投影面上的投影为直线，长度等于圆的直径；

③在与圆平面相倾斜的投影面上的投影为椭圆，长轴是平行于这个投影面的直径的投影，且反映实长，短轴是对这个投影面成最大斜度的直径的投影。

图 4.4 是水平圆和正垂圆的投影。水平圆的 H 投影反映实形（圆），V,W 投影均为水平直线，长度等于圆的直径。正垂圆的 V 投影是一斜直线，长度等于圆的直径，H 投影是一椭圆，其长轴是正垂圆上垂直于 V 面的直径；短轴是正垂圆上正平线直径的 H 投影，可由它的 V 投影的端点向下引投影连线求出。正垂圆的 W 投影也是一椭圆，其长短轴请读者自行分析。

▶ 4.1.4　圆柱螺旋线

1)圆柱螺旋线的形成

一动点 M 沿着圆柱面的一直线作等速移动，同时该直线绕圆柱面的轴线作等角速度旋转

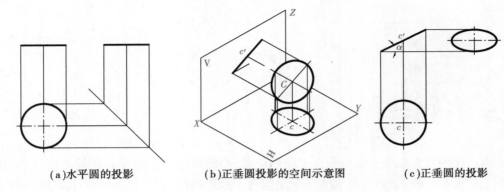

(a)水平圆的投影　　　　　(b)正垂圆投影的空间示意图　　　　(c)正垂圆的投影

图 4.4　水平圆和正垂圆的投影

运动,则该动点的轨迹曲线,称为圆柱螺旋线,如图 4.5 所示。如果螺旋线是从左向右经过圆柱面的前面而上升的,称为右螺旋线;如果螺旋线是从右向左经过圆柱面的前面而上升的,称为左螺旋线。如图 4.5 所示的螺旋线就是一条右螺旋线。

当直线旋转一周,回到原来位置时,动点移到位置 M_1,点 M 在该直线上移动了的距离 MM_1,称为螺旋线的螺距,以 P 表示。只要给出圆柱的直径和螺旋线的螺距,以及动点移动的方向,就能确定该圆柱螺旋线的形状。

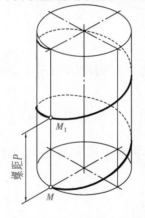

图 4.5　螺旋线的形成

2)圆柱螺旋线的投影画法

如图 4.6(a)所示,设圆柱轴线垂直于 H 面,圆柱的直径为 ϕ,圆柱的高度等于螺距 P。

①根据圆柱的直径 ϕ 和螺距 P,作出圆柱的两面投影,如图 4.6(a)所示。

②将圆柱面的 H 投影——圆周分为若干等份(图中为 12 等份),将螺距也分为同样等份,分别按顺序标出各等分点 0,1,2,…,12,如图 4.6(b)所示。

③从 H 投影的圆周上各等分点向 V 面引投影连线,与螺距相应的等分点所引出的水平线相交,就得到螺旋线上各点的 V 投影 $0',1',2',…,12'$,如图 4.6(c)所示。

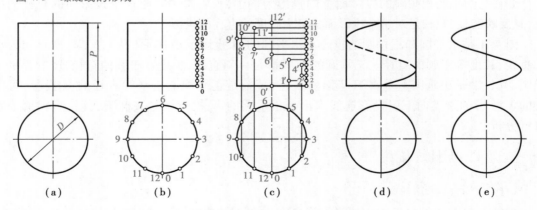

(a)　　　　(b)　　　　(c)　　　　(d)　　　　(e)

图 4.6　圆柱螺旋线的投影画法

④将这些点光滑连接即得螺旋线的 V 投影,它是一条正弦曲线。位于前半圆柱面的螺旋线可见,连成粗实线,位于后半圆柱面的螺旋线不可见,连成虚线,如图 4.6(d)所示。如果去掉圆柱,则整条螺旋线可见,如图 4.6(e)所示。

⑤圆柱螺旋线的 H 投影与圆柱面的 H 投影重合为圆。

工程中常见的圆柱螺旋线有螺纹曲线、螺旋楼梯曲线等。

4.2 曲面的形成与分类

▶ 4.2.1 曲面的形成

曲面按形成是否有规律而分成有规则的曲面(如柱面、球面)和不规则的曲面(如地形表面)。本书介绍有规则的曲面(简称"曲面")。

曲面是由直线或曲线在一定约束条件下运动而形成的。这条运动的直线或曲线称为曲面的母线。约束母线运动的点、线、面称为导点、导线、导面。

母线为直线按一定约束条件运动而形成的曲面,称为直纹曲面,如圆柱面、圆锥面及圆台面。如图 4.7(a)所示,圆柱面的母线是直线 AB,运动的约束条件是直母线 AB 绕与它平行的轴线 OO_1 旋转,故圆柱面可看成由直母线 AB 绕与其平行的轴线旋转而形成的;如图4.7(b)所示的圆锥面是由直母线 SA 绕与它相交的轴线 OS 旋转而形成的。

(a)圆柱面　　　　　(b)圆锥面　　　　　(c)球面

图 4.7　回转曲面的形成

母线为曲线运动而形成的曲面称为曲纹曲面。如图 4.7(c)所示的球面是由圆母线绕通过圆心 O 的轴线旋转而形成的。

母线移动到曲面上的任一位置时,即称为曲面的素线。如图 4.7(a)所示的圆柱面,当母线移动到 CD 位置时,直线 CD 就是圆柱面的一条素线。

母线上任一点的旋转轨迹是一个圆,称为曲面的纬圆,纬圆所在的平面垂直于旋转轴。

曲面投影的轮廓线是指投影图中确定曲面范围的外形线。

4.2.2 曲面的分类

1）根据母线运动有无旋转轴分类

（1）回转面　这类曲面由母线绕一轴线旋转而形成。由回转面形成的曲面体,称为回转体。

（2）非回转面　这类曲面由母线根据其他约束条件运动而形成。

2）根据母线的形状分类

根据母线的形状不同,可把曲面分为直纹曲面和曲纹曲面。母线为直线的称为直纹曲面,母线为曲线的称为曲纹曲面。

3）根据曲面能否展开成平面分类

根据曲面能否展开成平面,可把曲面分为可展曲面和不可展曲面。直纹曲面中的柱面、锥面是可展曲面,其他曲面是不可展曲面。

4.2.3 非回转直纹曲面

1）可展直纹曲面

可展直纹曲面上两相邻素线是相交或平行的共面直线,这种曲面可以展开。常见的如锥面和柱面,它们分别由直母线沿着一条曲导线移动,并始终通过一定点或平行于一直导线而形成。

如图 4.8（a）所示,直母线 M 沿着一曲导线 L 移动,并始终通过定点 S,所形成的曲面称为锥面,S 称为锥顶。曲导线 L 可以是平面曲线,也可以是空间曲线;可以是闭合的,也可以不闭合。锥面相邻两素线是相交直线。锥面常见于水利和桥梁工程中的一些护坡。

如图 4.8（b）所示,直母线 M 沿着曲导线 L 移动,并始终平行于一直导线 K 时,所形成的曲面称为柱面。柱面上两相邻素线是平行直线。现代建筑为突出自己的个性,常把建筑物立面或屋面设计成不同形式的柱面。

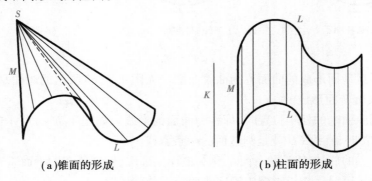

(a)锥面的形成　　　　　　　(b)柱面的形成

图 4.8　可展直纹曲面

2）不可展直纹曲面

这类曲面又称扭面,只能近似地展开,其特点是曲面上相邻两素线是交叉的异面直线。

常见的有双曲抛物线面、锥状面和柱状面。它们分别由直母线沿着两条直或曲的导线移动，并始终平行于一个导平面而形成。

如图4.9(a)所示，如果直母线 M 沿着一条直导线 L_1 和一条曲导线 L_2 移动，并始终平行于一个导平面(W面)而形成的曲面称为锥状面。

如图4.9(b)所示，柱状面是由直母线 M 沿着两条曲导线 L_1,L_2 移动，并始终平行于一个导平面(W面)而形成的。锥状面和柱状面常见于一些站台雨篷或仓库屋面。

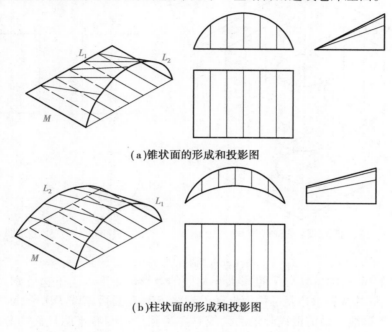

(a)锥状面的形成和投影图

(b)柱状面的形成和投影图

图4.9　不可展直纹曲面

4.3　回转体及其表面上的点

常见的曲面立体是由回转面或回转面与平面所围成的回转体，如圆柱、圆锥、球和环等。回转面是由直线或曲线绕轴线旋转形成的曲面。

▶ ### 4.3.1　圆柱

圆柱由圆柱面、两个圆平面所围成。圆柱面可看成一条直母线绕与它平行的轴线旋转形成，如图4.7(a)所示。

1)圆柱的投影

如图4.10所示，圆柱的轴线垂直于 H 面。圆柱的 H 投影是一个圆，这个圆既是圆柱的顶面和底面重合的投影，反映了顶面和底面的实形，又是圆柱面的积聚性的投影。

圆柱的 V 投影为矩形。矩形的上下边分别为顶面和底面的积聚投影，长度等于圆柱的直径。矩形的左、右铅垂边是圆柱面上最左素线 AA_1 和最右素线 CC_1 的 V 投影，称为圆柱面 V

投影的轮廓线。最左素线和最右素线是前半圆柱面和后半圆柱面的分界线,前半圆柱面的 V 投影为可见,后半圆柱面的 V 投影不可见,两者的 V 投影重合在一起,都是这个矩形。圆柱面上的最前素线 BB_1 和最后素线 DD_1 的 V 投影与轴线重合,但这两条素线不是 V 投影的轮廓线,所以 V 投影不画出。

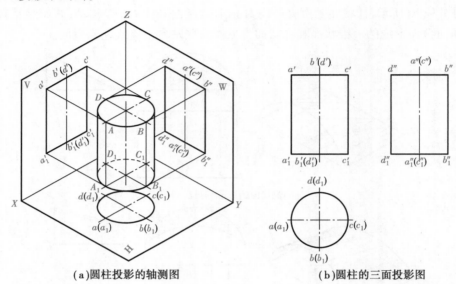

(a)圆柱投影的轴测图   (b)圆柱的三面投影图

图 4.10　圆柱的投影

同理,圆柱的 W 投影也是与 V 投影大小相同的矩形。矩形的上下边分别为顶面和底面的积聚投影。矩形的两铅垂边是圆柱面上最前素线 BB_1 和最后素线 DD_1 的 W 投影,称为圆柱面 W 投影的轮廓线。最前素线和最后素线是左半圆柱面和右半圆柱面的分界线,左半圆柱面的 W 投影为可见,右半圆柱面的 W 投影不可见,两者的 W 投影重合为矩形。圆柱面上的最左素线和最右素线的 W 投影与轴线重合,不画出。

画圆柱的投影图时,先用细点画线画出中心线和轴线,然后画圆,最后画矩形。

2)圆柱面上点的投影

作圆柱面上点的投影,可利用圆柱面的积聚投影来解决。

如图 4.11(a)所示,已知圆柱面上 A 点的 V 投影 a' 和 B 点的 W 投影 (b''),求它们在其他两个投影面上的投影。

作图过程如下,如图 4.11(b)所示:

①由已知条件 a' 的位置可知,A 点在前半和左半圆柱面上,由 a' 向 H 面作投影连线,与前半圆柱面的积聚投影(圆)交得 a;然后分别过 a,a' 向 W 面作投影连线交得 a''(可见)。

②从已知条件 (b'') 可知 B 点在右半和后半圆柱面上,由 (b'') 向 H 面作投影连线(利用 45°辅助线),在 H 面上与右半圆柱面的积聚投影交得 b,然后由 (b'') 和 b 就可作出 (b')(不可见)。

当面上的点的投影属于这个面的积聚投影时,可不用判别可见性,如图 4.11(b)中的 a,b。

▶　4.3.2　圆锥

圆锥由圆锥面与底圆平面所围成。圆锥面可看成一条直母线绕与它相交的轴线旋转形

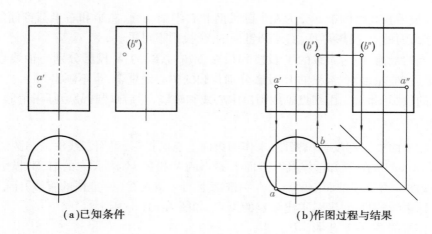

(a)已知条件　　　　　　　　(b)作图过程与结果

图4.11　求圆柱表面上点的投影

成,如图4.7(b)所示。

1)圆锥的投影

如图4.12所示,当圆锥轴线垂直于 H 投影面时,圆锥的 H 投影为圆,该圆既是底面的投影,反映了底面的实形,同时也是圆锥面的投影(与底面投影重合成同一个圆)。因为圆锥面在底面之上,所以圆锥面的投影可见,底面的投影不可见。锥顶 S 的 H 投影即为这个圆的圆心,用两条中心线的交点来表示。

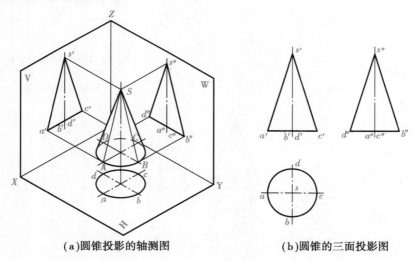

(a)圆锥投影的轴测图　　　　　　　　(b)圆锥的三面投影图

图4.12　圆锥的投影

圆锥的 V 投影是一个等腰三角形。底边是底面的积聚投影,长度等于底圆直径;两边是圆锥面上的最左素线 SA 和最右素线 SC 的 V 投影,成为圆锥面 V 投影的轮廓线。最左和最右素线将圆锥面分为前半圆锥面和后半圆锥面,前半和后半圆锥面的 V 投影重合,前半圆锥面的 V 投影可见,后半圆锥面的 V 投影不可见。

同样,圆锥的 W 投影也是一个等腰三角形。底边是底面的积聚投影,长度反映底圆直径的实长,两边是圆锥面的最前素线 SB 和最后素线 SD 的 W 投影,成为圆锥面的 W 投影的轮

廓线,最前和最后素线将圆锥面分为左半圆锥面和右半圆锥面,左半和右半圆锥面的 W 投影重合,左半圆锥面的 W 投影可见,右半圆锥面的 W 投影不可见。

圆锥面上的最前、最后素线的 V 投影和最左、最右素线的 W 投影分别与轴线重合,不画出。最前、最后、最左、最右素线的 H 投影分别与圆的中心线重合,也不画出。

画圆锥的投影图时,先用细点画线画出中心线和轴线,然后画圆,最后画三角形。

2)圆锥面上点的投影

圆锥面的三面投影都没有积聚性,求作圆锥面上点的投影,可用素线法或纬圆法。

如图 4.13(a)所示,已知圆锥及其表面上 K 点的 V 投影 k',求 K 点的 H,W 投影。

(1)素线法　由于圆锥面上的点必在圆锥面上的一条素线(过锥顶的直线)上,因此只要作出过该点的素线的投影,即可求出该点的投影,如图 4.13(b)所示。

①过 k' 作素线 Sl 的 V 投影 $s'l'$。

②由 $s'l'$ 求出 sl,由于 k' 可见,故点 l 在前半底圆的水平投影上;再由 sl 作出 $s''l''$。

③由 k' 分别向 H 面和 W 面作投影连线,分别与 sl 和 $s''l''$ 相交得 k 和 k''。根据 k' 可判断 k 和 k'' 均可见。

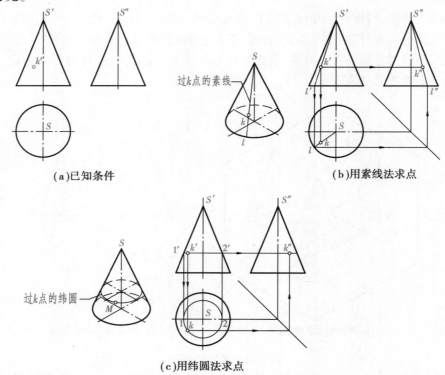

(a)已知条件　　　　　　　　(b)用素线法求点

(c)用纬圆法求点

图 4.13　求圆锥表面点的其他投影

(2)纬圆法　圆锥面上任一点绕轴线旋转都形成垂直于该轴线的圆(纬圆),由此可知,圆锥面上的点必在圆锥面的一个圆周上。当圆锥轴线垂直于 H 面时,圆锥面的圆均为水平圆。只要作出过该点的圆的投影,即可求出该点的投影,如图 4.13(c)所示。

①过 k' 作纬圆的 V 投影(为一水平线 $1'2'$)。

②作出纬圆的 H 投影，直径等于 $1'2'$。

③因 k' 可见，所以 k 必在前半纬圆的水平投影上。于是可由 k' 作出 k，再由 k'，k 作出 k''。

若要求圆锥面上曲线的投影，可以适当地选择曲线上的一些点，利用纬圆法或素线法，求出这些点的投影，然后光滑连接成曲线的投影。

▶ 4.3.3 球

球由球面所围成。球面可看作是圆绕其直径旋转而成。

1)球的投影

如图 4.14 所示，球的三面投影都是与球直径相等的圆，但 3 个投影面的圆分别是球面上不同的转向轮廓线（圆）的投影。H 投影的圆 A' 是球面上最大的水平圆 A（上下半球的分界圆）的投影；V 投影的圆 B' 是球面上最大的正平圆 B（前后半球的分界圆）的投影；W 投影的圆 C'' 是球面上最大的侧平圆 C（左右半球的分界圆）的投影。上述 3 个最大圆的另外两个投影分别与相应的中心线重合，均不画出。

对 H 投影而言，上下半球投影重合，上半球面可见，下半球面不可见。同理，可分析球的另外两个投影的可见性。请读者自行分析。

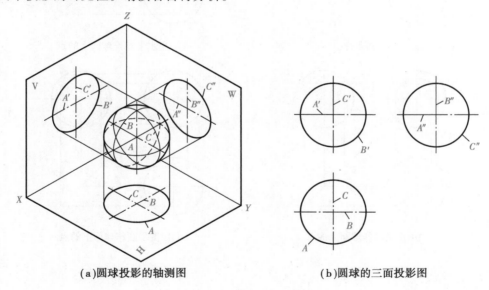

(a)圆球投影的轴测图　　　　　　　(b)圆球的三面投影图

图 4.14　球的三面投影

2)球面上点的投影

球面的各投影都无积聚性，且球面上不存在直线，求球面上的点的投影可利用球面上的纬圆。球的轴线可以是任一条过圆心的直线，但为了作图方便，通常用投影面垂直线作为轴线，使纬圆平行于该投影面，而对另外两个投影面垂直。

如图 4.15（a）所示，已知球的投影及球面上 A，B 点的 V 投影 $a'(b')$，求作 A，B 点的其他两面投影。

分析已知条件可知，A 点在左前上半球面上，B 点在左后上半球面上，A，B 两点 V 投影重

合,它们可以在同一水平圆上,利用水平圆可以求出它们的 H,W 投影,如图 4.15(b)所示。作法如下:

①在 V 面上,过 $a'(b')$ 作水平直线与圆周交于 $1',2'$,此 $1'2'$ 直线就是包含 A,B 点的水平圆的 V 投影;再作出水平圆的 H 投影(圆),其直径等于 $1'2'$。

②由于 A,B 点在水平圆上,所以由 V 投影 $a'(b')$ 作投影连线与水平圆的 H 投影相交求得 a 和 b。

③根据点的投影特性,由 $a'(b')$ 和 a,b,作出 a'',b''。同时可判别 a,b,a'',b'' 均可见。

本例也可通过作正平纬圆和侧平纬圆求得 A,B 点的 H,W 投影,作法如图 4.15(c)和图 4.15(d)所示。

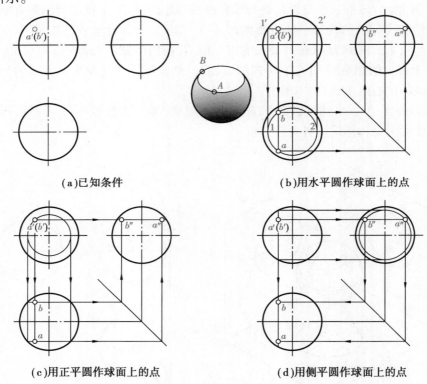

(a)已知条件　　　　　　　　(b)用水平圆作球面上的点

(c)用正平圆作球面上的点　　　　　(d)用侧平圆作球面上的点

图 4.15　球表面上点的投影

▶ *4.3.4　圆环

圆环由环面所围成,环面可看成以圆为母线,绕与它共面的圆外一直线旋转而形成,见图 4.16(a)。离轴线较近的半圆旋转形成内环面,离轴线较远的半圆旋转形成外环面。

1)圆环的投影

如图 4.16(b)所示,当圆环的轴线垂直与 H 面时,环面的 H 投影轮廓线是两个同心圆(粗实线),分别是它的最大和最小水平圆的 H 投影,并分别把它们称为赤道圆和喉圆。这两个

注:*部分为选学内容,后同。

圆也是可见的上半环面和不可见的下半环面的分界线,上半环面和下半环面的 H 投影重合。赤道圆、喉圆及中心线圆在 H 投影中都反映实形,中心线圆的投影用细点画线表示。

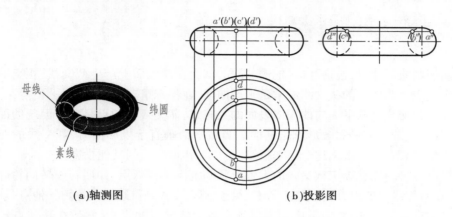

(a)轴测图　　　　　　　　　(b)投影图

图 4.16　圆环及其表面上点的投影

在 V 投影中,环的赤道圆、喉圆和中心线圆的积聚投影与上下对称线重合。环面的 V 投影左右轮廓线为最左、最右的两个素线圆,上、下轮廓线为环面上最高、最低的两个水平圆的投影;外侧半圆是外环面上的素线圆的投影,可见。内侧半圆是内环面上的素线圆的投影,被外环面遮住而不可见。V 投影是可见的前半外环面和不可见的后半外环面重合的投影,同时也是不可见的前半内环面和不可见的后半内环面重合的投影。

同理,可分析圆环的 W 投影及可见性。

2)圆环表面上点的投影

求圆环面上的点的投影,可利用环面上的纬圆。

如图 4.16(b)所示,已知环面上从前向后 4 个点 A,B,C,D 重合的 V 投影 $a'(b')(c')(d')$,求作它们的 H 投影和 W 投影。

由 $a'(b')(c')(d')$ 可知,点 A,B,C,D 应依次位于前半外环面、前半内环面、后半内环面、后半外环面上,并都位于同一正垂线上。因此点 A 和 D 必在外环面的水平纬圆上、点 B 和 C 必在内环面的水平纬圆上,作出这两个纬圆的投影(V、W 投影均为水平线,H 投影为同心圆),即可求得这 4 个点的 H 投影 a,b,c,d 和 W 投影 $a'',(b''),(c''),d''$。具体作图如图 4.16(b)所示。

从 V 投影可以判断,点 A,B,C,D 都位于圆环的左上半环面上,所以这 4 个点的 H 投影 a,b,c,d 均可见;W 投影 a'',d'' 可见(外环面),$(b''),(c'')$ 不可见(内环面)。

综上所述,回转体及其表面上的点的投影可以总结出以下几点:

①回转体在其轴线所垂直的投影面上的投影为圆。

②圆柱面上的点,可直接利用圆柱面的积聚投影作图;圆锥面上的点,可用素线法或纬圆法作图;球面和环面上的点,用纬圆法作图。利用素线法或纬圆法的关键是先作出过该点的素线或纬圆的投影。

③除了直线素线和纬圆可直接在回转面上作出外,若求回转面上其他曲线的投影,都得利用上述方法作出曲线上若干点的投影,然后将这些点的投影光滑连接,即可得到这条曲线

的投影。

4.4 曲面立体的截交线

当平面切割曲面体时,包括开口、挖槽、穿孔,就会在体表面上产生截交线,相交的两截平面也会产生交线。曲面体的截交线通常是平面曲线,在特殊情况下是直线。

曲面体的截交线是截平面与曲面体表面的共有线,截交线上的点是截平面与曲面体表面的共有点,截交线围成的平面图形就是断面。当截平面垂直于投影面时,截交线的在该投影面上的投影积聚成直线。根据这个已知投影,可以求作截交线的其他投影。

截交线上有一些能够确定截交线的大致形状和范围的特殊点,如回转面转向轮廓线上的点,截交线在对称线上的点,以及最左、最右、最前、最后、最高和最低点等。其他点是一般点。求作曲面体截交线的投影时,通常应先求出截交线上特殊点的投影,然后在特殊点较稀疏处按需要求出一些一般点,最后将特殊点和一般点依次连接并判别可见性,即得截交线的投影。

求作回转体截交线的投影时要利用回转面积聚投影,若回转面无积聚投影可利用,则可用素线法或纬圆法作图。

本节介绍特殊位置平面切割常见回转体所产生的截交线。

► 4.4.1 圆柱的截交线

截平面与圆柱的截交线有 3 种情况,如表 4.1 所示(假设截平面 P 是透明的)。

表 4.1　圆柱的截交线

截平面位置	截平面平行于圆柱的轴线	截平面垂直于圆柱的轴线	截平面倾斜于圆柱的轴线
截交线形状	截交线是矩形	截交线是圆	截交线是椭圆
轴测图			
投影图			

【例4.1】 图4.17(a)所示,已知圆柱被正垂面所切断,求作圆柱及其截交线的 W 投影。

【解】 作图分析:由于截平面 P 与圆柱轴线倾斜,故截交线为椭圆,如图4.17(b)所示。因为截平面 P 为正垂面,圆柱轴线为铅垂线,所以截交线的 V 投影为斜直线,H 投影与圆柱面的积聚投影重合为圆,W 投影一般为椭圆,可利用圆柱面上作点的方法作出椭圆上各点的 W 投影,然后光滑连接即可。

作图步骤:

①按投影关系作出圆柱及特殊点 A,B,C,D 的 W 投影 a'',b'',c'',d''。特殊点 A,B,C,D 也就是椭圆长、短轴的端点,它们分别是最左、最右、最前、最后素线上的点,因此,可由 a',b',d',c' 直接作出 a'',b'',c'',d'',如图4.17(c)所示。

②作一般点。为了能较准确地连出截交线的投影,还应在特殊点之间适当位置选择一些一般点,如本例中的 E,f 点。在截交线的 V 投影上选取重影点 $e'f'$,由 $e'f'$ 作出 e 和 f,再分别由 e',f' 和 e,f 作出 e'',f''。同理可求出其他一般点。

③依次光滑连接各点并判别可见性(全部可见)即得截交线的 W 投影。注意最前、最后素线的 W 投影分别画到 e'',f'' 为止。整理加深,完成作图,如图4.17(d)所示。

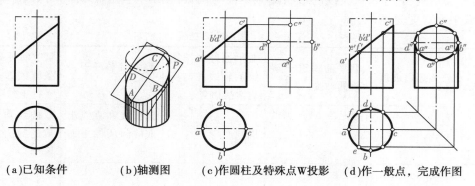

(a)已知条件 　　(b)轴测图 　　(c)作圆柱及特殊点W投影 　　(d)作一般点,完成作图

图4.17 求圆柱被切割后的投影

顺便指出:当截平面 P 与圆柱轴线的夹角为45°时,则圆柱截交线椭圆的 W 投影为圆。

【例4.2】 已知条件如图4.18(a)所示,补全这个圆柱被切割后的 H 投影和 W 投影。

【解】 作图分析:本例是表4.1中所列3种情况的综合,即圆柱可以看作被 P,Q,R 3个平面切割出一个缺口,如图4.18(b)所示。P 面为侧平面,由它产生的截交线为圆弧;Q 面为水平面,由它产生的截交线为两平行直线;R 面是与轴线夹角为45°的正垂面,由它产生的截交线为椭圆的一部分;P 与 Q 面以及 Q 与 R 面的交线均为正垂直线。作缺口的投影,也就是作上述平面和交线的投影。

投影作图步骤:

①截交线的 W 投影均积聚在圆周上,Q 面的 W 投影积聚为直线,并不可见,因此 W 投影只需补画一条虚线。

②P 面的 H 投影积聚为直线,其截交线圆弧以及 P,Q 面的交线的 H 投影均重合在该直线上,长度与 W 投影的虚线对应。

③由 Q 面的 V 投影和 W 投影,作出截交线直线的 H 投影。

④由于 R 面与圆柱轴线倾斜为45°,其椭圆截交线的 H 投影为圆弧,圆弧的半径等于圆

柱半径,圆心 O 在轴线上,延长 R' 交轴线得 O',由 O' 向 H 面引投影连线得到 O,即可画出这个圆弧(画到与截交线直线相交为止)。

⑤作 Q 与 R 面的交线的 H 投影。整理加深,作图结果如图 4.18(c)所示。

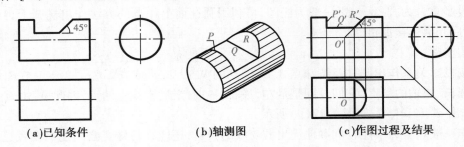

(a)已知条件　　　　(b)轴测图　　　　(c)作图过程及结果

图 4.18　求圆柱被切割后的投影

▶ 4.4.2　圆锥的截交线

当平面切割圆锥时,截交线的形状随截平面与圆锥的相对位置不同而异,如表 4.2 所示(假设截平面 P 是透明的)。

表 4.2　圆锥的截交线

截平面位置	截平面通过锥顶	截平面垂直于圆锥的轴线	截平面倾斜于圆锥的轴线并与所有素线相交	截平面平行于一条素线	截平面平行于两条素线即截平面平行于圆锥轴线
截交线形状	三角形	圆	椭圆	抛物线和直线组成的封闭的平面图形	双曲线和直线组成的封闭的平面图形
轴测图					
投影图					

【例 4.3】　已知条件如图 4.19(a)所示,要求补全截断圆锥的 H 投影和 W 投影。

【解】　作图分析:分析图 4.19(a)并结合表 4.2,可知圆锥被正垂面所截断,截断面平行于圆锥左素线,所以圆锥面的截交线为抛物线,如图 4.19(b)所示。截交线的 V 投影积聚成直线,在截交线上取一系列的点,由这些点的 V 投影就可作出截交线的 H,W 投影,并可补全截断圆锥 W 投影的轮廓线。

作图步骤:

①作截交线上的特殊点和一般点,如图 4.19(c)所示。在截交线的 V 投影上,取点 a',b',c',d',e' 即为截交线上点 A,B,C,D,E 的 V 投影。其中点 A,C,E 是特殊点,B,D 是一般点。点 A 在底圆上,点 E 在最右素线上,由 a',e' 可直接作出 a,a'' 和 e,e''。点 C 在最前素线上,由 c' 可直接作出 c'',再由 c'' 作出 c(c 也可用纬圆法作出)。一般点 B,D 用纬圆法或素线法作出它们的 H,W 投影(图中是用纬圆法作出的)。

②依次连接各点的 H,W 投影(由于截交线为抛物线,前后对称,图中各点只标注前半部分),即得截交线的 H 投影和 W 投影。圆锥截去左上部后,截交线的 H 投影和 W 投影都是可见的,都画实线。并补全截断圆锥 W 投影的轮廓线,从底面画到 c'' 为止。作图结果如图 4.19(d)所示。

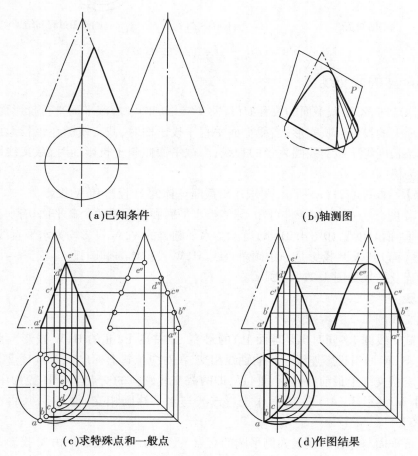

(a)已知条件　　　　　　　　　　(b)轴测图

(c)求特殊点和一般点　　　　　　(d)作图结果

图 4.19　平面截断圆锥后的投影

【例4.4】　已知条件如图 4.20(a)所示,要求补全圆锥穿孔后的 H,W 投影。孔的两个正垂面扩大后通过锥顶。

【解】 作图分析:由已知条件可知,圆锥上的孔是由两个过锥顶的正垂面和两个垂直于轴线的水平面切割而成,故前后孔口的交线分别是两段延长后过锥顶的直线和两段水平圆弧,且前后、左右对称。空间形状如图4.20(b)所示。交线的V,W投影均为直线,水平圆弧的H投影反映实形。由正垂面和水平面相交所产生的孔内4条棱线,其H,W投影均为虚线。

作图方法及作图结果如图4.20所示。

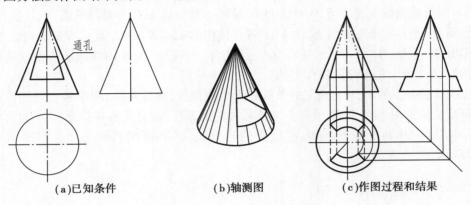

(a)已知条件　　　　(b)轴测图　　　　(c)作图过程和结果

图4.20　补全穿孔圆锥的投影

▶ 4.4.3　球的截交线

平面切割球时,不论截平面的位置如何,截交线总是圆。当截平面平行投影面时,截交线圆在该投影面上的投影反映实形;当截平面垂直于投影面时,截交线圆在该投影面上的投影积聚成为一条长度等于截交线圆直径的直线;当截平面倾斜于投影面时,截交线圆在该投影面上的投影为椭圆。

【例4.5】 如图4.21(a)所示,要求作出截断球体的H投影和W投影。

【解】 作图分析:由已知条件可知,球体被水平面和正垂面两个截平面切割,截交线是水平圆弧和正垂(面)圆弧,如图4.21(b)所示。水平圆弧的V,W投影均为水平直线,H投影反映实形;正垂(面)圆弧V投影是一条倾斜直线,H,W投影均为椭圆弧。

作图过程及结果如图4.21(c)所示。

作图步骤:

①求截交线圆弧上的特殊点。

a.先求截交线圆上(同时也是球面上)的最左、最右点Ⅰ,Ⅱ的H,W投影。由其V投影1′,2′分别向H,W面引投影连线与球的轴线相交,在对应位置上标出1,2和1″,2″。

b.接着求截交线上最前、最后点Ⅲ,Ⅳ,即两截交线圆弧的交点。在H投影中,过点1作水平纬圆,由V投影3′(4′)向H面作投影连线与水平纬圆相交,得点3,4,再由点3,4和3′(4′)作出3″,4″。

c.再求正垂面与球体表面最大侧平圆的交点Ⅴ,Ⅵ的V,W投影。由V投影5′(6′)向W面引投影连线,在W面轮廓线圆相交,求得W投影5″,6″;再由5″,6″求出H投影5,6(5,6也可用纬圆法求得)。

②作截交线圆弧上的一般点。由于正垂(面)圆弧的H,W投影均为椭圆弧,因此需要在

特殊点Ⅴ,Ⅱ,Ⅵ之间作一般点,球面上一般点的求解利用纬圆法。本例采用的是水平纬圆,求得一般点的H投影,再由H投影求得一般点的W投影(图中未标注)。

③连接交线,补齐轮廓线并判别可见性。用光滑的曲线依次将点进行连接,得到截交线的H,W投影。其中3—1—4为圆弧,3—5—2—6—4和3″—5″—2″—6″—4″为椭圆弧。两截平面的交线的投影3—4和3″—4″为直线。由于在V投影中可以看出,球被截去左上方的一块后,截交线圆弧的H投影和W投影都可见,所以都连成实线。球的H投影轮廓线为整圆,W投影轮廓线应为5″,6″点以下的圆弧,均可见。

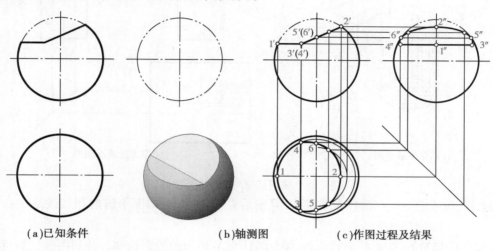

(a)已知条件   (b)轴测图   (c)作图过程及结果

图4.21 平面切割球

4.5 平面立体与曲面立体相交

平面立体与曲面立体相交,也称为相贯,其相贯线是由若干段平面曲线或由若干段平面曲线与直线组合而成,如图4.22(a)所示。其中,每段平面曲线或直线是平面立体某平面与曲面体表面的截交线,每段相贯线的交点是平面体棱线与曲面体表面的贯穿点。所以,我们常把求平面立体与曲面立体相贯线问题,转化为求平面立体的平面与曲面立体的截交线,以及求平面立体棱线与曲面立体的贯穿点。

相贯线只有位于两立体投影都可见的表面上时,相贯线的投影才可见,否则就不可见。

两相贯体是一个整体,在作图分析时可将其视为两个立体,在求出相贯线后,整理作图结果时应注意,立体上凡参与相贯的轮廓线都只画到贯穿点为止。穿入立体内的部分与立体融为一体,因此不画出。

▶ 4.5.1 平面立体与圆柱相交

平面立体与圆柱相交的情形,在建筑中多表现为矩形梁与圆柱相贯,如图4.22(a)所示。此时,梁与柱的相贯线是由直线AB,CD和圆弧曲线BC所组成。由于梁、柱按特殊位置放置,在投影面上有积聚投影,故相贯线的H和W投影可直接画出,在作图时主要是求解相贯线的

V面投影。

【例4.6】 如图4.22所示,已知矩形梁(四棱柱)与圆柱相贯及板的 H 和 W 两面投影,求作 V 投影。

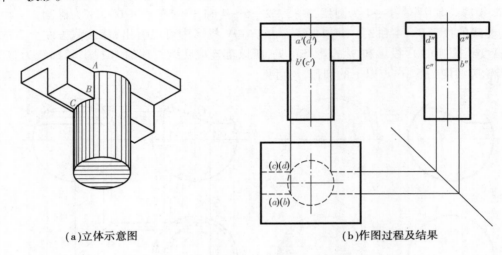

（a)立体示意图　　　　　　　　　（b)作图过程及结果

图 4.22　求矩形梁与圆柱的相贯线

【解】 由于矩形梁与圆柱是贯穿的,且前后左右对称,可知要求解的相贯线是左右对称的两组。

①根据已知的 H 和 W 投影作出板、梁与圆柱在 V 面上的投影轮廓。并利用圆柱与矩形梁在 H,W 面上的积聚投影,标注出相贯线上特殊点 A,B,C,D 的 H,W 投影,如图4.22(b)所示。

②在 H 面上,由(a)(b)向 V 面引投影连线,与矩形梁对应棱线的 V 投影相交得到 a',b'。线段 a'b'即是相贯线上直线 AB 的 V 面投影。直线 CD 的 V 面投影与其重合。

③圆弧曲线 BC 的 V,W 投影都是一段水平直线。虽然在 V 投影中 b'(c')重合为一点,但结合它的 H,W 投影来看,在 V 投影中矩形梁底边与圆柱左轮廓线的交点至 b'(c')的那段线,就是曲线 BC 的 V 投影。

④利用对称性,作出右边一组相贯线的 V 投影。

▶ 4.5.2　平面立体与圆锥相交

由于平面立体与圆锥的相贯线是两体表面的共有线,相贯线上的点是两体表面的共有点,因此要利用平面立体表面的积聚投影和圆锥面上的纬圆或素线来求作相贯线上的点。

【例4.7】 如图4.23(a)所示,已知四棱柱与正圆锥相贯,完成相贯体的 V 投影。

【解】 分析已知条件可知,相贯体前后左右对称,其相贯线也是前后左右对称。由于四棱柱的4个棱面与圆锥轴线平行,所以相贯线是由4条双曲线所组成。这4条双曲线的交点,也就是四棱柱4条棱线与正圆锥面的贯穿点,如图4.23(b)所示。由于四棱柱的4个棱面的 H 投影有积聚性,所以相贯线的 H 投影都积聚其上,只需完成 V 投影。由于相贯线上的点在圆锥面上,因此可用素线法或纬圆法依次求出相贯线的特殊点、一般点,最后光滑连接,并判断可见性,即完成所求的投影。

由于对称,求 V 投影时可先作左前部分,再利用对称性,作出右前部分,后面部分与前面重影。

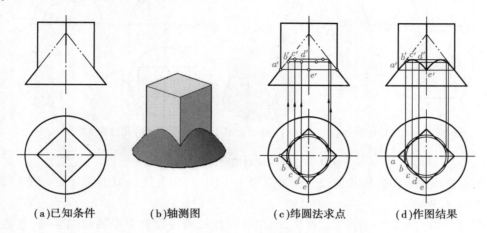

(a)已知条件　　　　(b)轴测图　　　　(c)纬圆法求点　　　　(d)作图结果

图 4.23　求四棱柱与正圆锥相贯线的 V 投影

作图过程如下:

①求贯穿点、顶点、一般点,如图 4.23(c)所示。

由于前后左右对称,四棱柱 4 条棱线的贯穿点也就是 4 条棱线与圆锥最左、最右、最前、最后素线的交点,并处于同一高度,V 投影可直接求出 a'、e',它们也分别是各双曲线的交点和双曲线的最低点。

由于对称,双曲线的顶点 C 的 H 投影应为棱面积聚投影的中点 c,所以在 H 投影中,过中点 c 作纬圆,并作该纬圆的 V 投影(水平线)即可求出顶点(最高点)的 V 投影 c'。再利用纬圆法求出一般点的 V 投影 b' 和 d'。

利用对称性,作出右前部分的点的 V 投影。

②连点成线,整理加深。得到上述点的 V 投影后,判断其可见性,并依次将其光滑连接,即得相贯线(双曲线)的投影,整理加深得到如图 4.23(d)所示结果。

需要注意的是,四棱柱前、后棱线 V 投影重合,画到贯穿点为止。四棱柱左右棱线和圆锥左右素线 V 投影也画到贯穿点为止。

此例的顶点、一般点也可用素线法求作,还可画出 W 投影,读者可自行思考作图。

▶ 4.5.3　平面体与球相交

平面体与球相交的情况常见于建筑工程中的一些节点或装饰构造。如四棱柱与球的相贯,球心位于四棱柱的对称轴线上,相贯线是球被柱表面切割后所产生的截交线圆的一部分,如图 4.23(b)所示。

【例 4.8】　如图 4.24(a)所示,已知相贯的四棱柱与半球的投影轮廓,完成它们相贯后的 V、W 投影。

【解】　分析已知条件可知,相贯体前后左右对称,其相贯线是四棱柱各棱面与半球的截交线圆弧,也是前后左右对称,又由于四棱柱处于与 H 面垂直的特殊位置,这些截交线圆弧在

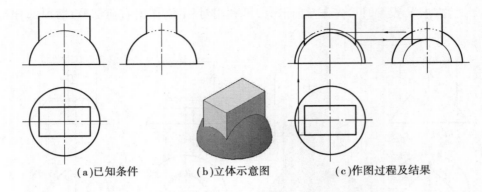

(a)已知条件　　　(b)立体示意图　　　(c)作图过程及结果

图4.24　求半球与四棱柱的相贯线

H 面上的投影积聚在四棱柱各棱面的积聚投影上。所以，相贯线的 H 投影不必求作，只需补全相贯体的 V,W 投影。

作图过程如图 4.24(c)所示。首先，用包含四棱柱前棱面的正平面切割半球，其截交线应是一个与 V 面平行的半圆，可在 H 或 W 面上取得这个半圆的半径，然后在 V 面上画出这个半圆的投影。半圆的 V 投影与前棱面两条棱线 V 投影的交点，就是棱线与球表面贯穿点的 V 投影。两贯穿点 V 投影之间的圆弧，就是前棱面上相贯线的 V 投影。

左棱面是侧平面，左棱面上的相贯线应是侧平圆弧，圆弧半径可利用侧平面在 V 面上的积聚投影求得，即可作出左棱面上相贯线的 W 投影。

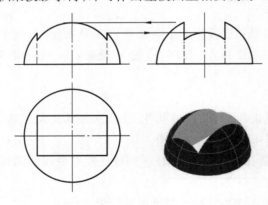

图 4.25　半球体上的四棱柱孔

再根据对称性和积聚性完成其余投影，并判断可见性，加深即得到所求的投影如图 4.24(c)所示。

需要注意的是，四棱柱穿入部分已与半球融合，不应画出粗实线或虚线，必要时，可用双点画线即假想轮廓线表示。

图 4.24 中的四棱柱贯穿半球后，如果将四棱柱抽出，则在球体上形成四棱柱孔，如图 4.25 所示。孔口相贯线的投影作图与图 4.24 相同。孔内棱线的 V,W 投影不可见，画成虚线。

4.6　两曲面立体相交

两曲面体的交线(相贯线)一般是封闭的空间曲线，在特殊情况下是平面曲线。相贯线上的点是两体表面的共有点。求作两曲面体相贯线的投影，一般是先求出两曲面体表面上若干共有点的投影，然后再连成相贯线的投影，同时判别可见性。相贯线只有同时位于两立体投影都可见的表面上时，其投影才可见。求相贯线上的点的方法通常可用积聚投影法和辅助平面法。

▶ 4.6.1 用积聚投影法作相贯线

相交两曲面体中,如果有一个曲面体表面(如圆柱面)的投影具有积聚性,则相贯线的同面投影也必重合在积聚投影上,此时可根据相贯线的这个已知投影,求出两曲面体表面上一系列共有点的投影,从而作出相贯线的其余投影。

【例4.9】 已知两圆柱相贯,如图4.26(a)所示,求它们的相贯线的投影。

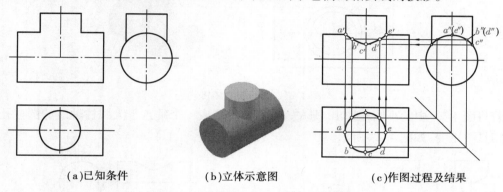

(a)已知条件　　　　　　(b)立体示意图　　　　　(c)作图过程及结果

图4.26　利用积聚投影求两圆柱的相贯线

【解】　作图分析:由图4.26可知两圆柱的轴线垂直相交,相贯线是封闭的空间曲线,且前后对称、左右对称。小圆柱面的H投影积聚为圆周,相贯线的H投影就重合在这个圆周上;大圆柱面的W投影也积聚为圆周,相贯线的W投影就重影在小圆柱穿进的一段圆弧上。故只有相贯线的V投影待求作。由于前后对称,前后相贯线V投影重合,因此,只需作前半相贯线即可。

作图过程,如图4.26(c)所示。

①求特殊点。在相贯线的H投影上定出最左、最前、最右点的H投影a,c,e。这些点的W投影重合大圆柱面的W投影上,可相应定出$a''(e''),c''$,由a,c,e和$a''(e''),c''$作出a',c',e'。可以看出,最左、最右点(即小圆柱最左、最右素线与大圆柱最高素线的交点)同时也是相贯线上的最高点,最前点(即小圆柱最前素线与大圆柱面的交点)也是相贯线上的最低点。

②求一般点。在相贯线的H投影上任取点b,d,则$b'',(d'')$必在大圆柱的W面积聚投影上,由b,d和$b'',(d'')$作出b',d'。

③连点并判别可见性。在V投影上,依次连接a',b',c',d',e',即为所求。由于两圆柱前表面V投影均可见,所以前半相贯线的V投影可见,画成实线,后半相贯线V投影与前半重合。

在图4.26中,若两圆柱变为圆管,则这个相贯体就变成三通管接头,如图4.27所示。两圆管内表面的相贯线V投影不可见,画成虚线,作图方法与外表面相贯线相同。

在图4.26中,若小圆柱上下均与大圆柱相贯,则相贯线为上下两条对称的空间曲线,如图4.28所示。

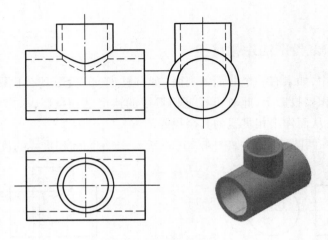

图 4.27　三通管的相贯线

若将图 4.28 中的小圆柱抽出，则在大圆柱体上形成一个垂直于大圆柱轴线的圆柱孔，孔口的相贯线不变，如图 4.29 所示。

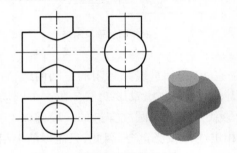

图 4.28　两圆柱相贯

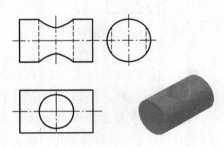

图 4.29　圆柱与圆孔相贯

▶ **4.6.2　用辅助平面法作相贯线**

假想用一辅助平面截断相贯的两曲面体，则可同时得到两曲面体的截交线，这两曲面体的截交线的交点就是辅助平面和两曲面体表面 3 个面的共有点，即相贯线上的点。若用若干辅助平面截断两曲面体，就可得到相贯线上的若干点，把这些点连接起来，就能求得相贯线。

为使作图简便，辅助平面通常用投影面的平行面，且应选择适当的切割位置，使其与两曲面体切割后产生的截交线的投影简单易画。如图 4.30 所示，圆锥与圆柱相贯（两轴线垂直相交），选择的辅助平面应与圆柱的轴线平行且与圆锥的轴线垂直，使其截交线为直线和圆，两截交线的交点即为相贯线上的点。当然，如果辅助平面平行圆柱轴线且过锥顶，则截交线为直线，作图也比较简单。如果所作的辅助平面与圆锥轴线平行（重

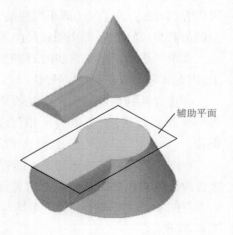

辅助平面

图 4.30　辅助平面的选用示例

合除外),则圆锥的截交线为双曲线,作图不方便且不准确,故不宜采用。

【例4.10】 如图4.31(a)所示,求作正圆柱与正圆锥的相贯线的投影。

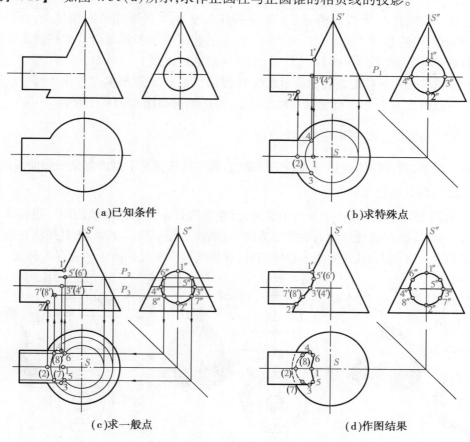

(a)已知条件   (b)求特殊点

(c)求一般点   (d)作图结果

图4.31 用辅助平面法求圆柱与圆锥的相贯线

【解】 作图分析:图4.31(a)中圆柱与圆锥的轴线垂直相交且平行于V面,圆柱的素线全部与圆锥相交,因此,相贯线为一封闭的空间曲线,且前后对称。因为圆柱的W投影积聚为圆,因此相贯线的W投影就重合在这个圆上,需要求作的是V,W投影。本例用辅助平面法来求作相贯线,作图原理如图4.30所示。

投影作图过程如图4.31(b)—(d)所示。

①求特殊点。圆柱最高和最低的两条素线与圆锥表面的贯穿点Ⅰ,Ⅱ的V投影1′,2′均可直接找出,再由1′,2′按投影对应关系作出1和2。

圆柱最前和最后两条素线与圆锥表面的贯穿点Ⅲ,Ⅳ的W投影3″4″可直接找到,过这两点作一水平辅助面P_1切割圆柱和圆锥,P_1与圆柱面的截交线为最前和最后素线,与圆锥的截交线为水平圆(在圆锥V投影中可量取该圆半径),该圆与最前最后素线H投影的交点,即为Ⅲ,Ⅳ两点的H投影3,4。过3,4向上作垂线,与P_1相交得到3′(4′),其中(4′)为不可见。

②求一般点。用同样的方法作水平辅助面P_2,P_2与圆柱面的截交线为两平行直线,与圆锥的截交线为水平圆,截交线直线与截交线圆的H投影的交点,即为一般点Ⅴ,Ⅵ的H投影

5,6。过5,6向上作垂线,与P_2相交得到$5'(6')$。同样,作水平辅助面P_3,可求(7),(8)和$7'$$(8')$。

③连接。按照各点 W 投影所显示的顺序将各点的 H,V 投影光滑连接起来,判别其可见性,即得到相贯线的 H,V 投影。由于前后对称,前后相贯线 V 投影重合。圆柱面下半部分的相贯线 H 投影不可见,故 3—(7)—(2)—(8)—4 应画成虚线。

④补齐轮廓线。圆柱面最前和最后素线 H 投影应画到 3 点和 4 点为止。圆锥底圆在圆柱下边的一段圆弧 H 投影不可见,应画成虚线。作图结果如图 4.31(d)所示。

▶ 4.6.3 两曲面体相贯的特殊情况

一般情况下,两曲面体的相贯线是空间曲线,但在特殊情况下也可以是平面曲线或直线。

1)两回转体共轴线相贯

如图 4.32 所示,两回转体共轴线相贯时,其相贯线是垂直于该轴线的圆。当轴线垂直于投影面时,相贯线圆在该投影面上的投影为圆;当轴线平行于投影面时,相贯线圆在该投影面上的投影积聚为直线;当轴线倾斜于投影面时,相贯线圆在该投影面上的投影为椭圆。

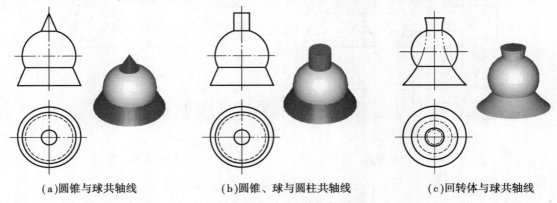

(a)圆锥与球共轴线　　(b)圆锥、球与圆柱共轴线　　(c)回转体与球共轴线

图 4.32　两回转体共轴线相贯

2)两回转体(面)公切于同一球面相贯

如图 4.33 所示,两回转体轴线相交且表面公切于同一球面时,相贯线是两个相交的椭圆。两轴线垂直相交(正交)时,两相交椭圆大小相等。两轴线倾斜相交(斜交)时,两相交椭圆大小不等。当两轴线平行于投影面时,两相交椭圆在该投影面上的投影积聚为两条相交的直线,在其他投影面上的投影为圆或椭圆。

3)两圆柱轴线平行或两圆锥过锥顶相贯

如图 4.34 所示,两圆柱轴线平行相贯或两圆锥过锥顶相贯,圆柱面、圆锥面上的相贯线是直线。

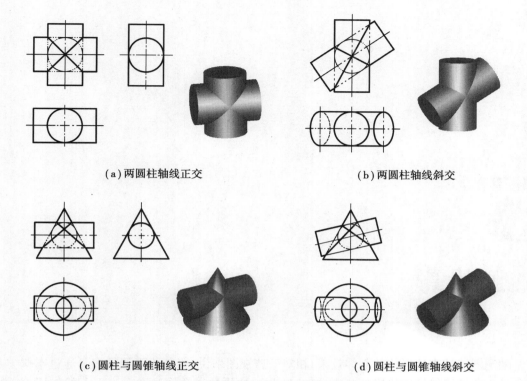

(a)两圆柱轴线正交　　　　　　　　　(b)两圆柱轴线斜交

(c)圆柱与圆锥轴线正交　　　　　　　(d)圆柱与圆锥轴线斜交

图 4.33　两回转体轴线相交且公切于同一球面相贯

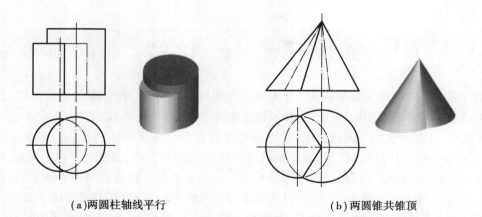

(a)两圆柱轴线平行　　　　　　　　　(b)两圆锥共锥顶

图 4.34　两圆柱轴线平行、两圆锥共锥顶相贯

5

轴测投影

轴测图能够反映____立体效果,相对于透视图来说,绘制要简便得多。通过本章学习,要求学生能____基本特点、轴测图的优缺点和轴测图在工程上的作用,并熟练掌握正等轴测____本绘图方法。其中正轴测图是本章的重点。

5.1 轴测图的基本知识

多面正投影的优点是能够完整、准确地表达形体的形状和大小,而且度量性好、作图简便,所以在实践中广泛采用。但是,这种图缺乏立体感,要有一定的读图能力才能看懂。如图 5.1(a)所示,仅仅看它的三面投影的话,由于每个投影只反映出形体的长、宽、高 3 个向度中的两个,不易看出形体的形状。但如果画出该形体的轴测投影图,如图 5.1(b)所示,由于该投影图可以在一个投影中同时反映形体的长、宽、高和不平行于投射方向的平面,所以具有较好的立体感,较易看出形体的形状,可以弥补多面正投影图的不足,从而为初学者读懂正投影图提供方便。但是轴测图的度量性差,大多数平面都不反映实形,而且被遮挡的部分不容易表达清晰、完整,作图也比较烦琐。因此,在生产图纸中,轴测图一般只作为辅助图样,用来帮助阅读正投影图。

▶ 5.1.1 轴测图的形成

根据平行投影的原理,把形体连同确定其空间位置的 3 根坐标轴 O_1X_1,O_1Y_1,O_1Z_1 轴一起沿不平行于任一坐标平面的方向 S,投射到新投影面 P 上,所得到的投影图称为轴测投影

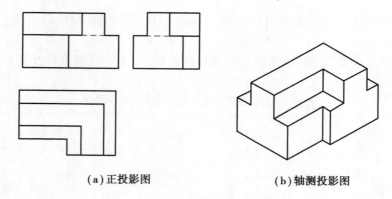

（a）正投影图   （b）轴测投影图

图 5.1 正投影图和轴测投影图

图。当投射方向 S 垂直于投影面时,所得的轴测投影图称为正轴测图,如图 5.2(a)所示;当投射方向 S 倾斜于投射面时,所得的轴测投影图称为斜轴测图,如图 5.2(b)所示。

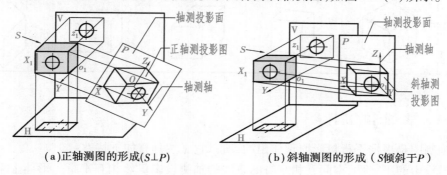

（a）正轴测图的形成($S \perp P$)   （b）斜轴测图的形成（S倾斜于P）

图 5.2 轴测投影的形成

▶ ### 5.1.2 轴测图的基本参数

在轴测投影中,投影面 P 称为轴测投影面;坐标轴 O_1X_1,O_1Y_1,O_1Z_1 在轴测投影面 P 上的投影 OX,OY,OZ 称为轴测轴。轴测轴之间的夹角 $\angle XOY$,$\angle YOZ$,$\angle XOZ$ 称为轴间角。轴测轴 OX,OY,OZ 上的线段与空间坐标轴 O_1X_1,O_1Y_1,O_1Z_1 上对应线段的长度比,分别用 p,q,r 表示,称为 OX,OY,OZ 轴的轴向伸缩系数。轴间角和轴向伸缩系数是画轴测图的基本参数。

▶ ### 5.1.3 轴测图的分类

根据轴测投射方向与轴测投影面是否垂直,可将轴测图分为正轴测图和斜轴测图两类。

1)正轴测图

轴测投射方向 S 垂直于轴测投影面 P,如图 5.2(a)所示。

2)斜轴测图

轴测投射方向 S 倾斜于轴测投影面 P,如图 5.2(b)所示。

根据轴向伸缩系数是否相等,正轴测图又可分为 3 种类型:正轴测投影的 3 个轴向伸缩系数都相等时,称为正等轴测图(简称正等测),其中只有 2 个轴向伸缩系数相等的,称为正二轴测图(简称正二测),3 个轴向伸缩系数各不相等时,称为正三轴测图(简称正三测)。同样,

斜轴测图也相应地分为斜等轴测图（简称斜等测）、斜二轴测图（简称斜二测）、斜三轴测图（简称斜三测）。

表5.1中是土木建筑工程中常用的几种轴测投影,本书中只着重讲述其中的正等测、正面斜二测的画法。

表5.1　土木建筑工程中常用的几种轴测投影

轴测投影的类型	正等测	正二测	斜等测	斜二测	斜等测
轴间角和轴向伸缩系数	Z $120°$ $120°$ $120°$ 1 1 1 X Y	Z $97°$ $131°$ $132°$ 1 1 0.5 X Y	Z $90°$ $135°$ $135°$ 1 1 1 X Y	Z $90°$ $135°$ $135°$ 1 1 0.5 X Y	Z $135°$ $135°$ $90°$ 1 1 1 X Y
立方体的轴测图					

▶ 　5.1.4　轴测图的特性

由于轴测图是根据平行投影原理作出的,所以它必然具有如下特性:

①根据投影的平行性,空间互相平行的直线的轴测投影仍然相互平行。形体上平行于坐标轴的线段,在轴测投影中,都分别平行于相应的轴测轴。

②根据投影的定比性,两平行线段或同一直线上的两线段长度之比,在轴测投影图中保持不变。

③形体上平行于轴测轴的线段,在轴测图上的长度等于沿该轴的轴向伸缩系数与该线段长度的乘积。

因此,如果已知各轴测轴的方向及各轴向伸缩系数(p,q,r),对于任何空间形体都可以根据形体的正投影图,作出它的轴测投影。

5.2　正等轴测图

▶ 　5.2.1　正等轴测图的形成、轴间角和轴向伸缩系数

正等轴测投影图简称正等测,是当空间直角坐标轴O_1X_1,O_1Y_1,O_1Z_1与轴测投影面倾斜的角度相等时,用正投影法得到的单面投影图,如图5.3所示。其中:轴测角$\angle XOY = \angle YOZ = \angle XOZ = 120°$,通常$OZ$轴竖直,$OX,OY$轴与水平线成$30°$,轴向伸缩系数$p = q = r = 0.82$。

为了作图方便,将轴向伸缩系数取为1(称为简化系数),即$p = q = r = 1$,这样可以直接按

实际尺寸作图。但此时画出来的正等轴测图比实际的轴测投影要大一些。正等测图具有度量方便、容易绘制的特点,因此,正等测是适用于各种工程形体,且最常采用的轴测图。

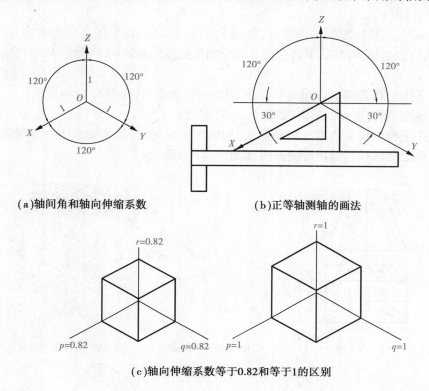

(a)轴间角和轴向伸缩系数　　　　　(b)正等轴测轴的画法

(c)轴向伸缩系数等于0.82和等于1的区别

图5.3　正等轴测投影

▶ ### 5.2.2　平面体的正等轴测图画法

绘制平面立体正等测的方法主要有坐标法、叠加法和切割法3种。3种方法可以综合运用。

1)坐标法

根据立体表面上各顶点的坐标,分别画出它们的轴测投影,然后依次连接立体表面的轮廓线。该方法是绘制轴测图的基本方法,它不但适用于平面立体、曲面立体的正等测的绘制,而且也适用于各种轴测图的绘制,如图5.4所示。

2)叠加法

若物体可以看作由若干个基本体叠加而成,则可以用叠加法作出它的轴测投影。先用坐标法作出第一个基本体的轴测投影,然后顺次根据各基本体之间的相对位置,作出各个基本体的轴测投影,如图5.5所示。

3)切割法

该方法适用于以切割方式构成的平面立体,它以坐标法为基础,先用坐标法画出未被切割的平面立体的轴测图,然后用截切的方法逐一画出各个切割部分,如图5.6所示。

【例 5.1】 如图 5.4 所示,根据投影图作出立体的正等轴测图。

【解】 ①分析形体,选定坐标原点。因形体前后、左右对称,故选择底面的中心为坐标原点,如图 5.4(a)所示。

②作出轴测轴,作底面的轴测投影,如图 5.4(b)所示。先根据各底边的中点 A,B,C,D 的坐标,找出它们的轴测投影,再通过这 4 点分别作相应轴测轴的平行线,从而得到底面的轴测投影。

③根据形体的高 Z 确定顶面的中心,作顶面的轴测投影,如图 5.4(c)所示。

④连接底面、顶面的对应顶点,如图 5.4(d)所示。

⑤擦去作图过程线和不可见的轮廓线,加粗可见轮廓线(通常轴测图中不可见轮廓线不需要画出),即完成四棱台的正等轴测图,如图 5.4(e)所示。

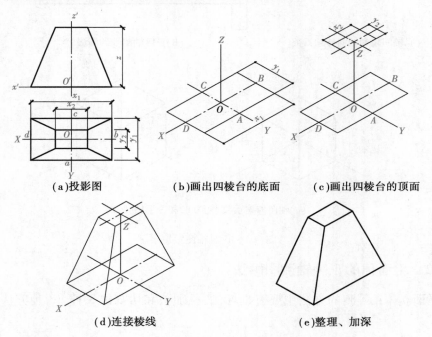

(a)投影图　　(b)画出四棱台的底面　　(c)画出四棱台的顶面

(d)连接棱线　　　　　　(e)整理、加深

图 5.4　用坐标法作棱台的正等轴测图

【例 5.2】 如图 5.5 所示,根据台阶的投影图,求它的正等轴测图。

【解】 形体分析:由正投影图[图 5.5(a)]可知,台阶由两侧栏板和三级踏步组成。一般先逐个画出两侧栏板,然后画踏步。

作图步骤:

①根据侧面投影和栏板的宽、高,用坐标法画出右侧栏板的五边形平面。需要注意的是,斜边的轴测投影方向和伸缩系数都未知,应先画出五边形平行于 OY 与 OZ 方向的边,沿 OY 方向量 y_2,沿 OZ 方向量 z_2,然后连接对应点,画出斜边,如图 5.5(b)所示。

②分别过五边形的顶点作 X 轴的平行线,并量取板厚 x_2,连接各点得右侧栏板的正等测,如图 5.5(c)所示。

③沿 OX 方向量出两栏板之间的距离 x_1,用同样方法画出另一侧栏板,如图 5.5(d)所示。

④画踏步。在右侧栏板的内侧面上,先按踏步的侧面投影形状,画出踏步端面的正等测,即画出各踏步在该侧面上的次投影,如图5.5(e)所示。

⑤过端面各顶点引线平行于OX,画出踏步,擦去作图过程线和不可见的轮廓线,加粗可见轮廓线,即得台阶的正等测图,如图5.5(f)所示。

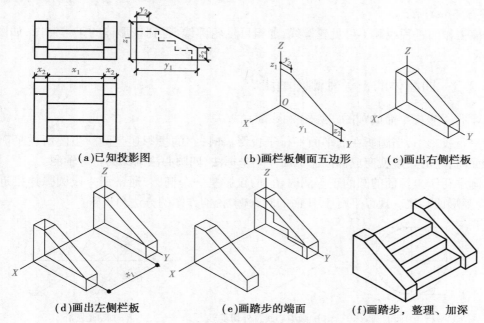

(a)已知投影图   (b)画栏板侧面五边形   (c)画出右侧栏板

(d)画出左侧栏板   (e)画踏步的端面   (f)画踏步,整理、加深

图5.5　用叠加法画台阶的正等测图

【例5.3】　如图5.6所示,根据形体的投影图,求它的正等轴测图。

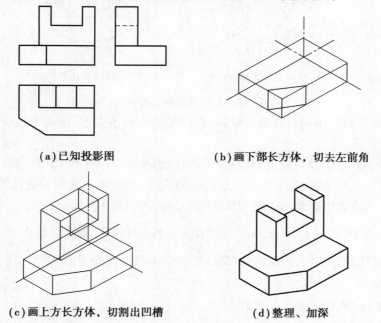

(a)已知投影图   (b)画下部长方体,切去左前角

(c)画上方长方体,切割出凹槽   (d)整理、加深

图5.6　用切割法和叠加法作形体的正等测

【解】 ①进行形体分析。该形体由上、下两部分组成。

②画下部形体。先根据下部形体的长、宽、高画出一个长方体,然后切去一角,画出斜面,如图 5.6(b)所示。

③画上部形体。先根据上部形体的长、宽、高画出一个长方体,然后挖去一个小的长方体,如图 5.6(c)所示。

④擦去作图过程线和不可见轮廓线,加粗可见轮廓线,得到该形体的正等测图,如图 5.6(d)所示。

► 5.2.3 曲面体的正等轴测图画法

1)平行于坐标平面的圆的正等轴测图的画法

在平行投影中,当圆所在的平面平行于投影面时,它的投影还是圆。当圆所在平面倾斜于投影面时,它的投影就变成椭圆。下面介绍坐标法、四圆心法画圆的正等轴测。

当画平行于坐标面的圆的正等测时,它的投影是一个椭圆,通常用 4 段圆弧连接近似画出,称为菱形四心法。现以平行于 H 面的圆为例,说明作图的方法和步骤:

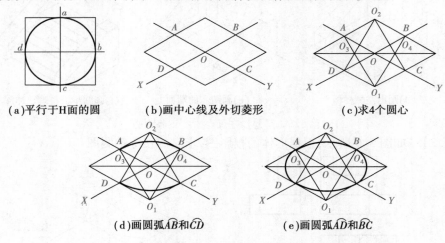

(a)平行于H面的圆   (b)画中心线及外切菱形   (c)求4个圆心

(d)画圆弧$\widehat{AB}$和$\widehat{CD}$ (e)画圆弧$\widehat{AD}$和$\widehat{BC}$

图 5.7 用菱形四心法画圆的正等测(近似椭圆)

①在圆的水平投影中建立直角坐标系,并作圆的外切正方形,得 4 个切点分别为 a,b,c,d,如图 5.7(a)所示。

②画轴测轴 OX,OY 及与圆外切的正方形的轴测投影——菱形 $ABCD$,如图 5.7(b)所示。

③过切点 A,B,C,D 分别作各点所在菱边的垂线,这 4 条垂线两两连线之间的交点 O_1,O_2,O_3,O_4 即为构成近似椭圆的 4 段圆弧的圆心,如图 5.7(c)所示。

④分别以 O_1,O_2 为圆心,O_1A,O_2C 为半径画圆弧$\widehat{AB}$和$\widehat{CD}$,如图 5.7(d)所示;再以 O_3,O_4 为圆心,以 O_3A,O_4B 为半径,作出圆弧$\widehat{AD}$和$\widehat{BC}$。这 4 段圆弧光滑连接即为所求的近似椭圆,如图 5.7(e)所示。

2)曲面体的正等测

掌握了坐标面上圆的正等测的画法后,就不难画出各种轴线垂直于坐标面的圆柱、圆锥及组合形体的轴测图了。

（1）圆柱的正等测画法　如图5.8所示，圆柱上下底面平行于H面放置，绘制其正等测时，先分别作出其顶面和底面的轴测图椭圆，再作其公切线，整理加粗后即成。图5.9为3个轴线垂直于各坐标面的圆柱正等测图。

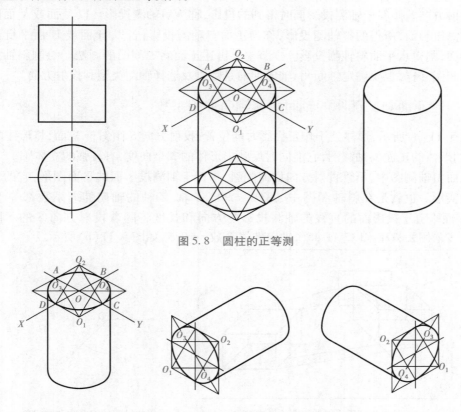

图5.8　圆柱的正等测

图5.9　3个方向的圆柱的正等测

（2）圆台的正等测　如图5.10所示，圆台上下底面平行于H面放置，绘制其正等测时，先分别作出其顶面和底面的轴测图椭圆，再作其公切线，整理加粗后即成。

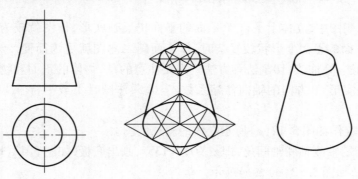

图5.10　圆台的正等测

5.3 正面斜轴测图

当投射方向 S 倾斜于轴测投影面时得到的投影,称为斜轴测投影。以 V 面或 V 面的平行面作为轴测投影面,所得的斜轴测投影,称为正面斜轴测投影;若以 H 面或 H 面平行面作为轴测投影面,则得水平面斜轴测投影。本节主要讲述正面斜二测图的画法。绘制斜轴测图与绘制正轴测图一样,也要确定轴间角、轴向伸缩系数以及选择轴测类型和投射方向。

► 5.3.1 正面斜二测图的轴间角和轴向伸缩系数

如图 5.11(a)所示,形体处于作正投影时的位置,投射方向 S 倾斜于 V 面,将形体向 V 面投影,得到形体的正面斜轴测图,它能同时反映出形体的 3 个向度,有较强的立体感。

在正面斜轴测图中,不管投射方向如何倾斜,平行于轴测投影面的平面图形,它的斜轴测投影反映实形。也就是在斜轴测图中 $\angle XOZ = 90°$,X 轴、Z 轴的轴向伸缩系数都等于 1,即 $p = r = 1$。而垂直于投影面的直线的轴测投影的方向和长度将随着投射方向 S 的不同而变化。一般多采用 $\angle XOY = 135°$ 或 45°,轴向伸缩系数 $r = 0.5$,如图 5.11(b)所示。

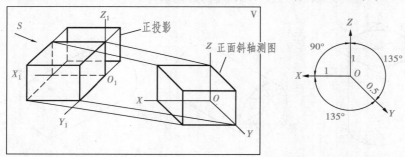

(a)长方体的正面斜轴测图的形成过程　　(b)常用的轴向伸缩系数和轴间角

图 5.11　正面斜轴测图的形成

► 5.3.2 平面体正面斜二轴测图的画法

因为在斜二测图中,立体上平行于 V 面的平面仍反映实形,作图就较为方便。尤其当形体仅在平行于 V 面的平面上形状较复杂时,作正面斜二测图就更为简便。绘制的时候,也常用前面讲的坐标法、叠加法、切割法等方法。需要注意的是,物体的正面和物体上平行于正面的平面图形反映实形,Y 方向的轴向伸缩系数 $r = 0.5$,作图时 Y 或平行于 Y 方向的尺寸只能量取一半。

【例 5.4】　求作如图 5.12(a)所示立体的斜二测图。

【解】　①确定轴测轴和轴间角,即 $\angle XOY = 135°$,画出底板,如图 5.12(b)所示。

②画出竖板,如图 5.12(b),(c)所示。

③肋板到竖板边的距离是 y_1。从竖板边往后量 $y_1/2$,画出肋板的三角形的实形,如图 5.12(c)所示。

④沿三角形再向后量取 $y_2/2$，画出肋板的轴测投影，如图 5.12(d)所示。

⑤擦去作图过程线和不可见的轮廓线，加粗可见轮廓线，即得该形体的正面斜二测图，如图 5.12(e)所示。

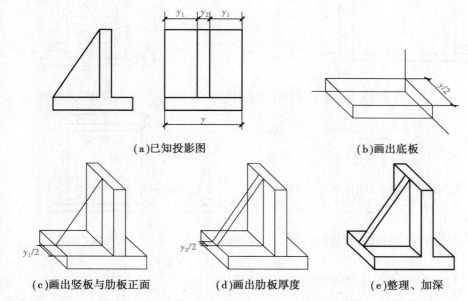

(a)已知投影图　　　　　　(b)画出底板

(c)画出竖板与肋板正面　　(d)画出肋板厚度　　(e)整理、加深

图 5.12　平面立体的正面斜二测图

▶ 5.3.3　曲面体正面斜二轴测图的画法

1)平行于坐标面 XOZ 的圆的正面斜二测的画法

因为正面斜轴测投影的坐标面 XOZ 平行于轴测投影面 P，所以物体上平行于坐标面 XOZ 的平面图形，也就是物体的正面和物体上平行于正面的平面图形，它们的正面斜轴测投影都显示实形，所以如果立体中有平行于坐标面 XOZ 的圆时，圆的正面斜二测图中仍然是同样大小的圆，显示圆的实形。

【例5.5】　根据如图 5.13(a)所示的投影图作拱门的正面斜二测图。

【解】　①拱门由地台、门身及顶板 3 部分组成，画轴测图时必须要注意各部分在 Y 轴方向的相对位置。拱门半圆在正面斜二测图中反映实形。

②先画地台的斜二测图，并在地台面的对称线上向后量取 $y_1/2$，定出拱门前墙面的位置线，如图 5.13(b)所示。

③因为前墙面平行于 XOZ 面，所以在斜二测图中反映实形，按实形画出前墙面，如图 5.13(c)所示。

④完成拱门的斜轴测图。注意后墙面半圆拱的圆心位置及半圆拱的可见部分。在前墙面顶线中点作 Y 轴的平行线，向前量取 $y_2/2$，定出顶板底面前边缘的位置线，如图 5.13(d)所示。

⑤画出顶板，如图 5.13(e)所示。

⑥擦去作图过程线和不可见的轮廓线，加粗可见轮廓线，即得拱门的正面斜二测图，如图

5.13(f)所示。

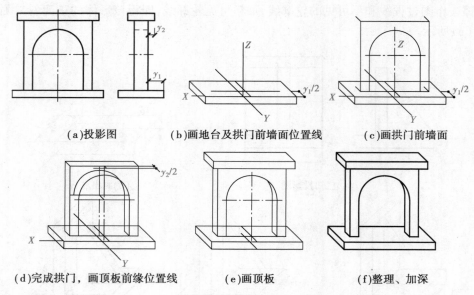

(a)投影图 　　(b)画地台及拱门前墙面位置线 　　(c)画拱门前墙面

(d)完成拱门，画顶板前缘位置线 　　(e)画顶板 　　(f)整理、加深

图 5.13　作拱门的正面斜二测图

*2)平行于坐标面 XOY、YOZ 的圆的正面斜二测的画法

因为正面斜二测的轴向伸缩系数 $p = r = 1$，$q = 1/2$，所以在坐标面 $X_1O_1Y_1$，$Y_1O_1Z_1$ 上的圆，以及平行于这两个坐标面的圆的正面斜二测椭圆，由于两条坐标轴的伸缩系数都分别不相等，不能用正等测的菱形四心法画近似轴测椭圆，通常都是用坐标法或八点法绘制，如图5.14所示。

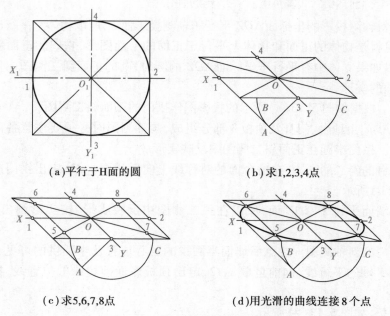

(a)平行于H面的圆 　　(b)求1,2,3,4点

(c)求5,6,7,8点 　　(d)用光滑的曲线连接8个点

图 5.14　作水平圆的正面斜二测

具体作法如下：

①在圆的水平投影中建立直角坐标系，并作圆的外切正方形得 4 个切点分别为 1,2,3,4，如图 5.14(a)所示。

②画轴测轴 OX,OY 及与圆外切的正方形的轴测投影 1234，过 3 点向 X_1A 作垂线交垂足于 A 点，以 3 点为圆心，以 $3A$ 为半径作圆弧，交平行于 X 轴的正方形边线于 B,C 两点，如图 5.14(b)所示。

③过点 B,C 分别作 OY 轴的平行线交对角线于 5,6,7,8 点，如图 5.14(c)所示。

④用光滑的曲线连接 1,2,3,4,5,6,7,8 点即为所求的近似椭圆，如图 5.14(d)所示。

*3)曲面体的正面斜二测图

掌握了坐标面上圆的正面斜二测的画法后，就可以画出各种轴线垂直于坐标面的圆柱、圆锥及组合形体的正面斜二测图了。

【例 5.6】 求作如图 5.15(a)所示圆锥的斜二测图。

【解】 ①以圆锥的底圆的圆心为坐标原点 O_1，设置坐标轴 O_1X_1,O_1Y_1,O_1Z_1，如图 5.15(a)所示。

②绘制底圆的斜二测图，因为 $q=0.5$，所以沿 OY 轴的圆的直径只按直径的一半来量取，如图 5.15(b)所示。

③过点 O 按正面斜二测做轴测轴 OZ，按 $r=1$ 从点 O 沿 OZ 的正向量取图 a 中圆锥的高度，得锥顶的正面斜二测。由锥顶分别向底圆的正面斜二测椭圆的左、右两侧作切线，即为圆锥面的轴测投影的转向轮廓线，如图 5.15(c)所示。

④擦去作图过程线和不可见的轮廓线，加粗可见轮廓线，即得圆锥的正面斜二测图，如图 5.15(d)所示。

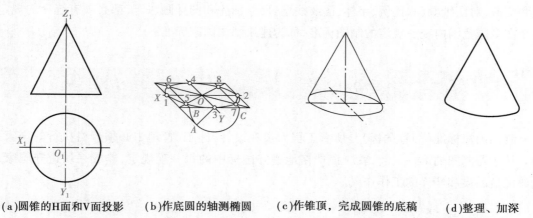

(a)圆锥的H面和V面投影　(b)作底圆的轴测椭圆　(c)作锥顶，完成圆锥的底稿　(d)整理、加深

图 5.15 作圆锥的正面斜二测图

制图基本知识

工程图样被公认为"工程界技术交流的语言",是现代工程从市场调研、方案确定、初步设计、施工设计、现场施工、验收维护等整个过程中必不可少的技术资料。建筑工程图则是土木建筑工程方面的技术资料和文件。为了使建筑工程图在全国范围内表达统一,便于绘制、识读和交流,对图纸幅面、比例、字体、图线线型、尺寸标注和图样画法等,都必须有统一的规定。这个在全国范围内统一规定的制图标准,称为建筑制图国家标准。

6.1 有关制图标准的基本规定

制图国家标准(简称国标)是所有工程人员在设计、施工、管理中必须严格执行的国家条例。从学习制图的第一天起,就应该严格地遵守国标中的每一项规定,养成一切遵守国家规范的优良品质和严谨的工作作风。

▶ 6.1.1 图纸幅面、标题栏

1)图纸幅面

图纸的幅面是指图纸本身的大小规格。为了合理使用图纸和便于装订和管理,绘制技术图样时应优先采用表 6.1 中所规定的基本幅面。图纸幅面及图框格式有横式幅面和竖式幅面两种,以短边作垂直边的图纸称为横式幅面,如图 6.1 所示,以短边作水平边的图纸称为立式幅面,如图 6.2 所示。一般 A0—A3 图纸宜横式使用,必要时,也可以立式使用,A4 图纸只

能立式使用。一个工程设计中,每个专业所使用的图纸不宜多于两种幅面。结合建筑工程的特点,图纸的短边尺寸不应加长,A0—A3 图纸的长边可以加长,但尺寸要符合国标的规定。

表 6.1　幅面及图框尺寸表　　　　　　　　　　　　单位:mm

尺寸代号	图幅代号				
	A0	A1	A2	A3	A4
$b \times l$	841×1189	594×841	420×594	297×420	210×297
c	10			5	
a	25				

2)标题栏

图纸标题栏(简称图标),主要用来填写设计单位、工程名称、图名、图号以及设计人、制图人、审批人的签名和日期。图纸的标题栏及装订边的位置应符合下列规定:

①横式使用的图纸,应按图 6.1 的形式进行布置。

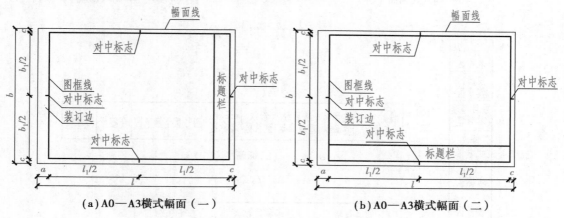

(a)A0—A3横式幅面(一)　　　　　　　(b)A0—A3横式幅面(二)

图 6.1　横式幅面

②立式使用的图纸,应按图 6.2 的形式进行布置。

标题栏应符合图 6.3 的规定,根据工程的需要确定其尺寸、格式及分区。签字栏应包括实名列和签名列。

▶ **6.1.2　图线**

图纸上的线条统称为图线。图线有粗、中、细之分,主要是为了表示出图中不同的内容,并且能够分清主次。各类线型、宽度、用途如表 6.2 所示。

在确定线宽 b 时,应根据形体的复杂程度和比例的大小,确定基本线宽 b。b 值宜从下列线宽系列中选取:1.4,1.0,0.7,0.5,0.35,0.25,0.18,0.13 mm,图线宽度不应小于 0.1 mm。每个图样,应根据复杂程度与比例大小,先选定基本线宽 b,再选用线宽组。粗线、中粗线和细线的宽度比率为 1∶0.5∶0.25。

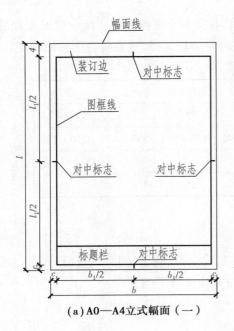

（a）A0—A4立式幅面（一）

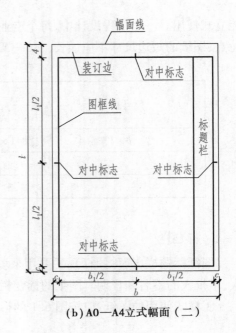

（b）A0—A4立式幅面（二）

图 6.2　立式幅面

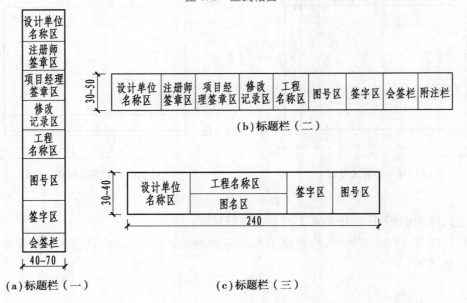

（a）标题栏（一）　　　　**（c）标题栏（三）**

图 6.3　标题栏

在同一图样中,同类图样的线宽与形式应保持一致。图纸的图框线和标题栏线,可采用表 6.3 的线宽。

画线时还应注意下列几点:

①在同一张图纸内,相同比例的各图样,应采用相同的线宽组。

②相互平行的图例线,其净间隙或线中间隙不宜小于 0.2 mm。

③虚线、单点长画线或双点长画线的线段长度和间隔应各自保持长短一致。在较小图形

中绘制单点画线或双点画线有困难时,可用实线代替。

④虚线与虚线、点画线与点画线、虚线或点画线与其他线相交时,应交于画线处。虚线与实线连接(即虚线为实线的延长线)时,则应留一间隔。它们的正确与错误画法见表6.4。

⑤点画线或双点画线的两端不应是点。

⑥图线不得与文字、数字或符号重叠相交。不可避免时,应首先保证文字等的清晰。

表 6.2　图线(综合)

名　称		线　型	线　宽	主要用途
实线	粗		b	1. 主要可见轮廓线 2. 平、剖面图中主要构配件断面的轮廓线 3. 建筑立面图中外轮廓线 4. 详图中主要部分的断面轮廓线和外轮廓线 5. 总平面图中新建建筑物的可见轮廓线 6. 给排水工程图中的给水管道
	中		$0.7b$ $0.5b$	1. 建筑平、立、剖面图中一般构配件的轮廓线 2. 平剖面图中次要构配件断面的轮廓线 3. 总平面图中新建构筑物、道路、桥涵、围墙等以及运输设施的可见轮廓线 4. 尺寸起止符号
	细		$0.25b$	1. 总平面图中新建人行道、排水沟、草地、花坛等可见轮廓线,原有建筑物、铁路、道路、桥涵、围墙的可见轮廓线 2. 图例线、索引符号、尺寸线、尺寸界线、引出线
虚线	粗		b	1. 新建建筑物的不可见轮廓线 2. 结构图上不可见钢筋及螺栓线 3. 给排水工程图中的排水管道
	中		$0.7b$ $0.5b$	1. 不可见轮廓线 2. 建筑构造及建筑构配件不可见轮廓线 3. 总平面图计划扩建的建筑物、铁路、道路、桥涵、管线等 4. 平面图中吊车轮廓线
	细		$0.25b$	1. 总平面图上原有建筑物、构筑物、管线等的地下轮廓线 2. 结构详图中不可见钢筋混凝土构件轮廓线 3. 图例线
单点画线	粗		b	1. 吊车轨道线 2. 结构图中的支撑线
	中		$0.5b$	土方填挖区的零点线
	细		$0.25b$	中心线、对称线、定位轴线

续表

名　称		线　型	线　宽	主要用途
双点画线	粗		b	预应力钢筋线
	细		$0.25b$	假想轮廓线、成型前原始轮廓线
折断线		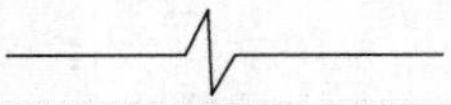	$0.25b$	断开界线
波浪线			$0.25b$	断开界线

表 6.3　图框线、标题栏线的宽度　　　　　　　　　　　单位:mm

幅面代号	图框线	标题栏外框线	标题栏分格
A0，A1	b	$0.5b$	$0.25b$
A2，A3，A4	b	$0.7b$	$0.35b$

表 6.4　图线相交的画法正误对比

名　称	举　例	
	正　确	错　误
两点画线相交		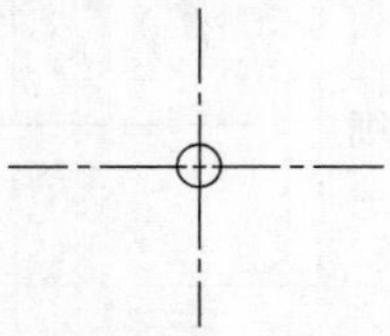
实线与虚线相交，两虚线相交	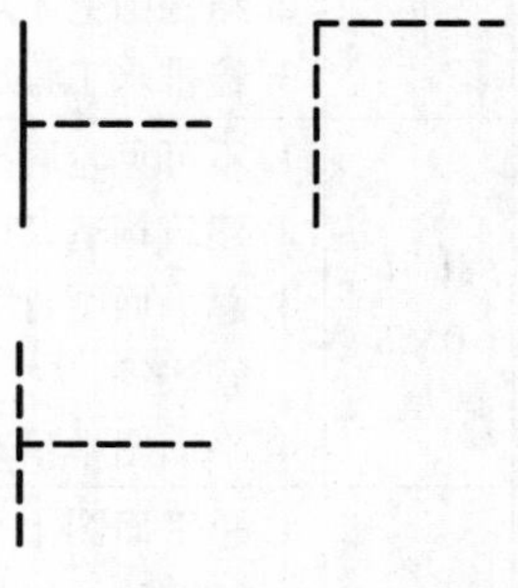	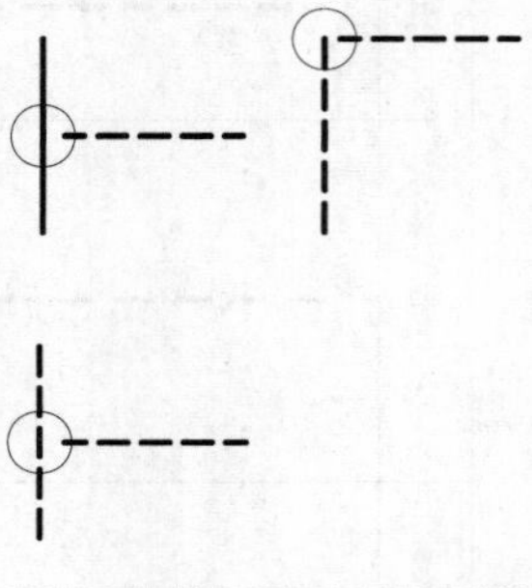
虚线为粗实线的延长线		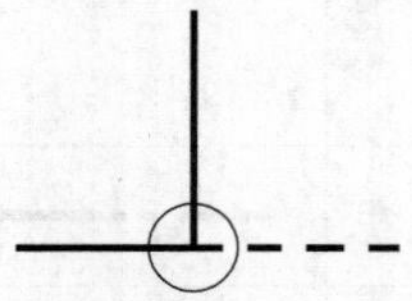

► **6.1.3 字体**

文字、数字和符号都是工程图纸上的重要内容。为了保证图样的规范性和通用性,且使图面清晰美观。均应做到笔画清晰、字体端正、排列整齐、标点符号清楚正确。

1)汉字

图及说明的汉字,宜采用 True type 字体中的宋体字型,采用矢量字体时应为长仿宋体字体,同一图纸字体种类不应超过两种。字高和字宽的比例宜为 0.7,且应符合表 6.5 的规定。汉字的简化书写,必须符合国务院公布的《汉字简化方案》和有关规定。长仿宋体的字高与字宽之比为 $1:\sqrt{2}$。汉字的高度不应小于 3.5 mm。长仿宋字体的示例如图 6.4 所示。

表 6.5 长仿宋体字高宽关系　　　　　单位:mm

字 高	20	14	10	7	5	3.5
字 宽	14	10	7	5	3.5	2.5

仿宋字书写特点:

①横平竖直:横画平直刚劲,稍向上倾;竖画一定要写成竖直状,写竖画时用力一定要均匀。

②起落分明:"起"指笔画的开始,"落"指笔画的结束,横、竖的起笔和收笔,撇的起笔,钩的转角,都要顿笔,形成小三角。但当竖画首端与横画首端相连时,横画首端不再筑锋,竖画改成曲头竖。

③排列均匀:笔画布局要均匀紧凑,但应注意字的结构,每一个字的偏旁部首在字格中所占的比例是写好仿宋字的关键。

④填满方格:上、下、左、右笔锋要尽量触及方格。但也有个别字例外,如:日、月、口等都要比字格略小,考虑缩格书写。

要想写好仿宋字,最有效的办法就是首先练习基本笔画的写法(尤其是顿笔),然后再打字格练习字体,且持之以恒,方熟能生巧,写出的字才会自然、流畅、挺拔、有力。

工业民用建筑厂房屋平立剖面详图

门窗基础地层楼板梁柱墙厕浴标号

承重结构阳台雨篷勒脚散水坡洞沟

槽材料钢筋水泥沙石混凝土砖木灰

图 6.4 长仿宋字体的示例

2）数字和字母

数字和字母在图样中所占的比例非常大，在工程图样及说明中的字母、数字，宜采用单线简体或 ROMAN 字体。数字和字母有正体和斜体两种，如需写成斜体字，其斜度应是从字的底线逆时针向上倾斜75°，如图 6.5 所示。拉丁字母、阿拉伯数字与罗马数字的字高，应不小于 2.5 mm。

ABCDEFGHIJKLMNOPQRSTUVWXYZ

abcdefghijklmnopqrstuwxyz

0123456789

0123456789

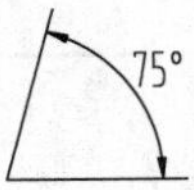

图 6.5　拉丁字母、数字示例

▶ 6.1.4　比例

图中图形与其实物相对应要素的线性尺寸之比称为比例。比例的表示方法为 1:1、1:2、1:100等。比例大小，是指比值的大小，如 1:50 大于 1:100。书写时，比例宜注写在图名右侧，字的基准线应取平，比例的字高应比图名的字高小一号或二号(图 6.6)。

平面图 1:100　　②1:20

图 6.6　比例的书写示例

一般情况下，一个图样应选用一种比例。根据专业制图的需要，同一图样也可选用两种比例。

▶ 6.1.5　尺寸标注

工程图上除画出构造物的形状外，还必须准确、完整和清晰地标注出构造物的实际尺寸，作为施工的依据。

1）尺寸的组成

图样上的尺寸由尺寸界线、尺寸线、尺寸起止符号和尺寸数字 4 部分组成，如图 6.7 所示。

2）尺寸标注的一般原则

（1）尺寸界线

①尺寸界线应用细实线绘制，一般应与被注长度垂直，其一端应离开图样轮廓线不小于 2 mm，另一端宜超出尺寸线 2 ~ 3 mm。图样轮廓线可用作尺寸界线。

②图样轮廓线以外的尺寸界线，距图样最外轮廓之间的距离，不宜小于 10 mm。

③尺寸的尺寸界线应靠近所指部位，中间的分尺寸的尺寸界线可稍短，但其长度应相等。

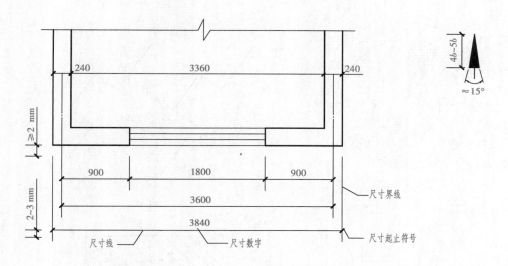

图 6.7　尺寸的组成

（2）尺寸线

①尺寸线应用细实线绘制，应与被注长度平行。图样本身的任何图线均不得用作尺寸线。

②互相平行的尺寸线，应从被注写的图样轮廓线由近及远整齐排列，较小尺寸应离轮廓线较近，较大尺寸应离轮廓线较远。

③平行排列的尺寸线的间距，宜为 7～10 mm。

（3）尺寸起止符号

①尺寸线与尺寸界线相接处为尺寸的起止点。

②尺寸起止符号一般用中粗斜短线绘制，其倾斜方向应与尺寸界线成顺时针 45°角，长度宜为 2～3 mm。半径、直径、角度与弧长的尺寸起止符号宜用箭头表示，如图 6.7 所示。

③在轴测图中标注尺寸时，其起止符号宜用箭头。

（4）尺寸数字

①工程图样上标注的尺寸数字，是物体的实际尺寸，它与绘图所用的比例无关。因此，抄绘工程图时，不得从图上直接量取，而应以所注尺寸数字为准。

②尺寸数字的读数方向，应按图 6.8（a）的形式注写。对于靠近竖直方向向左或向右 30° 范围内的倾斜尺寸，应从左方读数的方向来注写尺寸数字。必要时，也可以如图 6.8（b）的形式来注写尺寸数字。

③尺寸数字一般应依据其方向注写在靠近尺寸线的上方中部。如没有足够的注写位置，最外边的尺寸数字可注写在尺寸界线的外侧，中间相邻的尺寸数字可错开注写，如图 6.8（c）所示。

④任何图线不得与尺寸数字相交，无法避免时，应将图线断开，如图 6.8（d）所示。

3）半径、直径的标注

①半径：半径的尺寸线应一端从圆心开始，另一端画箭头指向圆弧。半径数字前应加注半径符号"R"。较小圆弧的半径以及较大圆弧的半径标注方法如图 6.9 所示。

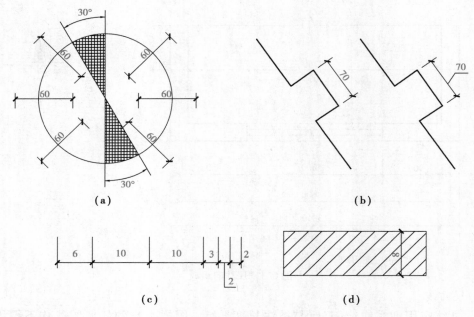

图6.8　尺寸数字的注写

②直径：标注圆的直径尺寸时，直径数字前应加直径符号"φ"。在圆内标注的尺寸线应通过圆心，两端画箭头指至圆弧。较小圆的直径尺寸可标注在圆外，如图6.9所示。

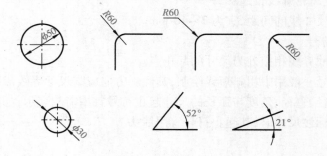

图6.9　半径、直径、角度的尺寸注法

4）角度的尺寸标注

角度的尺寸线应以圆弧表示。该圆弧的圆心应是该角的顶点，角的两条边为尺寸界线。起止符号应以箭头表示，如没有足够位置画箭头，可用圆点代替。角度数字应按水平方向注写，如图6.9所示。

6.2　绘图工具和仪器的使用方法

绘图可分为计算机绘图和手工绘图两种。计算机绘图设备是由硬件和软件组成的。常用的硬件有计算机、绘图仪、打印机等，这些设备和软件的应用将在以后的有关章节中介绍。

本节主要介绍常用的手工绘图工具和仪器等的使用知识。

► **6.2.1 图板、丁字尺、三角板**

1)图板

图板用来铺放和固定图纸,一般用胶合板做成,板面平整。图板的短边作为丁字尺上下移动的导边,因此要求平直,如图 6.10 所示。图板不可受潮或曝晒,以防板面变形,影响绘图质量。图板有几种规格,可根据需要选用。

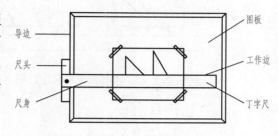

图 6.10 手工主要绘图工具

2)丁字尺

丁字尺用有机玻璃做成,尺头与尺身垂直,尺身的工作边必须保持光滑平直,勿用工作边裁纸。丁字尺用完之后要挂起来,防止尺身变形。

丁字尺主要用来画水平线。画线时,左手握住尺头,使它紧靠图板的左边,右手扶住尺身,然后左手上下推丁字尺,在推的过程中,尺头一直紧靠图板左边,推到需画线的位置停下来,自左向右画水平线,画线时可缓缓旋转铅笔(图 6.11、图 6.12)。注意不要用丁字尺画铅直线。

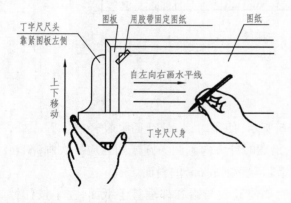

图 6.11 用丁字尺画水平平行线

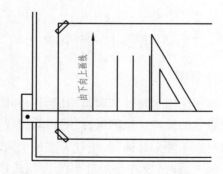

图 6.12 用三角板与丁字尺配合画铅垂平行线

3)三角板

三角板用有机玻璃制成。一副三角板有两个,一个为 30°,60°,90°的三角板,一个为 45°,45°,90°的三角板。三角板主要用来画铅直线,也可与丁字尺配合使用画出一些常用的斜线,如 15°,30°,45°,60°,75°等方向的斜线,如图 6.13 所示。

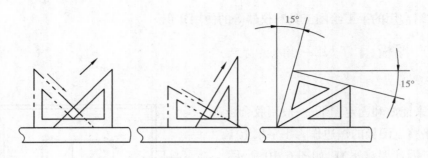

图 6.13　用三角板与丁字尺配合画与水平线成 15°及倍数的斜线

▶ 6.2.2 比例尺

　　绘图时会用到不同的比例,这时可借助比例尺来截取线段的长度。比例尺上的数字以 m 为单位。常见的比例尺称为三棱尺,如图 6.14 所示,三棱尺面共有 6 个常用的比例刻度,即 1:100,1:200,1:300,1:400,1:500,1:600。使用时先要在尺上找到所需的比例,不用计算,即可按需要在其上量取相应的长度作图。若绘图比例与尺上的 6 种比例都不同,则选取尺上最方便的一种相近的比例折算量取。

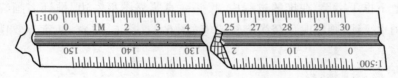

图 6.14　三棱尺

▶ 6.2.3 圆规和分规

　　1)圆规

　　圆规是用来画圆和圆弧的仪器。如图 6.15 所示,使用时,将带针插脚轻轻插入圆心处,使带铅芯的插脚接触图纸,然后转动圆规手柄,沿顺时针方向画圆。圆或圆弧应一次画完,在使用前应调整带针插脚,使针尖略长于铅芯。铅芯应磨削成 65°的斜面。

　　画大圆时,要在圆规插脚上接延长杆,画时要使针尖与铅芯都垂直于纸面,左手按住针尖,右手转动带铅芯的插脚画图。

　　2)分规

　　分规的形状像圆规,但两腿都为钢针。分规是用来等分线段或量取长度用的,用它量取长度是从直尺或比例尺上量取需要的长度,然后移到图纸上各个相应的位置。分规通常用来等分直线段或圆弧。例如:五等分线段,可将分规两脚分开,两针尖目估 AB 的 1/5,然后从 A 端开始试分,若最后点恰好是 B 点,则试分完成;若不是,则调整两针尖距离,这样反复进行,直至恰好为止。

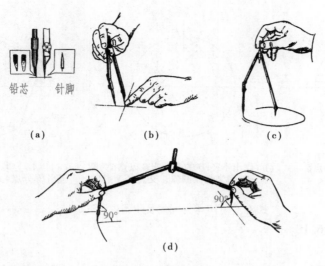

图 6.15　圆规的用法

6.3　几何作图

　　任何工程图实际上都是由各种几何图形组合而成的,正确掌握几何图形的画法,能够提高制图的准确性和速度,保证制图质量。下面介绍几种常用的几何作图方法。

　　1)任意等分直线段(图 6.16)

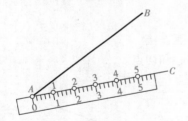

(a)过 A 点作任意直线 AC,用直尺在 AC 上从点 A 起五等分任意长度,得 1,2,3,4,5 点

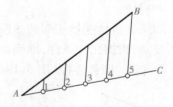

(b)连接 B5,然后过其他点分别作直线平行于 B5,交 AB 于 4 个等分点,即为所求

图 6.16　等分线段

　　2)等分圆周

　　(1)五等分(图 6.17)

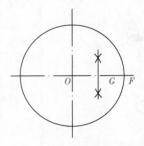
(a)二等分半径OF得点G

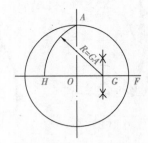
(b)作出半径OF的等分点G,以点G为圆心,GA为半径作圆弧,交直径于点H

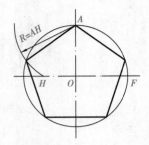
(c)以AH为半径,五等分圆周。连各等分点A,B,C,D,E,即为所求

图6.17 五等分圆周及作圆内正五边形

(2)六等分(图6.18)

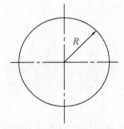
(a)已知半径为R的圆

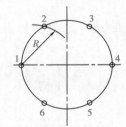
(b)用R作圆周的六等分点

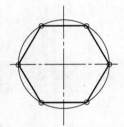
(c)连成正六边形

图6.18 用圆规六等分圆周及作圆内正六边形

3)圆弧连接

用一圆弧光滑地连接相邻两线段的作图方法称为圆弧连接。

作图要点:根据已知条件,准确地求出连接圆弧的圆心和切点。

(1)直线间的圆弧连接(图6.19)

(a)已知半径R和相交二直线M,N

(b)分别作出与M,N平行且相距为R的二直线,交点O即所求圆心

(c)过点O分别作M和N的垂线,垂足T_1和T_2即为所求的切点。以O为圆心,R为半径,作圆弧$\overparen{T_1T_2}$即为所求

图6.19 作半径为R的圆弧,连接相交二直线M和N

（2）圆弧与一直线和一圆弧连接（图6.20）

（a）已知需连接的圆弧半径R_1和连接圆弧的半径R

（b）作直线M平行于L，（间距R），作已知圆弧的同心圆（半径R_1+R）交直线M于点O

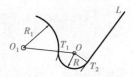

（c）连接O_1,O与已知圆弧交于切点T_1。过O作直线L的垂线OT_2，以O为圆心，R为半径作圆弧连接T_1T_2即为所求

图6.20 作半径为R的圆弧连接直线L和圆弧O_1

（3）作圆弧与两已知圆弧内切连接（图6.21）

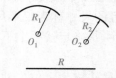

（a）已知内切圆弧半径R和半径为R_1，R_2的两已知圆弧

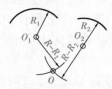

（b）以O_1和O_2为圆心，$R-R_1$和$R-R_2$为半径作两圆弧交于O点。即为连接圆弧圆心

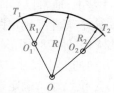

（c）连接OO_1并延长交圆弧O_1于切点T_1。延长OO_2交圆弧O_2于切点T_2。以O点为圆心，R为半径，作T_1T_2，即为所求

图6.21 作半径为R的圆弧与圆弧O_1，O_2内切连接

（4）作圆弧与两已知圆弧外切连接（图6.22）

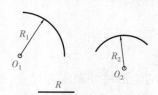

（a）已知外切圆弧的半径R和半径为R_1，R_2的两已知圆弧

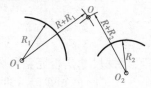

（b）以O_1和O_2为圆心，$R+R_1$和$R+R_2$为半径，作两圆弧交于O点，即为连接圆弧圆心

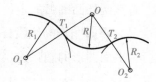

（c）连接OO_1交圆弧O_1于切点T_1，连接OO_2交圆弧O_2于切点T_2，以O为圆心，R为半径作圆弧T_1T_2，即为所求

图6.22 作半径为R的圆弧与圆弧O_1，O_2外切连接

4）根据长、短轴作近似椭圆——四心法（图6.23）

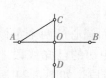

（a）已知长、短轴AB和CD，连接AC

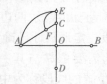

（b）以O为圆心，OA为半径作圆弧，交CD延长线于点E，以C为圆心，CE为半径作$\overset{\frown}{EF}$，交AC于点F

（c）作AF的垂直平分线，交长轴于O_1，交短轴于O_2。在AB上截$OO_3=OO_1$，又在CD延长线上截$OO_4=OO_2$

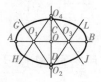

（d）以O_1，O_3，O_2，O_4为圆心，分别以O_1A，O_3B，O_2C，O_4D为半径作圆弧，各圆弧段分别在G，L，J，H点相连而得椭圆

图6.23 根据长、短轴用四心法作近似椭圆

6.4 平面图形的画法

平面图形由若干线段所围成,而线段的位置和长短是根据给定的尺寸确定的。构成平面图形的各种线段中,有些线段的尺寸是已知的,可以直接画出,有些线段需根据已知条件用几何作图方法来作。因此,画图之前,需对平面图形的尺寸和线段进行分析。

1)平面图形的尺寸分析

(1)尺寸基准　尺寸基准是标注尺寸的起点。平面图形的长度方向和宽度方向都要确定一个尺寸基准,通常以平面图形的对称线、底边、侧边、圆周或圆弧的中心线等作尺寸基准。

(2)定形尺寸　确定图中线段长短、圆弧半径大小、角度的大小等的尺寸称为定形尺寸。如图 6.24 中的 R78、图形底部的 R13 是确定圆弧大小的尺寸,60 和 64 是确定扶手上下方向和左右方向的大小尺寸,这些尺寸都属于定形尺寸。

(3)定位尺寸　确定图中各部分(线段或图形)之间相互位置的尺寸称为定位尺寸。平面图形的定位尺寸有上下和左右两个方向的尺寸。每一个方向的尺寸都需要有一个标注尺寸的起点。标注定位尺寸的起点称为尺寸基准。在平面图形中,通常以图形的主轴线、对称线、中心线及较长的直轮廓边线作为定位尺寸的基准。图 6.24 中是把对称线作为左右方向的尺寸基准,扶手的底边作为上下方向的尺寸基准。有时同一方向的基准不止一个,还可能同一尺寸既是定形尺寸,又是定位尺寸。如图 6.24 中的尺寸 80 既是扶手的定形尺寸,又是左右侧两外凸圆弧的定位尺寸。

2)平面图形的线段分析

平面图形的圆弧连接处的线段,根据尺寸是否完整可分为 3 类:

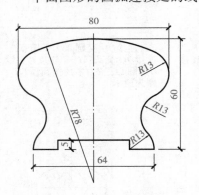

图 6.24　楼梯扶手断面轮廓线图

(1)已知线段　具备齐全的定形尺寸和定位尺寸,不需依靠其他线段而能直接画出的线段称为已知线段。对圆弧而言,它既有定形尺寸半径或直径,又有圆心的两个定位尺寸,如图 6.24 所示扶手的大圆弧 R78 和扶手下端的左右两圆弧 R13 的半径均为已知,同时它们的圆心位置又能被确定,所以,该两圆弧都是已知线段。对直线而言,就是要知道直线的两个端点,如图 6.24 所示图形的底边(尺寸 64,5)都是已知线段,两边对称。

(2)中间线段　定形尺寸已确定,而圆心的两个定位尺寸中缺少一个,需要依靠与其一端相切的已知线段才能确定它的圆心位置的线段称为中间线段。如图 6.24 所示的半径为 13 的左右外凸的圆弧,具有定形尺寸 R13,但 R13 弧的圆心只知道左右方向的一个定位尺寸 80(因 80 两端的尺寸界线与 R13 的圆弧相切,所以作出与 R13 外凸圆弧的切线相距为 13 的平行直线,就确定了该弧圆心左右方向的位置)。要确定该圆心的上下位置还要依靠与 R13 圆弧相切的已知圆弧 R78,其作图如图 6.25(b)所示,所以该 R13 的圆弧是中间线段。

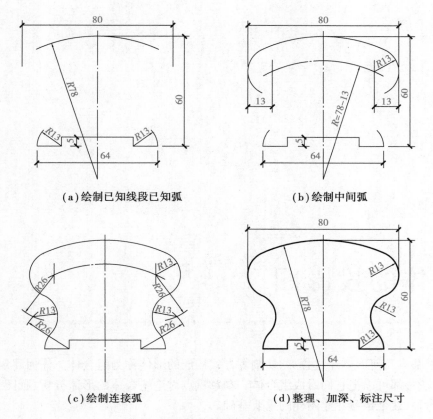

(a)绘制已知线段已知弧　　　　　　(b)绘制中间弧

(c)绘制连接弧　　　　　　(d)整理、加深、标注尺寸

图 6.25　扶手断面图形的绘制步骤

（3）连接线段　定形尺寸已定,而圆心的两个定位尺寸都没有确定,需要依靠与其两端相切或一端相切另一端相接的线段才能确定圆心位置的线段称为连接线段,如图 6.24 所示的与上下两个 R13 相切的 R13 的圆弧,其作图见 6.25（c）。

绘图时,应先画出已知线段,再画中间线段,最后画连接线段,如图 6.25 所示。

3）作平面图形的一般步骤

①对平面图形进行分析；

②选比例,定图幅；

③画尺寸基准线；

④依次画已知线段,中间线段,连接线段；

⑤画出尺寸界线、尺寸线、尺寸起止符号和箭头；

⑥整理、加深,注写尺寸数字,完成全图。

组合体的投影图

由若干基本几何形体经过叠加、切割等方式构成的形体称为组合体。任何建筑物从宏观的角度来观察,都可以把它们看成组合体。本章重点讨论组合体的形体分析、画图、看图及尺寸标注等内容,这是学习专业图样的重要基础。

7.1 概 述

将组合体假想分解成若干个基本的几何形体,分析这些基本几何形体的形状大小与相对位置,从而得到组合体的完整形象,这种方法称为形体分析法。

1)组合体的组合方式

按组合体的组合特点,可将它们的组合方式分为叠加型、切割型和相贯综合型 3 种。

必须指出,在许多情况下,叠加型和切割型并无严格的界限,同一组合体既可按叠加方式分析,也可按切割方式来理解,如图 7.1 所示。因此,我们这里所说的叠加和切割只具有相对意义,在进行具体形体的分析时,应以易于作图和理解为原则。

2)形体之间的表面连接关系

几何形体之间的表面连接关系一般可分为平齐、不平齐、相交、相切 4 种情况。

(1)平齐与不平齐

①两表面间不平齐。两表面间不平齐的连接处应有线隔开,如图 7.2 所示。

②两表面间平齐。两表面间平齐(即共面)的连接处不应有线隔开,如图 7.3 所示。

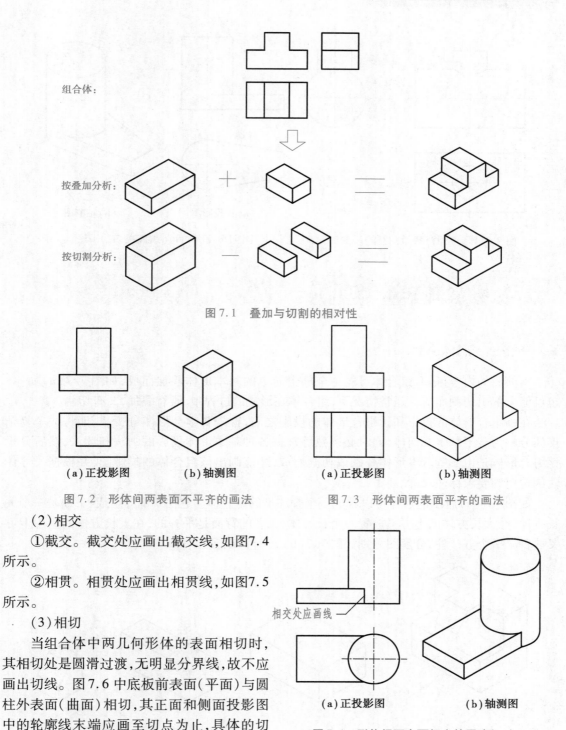

图 7.1　叠加与切割的相对性

组合体：

按叠加分析：

按切割分析：

（a）正投影图　　　（b）轴测图

图 7.2　形体间两表面不平齐的画法

（a）正投影图　　　（b）轴测图

图 7.3　形体间两表面平齐的画法

（2）相交

①截交。截交处应画出截交线，如图7.4所示。

②相贯。相贯处应画出相贯线，如图7.5所示。

（3）相切

当组合体中两几何形体的表面相切时，其相切处是圆滑过渡，无明显分界线，故不应画出切线。图7.6中底板前表面（平面）与圆柱外表面（曲面）相切，其正面和侧面投影图中的轮廓线末端应画至切点为止，具体的切点位置则由水平投影作出并通过投影关系来确定，两表面相切处不应画线。

相交处应画线

（a）正投影图　　　（b）轴测图

图 7.4　形体间两表面相交的画法（一）

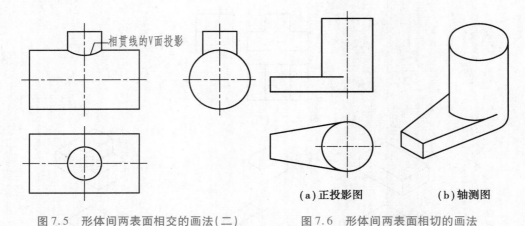

相贯线的V面投影

(a)正投影图   (b)轴测图

图7.5 形体间两表面相交的画法(二)   图7.6 形体间两表面相切的画法

7.2 组合体投影图的画法

► 7.2.1 形体分析

由前面的内容可知,组合体可能是全部由简单的基本形体叠加而成,如图7.7(a)所示;也可能全部由切割而成。通常情况下,组合体在形成的过程中,既有叠加,又有切割。

在画组合形体的投影和读组合形体的投影之前,首先要学会形体分析法,能将一个复杂形体分解为若干基本几何体,同时必须熟练掌握各种基本形体投影的画法和读法,然后分析该组合形体是由哪些基本形体叠砌或切割而成,才能画出该组合体的投影图,并根据尺寸注法的规定和要求标注尺寸。

如图7.7(a)所示的形体可以看成一个叠加型的组合体。它由3部分组成:下面是一个大长方体,在大长方体的上方又放置一个长方体,二者的背面是平齐的,在大长方体的正中上方又放置了一个五棱柱,分解图分别如图7.7(b),(c),(d)所示。

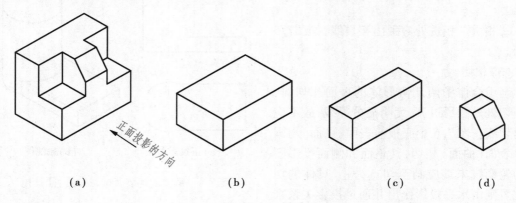

正面投影的方向

(a)   (b)   (c)   (d)

图7.7 组合体的形体分析

如图7.8(a)所示的组合体,对它可作如下的形体分析:该形体是由一个长方体切去前上方的一个三棱柱,如图 7.8(b)所示;然后又在左前方切去了一个四棱柱之后形成的,如图 7.8(c)所示。由此该形体可看作是切割型组合体。

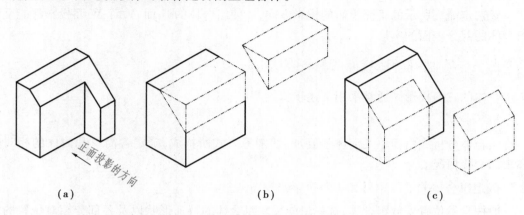

（a）   （b）   （c）

图 7.8　组合体的形体分析

　　如图 7.9(a)所示的台阶,对它可作如下的形体分析:在这个形体中,既有叠加,又有切割,该形体总的来说可以看作由 1 个栏板和 3 个长方体叠加而成的,3 个长方体的后表面和栏板的后表面平齐,而其中的栏板又是由 1 个长方体切去前上方的 1 个三棱柱而形成的。分解图如图 7.9(b)—(e)所示。

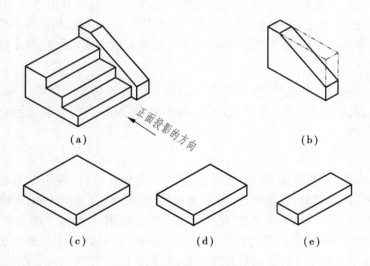

（a）   （b）

（c）   （d）   （e）

图 7.9　组合体的形体分析

▶ 7.2.2　选择正面投影的投影方向

　　画组合体的投影图,应正确选定正面投影的投影方向。选择正面投影的方向,原则上是使组合体处于自然安放的位置,使组合体的各个主要表面分别平行于 H 面、V 面、W 面,让每个投影都能反映出组合体的部分表面的实形,尽量避免出现过多的虚线,然后将由前、后、左、右 4 个方向投影所得的投影图进行比较,选择最能反映组合体形状特征及各部分相对位置的方向作为正面投影的投影方向。画建筑物的三面投影图时,也常用垂直于这个建筑物正面的

方向作为正面投影的投影方向。

如图 7.7(a)、图 7.8(a) 和图 7.9(a) 所示的组合体的立体图都是按自然位置画出的,按自然位置选定箭头所示的正面投影的投影方向,能使组合体的 H 面、V 面、W 面投影都能反映出组合体的部分表面的实形。

► 7.2.3 绘制组合体三面投影图的步骤

组合体的三面投影图通常采用下述步骤绘制:

1)形体分析

将组合体分析成由简单几何体经叠加、切割等方式所构成,确定各简单几何体的相对位置和表面交接情况。

2)确定组合体的安放位置和正面投影的投影方向

一般按自然位置安放组合体,选择最能反映组合体的特征形状以及各部分相对位置的方向作为正面投影的投影方向。有时,还需要将安放组合体的位置与选定正面投影的投影方向结合起来一起考虑,互相协调,使三面投影图尽量多地反映出组合体表面的实形,并避免出现过多的虚线。

3)选定比例和布置投影图

根据组合体的大小和复杂程度,选定适当的绘图比例,然后计算出总长、总宽、总高,根据选定的绘图比例按"长对正、高平齐、宽相等"布置 3 个投影图位置,并在投影图之间应留出适当的间距。如需标注尺寸,在各个投影图的周围则应留有清晰标注尺寸的足够位置。

4)画底稿

按已布置的三面投影图的位置,逐个画出形体分析的各简单几何体。画简单几何体时,一般是先画主要的,后画次要的;先画大的,后画小的;先画外面的轮廓,后画里面的细部;先画实体,后画孔和槽。

5)校核,加深图线,复核

校核完成的底稿,如有错漏,及时改正;当底稿正确无误后,按规定线型加深、加粗;加深完毕,再进行复核,还有错漏,立即改正;复核无误后,即完成这个组合体的三面投影。

【例 7.1】 已知图 7.10(a) 是按简化系数画出的正等测,作出这个组合体的三面投影图。

【解】 画如图 7.10 所示的组合体的三面投影图时,应根据形体分析和选定的正面投影箭头方向,用轻淡细线按 1:1 的比例量取尺寸布图,画底稿。按"长对正、高平齐、宽相等",先画下方的第一个长方体的三面投影,接着,画出后上方第二个长方体的三面投影,如图 7.10(b) 所示;然后在此基础上,画出正中位置的五棱柱的三面投影,如图 7.10(c) 所示。在作图过程中应注意,对组合体进行形体分析,是为了正确、快速地全面了解组合体的形体特征,组合体实际上是一个不可分割的整体,因组合体的形体分析而出现的组合体表面上的形体分界线实际上不存在,例如在图 7.10(b),(c) 中 3 个立体表面重合不存在的形体分界线(用虚线表示),应该擦去。最后,经校核无误,按规定线型加深图线,如图 7.10(d) 所示。

【例 7.2】 已知图 7.11(a) 是按简化系数画出的正等测,作出这个组合体的三面投影图。

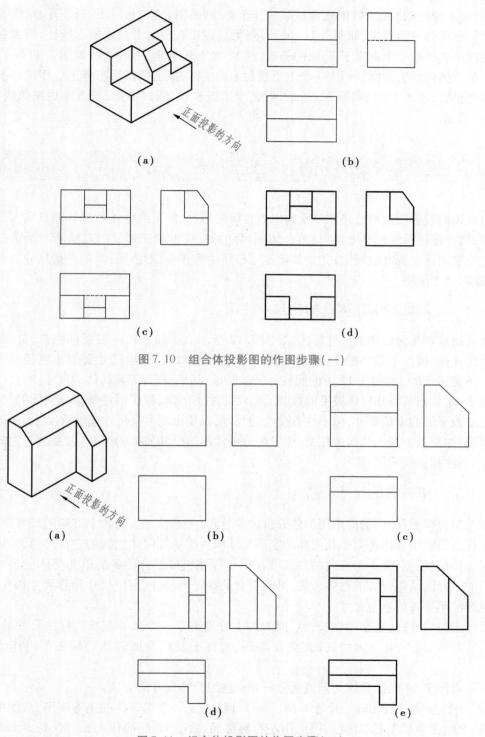

图 7.10　组合体投影图的作图步骤(一)

图 7.11　组合体投影图的作图步骤(二)

【解】 画如图 7.11 所示的组合体的三面投影图时,应根据形体分析和选定的正面投影箭头方向,用轻淡细线按 1:1 的比例量取尺寸布图,画底稿。按"长对正、高平齐、宽相等",先画一个长方体的三面投影,如图 7.11(b)所示;然后画出在前上方切去的三棱柱,切去后在长方体的前面将形成一个垂直于 W 面的斜面,在 W 面上积聚为一条斜线,如图 7.11(c)所示;再沿着长方体的前表面向后切去一个上下贯通的四棱柱,擦去切割后形体上位于前方不存在的棱线的投影,如图 7.11(d)所示;最后,对整个图线校核,清理图面,按规定加深图线,如图7.11(e)所示。

7.3 组合体投影图的尺寸标注

组合体的投影图虽然已经能够反映出组合体的形状,但是组合体各部分的真实大小及相对位置,则要通过标注尺寸来确定;组合体的尺寸标注应做到正确、完整、清晰。所谓正确是指要符合制图国家标准的规定;完整是指尺寸必须注写齐全,不遗漏;清晰是指尺寸的布局要整齐清晰,便于读图。

▶ 7.3.1 常见基本几何形体的尺寸注法

常见的基本几何形体的尺寸标注,如图 7.12 所示。平面立体一般要标注长、宽、高 3 个方向的尺寸;回转体一般要标注径向和轴向 2 个方向的尺寸,径向尺寸要加注直径或半径符号(ϕ,$S\phi$ 或 R,SR),如图 7.12 中的圆柱、圆锥、圆球、圆环、圆台等回转体的尺寸。

图 7.13 是当基本几何体被平面截断后的尺寸注法示例,除了标注基本几何体的尺寸外,应标注出截平面的定位尺寸,但不注截交线的尺寸,以免出现多余尺寸或矛盾尺寸。

同理,如果两个基本几何体相交,也只要分别注出两个几何体的尺寸,以及两者之间的定位尺寸,不注相贯线的尺寸。

▶ 7.3.2 组合体的尺寸分析

标注组合体的尺寸,仍应采用形体分析法。首先,考虑长、宽、高 3 个方向的尺寸基准,然后考虑标注组成组合体各简单几何体的定形尺寸和各简单几何体之间的定位尺寸,最后考虑标注组合体的长、宽、高 3 个方向的总尺寸。由于标注组成组合体各简单几何体的尺寸是逐个进行的,因此,从组合体的整体考虑,可能会有某些定形尺寸、定位尺寸和总尺寸相互替代,以避免标注不必要的重复尺寸。

标注定位尺寸时,还必须在长、宽、高方向上分别确定一个尺寸基准。标注尺寸的起点,称为尺寸基准,通常组合体的底面、重要端面、对称平面以及回转体的轴线等可作为尺寸基准。

下面以图 7.14 的组合体为例说明分析和标注组合体尺寸的方法。

(1)进行形体分析和确定尺寸基准 图 7.14(a)是一个组合体的正等测图,从图中可以看出,这个组合体是左右对称的,可选用左右对称面、后壁面、底面作为长、宽、高 3 个方向的尺寸基准。按形体分析可将这个组合体看作由上、中、下 3 个简单几何体叠合形成的,如图

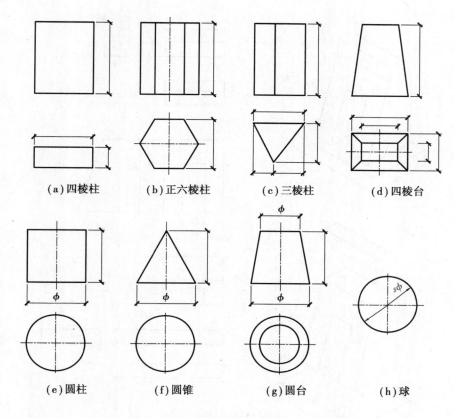

(a)四棱柱　　(b)正六棱柱　　(c)三棱柱　　(d)四棱台

(e)圆柱　　(f)圆锥　　(g)圆台　　(h)球

图 7.12　常见的基本几何体的尺寸注法示例

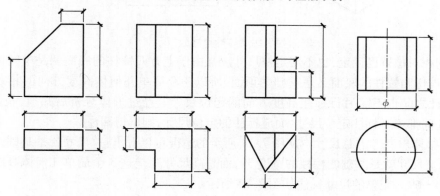

图 7.13　基本几何体被平面截断后的尺寸注法示例

7.14(b)画出的轴测分解图所示:上方是四棱柱;中间是切去一个角的四棱柱,棱柱中间切割出一个正垂的门洞;下方是四棱柱的基础。

(2)考虑各简单几何体的定形尺寸　针对形体分析得出的各个简单几何体,逐个标注定形尺寸,分别如图 7.14 中(c),(d),(e)所示。

(3)考虑各简单几何体之间的定位尺寸　因为这 3 个简单几何体具有公共的左右对称面,长度方向的相对位置已确定,不需定位尺寸。由于这 3 个简单几何体具有公共的后壁面,

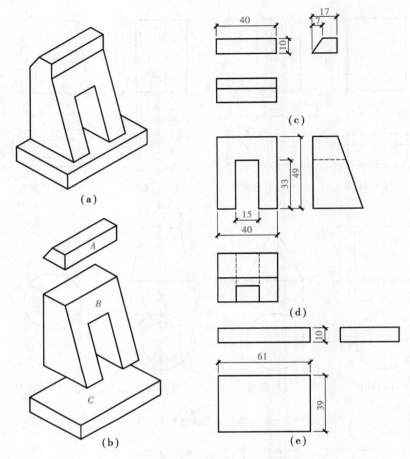

图 7.14　组合体的尺寸分析示例

宽度方向的相对位置已确定,也不需定位尺寸。又由于上方四棱柱的底面就是中间被切四棱柱的顶面,被切四棱柱的底面又是基础的顶面,所以 3 个简单几何体高度方向的相对位置也已确定,彼此之间也不需另行标注高度方向的定位尺寸。经过形体分析后知道,长、宽、高 3 个方向彼此间都不必标注定位尺寸,而应标注的定位尺寸,则不得漏注。

(4)从整体出发考虑总尺寸　从图 7.14 所示的情况可以看出:总尺寸就是基础四棱柱的长度 61;总宽尺寸就是基础四棱柱的宽度 39;而总高尺寸则是这 3 个简单几何体高度的总和 10 + 49 + 10 = 69。完整的尺寸标注如图 7.15 所示。

▶　7.3.3　组合体投影图的尺寸标注

当确定了在组合体投影图上应该标注哪些尺寸后,要考虑如何防止标注尺寸错漏,同时还要考虑尺寸如何布置才能做到清晰、整齐。

为了防止标注尺寸错漏,可采取两个措施:一是,按一定的顺序标注尺寸;二是,尺寸标注结束后必须认真进行复核。在比较简单的组合体投影图上标注尺寸时,可以先将各个简单几何体的定形尺寸分别完整地标注出,然后标注各简单几何体的定位尺寸,最后标注总尺寸。在比较复杂的组合体投影图上标注尺寸时,可以先标注一个简单几何体的定形尺寸,然后标

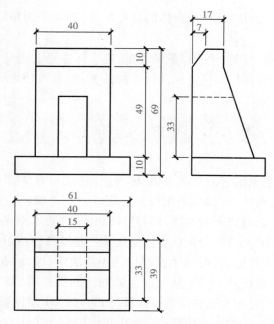

图7.15 组合体的尺寸标注示例

注第二个简单几何体与第一个简单几何体的定位尺寸,再标注第二个简单几何体的定形尺寸;继续标注第三个简单几何体对第一或第二个简单几何体的定位尺寸,再标注第三个简单几何体的定形尺寸;直到标注完最后一个简单几何体的定形尺寸为止,最后标注组合体的总尺寸。尺寸标注结束后,还必须认真复核,如有漏标、错标,立即补正。

为了使尺寸布置得清晰、整齐,便于读图,在一般情况下,应注意以下几个方面:

①尺寸宜标注在图形的轮廓线之外、两个投影图之间(一些细部尺寸为了避免引出标注的距离太远,也可以就近标注);

②简单几何体的定形尺寸宜标注在形状特征明显的投影图上,并尽可能靠近基本形体;

③同方向的尺寸宜布置在一条直线上,为了避免漏标和施工时计算,应尽可能分别标注,注成尺寸链(即在同一道尺寸线上连续标注的各段尺寸之和等于它们的总尺寸);

④有几道平行尺寸时,小尺寸宜布置得靠近轮廓线处,大尺寸或总尺寸在离轮廓线远处。

以下通过例题来说明在组合体投影图上标注尺寸的方法和步骤。

【例7.3】 如图7.15所示,在已画出的组合体的三面投影图上标注尺寸。

【解】 ①根据三面投影图对组合体进行形体分析,可看成由上、中、下3个简单几何体叠合形成的组合体,上方是四棱柱 A,中间是切去斜角的四棱柱 B,下方是四棱柱 C,如图7.14(b)所示;选定左右对称面、后壁面、底面作为长、宽、高3个方向的尺寸基准。

②将图7.14(c),(d),(e)所标注的四棱柱、切去斜角的四棱柱、四棱柱3个简单几何体的定形尺寸,逐个标注在图7.15的三面投影图上。例如,先标注形体 A,再标注形体 B,因为形体 B 的顶面的长和宽的尺寸40和17已经标出,不必重复标注,然后标注形体 C。

③标注3个简单几何体之间的定位尺寸。在图7.14的尺寸分析中已阐述了这3个简单几何体之间的相对位置已全部确定,所以不必标注定位尺寸。

④标注总尺寸,按图7.14中的尺寸分析,总长、总宽尺寸就是组合体下方的四棱柱的长

61 和宽 39,不必另行标注,只需标注组合体的总高尺寸,即 3 个简单几何体高度的总和 10 +
49 + 10 = 69。

⑤按尺寸布置得清晰、整齐,便于读图的要求,逐步标注完上述尺寸后,再进行复核,复核
无误,就完成了在这个组合体投影图上标注尺寸的任务,如图 7.15 所示。

7.4 组合体投影图的阅读

根据组合体的视图想象出它的空间形状,称为读图(或称看图、识图)。组合体的读图与
画图一样,仍采用形体分析法,有时也采用线面分析法。要正确、迅速地读懂组合体投影图,
必须掌握读图的基本方法,通过不断实践,培养空间想象能力,才能逐步提高。

阅读组合体的投影图,要首先分析该形体是由哪些基本形体所组成的。由于形体的形状
通常不能只凭一个投影来确定,有时两个投影也还不能决定,因此,在读图时,必须将几个投
影联系起来思考。例如,在图 7.16 中,从该组合体的三面投影看,可知该组合体是由两个基
本几何体组成的。上面的是一个挖去圆孔的圆柱,因为它的 H 面投影是两个同心圆,V,W 投
影是相等的矩形;下面的是一个正六棱柱,它的 H 面投影是一个正六边形,是六棱柱的上、下
底面的实形投影。V,W 投影的大、小矩形线框,是六棱柱各个侧面的 V,W 投影。综合起来,
这个组合体的形状如图中的立体图所示。

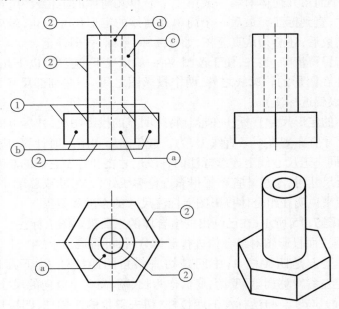

图 7.16　阅读组合体的投影图(一)

同时,也可分析图中线、面(线框)的意义,投影图中的线段可以有以下 3 种不同的意义:

①相邻两面的交线。相邻两面的交线,也就是形体上的棱边的投影。例如,图 7.16 中 V
面投影上标注①的 4 条竖直线,就是六棱柱上侧棱面交线的 V 面投影。

②某个面的积聚投影。例如,图 7.16 中标注②的线段和圆,就是六棱柱的顶面、底面、侧面和圆柱面的积聚投影。

③曲面的投影轮廓线。例如,图 7.16 中标注③的左右两线段,就是圆柱面的 V 面投影轮廓线。

投影图中的线框,可以有 4 种不同的意义:

①某个面的实形投影。例如,图 7.16 中标注ⓐ的线框,是圆柱上下底面的 H 面实形投影和六棱柱上平行 V 面的棱面的实形投影。

②某个面的类似投影。例如,图 7.16 中标注ⓑ的线框,是六棱柱上垂直于 H 面但对 V 面倾斜的侧面的投影。

③某一个曲面的投影。例如,图 7.16 中标注ⓒ的线框,是圆柱面的 V 面投影。

④一个空洞的投影。例如,图 7.16 中标注ⓓ的虚线框,是圆柱体中心被挖空洞的 V 面投影。

通过分析三面投影图中相互对应的线段和线框的意义,可以进一步认识组成该组合体的基本几何体的形状和整个形体的形状。这种方法称为线面分析法。

【例 7.4】 试读图 7.17(a)所示的组合体投影图。

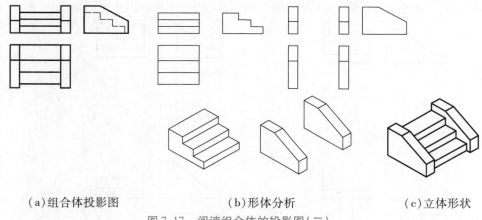

(a)组合体投影图　　　　　　(b)形体分析　　　　　　(c)立体形状

图 7.17　阅读组合体的投影图(二)

【解】 ①进行整体形状的分析。从 3 个投影来看,给出的组合体是建筑物中的台阶,由中间的 3 个踏步和左右 2 块栏板所组成。

②分析细部,从 W 面投影来看并对照 H 和 V 面投影,中间 3 个踏步可以看成 3 个叠放的大小不同的长方体,左右 2 块栏板是 2 个大小相同的棱柱体。左右栏板还可以看成长方体被侧垂面切去一部分而形成,如图 7.17(b)所示。

③将每一步分析结果用立体草图表示出来,可得到组合体的整体形象,如图 7.17(c)所示。

【例 7.5】 试读图 7.18(a)所示的组合体投影图。

【解】 ①进行整体形状的分析。从 3 个投影来看,给出的组合形体从整体上来看是由一个长方体被切割和挖切后形成的,如图 7.18(b)所示。

②由 W 面投影图中的斜线,并分别对比 H,V 投影中的线框,可知这个长方体在前上方被

切去了一个角,如图 7.18(c)所示。

③由 V 面投影图中挖切部分,结合 H 面中的线框和 W 面中的虚线,可知又在该形体的中间从后至前挖切了一个沟槽,形成了最终的组合体,如图 7.18(d)所示。

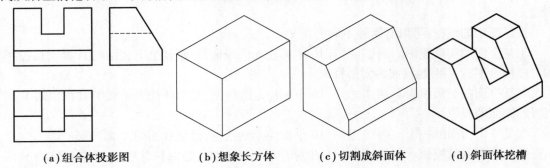

(a)组合体投影图   (b)想象长方体   (c)切割成斜面体   (d)斜面体挖槽

图 7.18   阅读组合体的投影图(三)

由两面投影图补画第三面投影图,简称"二补三",是看图和画图的综合训练环节之一,也是培养和提高识图能力和空间想象能力的方法之一。下面通过两个例题来说明"二补三"的作图过程和方法。

【例 7.6】   根据图 7.19(a)所示的组合体两面投影图,补画出水平投影图。

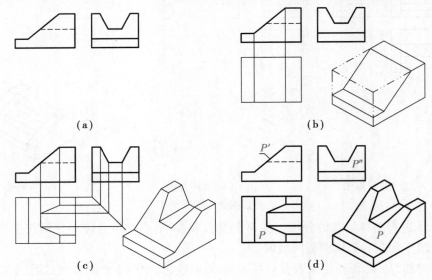

图 7.19   补画切割型组合体的水平投影图

【解】   首先要看懂给定的两面投影图,想象出组合体的形状。从两面投影图上可看出,组合体左上方有一缺口,正上方有一个槽,可大致想象出该组合体是由一个长方体被切割形成。补画水平投影图的步骤如图 7.19(b)、(c)、(d)所示。

①想象出长方体,切去左上角,根据投影关系画出水平投影,如图 7.19(b);

②结合线面分析,分析出槽由两个侧垂面和一个水平面切割形成,并按"长对正,宽相等"的关系,画出槽的水平投影,如图 7.19(c)所示。

③检查整理,加深加粗,完成作图,如图 7.19(d)所示。

　　应注意将补画的投影图与已知投影图和想象的形状进行对照检查,看是否正确,有无矛盾。对于体上斜面的投影,还可以用类似形检查,如图 7.19(d)中的 P 平面为正垂面,八边形,V 投影积聚为斜直线,而 H 投影与 W 投影为类似形,都是八边形。

　　【例7.7】　如图 7.20(a),根据组合体的 V,W 投影,补画出 H 投影。

　　【解】　根据形体的 V 面,W 面投影,三等关系及方位关系进行形体分析,可想象出该组合体是由 1 个长方体(底板)Ⅰ、1 个五棱柱Ⅱ和 1 个三棱柱Ⅲ组成,如图 7.20(b)所示。

　　作图步骤如下:

　　①利用长对正、宽相等的关系,补长方体Ⅰ的 H 投影为一矩形线框 1,如图 7.20(c)所示;

　　②利用长对正、宽相等的关系,补五棱柱Ⅲ的 H 投影为两个矩形线框,如图 7.20(d)所示;

　　③利用长对正、宽相等的关系,在线框 1 的前方补三棱柱Ⅱ的 H 投影为矩形线框 3,如图 7.20(e)所示;

　　④检查整理,加深加粗,完成作图,结果如图 7.20(f)所示。

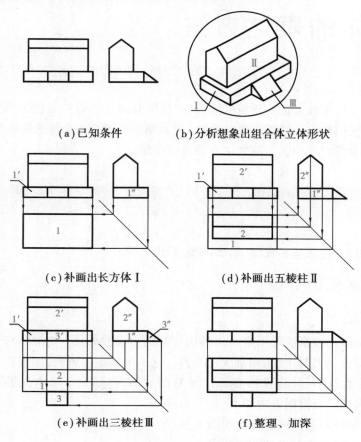

(a)已知条件　　　　(b)分析想象出组合体立体形状

(c)补画出长方体Ⅰ　　　　(d)补画出五棱柱Ⅱ

(e)补画出三棱柱Ⅲ　　　　(f)整理、加深

图 7.20　补画叠加型组合体的 H 投影

建筑形体的表达方法

在建筑工程中,对于较复杂的建筑形体,如果仅用前面介绍的三面投影的方法,往往难以准确、恰当地表达它们的内外结构形状。为此,国家制图标准(技术制图和建筑制图)规定了各种表达方法,本章仅对其中常用的表达方法进行介绍。

8.1 视 图

视图即正投影图,包括基本视图、局部视图、斜视图等。

▶ 8.1.1 基本视图

1)多面正投影法

房屋建筑图是按正投影法并用第一角画法绘制的多面投影图。如图 8.1 所示,在 V,H,W 这 3 个基本投影面的基础上,再增加 V_1,H_1,W_1 这 3 个基本投影面,围成正六面体,将物体向这 6 个基本投影面投射,并将投影面展开与 V 面共面,得到 6 个基本投影图,称为基本视图。基本视图的名称以及投射方向如下:

①正立面图:由前向后投射得到的视图 A。

②平面图:由上向下投射得到的视图 B。

③左侧立面图:由左向右投射得到的视图 C。

④右侧立面图:由右向左投射得到的视图 D。

⑤底面图:由下向上投射得到的视图 E。

⑥背立面图:由后向前投射得到的视图 F。

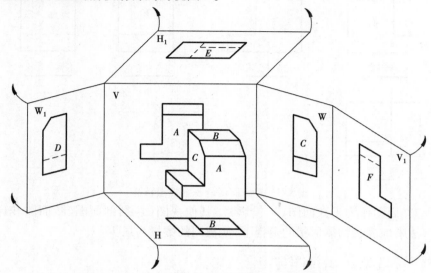

图 8.1　第一角画法的六面基本视图的形成与展开

展开后的六面基本视图的相互位置如图 8.2 所示。

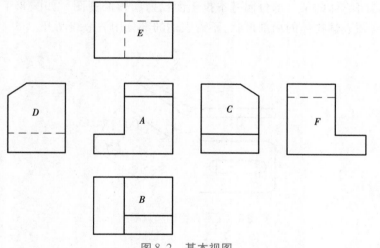

图 8.2　基本视图

2)视图布置

在建筑制图中,如在同一张图纸上绘制若干个视图时,各视图的位置宜按图 8.3 的顺序进行布置。每个视图均应标注图名,图名宜标注在图样的下方或一侧,并在图名下绘一粗实横线,其长度应以图名所占长度为准。

建筑物的某些部分,如与投影面不平行(如圆形、折线形、曲线形等),在画立面图时,可将该部分展至与投影面平行,再以正投影法绘制,并在图名后注写"展开"字样。

3)视图选择

国标中规定了基本视图有 6 个,并非每个工程形体都要用 6 个基本视图来表示,应根据需要选择基本视图的数量。对于建筑物来说,平面图和正立面图是必需的,应把最能反映物

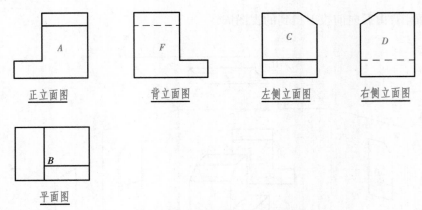

图 8.3　建筑制图的基本视图布置

体外貌特征的立面图作为正立面图(V 投影)。其他视图(包括剖面图、断面图和详图)的选择应在完整、清晰地表达物体形状的前提下,使视图的数量为最少。

► ### 8.1.2　局部视图、斜视图与镜像投影法

1)局部视图

局部视图是将物体的某一部分向基本投影面投射所得的视图。如图 8.4 中的 H 投影局部视图。局部视图表达物体的局部形状,不需表达的部分用波浪线断开。

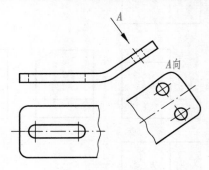

图 8.4　局部视图和斜视图

2)斜视图

斜视图是将物体倾斜部分向不平行于基本投影面的平面投射所得的视图,如图 8.4 中的 A 向斜视图。斜视图主要表达倾斜部分的实形,并应标注表示投射方向的箭头和相应的字母。

3)镜像投影法

工程中某些特殊部位的结构形状(如顶棚)用直接正投影法不易表达时(如虚线太多),可用镜像投影法绘制,如图 8.5(a)所示。将镜面代替投影面,物体在平面镜中的反射图像的正投影称为镜像投影。镜像投影图也称为镜像视图。镜像视图应在图名后注写"镜像"两字并加括号。镜像视图与基本视图的区别如图8.5(b)所示。

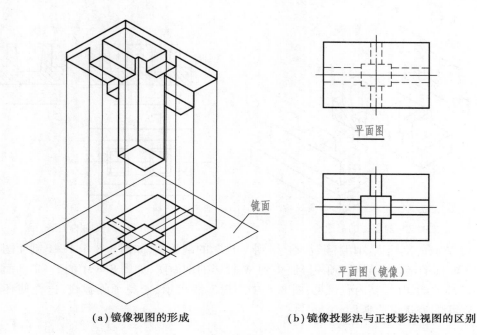

平面图

平面图（镜像）

（a）镜像视图的形成　　　　**（b）镜像投影法与正投影法视图的区别**

图 8.5　镜像投影法

8.2　剖面图

▶ 8.2.1　剖面图的形成

画物体的视图时,规定可见轮廓线用实线,不可见轮廓线用虚线表示。当物体内部结构形状较复杂或遮挡的部分较多时,视图中就会出现较多的虚线,造成图中实、虚线交错,层次不清,影响图形清晰,不便于绘图、读图和标注尺寸,此时,可采用"剖切"的方法来解决物体内部结构形状的表达问题。

假想用剖切面剖开物体,将处在观察者和剖切面之间的部分移去,而将其余部分向平行于剖切面的投影面投射所得的图形称为剖面图。

图 8.6 是双柱杯形基础的视图,基础内孔投影出现了虚线,使形体表达不很清楚。如图 8.7 所示,假想用一个与基础前后对称面重合的平面 P 将基础剖开,移去观察者与平面之间的部分,而将其余部分向 V 面投射,得到的投影图就是剖面图。剖开基础的平面 P 称为剖切面。剖切面与物体的接触部分称为剖面区域(即断面)。

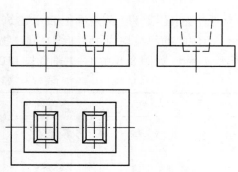

图 8.6　双柱杯形基础的基本视图

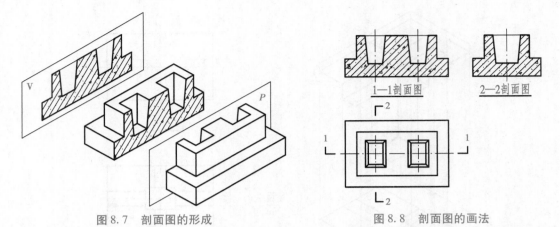

图8.7　剖面图的形成　　　　　　　　图8.8　剖面图的画法

　　用平行V面的剖切面剖切杯形基础,得到V投影的剖面图,如图8.8中1—1剖面图。同理,用平行W面的剖切面剖切杯形基础,得到W投影的剖面图,如图8.8中的2—2剖面图。

　　杯形基础被剖切后,其内孔可见,图8.8中用粗实线表示,避免了画虚线,这样使杯形基础的内部形状的表达更清晰。

▶ 8.2.2　剖面图的画法

1)确定剖切位置

　　画剖面图时,应首先看懂形体,选择合适的剖切位置,以便能充分地表达物体内部的结构形状。剖切平面一般与基本投影面平行,剖切位置一般应通过对称面或孔洞的中心线,使剖切后的图形完整,并反映实形。

2)画出剖面图轮廓

　　按剖切位置和投影关系,画出剖切面后面可见部分的全部投影,被剖切面切到的部分(剖面区域)的轮廓用粗实线绘制,剖切面没切到,但沿投射方向仍可看到的轮廓线用中实线绘制。

3)画出材料图例

　　在剖面区域(断面)内画上表示建筑材料的图例,常用的部分建筑材料图例如表8.1所示。图例中的斜线均为45°细线。同一物体相同材料的各个剖面区域(断面),其材料图例的画法应一致,如图8.8中1—1剖面图和2—2剖面图。

表8.1　常用建筑材料图例(摘录)

序号	名　称	图　例	说　明
1	自然土壤		包括各种自然土壤
2	夯实土壤		
3	砂、灰土		靠近轮廓线的点较密一些

续表

序号	名 称	图 例	说 明
4	砂砾石、碎砖三合土	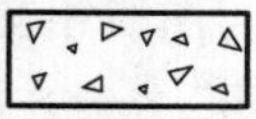	
5	石材		
6	毛石	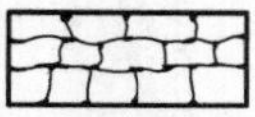	
7	实心砖、多孔砖	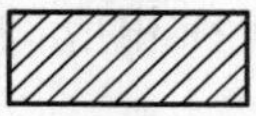	包括普通砖、多孔砖、混凝土砖等
8	耐火砖		包括耐酸砖等砌体
9	空心砖、空心砌块	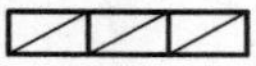	包括空心砖或轻骨料混凝土小型空心砌块等砌体
10	饰面砖		包括铺地砖、马赛克、陶瓷锦砖、人造大理石等
11	焦渣、矿渣		包括与水泥、石灰等混合而成的材料
12	混凝土	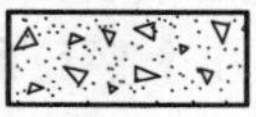	①包括各种强度等级、骨料、添加剂的混凝土
13	钢筋混凝土		②在剖面图上画出钢筋时,不画图例线 ③断面图形小时,不易画出图例线时,可涂黑
14	多孔材料		包括水泥珍珠岩、沥青珍珠岩、泡沫混凝土、非承重加气混凝土、泡沫塑料、软木等
15	木材		1. 左图为横断面,上左图为垫木、木砖或木龙骨 2. 下图为纵断面
16	金属	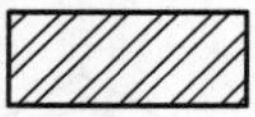	1. 包括各种金属 2. 图形小时,可涂黑
17	玻璃		包括平板玻璃、磨砂玻璃、夹丝玻璃、钢化玻璃、中空玻璃、加层玻璃、镀膜玻璃等

注:图例中的斜线均为45°。

当不指明物体的材料时,可用通用剖面线表示,即在剖面区域内画出与主要轮廓线呈45°间距相等的细实线。

4)标注剖切符号和剖面图名称

为了明确剖面图与其对应的视图之间的投影关系,便于看图,一般应在对应的视图上标注剖面图的剖切符号和在剖面图的下方标注剖面图名称。

(1)剖切符号 剖切符号由剖切位置线、剖视方向线和编号组成。剖切位置线、剖视方向

线均用粗实线绘制,剖切位置线长度为6～10 mm。剖视方向线应与剖切位置线垂直,长度为4～6 mm。剖切符号的编号应采用阿拉伯数字,并注写在剖视方向线端部。剖切位置线需要转折时,应在转角外侧注上相同的编号。剖切符号不应与图线相交。

（2）剖面图名称　在剖面图下方标注剖面图名称,如"×—×剖面图",在图名下绘一水平粗实线,其长度应以图名所占长度为准,如图8.8中"1—1剖面图""2—2剖面图"。剖面图名称中的编号应与剖切符号的编号一致。

5）画剖面图时应注意的问题

①剖切是假想的,因此,物体剖切后的状态只体现在相应的剖面图中,其他视图不受影响。

②剖面图中一般不画虚线。只有当不足以表达清楚物体的形状时,才画出。

③同一物体相同材料的各个断面的材料图例,画法应一致。建筑物体同一断面中的不同材料图例,应以粗实线分界。

▶ 8.2.3　剖面图的种类及画法

1）剖切面的种类

由于物体内部形状复杂,常选用不同数量、不同位置的剖切面来剖切物体,才能把它们内部的结构形状表达清楚。常用的剖切面有单一剖切面、几个平行的剖切平面、几个相交剖切面等。

（1）单一剖切面　用一个剖切面剖开物体,如图8.7和图8.8所示。若剖切平面通过物体对称平面,剖面图按投影关系配置,可省略标注。

（2）两个或两个以上平行的剖切面　有的物体内部结构层次较多,用单一剖切面剖开物体还不能将物体内部全部显示出来,可以用两个或两个以上平行的剖切面剖切物体,如图8.9所示。从图中看出,几个互相平行的平面可以看成是将一个剖切面折成了几个互相平行的平面,因此这种剖切也称为阶梯剖切。

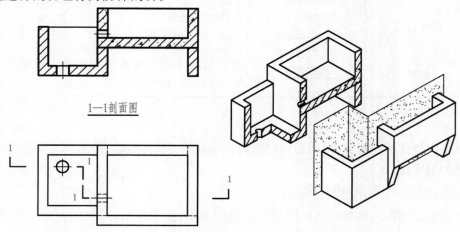

1—1剖面图

图8.9　两个平行的剖切平面

采用阶梯剖切画剖面图应注意以下两点:

①画剖面图时,应把几个平行的剖切平面视为一个剖切平面。在剖面图中,不可画出剖切平面转折处的分界线。同时,剖切平面转折处不应与图形轮廓线重合。

②在剖切平面起、迄、转折处都应画上剖切位置线,剖视方向线与图形外的起、迄剖切位置线垂直,每个符号处应注上同样的编号,图名仍为"×—×剖面图",如图8.9所示。

注意:同一剖切面内,如果物体用两种或两种以上的材料构成,绘制图例时,应用粗实线将不同的材料图例分开。如图8.9所示,左边水槽部分为砖构造,右边水槽部分为钢筋混凝土构造,剖面图中两种材料图例分界处用粗实线绘制。

（3）两个相交的剖切面 采用两个相交的剖切面(交线垂直于某一投影面)剖切物体,剖切后将剖切面后倾斜于投影面的部分绕交线旋转到与基本投影面平行的位置后再投影,如图8.10所示,这种剖切也称为旋转剖切。画图时,应先旋转,后投影。用此方法作图时,应在图名后注明"展开"字样。

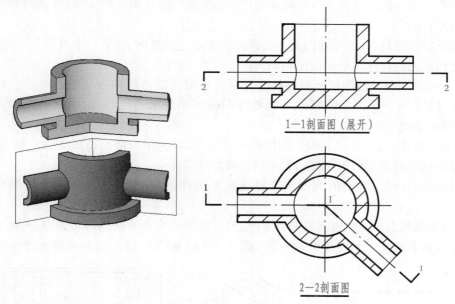

图 8.10 两个相交的剖切平面

2）剖面图的种类

根据剖面图中被剖切的范围划分,剖面图可分为全剖面图、半剖面图、局部剖面图。

（1）全剖面图 用剖切面完全地剖切物体所得的剖面图称为全剖面图,如图8.8、图8.9、图8.10所示。

（2）半剖面图 当物体具有对称平面时,在垂直于对称平面的投影面上所得的投影,可以对称线为界,一半画成视图(外形图),另一半画成剖面图,这样的剖面图称为半剖面图,如图8.11(b)中的1—1剖面图。

半剖面图适用于物体具有与投影面垂直的对称平面,且内外形状均需表达的情况。表达内部形状的剖面部分通常画在对称线的右边或下边。即:当对称线竖直时,剖面画在右边;当对称线水平时,剖面画在下边。

画半剖面图时还应注意:

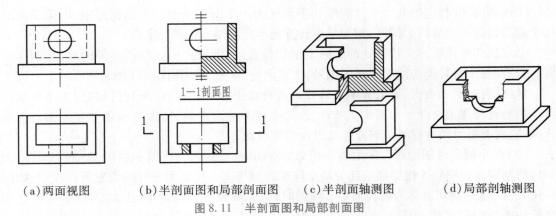

(a)两面视图　　　　(b)半剖面图和局部剖面图　　(c)半剖面轴测图　　　　(d)局部剖轴测图

图 8.11　半剖面图和局部剖面图

①视图与剖面图的分界线应是对称线(细点画线),不可画成粗实线,并在对称线两端画出对称符号;

②由于物体对称,内部形状已在半个剖面图中表达清楚时,在另一半视图上不再画虚线;

③半剖面图的标注与全剖面图相同。

(3)局部剖面图　用剖切面局部地剖开物体所得的剖面图称为局部剖面图。如图 8.11(b)、图 8.12 中的平面图(H 投影)。当物体只需显示局部内部形状,而其余外形需要保留时,可采用局部剖面图。

图 8.11 中的 H 投影,只是圆孔的投影不可见,故可采用局部剖面图表达。如图 8.12 所示的杯形基础平面图,剖开一个角,表达钢筋的配置情况。

作局部剖面图时,剖切的范围与位置应根据物体形状而定,剖面图与原视图用波浪线分开。

注意:波浪线表示物体断开处的边界线,因而波浪线应画在物体的实体部分,不应与任何图线重合或画在实体之外。初学者可结合图 8.11(d)和图 8.12 中的轴测图进行理解。

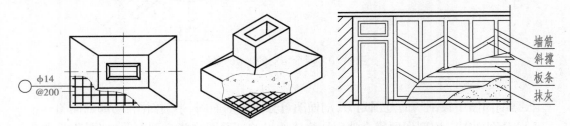

图 8.12　杯形基础的局部剖面图　　　　图 8.13　分层剖切的局部剖面图

用几个互相平行的剖切平面分别将物体局部剖开,把几个局部剖面图重叠画在一个图上,用波浪线将各层的投影分开,这样的剖切称为分层剖切,如图 8.13 所示。分层剖切主要用来表达物体各层不同的构造做法。分层剖切一般不需标注具体的剖切位置及剖视方向,而只注明各层的材料或做法。

8.3 断面图

▶ **8.3.1 断面图的概念**

断面图是假想用剖切面将物体某部分切断,仅画出该剖切面与物体接触部分的图形,如图 8.14 中(a)、(b)所示。断面图可简称断面,常用来表示物体局部断面形状。

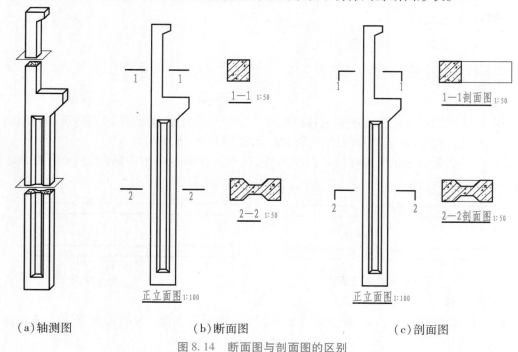

(a)轴测图　　　　　　　　(b)断面图　　　　　　　　(c)剖面图

图 8.14　断面图与剖面图的区别

▶ **8.3.2 断面图的画法**

(1)确定剖切位置　方法与剖面图相同。

(2)画出断面轮廓　即按剖切位置和投影关系,用粗实线画出剖切面与物体接触部分的断面图形。

(3)画出材料图例　图例与剖面图相同。

(4)标注剖切符号和断面图名称

①断面图中剖切符号由剖切位置线与编号组成。剖切位置线用粗实线绘制,长度 6 ~ 10 mm。在剖切位置线一侧注写编号,编号所在一侧表示该断面剖切后的剖视方向。

②用编号作为断面图的名称,标注在断面图下方,如"×—×",并在图名下画一水平粗实线,其长度以图名所占长度为准。断面图名称编号应与剖切符号的编号一致。

▶ 8.3.3 断面图与剖面图的区别

比较图 8.14 中的(b)和(c),可看出断面图与剖面图的主要区别如下:

①在画法上,断面图只画出物体被剖开后断面的投影;而剖面图除了要画出断面的投影,还要画出剖切面后物体可见部分的投影。很显然,剖面图中包含有断面图。

②在不省略标注的情况下,断面图只需标注剖切位置线,用编号所在一侧表示剖视方向;而剖面图用剖视方向线表示剖视方向。

③从图名上看,断面图的名称仅用编号表示,如1—1;而剖面图的名称要用编号加"剖面图"来命名,如1—1 剖面图。

▶ 8.3.4 断面图的种类及画法

断面图分为移出断面和重合断面。

1)移出断面

画在物体视图之外的断面图称为移出断面。为了便于看图,移出断面应尽量画在剖切平面的迹线的延长线上,断面轮廓线用粗实线表示,如图 8.14(b)所示。

细长杆件的断面图也可画在杆件的中断处,这种断面图也称为中断断面,中断断面不需要标注,如图 8.15 所示。

 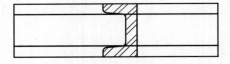

图 8.15　中断断面　　　　　　　　　图 8.16　重合断面

2)重合断面

画在剖切位置迹线上,并与视图重合的断面图称为重合断面,如图 8.16 所示。重合断面一般不需要标注。

重合断面轮廓线用粗实线表示,当视图中的轮廓线与重合断面轮廓线重合时,视图的轮廓线仍应连续画出,不可间断。这种断面图也常用来表示墙立面装饰剖断后的形状、屋面的断面形状与坡度等,如图 8.17 所示。

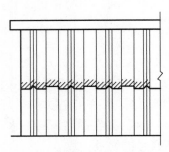 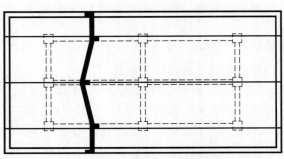

(a)墙壁上装饰线的断面图　　　　　　　(b)屋面上的重合断面图

图 8.17　重合断面的应用示例

8.4　简化画法

为了读图及绘图方便,国标中规定了一些简化画法。

▶ ### 8.4.1　对称简化画法

构配件的视图有 1 条对称线时,可只画该视图的一半;视图有 2 条对称线时,可只画该视图的 1/4,并在对称中心线上画上对称符号,如图 8.18 所示。

对称符号用两段长度为 6~10 mm,间距为 2~3 mm 的平行线表示,用细实线绘制,分别标在图形外对称中心线两端。

对称的构配件图形也可稍超出其对称线,此时可不画对称符号,如图 8.19 所示。

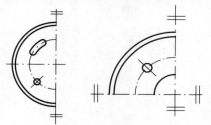　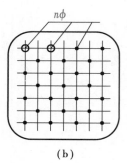

图 8.18　对称图形简化画法——画对称符号　　　图 8.19　对称图形简化画法——不画对称符号

▶ ### 8.4.2　相同要素简化画法

构配件内多个完全相同而连续排列的构造要素,可仅在两端或适当位置画出其完整形状,其余部分以中心线或中心线交点表示,如图 8.20(a)所示。

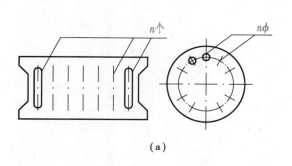

(a)　　　　　　　　　　　　　　(b)

图 8.20　相同要素的简化画法

如相同构造要素少于中心线交点,则其余部分应在相同构造要素的中心线交点处用小圆点表示,如图 8.20(b)所示。

▶ ### 8.4.3　折断画法

较长的构件,如沿长度方向的形状相同或按一定规律变化,可断开省略绘制,断开处应以

折断线表示,如图 8.21 所示。

　　一个构件如与另一构件仅部分不相同,该构件可只画不同部分,但应在两个构件的相同部分与不同部分的分界线处,分别绘制连接符号,如图 8.22 所示。

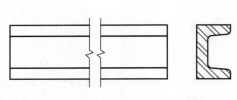

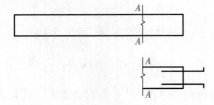

图 8.21　较长构件的折断简化画法　　　　图 8.22　两构件局部不同的简化画法
　　（标注尺寸时应注全长尺寸）　　　　　　　　（只画不同部分）

9 建筑施工图

9.1 房屋建筑施工图概述

▶ 9.1.1 房屋的组成及其作用

房屋与人们的关系非常密切,它是人们生活、生产、工作、学习和娱乐的场所。在房屋的施工图设计阶段,设计人员将一幢拟建房屋的内外形状和大小、布置,以及各部分的结构、构造、装修、设备等内容,按照"国标"的规定,用正投影的方法,详细准确地画出来的图样,称为房屋建筑图,它的主要用途是指导施工,是施工依据,所以又称为建筑施工图。

房屋建筑按其使用功能的不同分为很多种类,通常可归纳为:工业建筑(如机械制造厂的各种厂房、仓库、动力车间等)、农业建筑(如谷仓、饲养场)以及民用建筑3大类,其中民用建筑又可分为居住建筑(如住宅、宿舍、公寓等)和公共建筑(如商场、旅馆、剧院、体育馆等)。人们在日常生活即衣食住行、上学、治病等活动中使用的房屋习惯上称为大量性民用建筑(如住宅、职工或学生宿舍、食堂、商店、中小学校、医院、托儿所、幼儿园等使用的房屋)。

为了看懂和画出房屋的建筑施工图,首先需学习了解房屋各部分的构造组成及其作用。

大量性民用建筑的基本构造组成内容是相似的。如图9.1所示为一住宅楼的剖切轴测图。楼房从下往上数为第1层(也叫底层、首层)、第2层、第3层⋯⋯顶层(本例的第6层即顶层)。由图可知一幢房屋主要由基础、墙或柱、楼面与地面、楼梯、门窗、屋面6大部分组成,这些不同的组成部分,发挥着各自不同的作用。

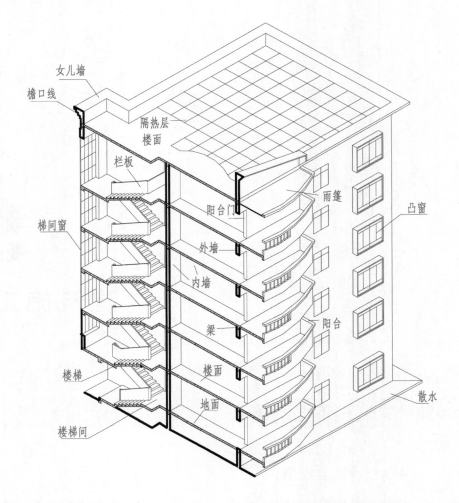

图 9.1　房屋的构造及组成示意图

1)基础

基础是建筑物与土层直接接触的部分,承受建筑物的全部荷载,并把它们传给地基(地基是基础下面的土层,承受由基础传来的整个建筑物的重量),但地基不是房屋的组成部分。

2)墙

墙是房屋的承重和围护构件。凡位于房屋四周的墙称为外墙,其中位于房屋两端的外墙又称为山墙。外墙有防风、雨、雪的侵袭和保温、隔热的作用,故又称外围护墙。凡位于房屋内部的墙称为内墙,主要起分割房间和承重的作用。另外,沿建筑物短轴方向布置的墙称为横墙,沿建筑物长轴方向布置的墙称为纵墙;直接承受上部传来的荷载的墙称为承重墙,不承受外来荷载的墙称为非承重墙。

3)楼面与地面

楼面与地面是水平方向分割建筑空间的水平承重构件。楼面是 2 层及其以上各层的水平分割并承受家具、设备和人的质量,并把这些荷载传给墙和柱。地面是指第 1 层使用的水平部分,它承受第 1 层房间的荷载。

4)楼梯与台阶

楼梯是楼房的垂直交通设施,供人们上下楼层和紧急疏散之用。台阶是室内外高差的构造处理方式,同时也供室内外交通之用。

5)门窗

门主要作交通联系和分割房间之用,窗主要作采光、通风之用。门和窗作为房屋围护构件,还能阻止风、霜、雨、雪等侵蚀和隔声。门窗是建筑外观的一部分,它们的大小、比例、色彩还能对建筑立面处理和室内装饰产生艺术影响。

6)屋面

屋面是房屋顶部的围护和承重构件,由承重层、防水层和其他构造层(如根据气候特点所设置的保温隔热层,为了避免防水层受自然气候的直接影响和使用时的磨损所设置的保护层,为了防止室内水蒸汽渗入保温层而加设的隔汽层等)组成。

此外,还有起着排水作用的天沟、雨水管、散水、明沟等,起保护墙身作用的勒脚和防潮层等,以及供远眺、晾晒之用,同时也起到立面造型效果的阳台。

▶ 9.1.2 建筑施工图的图示特点

施工图中各图样,主要是根据正投影的原理绘制的,所绘图样都应符合正投影的投影规律,同时还要符合国家制图标准的规定。由于房屋形体较大,所以施工图一般都用缩小比例来绘制。有些内容(如构、配件和材料)不可能按实际投影画出,为简便起见,常采用"国标"规定的图形符号来表示,这种图形符号称为图例。通常,在 H 面上作平面图,在 V 面上作正、背立面图,在 W 面上作剖面图或侧立面图。图幅大小允许的情况下,平、立、剖面图一般按投影关系画在同一张图纸上,以便阅读,如图 9.2 所示。如果房屋体型较大、层数较多、图幅不够,平、立、剖面图也可以分别画在几张图纸上,但应依次连续编号,以便查找(见附录施工图)。

▶ 9.1.3 建筑施工图的有关规定

建筑施工图除了要符合正投影的原理外,为了保证制图质量、提高效率,使施工图表达统一和便于识读,在绘制施工图时,还应严格遵守《房屋建筑制图统一标准》(GB/T 50001—2017)、《总图制图标准》(GB/T 50103—2010)、《建筑制图标准》(GB/T 50104—2010)等的规定。

现选择下列几项来说明它的主要规定和表示方法。

1)比例

由于建筑屋体形是庞大和复杂的形体,施工图常用各种不同缩小的比例来绘制,但特殊细小的线脚等有时不缩小,甚至需要放大画出。如常用 1:100,1:200 绘制平面、立面、剖面图以及表达房屋内外的总体形状,用 1:50,1:30,1:20,…,1:1 绘制某些房间布置、构配件详图和局部构造详图,如表 9.1 所示。

表 9.1 建筑施工图常用比例

图 名	常用比例
总平面	1:500,1:1 000,1:2 000
建筑物或构筑物平面、立面、剖面图	1:50,1:100,1:150,1:200
建筑物或构筑物的局部放大图	1:10,1:20,1:30,1:50
配件及构造详图	1:1,1:2,1:5,1:10,1:20,1:25,1:30,1:50

2)图线

在房屋图中,为了使绘制的图样重点突出、活泼美观,建筑图常采用不同线型和宽度的图线来表达。绘图时,首先应根据所绘图样的比例和图样的复杂程度,并按现行国家标准《房屋建筑制图统一标准》(GB/T 50001—2017)有关规定选定。当按表 9.2 的规定绘制较简单的图样时,可采用两种线宽的线宽组,其线宽比宜为 $b:0.25b$。

表 9.2 图线的宽度

名 称		线 宽	一般用途
实 线	粗	b	1. 平、剖面图中被剖切的主要建筑构造(包括构配件)的轮廓线 2. 建筑立面图或室内立面图的外轮廓线 3. 建筑构造详图中被剖切的主要部分轮廓线 4. 建筑构配件详图中的外部轮廓线 5. 平、立、剖面的剖切符号
	中粗	$0.7b$	1. 平、剖面图中被剖切的次要建筑构造(包括构配件)的轮廓线 2. 建筑平、立、剖面图中建筑构配件的轮廓线 3. 建筑构造详图及建筑构配件详图中的一般轮廓线
	中	$0.5b$	小于 $0.7b$ 的图形线、尺寸线、尺寸界线、索引符号、标高符号、详图材料做法引出线、粉刷线、保温层线、地面、墙面的高差分界线等
	细	$0.25b$	图例填充线、家具线、纹样线等
虚 线	中粗	$0.7b$	1. 建筑物构造详图及建筑构配件不可见的轮廓线 2. 平面图中的起重机(吊车)轮廓线 3. 拟建、扩建建筑物轮廓线
	中	$0.5b$	投影线、小于 $0.5b$ 的不可见轮廓线
	细	$0.25b$	图例填充线、家具线等
单点长画线	粗	b	起重机(吊车)轨道线
	细	$0.25b$	中心线、对称线、定位轴线
折断线	细	$0.25b$	部分省略表示时的断开界限
波浪线	细	$0.25b$	部分省略表示时的断开界限,曲线形构间断开界限;构造层次断开界限
加粗实线		$1.4b$	立面图的地平线

3)定位轴线及其编号

建筑施工图中的定位轴线是确定建筑物主要结构及构件位置的基准线,是施工定位、放线的重要依据。凡承重墙、柱子等主要构件都应画上轴线来确定其位置。对于非承重的分隔墙、次要承重构件等,则有时用分轴线,有时也可由注明其与附近轴线的有关尺寸来确定。

定位轴线采用细长单点画线表示,并进行编号。在轴线的端部画细实线圆圈(直径 8 ~ 10 mm),圈内注写轴线编号,如图 9.3(a)所示。平面图上定位轴线的编号,宜标注在图形的下方和左侧,横向编号自左向右顺序采用阿拉伯数字编写,竖向编号自下而上顺序采用大写拉丁字母编写,如图 9.2 所示。大写拉丁字母中的 I,O,Z 这 3 个字母不得用为轴线编号,以免与数字 1,0,2 混淆。

对于某些次要构件的定位轴线,可用附加分轴线表示,则编号用分数表示。分母表示前一轴线的编号,分子表示附加轴线的编号(用阿拉伯数字顺序编写),如图 9.3(b)所示。

如果 1 号轴线或 A 号轴线之前还需要设附加轴线,分母以 01,0A 分别表示位于 1 号轴线或 A 号轴线前的附加轴线,如图 9.3(c)所示。一个详图适用于几根轴线时,应同时注明各有关轴线的编号,如图 9.3(d)所示。

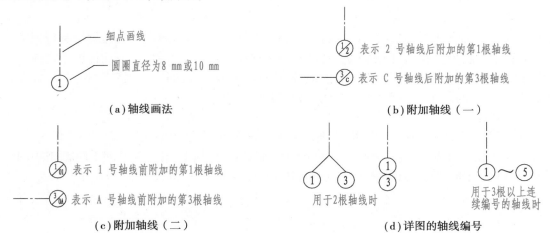

图 9.3 轴线的编号

通用详图的定位轴线,只画圆圈,不注写轴线编号。

4)尺寸和标高

《建筑制图标准》(GB/T 50104—2010)规定:尺寸分为总尺寸、定位尺寸和细部尺寸,绘图时应根据设计深度和图纸用途确定所需注写的尺寸。建筑施工图中尺寸单位,除标高及建筑总平面图中尺寸以 m 为单位,其余一律以 mm 为单位。尺寸的基本标注法见第 6 章。

标高是标注建筑物高度的一种尺寸形式。有绝对标高和相对标高之分。绝对标高是我国以青岛市外的黄海平均海平面作为零点而测定的高度。相对标高是将房屋底层的室内主要地面作为零点而测定的高度。在图中用标高符号加注标高数字表示。标高符号用细实线绘制,符号中三角形为等腰直角三角形,三角形高约 3 mm。在同一图纸上的标高符号应大小相等、整齐划一。标高符号的画法和标注如图 9.4 所示。

房屋建筑的施工图中,一般采用相对标高,标高数字注写到小数点后第 3 位。零点标高注写成 ±0.000,负标高数字前必须加注"-",正数标高前不写"+"。总平面图中,采用绝对

标高,标高数字注写到小数点后2位。总平面图室外地坪标高符号用涂黑的三角形表示。

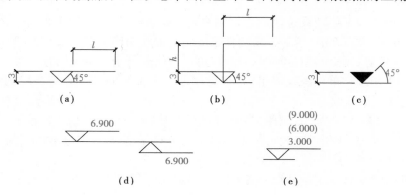

图9.4　标高符号的画法

（a）标高符号的画法（l——取适当长度注写标高数字）；（b）标注位置不够时的画法（h——根据需要取适当长度）；（c）总平面图室外地坪标高符号的画法；（d）标高的指向；（e）同一位置注写多个标高数字

5）索引符号和详图符号

为了施工时便于查阅详图,在建筑物的平面图、立面图、剖面图中某些需要绘制详图的地方,应注明详图的编号和详图所在的图纸的编号,这种符号称为索引符号;在详图中也应注明详图的编号和被索引的详图所在图纸的编号,这种符号称为详图符号。将索引符号和详图符号联系起来,就能顺利、方便地查找详图,以便施工。

（1）索引符号

①索引符号的圆和水平直径均以细实线绘制,圆的直径为10 mm。

②索引出的详图,如与被索引的图样同在一张图纸内,应在索引符号的上半圆中用阿拉伯数字注明该详图的编号,并在下半圆中间画一段水平细实线,如图9.5（a）所示。

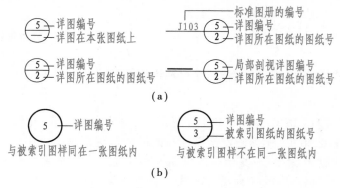

图9.5　索引符号与详图符号

③索引出的详图,如与被索引的图样不在同一张图纸内,应在索引符号的上半圆中用阿拉伯数字注明该详图的编号,在索引符号的下半圆中用阿拉伯数字注明该详图所在图纸的编号,如图9.5（a）所示。数字较多时,可加文字标注。

④索引出的详图,如采用标准图,应在索引符号水平直径的延长线上加注该标准图册的编号,如图9.5（a）所示。

⑤索引符号如用于索引剖视详图,应在被剖切的部位绘制剖切位置线,并以引出线引出索引符号,引出线所在的一侧应为投射方向。索引符号的编写同②③④条的规定,如图9.5(a)所示。

表 9.3　常用的建筑构造及配件图例

名　称	图　例	说　明	名　称	图　例	说　明
楼梯	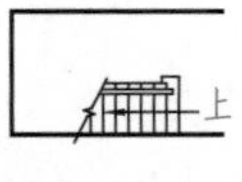	①上图为底层楼梯平面;中图为中层楼梯平面;下图为顶层楼梯平面 ②楼梯的形式及步数应按实际情况绘制	单扇门(包括平开或单面弹簧)	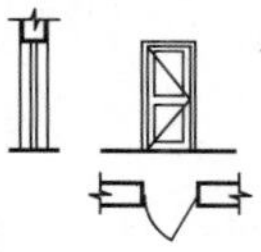	①门的名称代号用 M 表示 ②剖面图中左为外,右为内,平面图中下为外,上为内 ③立面图上开启方向线交角的一侧为安装合页的一侧,实现为外开,虚线为内开 ④平面图上的开启弧线及立面图上的开启方向线,在一般设计图上不需要表示,仅在制作图上表示 ⑤立面图形式应按实际情况绘制
			单扇双面弹簧门	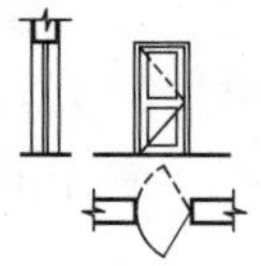	
坡道			双扇门(包括平开或单面弹簧)	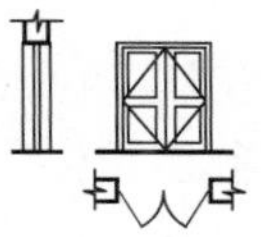	
检查孔		左图为可见检查孔右图为不可见检查孔	双扇双面弹簧门	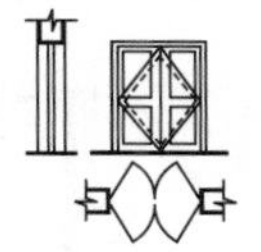	
孔洞			对开折叠门	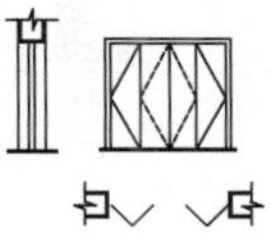	
坑槽			单层固定窗	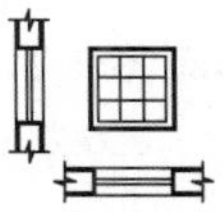	①窗的名称代号用 C 表示 ②立面图中的虚线表示窗的开关方向,实线为外开,虚线为内开;开启方向,线交角的一侧为安装合页的一侧,一般设计图中可不表示 ③剖面图中左为外、右为内,平面图中下为外,上为内 ④平面图、剖面图上的虚线仅说明开关方式,在设计图中不需要表示 ⑤窗的立面形式应按实际情况绘制
墙预留洞			单层外开上悬窗	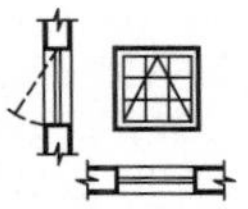	
墙预留槽			单层中悬窗	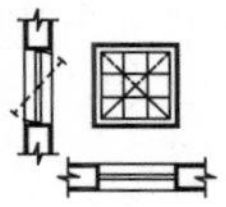	
烟道			单层外开平开窗	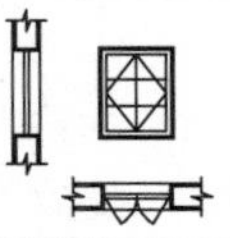	
通风道			推拉窗	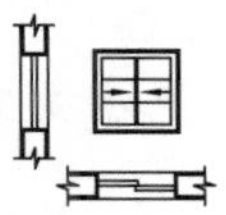	
空门洞					

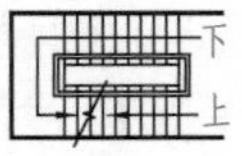

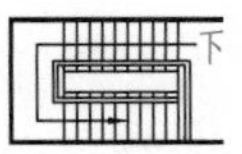

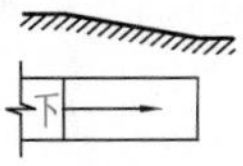

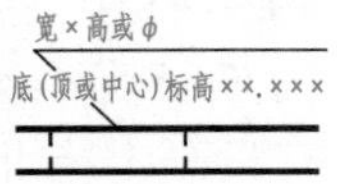

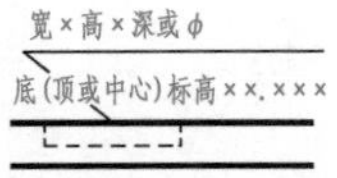

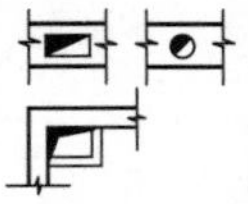

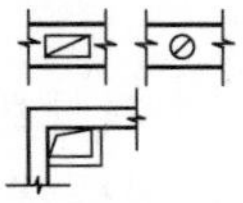

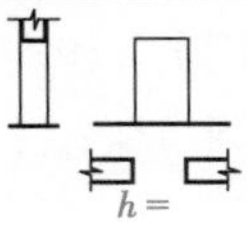

（2）详图符号

①详图符号的圆圈应画成直径为 14 mm 的粗实线圆。

②详图与被索引的图样同在一张图纸内时,应在详图符号内用阿拉伯数字注明详图的编号,如图 9.5(b)所示。

③详图与被索引的图样不在同一张图纸内,应用细实线在详图符号内画一水平直径,在上半圆中注明详图编号,在下半圆中注明被索引的图纸的编号,如图 9.5(b)所示。

6）图例及代号

建筑物常常是按比例缩小绘制在图纸上的,对于有些建筑细部、构件形状以及建筑材料等,往往不能如实画出,也难以用文字注释来表达清楚,所以都按统一规定的图例和代号来表示,可以得到简单而明了的效果。因此,《建筑制图标准》(GB/T 50104—2010)规定了建筑构造及配件图列。建筑施工图中常用的建筑构造及配件图例如表 9.3 所示。

7）指北针及风向频率玫瑰图

指北针:在建筑物的底层建筑平面图上,均应画上指北针。单独的指北针,其细实线圆的直径一般以 24 mm 为宜,指北针尾端的宽度,宜为直径的 1/8,指针头部指向北方,应注"北"或"N",如图9.6(a)所示。

(a)　　　　　　(b)

图 9.6　指北针与风玫瑰图

风玫瑰图:在建筑总平面图上,通常应按当地实际情况绘制风向频率玫瑰图,如图9.6(b)所示。风玫瑰图中实折线范围表示全年的风向频率,虚折线表示夏季的风向频率。全图各地主要城市风向频率玫瑰图见《建筑设计资料集》。有的总平面图上也有只画上指北针而不画风向频率玫瑰图的。

9.2　施工总说明及总平面图

▶ 9.2.1　施工总说明

施工总说明主要对图样上未能详细注写的用料和做法等的要求作出具体的文字说明。中小型房屋建筑的施工说明一般放在建筑施工图内。施工总说明的内容根据建筑物的复杂程度而定,一般应包括设计依据、建筑规模、建筑物标高、技术指标、装修做法和对该建筑的施工要求等。表 9.4 和表 9.5 所示为某高校教师住宅楼的施工总说明实例。

表 9.4 建筑设计总说明

一、工程概况

1. 本工程位于南阳市长江路以南,珠海路以北,小巷以西、泰山路以东的南阳某高校教师公寓园区内

2. 本工程为三类多层建筑,合理使用年限为 50 年,耐火等级为二级,屋面防水等级为三级

3. 本工程为住宅楼,共 6 层,建筑高度为 18.9 m,室内外高差为 0.700 m

4. 本工程建筑面积为 3 475.26 m²,抗震设防烈度为 7 度

二、设计依据

1. 城市规划管理局提供的建设用地规划许可证

2. 建设单位批准的初步设计

3. 国家及地方提供的有关规范

4. 本工程标准做法均引自《中南地区通用建筑标准设计图集》(98ZJ)及《住宅厨房卫生间烟气集中排风道》(2000YJ205)

三、注意事项

1. 图中尺寸均以 mm 计,标高均以 m 计

2. 墙体厚除标注外均为 240 mm

3. 厨房、卫生间器具选择详见水施,厨房卫生间地坪标高均低于其他房间 20 mm,厨房及卫生间内排气道型号分别为 ZRFA-1 及 ZRFC-1

4. 外墙门窗均立樘墙中,内门与开启方向内墙粉刷面平

5. 凡门洞口遇构造柱处,垛宽小于 180 mm 均为素混凝土

四、节能设计

1. 本设计建筑物体型系数为 0.264

2. 本设计外窗窗墙面积比为:北向 0.21,南向 0.25,东西向 0.37,住宅外墙窗均采用单框双层玻璃塑钢门窗,空气层厚度为 20～30 mm,其传热系数为 2.5 W/(m²·K)

3. 屋面设保温隔热层,其传热系数为 $K_夏$ 0.877 W/(m²·K) $K_冬$ 0.913 W/(m²·K)

4. 外墙保温隔热增设 30 厚聚苯板层(内保温)。外墙平均传热系数为 0.86 W/(m²·K)。楼板传热系数为 1.42 W/(m²·K)户门传热系数为 2.91 W/(m²·K)

5. 外窗及阳台门的气密性等级符合 GB 7107 规定的 Ⅲ 级

6. 各单元入口处均应设置垃圾收集箱

五、其他

1. 施工时必须与结构、水、电、暖专业配合,凡预留洞穿墙板梁等须对照结构、设备施工图后方可施工

2. 施工中若发现实际与图纸有不符之处,应及时会同设计人员研究处理

3. 本工程中所采用的外墙装饰材料的色彩须经建设单位及设计单位共同认可后方可施工使用。外墙涂料产品性能应符合 GB/T 9755—2014 的规定

4. 所有外墙水平凸出线角均做滴水线

5. 建筑物室内外装修应符合相应防火规范

6. 本工程 ±0.000 所对应的标高详见小区竖向工程设计

7. 图中未尽事宜施工时须遵照国家现行的施工及验收规范进行

表9.5 装修做法

序号	标号	名称	位置	选用图集	备注
1	屋11	高聚物改性沥青卷材防水屋面	屋面	98ZJ001P81	采用SBS(4 mm)改性沥青防水卷材
2	地1	水泥砂浆地面(一)	底层地面(除厨房卫生间)	98ZJ001P4	
3	地49	陶瓷地砖卫生间楼面	厨房卫生间地面	98ZJ001P11	300×300防滑地砖
4	楼2	水泥砂浆楼面(二)	各层楼面(除厨房卫生间)	98ZJ001P14	
5	楼27	陶瓷地砖卫生间楼面	厨房卫生间楼面	98ZJ001P20	300×300防滑地砖
6	内墙4	混合砂浆墙面(一)	厨房卫生间除外所有内墙面	98ZJ001P30	
7	内墙8	釉面砖墙面(一)	厨房卫生间内墙面	98ZJ001P31	白色200×300至顶
8	涂2	乳胶漆	所有内墙面及顶棚	98ZJ001P60	白色
9	外墙12	面砖外墙面(一)	见立面图	98ZJ001P43	颜色标注详见立面图
10	外墙22	涂料外墙面(一)	见立面图	98ZJ001P45	颜色标注详见立面图
11	顶3	混合砂浆顶棚	所有顶棚	98ZJ001P47	
12	涂1	调和漆	木门	98ZJ001P55	米黄色
13	涂2	磁漆	楼梯扶手	98ZJ001P55	红色
14	涂17	银粉漆	楼梯栏杆	98ZJ001P58	
15	踢3	水泥砂浆踢脚(二)	内墙	98ZJ001P22	
16	散1	混凝土散水	见一层标注	98ZJ001P69	1.5 m伸缩缝间距不大于3 m
17		晒衣架	阳台	98ZJ901P28⑤	
18		雨篷	楼梯间入口	98ZJ901P20②	

▶ 9.2.2 总平面图

1)图示方法及作用

建筑总平面图是建筑施工图的一种。将拟建工程四周一定范围内的新建、拟建、原有的建筑物连同其周围的地形、地物状况,用水平投影的方法和相应的图例所画出的图样,即为总平面图。它表明新建房屋所在地有关范围内的总体布置,新建建筑物(构筑物)的位置和朝向,室外场地、道路、绿化等的布置,地形、地貌、标高等以及与原有环境的关系和临界情况等。

建筑总平面图是新建房屋施工定位、施工放线、布置施工现场和规划布置场地的依据,也是其他专业(如给水排水、供暖、电气及煤气等工程)的管线总平面图规划布置的依据。

2）图示内容

建筑总平面图的图示内容一般包括以下内容：

①坐标网。测量坐标用细实线画成十字交叉坐标网格，用"X,Y"表示；施工坐标画成网格通线，用"A,B"来表示。

②新建建筑物的名称、层数、外形尺寸、室内外地坪的绝对标高，新建房屋的朝向及与周围建筑物的相对位置。

③新建道路、广场、绿化、场地排水方向和设备管网的布置。

④原有建筑物的名称、层数以及与相邻新建建筑物的相对位置。原有道路、绿化及管线情况。

⑤将来拟建的建筑物、道路及绿化等。

⑥规划红线的位置。

⑦指北针、风玫瑰图等。

⑧新建建筑物周围的地形（如树木、电线杆、设备管井等）、地貌（如河流、池塘、土坡等）。当地形起伏较大的地区，还应画出地形等高线。

3）图示特点

①绘图比例较小。总平面图所要表示的地区范围较大，除新建房屋外，还要包括原有房屋和道路、绿化等总体布局。因此，在《建筑制图标准》（GB/T 50104—2010）中规定，总平面图的绘图比例应选用1∶500,1∶1 000,1∶2 000。在具体工程中，由于国土局及有关单位提供的地形图比例常为1∶500,故总平面图的常用绘图比例是 1∶500。

②用图例表示其内容。由于总平面图绘图比例较小，图中的原有房屋、道路、绿化、桥梁边坡、围墙及新建房屋等均是用图例表示，建筑总平面图的常用图例符号如表9.6所示。在较复杂的总平面图中，若用到一些"国标"没有规定的图例，必须在图中另加说明，并应在图纸中的适当位置绘出新增加的图例。

③总平面图上标注的尺寸，一律以 m 为单位，注写到小数点后 2 位。

4）实例

如图9.7所示，是一所高校教师住宅楼的总平面图。从图9.7的表达内容可以看出：该总平面图的绘制比例为1∶500,右下角为图例及其文字说明;3#和4#的两幢楼为新建住宅楼，两幢楼平面大小一样,4 幢住宅楼与综合楼组成了一个建筑组团，该组团四面有路;由风玫瑰图看出，此地风向夏季以东南风为主，其余季节以西北风为主，组团内所有房屋朝向正南;由建筑轮廓内的小黑点数可知，原有的1#、2#住宅楼是6层、综合楼是5层，新建的3#、4#两幢住宅楼也是6层;图中涂黑的三角形表示室外标高，原有的1#、2#住宅楼室内地面标高 ±0.000分别相当于绝对标高123.90 m 和123.40 m,新建的3#、4#两幢住宅楼室内地面标高 ±0.000都相当于绝对标高123.00 m;从总平面图可以看出这是一个地势、朝向、交通、绿化环境都比较理想的位置。

表 9.6　建筑总平面图常用图例符号

名　称	图　例	说　明	名　称	图　例	说　明
新建建筑物	① 12F/2D *H*=59.00 m	新建建筑物以粗实线表示与室外地坪相交处±0.00外墙定位轮廓线 建筑物一般以±0.00高度处的外墙定位轴线交叉点坐标定位 根据不同的设计阶段标注建筑编号,地上、地下层数,建筑高度,建筑出入口位置	标高	1. *X*105.00 *Y*425.00 2. *A*105.00 *B*425.00	1. 表示测量坐标系 2. 表示建筑坐标系坐标数字平行于建筑标注
原有建筑物		用细实线表示	方格网交叉点标高	−0.500 ∣ 77.85 / 78.35	"78.35"为原地面标高 "77.85"为设计标高 "−0.50"为施工高度 "−"表示挖方("+"表示填方)
计划扩建的预留地或建筑物		用中粗虚线表示	台阶及无障碍坡道	1. 2.	1. 表示台阶(级数仅为示意) 2. 表示无障碍坡道
拆除的建筑物		用细实线表示	室内地坪标高	151.00 ▽ (±0.00)	数字平行于建筑物书写
围墙及大门			室外地坪标高	143.00 ▼	室外标高也可采用等高线
挡土墙	▽ 5.00 / 1.50	挡土墙根据不同的设计阶段的需要标注墙顶标高墙底标高	新建道路	0.30% 100.00 *R*=6 107.50	"*R*=6"表示道路转弯半径为6 m,"107.50"为道路中心线交叉点标高,"100.00"表示变坡点之间距离,"0.30%"表示道路坡度,表示坡向
挡土墙上设围墙			落叶针叶乔木		
填挖边坡			常绿阔叶乔木		
原有道路计划扩建的道路			草坪		草坪,分人工草坪和自然草坪
			花卉		
拆除的道路			植草砖		

134

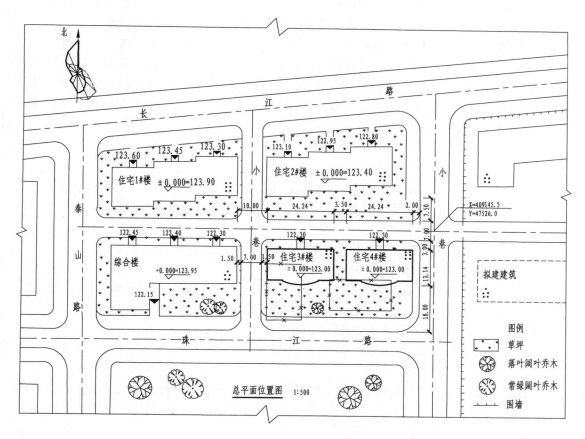

图9.7　总平面图

9.3　建筑平面图

▶ 9.3.1　图示方法及作用

　　建筑平面图(除屋顶平面图外)是假设用一个水平剖切平面在房屋的窗台上沿经建筑物的门、窗洞口处将房屋剖开,移去剖切面上方的部分,将剖切平面以下的部分用正投影的方法向水平投影面投影而得到的水平剖面图。屋顶平面图是在屋面以上俯视并用正投影的方法向水平投影面投影而得到的水平投影图。平面图反映了房屋的平面形状、大小和房间的布置,墙柱的位置、厚度、材料,门窗类型、位置、大小和开启方向,其他建筑物配件的设置和室内标高等。它是墙体砌筑、门窗安装和室内装修的重要依据。

　　一般情况下多层建筑应分别画出其每一层的平面图。沿首层剖开所得到的水平全剖面图,称为底层平面图,沿二层剖开所得到的水平全剖面图,称为二层平面图……当建筑的中间层的布局及尺寸完全相同时,可用一个平面图表示,图名为标准层平面图,或×—×层平面

图。如图 9.1 所示的教师住宅楼,房屋的底层、屋顶平面布局与中间层不同,应分别画出;2—6 层的平面布局相同,可只绘成一张标准层平面图(仅局部不同时,可用文字说明)。

《建筑制图标准》(GB/T 50104—2010)还规定:建筑平面图的方向宜与总平面图方向一致。平面图的长边宜与横式幅面图纸的长边一致;在同一张图纸上绘制多于 1 层的平面图时,各层平面图宜按层数由低到高的顺序从左至右或从下至上布置;建筑物平面图应注写房间的名称和编号,编号应注写在直径 6 mm 细实线绘制的圆圈内,并应在同张图纸上列出房间名称表;顶棚平面图宜采用镜像投影法绘制。

▶ **9.3.2 图示内容**

(1)轴线及其编号　轴线及其编号主要用来确定墙、柱的位置。

(2)平面布置　墙、柱断面及位置,各房间位置及名称,走道、楼梯、电梯的位置及上下方向等。

(3)尺寸与标高　建筑平面图中应标注外部尺寸、内部尺寸、标高。

①建筑平面图中的外部尺寸一般有 3 道。由外至内,第 1 道是表示建筑总长、总宽的外形尺寸,称为总尺寸;第 2 道为墙柱中心轴线间的尺寸,即定位轴线之间的尺寸;第 3 道为细部尺寸,主要用来表示外门、窗洞口的宽度和与其最近的轴线间的尺寸。外部尺寸除了上述 3 道尺寸以外,还有室外设施必要的定形定位尺寸。

②内部尺寸表示内墙门窗洞与轴线的关系,墙厚,柱断面大小,房间的净长、净宽以及固定设施的大小和位置的一些必要尺寸。

③建筑平面图中应注写完成面标高,常以底层主要房间的室内地坪高度为相对标高的零点(标记为 ±0.000),高于此处的为"正",低于此处的为"负"(数字前加注"－")。设计说明中说明相对标高与绝对标高之间的关系。

(4)建筑配件　房屋中门、窗、楼梯,浴盆、座便器等卫生设施,通风道、烟道等设施,统称建筑配件,在平面图中建筑配件一般都用图例表示。在绘制门、窗图例时应注明门窗名称代号。M1,M2…表示门;C1,C2…表示窗。同一编号的门窗,其类型、构造、尺寸都相同。门窗洞口的形式、大小及凸出的窗台等都按实际投影绘出。

(5)剖切符号　在底层平面图上画出剖面图的剖切符号及编号。

(6)节点索引　标注有关部位节点详图的索引符号。图样中某一局部或构件需要另用由较大比例绘制的详图表达时,应采用索引符号来索引。

(7)指北针　指北针标记了建筑的朝向,一般在建筑物的底层平面图中绘出指北针。

(8)阳台与雨篷　其他层平面图上应画出本层的阳台、下一层的雨篷的位置和尺寸。

在底层平面图上,还应画出踏步、台阶、坡道、花池及散水的位置及宽度,还应画出雨水管的位置等。

在屋顶平面图上,一般有女儿墙、挑檐、通风管道、屋面坡度、分水线与落水口、变形缝、天窗、上人孔、屋顶设备等的位置与做法。

▶ **9.3.3 实　例**

现以如图 9.8 所示的某教师住宅楼的底层(或称一层、首层)平面图为例说明平面图的阅读方法。

1）平面图的总体情况

由图 9.8 底层平面图的房屋主要轮廓可以看出，该住宅楼一梯两户、砖混结构，户型为三室二厅一厨二卫，绘图比例为 1：100。由定位轴线、轴线间的距离墙柱的布置情况以及各房间的名称可以看出各承重构件的位置及房间的功能与大小。本房屋的墙体中涂黑的方框是钢筋混凝土柱。每户有两个朝南卧室，一个朝北卧室，客厅朝南，厨房、主卫生间、餐厅均在北边，南阳台成半径为 33 620 mm 的圆弧状。

2）平面图的基本内容

由于底层平面图（图 9.8）是在楼梯的第一梯段中门、窗洞口的位置作水平剖切后向下投射而得到的全剖面图，因此本图被剖切到的墙身用粗实线 b 绘制，门窗用图例绘制表示，阳台、台阶、室外散水等用中实线 $0.5b$ 或细实线 $0.25b$ 绘制，其余室内外的可见部分，如厨卫间的固定设施、楼梯等的主要轮廓线以细实线 $0.25b$ 绘出，并标明相应的尺寸和数据，如门窗等的编号及相应的定形、定位尺寸。楼梯的投影用倾斜的折断线表示截断楼梯的梯段，画出可见梯段的投影，用细实线 $0.25b$ 与箭头指明从本楼层至上一楼层的前行方向与级数，图中台阶的级数及前行方向也要表示出来。为反映房屋的竖向情况，底层平面图应注有剖面图的剖且符号和编号。室内外的主要地面标高也应注明，如本建筑物的室外相对标高是 −0.700，室内主要地面的相对标高是 ±0.000 m，底层单元入口处的相对标高是 −0.600 m。如图 9.9 所示是上述同一住宅楼的 2—6 层平面图，与底层平面图相比，它少了室外散水等附属设施，但二层平面图北边入口处多了雨篷设施，顶层平面图因为不再有上行的梯段，所以只有指明下行方向的细实线与箭头；因为没有被剖切的梯段，所以没有折断线，其他部分与底层平面图基本相同。如图 9.10 所示是上述同一住宅楼的屋顶平面图，它主要反映了屋面排水、女儿墙、天沟等的平面形状。由图可知，定位轴线、总体尺寸、轴线间尺寸等与其他各层平面图都相同，屋面的排水坡度为 2%，房屋的北侧和南侧共设有 4 根雨水管。

▶ 9.3.4 建筑平面图的绘图步骤

绘制建筑施工图一般先从平面图开始，然后再画立面图、剖面图和建筑详图等。

在选择好所绘建筑平面图的比例之后，以先大后小、先整体后局部、先图形后标注、先打底稿后加深的顺序进行绘制。

现以 2—6 层平面图为例说明建筑平面图绘制，一般应按如图 9.11 所示的步骤进行：

①根据开间和进深尺寸，画出纵横方向的定位轴线，如图 9.11（a）所示。

②根据墙厚、柱尺寸和门窗洞尺寸，画出墙身线、柱断面和门、窗洞的位置线，如图 9.11（b）所示。

③根据细部尺寸，画出楼梯、门窗、台阶、散水等细部，如图 9.11（c）所示。

④画出门窗、楼梯、柱、卫生设备等的图例，画出 3 排尺寸线和轴线的编号圆圈，如图 9.11（d）所示。

⑤经过检查无误后，擦去多余作图线，按施工图要求加深图线，标注尺寸与标高，对轴线编号、填写各尺寸数字、门窗代号、房间名称等，完成全图（图 9.9）。

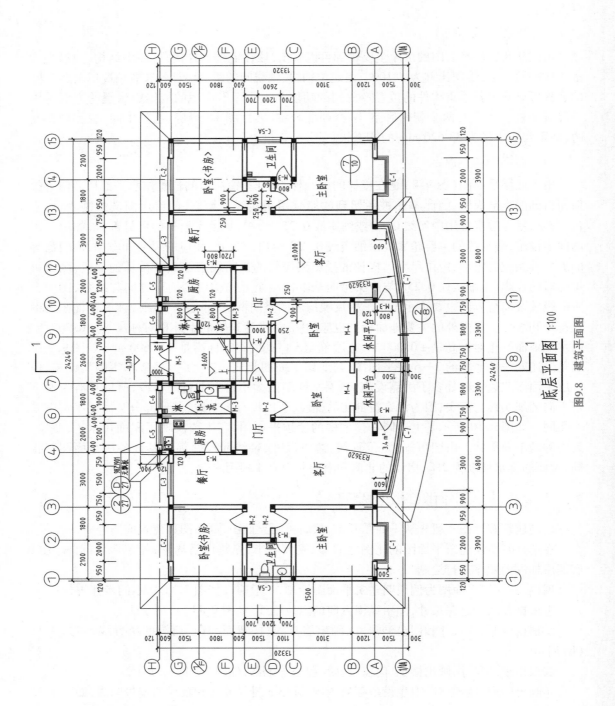

底层平面图 1:100

图9.8 建筑平面图

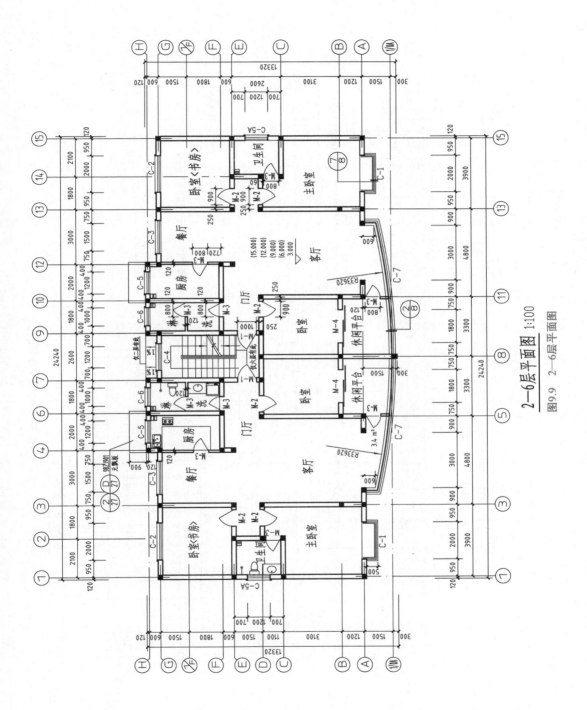

2—6层平面图 1:100

图9.9 2—6层平面图

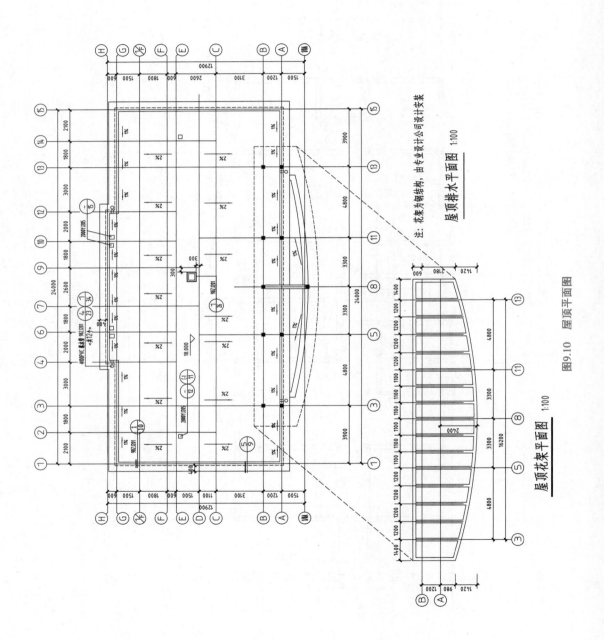

屋顶排水平面图 1:100

注：龙架为钢结构，由专业设计公司设计安装

屋顶龙架平面图 1:100

屋顶平面图

图9.10 屋顶平面图

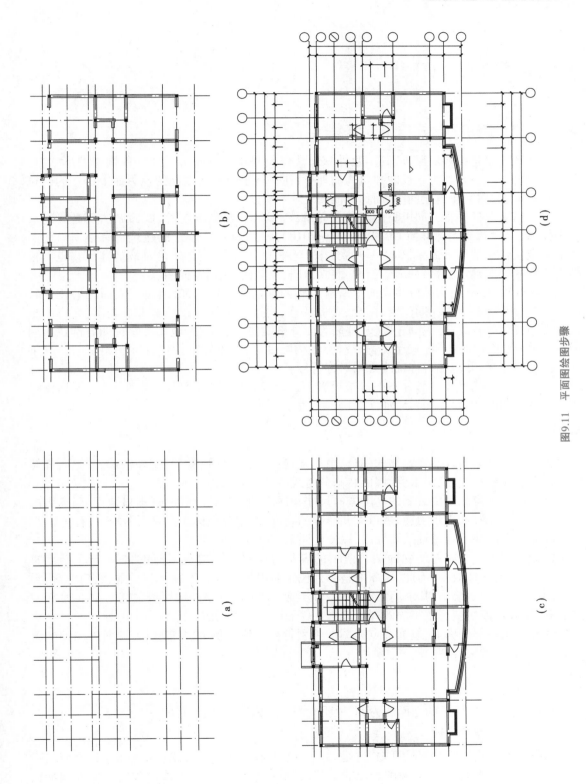

图9.11 平面图绘图步骤

9.4 建筑立面图

▶ 9.4.1 图示方法及作用

立面图主要是反映房屋外部造型、外立面装修及其相应方向所见到的各构件的形状、位置、做法的图样。所以,为了反映建筑物的外形,在平行于建筑物立面的投影面上所作的建筑物的正投影图,称为建筑立面图,简称立面图。

立面图应包括投影方向可见的建筑外轮廓线和墙面线脚、构配件、墙面做法及必要的尺寸和标高。《建筑制图标准》(GB/T 50104—2010)规定:有定位轴线的建筑物宜根据立面图两端的定位轴线编号来命名,如①—⑮立面图、Ⓐ—Ⓗ立面图等;无定位轴线的建筑物也可根据建筑物的朝向确定名称,如南立面图、北立面图、东立面图、西立面图。

按投影原理,立面图上应将立面上所有看到的细部都表示出来,但由于立面图的比例较小,往往只用图例表示,相同门窗、阳台、外檐装修、构造做法等可在局部重点表示,并应画出其完整图形,其余部分可只画轮廓线;外墙表面分格线应表示清楚,应用文字说明各部位所用面材及色彩;较简单的对称式建筑物或对称的构配件等,在不影响构件处理和施工的情况下立面图可绘一半,并应在对称轴线处画对称符号。

建筑物立面如果有一部分不平行于投影面,可将这部分展开到与投影面平行,再用正投影画出其立面图,但要在图名后加注"展开"二字。

▶ 9.4.2 图示内容

①画出室外地面线及建筑物的阳台、雨篷、门窗、花台、台阶、勒脚;室外楼梯、墙、柱;外墙的预留孔洞、檐口、屋顶、雨水管、墙面装修分格线或其他装饰构件等。

②立面图中应注写出必要的高度方向尺寸和标高,如室内外地坪、进出口地面、门窗洞的上下口、楼层面平台、阳台雨篷、檐口女儿墙等的高度,并整齐地标注在立面图的左、右侧。

③立面图两端的定位轴线要标出,以便于明确与平面图的联系。

④立面图中线型应能使立面图较清晰的表达房屋整体框架与细部轮廓等,产生凸出整体、主次分明的立体效果,为此,房屋的整体外包轮廓用粗实线 b 绘制;阳台、雨篷、门窗洞、台阶等用中实线 $0.5b$ 绘制,其余用细实线 $0.25b$ 绘制;立面图的室外地坪线用宽 $1.4b$ 的加粗实线绘制,以表达该房屋稳重牢固的视觉效果。立面图中不可见的轮廓线一律不画。

⑤标注出各部分构造、装饰节点详图的索引符号。用图例、文字或列表说明外墙面的各部分装饰材料、做法、色彩等。

▶ 9.4.3 实例

现以如图9.12所示的立面图为例,说明立面图的内容及阅读方法。

1)立面图的整体情况

由图名和两端轴线的编号可知,这是如图9.2所示教师住宅楼南面的立面图,比例与平面图相同,为1:100。①—⑮立面图表示的是建筑物的主要立面,反映该建筑的主要外貌特征和装饰风格。

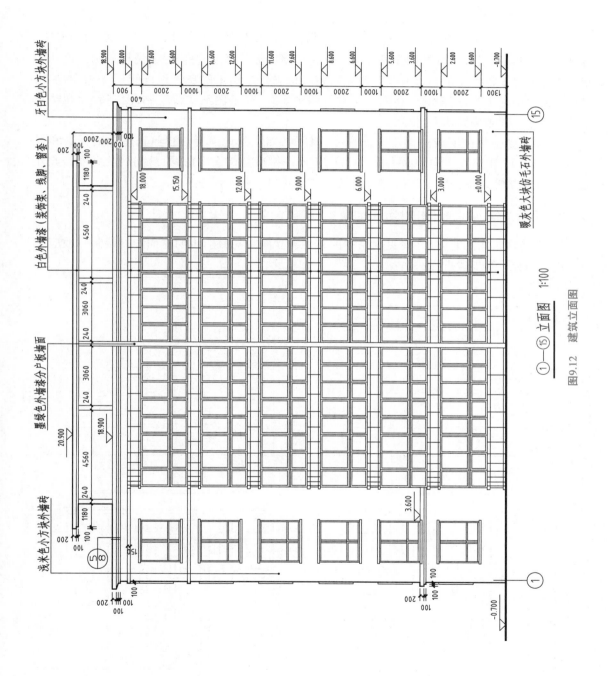

① — ⑮ 立面图 1:100

图9.12 建筑立面图

由图 9.12 可见,本房屋为 6 层,入口朝北,左右两户对称分布,每户有一个朝南的卧室凸窗、一个阳台,两户阳台相连,中间有分隔墙。屋顶上有花架,这是本房屋主要立面的外貌特征之一。

2)立面图的基本内容

由图 9.12 中文字说明可知,该房屋的外墙面主体采用米黄色和牙白色小方块的外墙砖,勒脚处采用暖灰色大块仿毛石外墙砖,阳台栏板上部、窗套、女儿墙顶等部位均采用白色外墙漆,从而传递了整体庄重和凸出部位明亮的装饰信息。本图中的室外地坪线用 $1.4b$ 的加粗线,外轮廓用粗实线,门窗洞口和阳台轮廓等用中实线,其余用细实线绘制,汉字和标高整齐排列,使整个图画构图均衡、稳重。

立面图中应标注必要的高度方向尺寸和标高,如室外地面、门窗洞口、屋顶的标高和尺寸。在图 9.12 中高度方向外面一排为标高,里面一排尺寸标注出窗洞、窗间墙的高度。此外还应标注除房屋两端的定位轴线位置及其编号,以便与平面图(图 9.8)对应。

▶ 9.4.4 建筑立面图的绘图步骤

现以某建筑物的北立面图(见附录中的⑮—①立面图)为例,说明立面图的绘制一般应按如图 9.13 所示的步骤进行:

图 9.13　⑮—①立面图的绘图步骤

①根据标高尺寸,画基准线,画出地坪线、外墙轮廓线、屋面线,如图9.13(a)所示。

②根据细部尺寸,画出门窗、阳台、雨篷、檐口等建筑构配件的轮廓线,如图9.13(b)所示。

③根据门窗、阳台、屋面的里面形式,画出门、窗、阳台、雨篷等的图例,如图9.13(c)所示。

④画出定位轴线编号圆圈,并画出标高符号,如图9.13(d)所示。

⑤经过检查无误后,擦去多余作图线,按施工图要求加深图线,标注尺寸与标高,书写图名、比例、轴线编号以及外墙装饰装修说明等,完成全图(见附录中的⑮~①立面图)。

9.5　建筑剖面图

▶ 9.5.1　图示方法及作用

建筑剖面图是假想用一个或多个垂直于外墙轴线的铅垂剖切面将建筑物剖开,用正投影的方法绘制所得到的投影图,简称剖面图。剖面图主要用来表达建筑物内部的主要结构形式、构造、材料、分层情况、各层之间的联系及高度等。剖面图与各层平面图、立面图一起被称为房屋的3个基本图样,简称为"平、立、剖"。

剖面图可以是单一剖面图或是阶梯剖面图,其数量根据建筑物的具体情况和施工的需要而决定。剖切面的剖切位置,应根据图纸的用途或设计深度,在平面图上选择能反映全貌、构造特征以及有代表性的部位剖切,如通过门、窗洞、楼梯间剖切。剖切符号可用阿拉伯数字、罗马数字或拉丁字母编号。剖切符号标注在底层平面图中,且剖面图的图名编号应与平面图上所标注的剖切符号的编号一致,如本章的1—1剖面图(图9.14)。

剖面图的比例:常选用1:200,1:100,1:50等。究竟选多大,视房屋的大小和复杂程度而定,一般选用与建筑平面图相同的比例,或选用比建筑平面图较大一些的比例。

剖面图的图线:被剖切到的主要建筑构造的轮廓线、剖切符号用粗实线 b 绘制;被剖切到的次要建筑构造的轮廓线,建筑构、配件的轮廓线用中粗实线 $0.7b$ 绘制;其余可见轮廓线用中实线 $0.5b$ 绘制;图例填充线用细实线 $0.25b$ 绘制。

剖面图的图例:剖面图的门窗等图例、钢筋混凝土材料符号以及粉刷面层等的表达方法同平面图。

▶ 9.5.2　图示内容

①表示剖切后看到的墙、柱及其与定位轴线的关系。

②表示室内、外地面、各层楼面、屋顶,内外墙、墙内过梁、圈梁、门窗、阳台、雨篷、防潮层、散水、排水沟及其他装修等剖切到的或未剖到的可见构配件的内容。习惯上,剖面图中基础的大放脚可不画出。

③在剖面图中还要清楚地表示出楼梯的梯段及楼梯平台的尺寸,位于内部墙体之中的门、窗洞口的高度位置,梁、板、柱的断面示意图等。

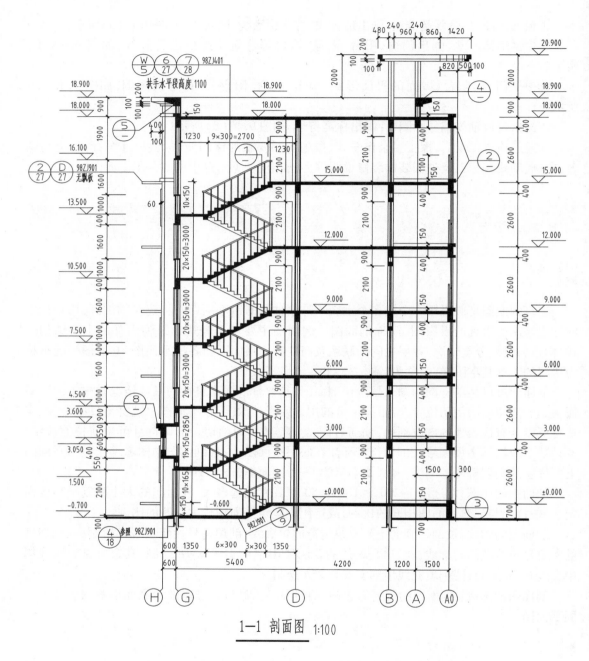

1—1 剖面图 1:100

图9.14　剖面图

　　④剖面图上应标出完成面的标高及高度方向的尺寸,包括:门窗洞口的高度、层间高度及隔断、搁板、平台、墙裙的高度。注写标高及尺寸时,应与平面图和立面图的数字一致。

　　⑤表示地面、楼面及所示部位的构造做法。一般可用引出线说明。引出线指向所说明的部位,并按其构造的层次加以文字说明。若另有详图,可在详图中说明,也可在构造说明中统一说明。

⑥表示出需画详图之处的索引符号。

⑦表示屋顶的形式及排水坡度等。

▶ 9.5.3 实 例

以图9.14所示某教师住宅楼的1—1剖面图为例,说明剖面图的内容及阅读方法。

①将剖面图的图名和轴线编号与底层平面图(图9.2)上的剖切位置和轴线编号相对照,可知1—1剖面图是一个平行于横墙的剖切平面通过楼梯间,剖切后向右投影所得到的横向剖面图。1—1剖面图的绘制比例为1:100。

②从1—1剖面图中画出的房屋地面到屋顶的结构形式和材料图例可以看出,这栋砖混结构住宅楼的主要承重构件圈梁、楼板、屋面板等均采用钢筋混凝土材料制成。

③1—1剖面图的标高都表示为与±0.000的相对标高,如六层楼面标高是从底层地面算起为15.000 m,而它与五层楼面的高差(层高)仍为3.000 m。竖向尺寸标注与立面图相似,主要部位(如女儿墙顶面、屋(楼)面板的顶面、楼梯平台顶面、窗台上下口等处)的高度以标高形式注出;各楼层的层高、门窗洞的高度及其定位尺寸等以竖向尺寸的形式标注,轴线的间距以横向尺寸的形式标注。外墙、楼梯等处因需要另画详图,故剖面图中画有详图索引符号与编号。

④按《建筑制图标准》(GB/T 50104—2010)的规定,在小于1:50的剖面图中可不画出抹面层,剖切到的室外地坪线及主要构配件轮廓线,如女儿墙、内外墙等的轮廓线用粗实线 b 绘制,钢筋混凝土构件涂黑。剖切后的可见的构建轮廓线,如女儿墙顶面、各层楼梯的上行第二梯段与扶手轮廓等用中粗实线 $0.7b$ 绘制。

▶ 9.5.4 建筑剖面图的绘图步骤

绘制房屋剖面图时,应先根据底层平面图中的剖切位置和编号,分析所画的剖面图中哪些是剖到的,哪些是可以看到的,以保证画图时线型准确。

现以1—1剖面图为例,说明剖面图的绘制一般应按如图9.15所示的步骤进行:

①根据剖切符号,画出主要轮廓线,如水平方向的定位轴线,女儿墙、屋(楼)层面、室内外地面的顶面高度线,如图9.15(a)所示。

②根据墙体、楼面、屋面以及门窗洞和洞间尺寸,画出墙、柱、楼面等断面和门窗的位置,如图9.15(b)所示。

③画出楼梯段、阳台、雨篷以及未剖切到的内门等可见构配件的轮廓,如图9.15(c)所示。

④画出楼梯栏杆、门窗等细部以及尺寸线、尺寸界限和尺寸标高符号等。如需另画详图,应画出详图索引符号和编号,如图9.15(d)所示。

⑤检查无误后,擦去多余作图线,按施工图要求加深图线,画出材料图例,标注所需全部尺寸、标高、详图索引、注写图名和比例等,完成全图(图9.14)。

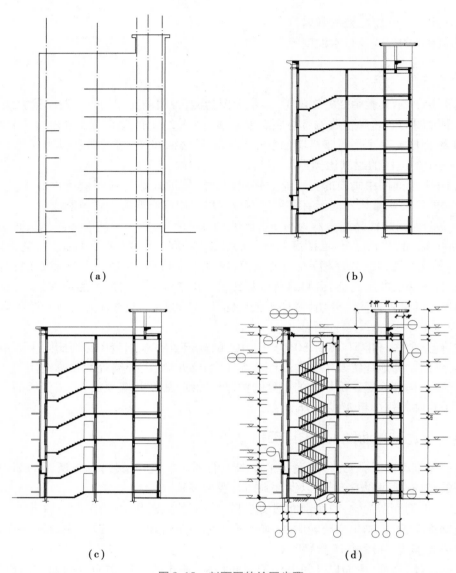

(a)   (b)

(c)   (d)

图 9.15　剖面图的绘图步骤

9.6　建筑详图

▶ 9.6.1　概　述

建筑物的平面图、立面图、剖面图一般是用小比例绘制,本章介绍的平面图、立面图、剖面图均用 1∶100 的比例绘制。这样建筑物的许多细部构造,如外墙面、门窗、楼梯等部位的结构、形状、材料等无法表达清楚,为此常在这些部位以较大的比例绘制一些局部性的详图,以指导施工,这种图也称大样图。与建筑设计有关的详图称为建筑详图,与结构设计有关的详图称为结构详图。详图中有时还会再有详图,如楼梯、厨卫间等处,用1:50或1:20的比例可以将它们的主要结构形状、材料等反映出来;而更细小的部分,如踏面上的防滑条,楼梯扶手的构件等,还需更大的比例,如1:15甚至1:1才能表达清楚。详图常用比例如表9.1所示。

详图的特点是比例较大、图示清楚、尺寸标注齐全、文字说明详尽,可使细部的尺寸、构造、材料、做法详细完整地表达出来。

现就楼梯及外墙身节点的详图作一介绍。

▶ 9.6.2 楼梯详图

楼梯是多、高层房屋垂直交通的主要构件,它是由楼梯段、楼梯平台和栏板(栏杆)组成,如图9.16所示。楼梯段简称梯段,包括梯横梁、梯斜梁和踏步。踏步的水平面称为踏面,垂直面称为踢面。所谓梯段的"级数",一般就是指踏步数,也就是一个梯段中"踢面"的总数,它也是楼梯平面图中一个梯段的投影中实际存在的平行线条的总数。若干梯级组成楼梯的梯段,平台板与下面的横梁组成休息平台,加上栏杆扶手组成了楼梯。

楼梯详图一般包括楼梯平面图、楼梯剖面图以及更大比例的踏步和栏板(栏杆)节点详图。各详图应尽可能画在同一张图纸上,平面图、剖面图比例应一致,一般为1:50,踏步、栏板(栏杆)节点详图比例要大一些,可采用

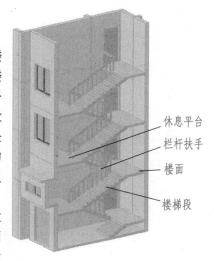

休息平台
栏杆扶手
楼面
楼梯段

图9.16　楼梯的组成示意图

1:10,1:20等。这些详图组合起来将楼梯的类型、结构形式、材料尺寸及装修做法表达清楚,以满足楼梯施工放样的需要。梯详图的线型与相应的平面图和剖面图相同。

现以某高校教师住宅楼双跑平行楼梯间(见图9.16,图中仅画出4层)为例,说明楼梯详图的内容和表达形式。

1)楼梯平面图

根据图9.2、图9.3所示的教师住宅楼情况,作了4个楼梯平面详图:底层平面图、2层平面图、3—5层平面图、顶层平面图,绘制比例均为1:50,如图9.17所示。4个楼梯平面图中应标注相应的标高,其中3—5层平面图中在平台面和楼面部分应加注中间省略的各层相应部位的标高。

楼梯平面图中应画出各梯段踏步的投影,在底层、2层平面图、3—5层平面图中可认为假想水平剖切面从第1个梯段的中部切过,然后将剖切平面以上的部分移去,对剩余部分进行投影画出其水平剖面,即是楼梯的某层平面图。为了不使假想的剖切平面与梯段产生的交线同踏步的踢面投影混淆,将假想的截交线画成与被剖切梯段所邻墙面的夹角为60°的"折断线",如图9.17所示。各层平面图中还应标出梯段水平投影长、梯段宽及每一梯段的踏步数以及一些细部尺寸、标高。在标注梯段水平投影长时,应与其踏面宽度尺寸b、梯段的踏步数n结合起来。即"(踏步数$n-1$)×踏面宽b=梯段水平投影长L"的标注形式。在底层平面图中还应在踏步中间处用长箭头指出行走线的方向,并注明"上"以示上行。由于顶层平面图的剖切平面位置在安全栏板以上,因此,可看成是整个顶层两梯段的水平投影。顶层平面图可

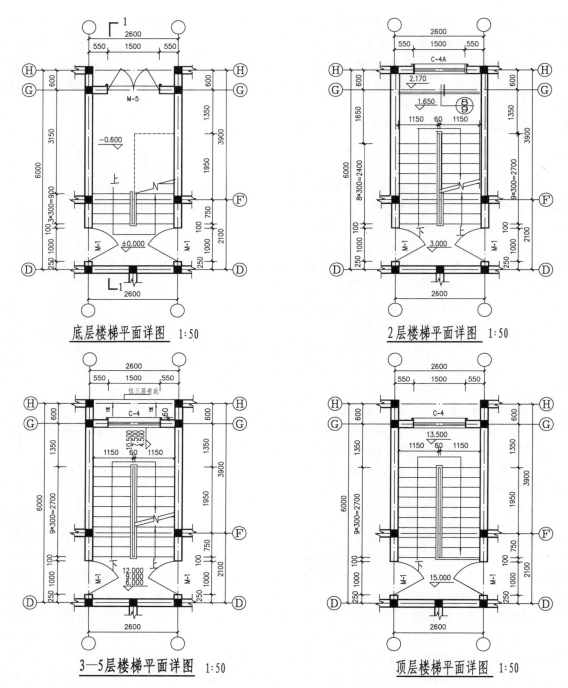

图 9.17　楼梯平面详图

表现出顶层两个梯段的形式、踏步数、长宽以及梯井、栏杆、安全栏板的设置情况。由于剖切平面没有剖到梯段，因此，不需画出"折断线"，只在踏步中间处画出行走线并以"下"字表明下行。并注意楼梯栏板拐过来要封住楼面（即安全栏板）。顶层平面图的其他表达内容和形式、尺寸标注等也都与中间层相同。

楼梯平面图中墙身的轮廓用粗实线 b 绘制,被剖切的墙身不画剖面材料图例,柱的断面采用材料图例表示,楼梯间门用中粗实线 $0.7b$ 表示,其余图线均用细实线绘制。

2)楼梯剖面图

楼梯间剖面图的形成原理与方法同建筑剖面图。用一假想的铅垂剖切平面沿梯段的长度方向、通常通过上行第一梯段和门窗洞口,将楼梯间剖开,向未剖到的梯段方向投影,即得到楼梯间的剖面图,由楼梯平面图中剖切位置可知,剖切平面通过单元入口门洞,为全剖面图,绘图比例为1:50。如图9.18所示,这是两跑楼梯,即上一层楼要走两个梯段,中间有一个休息平台。在多层房屋中,若中间各层的楼梯构造完全相同时,可只画出底层、中间层(标准层)和顶层的剖面,中间以折断线断开,但应在中间层的楼面、平台面处以括号形式加注中间各层相应部位的标高。楼梯间剖面图应表示出被剖切的墙身、窗下墙、窗台、窗过梁,表示出楼梯间地面、平台面、楼面、梯段等的构造及其与墙身的连接以及未剖到梯段、栏板、扶手等。

楼梯剖面图中的一些细部构造如栏板、扶手和踏步采用1:5和1:10的比例绘出它们的详图,并在剖面图中的相应位置注有详图索引符号。

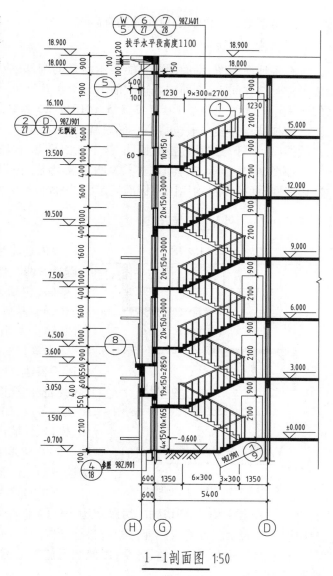

1—1剖面图 1:50

图9.18 楼梯剖面详图

楼梯剖面图中线型的要求与建筑剖面图相同,图中被剖切到的墙、平台、楼梯的梯段、各层楼面等一律采用标准粗实线 b 绘制,投影轮廓线一律采用 $0.25b$ 的细实线。其中断面部分除墙身外一般应画出相应的材料图例,如钢筋混凝土图例,自然土壤图例等,凡剖到的钢筋混凝土构件断面,若比例较小时可涂黑表示。未被剖到的梯段,若由于栏板遮挡而不可见时,其踏步可用虚线表示,也可不画,但仍应标注该梯段的踏步数和高度尺寸。

在楼梯间剖面图中应标注楼梯间的轴线及其编号、轴线间距尺寸、楼面、地面、平台面、门窗洞口的标高和竖向尺寸。梯段高度方向的尺寸以踏步数×踢面高=梯段高度的方式标注,如图9.18中的 $19×150=2\,850,20×150=3\,000$ 等;还要标注扶手的水平段高度尺寸1 100,

其高度是指平台面到扶手顶面的垂直高度。

3）楼梯节点详图

在楼梯平面图、剖面图中不能表示清楚的细部，应另画楼梯节点详图来表示。这些详图为了弥补楼梯间平、剖面图表达上的不足而在其上进一步引出的"详图中的详图"。因此，它们将采用较大的比例如1:1,1:2,1:5,1:10,1:20等来绘制。

楼梯节点详图一般包括第一梯段基础做法详图、踏步做法详图、栏杆立面做法与梯段连接的详图、栏杆与扶手连接的详图、扶手断面详图、梯段与平台梁的连接关系详图等。

如图9.19所示，节点详图①表明了楼梯栏杆、踏步的具体尺寸和做法。所用比例为1:10，其断面的材料均用国家标准规定的符号画出。

► **9.6.3　外墙节点详图**

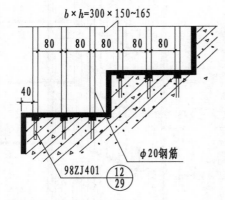

图9.19　楼梯节点详图

墙体是建筑物的重要组成部分。在民用建筑中，外墙具有两个作用，一是承重、二是围护。墙体承受屋面、楼面（包括楼层上的人、物）等荷载，并通过墙（或柱）传递给基础。其次，墙体能阻挡自然界风、雨、雪的侵蚀，防止太阳辐射、噪声干扰而达到保温、隔热、隔声、防水等目的，起到围护作用。外墙身详图常以剖面的形式表达，即建筑物某一外墙从基础以上一直到屋顶的铅垂剖视图，详尽地表示出外墙身从基础以上到屋顶各节点，如防潮层、勒脚、散水、窗台、门窗过梁、地面、檐口、外墙内外墙面装修等的尺寸、材料和构造做法。外墙身详图是与建筑平面图、剖面图配合起来作为墙身施工的依据。

外墙身详图常用比例为1:20或1:25，因详图的绘制比例一般比较大，凡剖切到的房屋结构构件的轮廓线应以粗实线表示；抹面层应画出，轮廓线用细实线表示。各建筑构配件的材料符号按《建筑制图标准》（GB/T 50104—2010）绘制。

图中的尺寸标注应完整、齐全，以便满足施工的需要，墙的定位轴线应标出，以增强与其他图样的联系。

现以图9.20为例，说明外墙身详图一般反映的主要内容有：

①墙身的位置，由轴线的编号确定。

②详图中屋面、楼面和地面的构造采用多层构造说明方法。

③屋顶结构、承重层、女儿墙、防水及排水的构造。

④楼板与墙身的连接关系。室内各部分的结构，如踢脚板。

⑤窗台、窗过梁或圈梁的构造。

⑥外墙勒脚、防潮、防水、排水的做法。

⑦各部分的标高、高度方向和墙身细部的大小尺寸。

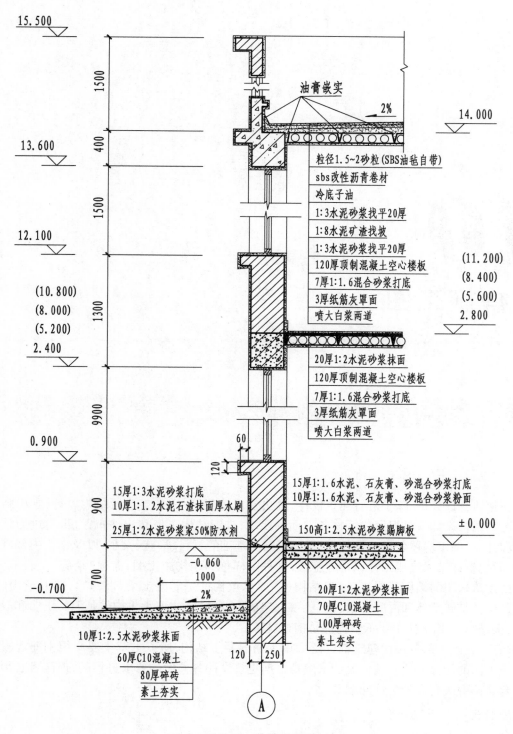

图 9.20　外墙身详图

油膏嵌实

2%

15.500

14.000

13.600

12.100

(11.200)
(8.400)
(5.600)

2.800

(10.800)
(8.000)
(5.200)

2.400

0.900

±0.000

-0.700

-0.060

1500
400
1500
1300
9900
900
700

60
120
120
250

1000
2%

粒径1.5~2砂粒(SBS油毡自带)
sbs改性沥青卷材
冷底子油
1:3水泥砂浆找平20厚
1:8水泥矿渣找坡
1:3水泥砂浆找平20厚
120厚顶制混凝土空心楼板
7厚1:1.6混合砂浆打底
3厚纸筋灰罩面
喷大白浆两道

20厚1:2水泥砂浆抹面
120厚顶制混凝土空心楼板
7厚1:1.6混合砂浆打底
3厚纸筋灰罩面
喷大白浆两道

15厚1:1.6水泥、石灰膏、砂混合砂浆打底
10厚1:1.6水泥、石灰膏、砂混合砂浆粉面

150高1:2.5水泥砂浆踢脚板

20厚1:2水泥砂浆抹面
70厚C10混凝土
100厚碎砖
素土夯实

15厚1:3水泥砂浆打底
10厚1:1.2水泥石渣抹面厚水刷
25厚1:2水泥砂家50%防水剂

10厚1:2.5水泥砂浆抹面
60厚C10混凝土
80厚碎砖
素土夯实

A

153

10

结构施工图

10.1 结构施工图的基本知识

▶ 10.1.1 概 述

在建筑物设计中,除了进行建筑设计,画出建筑施工图外,还要进行结构设计,画出结构施工图。结构设计就是根据建筑物各方面的要求,进行结构选型和构件布置,再通过力学的分析和计算,确定房屋各承重构件板、梁、柱、墙及基础的材料、形状、大小,以及结构内部构造等,最后把设计结果绘成图样以指导施工,这种图样称为结构施工图,简称"结施"。目前,我国民用建筑采用的结构形式有:框架结构(主要承重构件是混凝土梁、板、柱),砖混结构(主要承重构件是砖墙体和混凝土梁、板、柱),框架剪力墙结构(主要承重构件是混凝土墙和混凝土梁、板、柱),钢结构(主要承重构件是钢梁、柱)。

当前,我国大部分民用建筑都广泛采用钢筋混凝土结构,所以本章主要介绍钢筋混凝土结构施工图的阅读方法。结构设计虽然是根据建筑设计各方面的要求进行的,但两者必须密切配合协调解决有关的争议问题。

1)结构施工图的内容

(1)结构设计说明

结构设计说明主要以文字来说明工程概况及结构构造要求,抗震设计及防火要求,合理使用年限,选用构件的材料、种类性质、强度等级、技术要求,地基情况(包括地基土的耐压力），基础埋置深度，施工注意事项，选用标准图集等。

（2）结构平面图

①基础平面图，工业建筑还有设备基础布置图。

②楼层结构平面图，工业建筑还包括柱网、吊车梁、柱间支撑、连系梁布置等。

③屋面结构平面图，工业建筑还包括屋面板、天沟板、屋架、天窗架及屋面支撑系统布置等。

（3）构件详图

①梁、板、柱及基础结构详图。若图幅允许，基础详图与基础平面图应布置在同一张图纸内，否则应画在与基础平面图连续编号的图纸上。

②楼梯结构详图。

③屋面板和屋架结构详图。

④其他详图，如天沟、雨篷、过梁及各种支撑详图等。

2）结构施工图常用的构件代号

建筑物结构的基本构件类型很多，布置复杂，为了使图示简明扼要，便于制作、阅读和施工，在结构图上通常用图例代号表示各构件的名称。常用构件代号用该构件名称的汉语拼音第一个大写字母表示。《建筑结构制图标准》（GB/T 50105—2010）规定常用构件代号如表10.1所示。

表 10.1　常用构件代号

序　号	名　　称	代　号	序　号	名　　称	代　号	序　号	名　　称	代　号
1	板	B	19	圈梁	QL	37	承台	CT
2	屋面板	WB	20	过梁	GL	38	设备基础	SJ
3	空心板	KB	21	连系梁	LL	39	桩	ZH
4	槽型板	CB	22	基础梁	JL	40	挡土墙	DQ
5	折板	ZB	23	楼梯梁	TL	41	地沟	DG
6	密肋板	MB	24	框架梁	KL	42	柱间支撑	ZC
7	楼梯板	TB	25	框支梁	KZL	43	垂直支撑	CC
8	盖板或沟盖板	GB	26	屋面框架梁	WKL	44	水平支撑	SC
9	挡雨板或檐口板	YB	27	檩条	LT	45	梯	T
10	吊车安全走道板	DB	28	屋架	WJ	46	雨篷	YP
11	墙板	QB	29	托架	TJ	47	阳台	YT
12	天沟板	TGB	30	天窗架	CJ	48	梁垫	LD
13	梁	L	31	框架	KJ	49	预埋件	M-
14	屋面梁	WL	32	钢架	GJ	50	天窗端壁	TD
15	吊车梁	DL	33	支架	ZJ	51	钢筋网	W
16	单轨吊车梁	DDL	34	柱	Z	52	钢筋骨架	G
17	轨道连接	DGL	35	框架柱	KZ	53	基础	J
18	车挡	CD	36	构造柱	GZ	54	暗柱	AZ

预制钢筋混凝土构件、现浇钢筋混凝土构件、钢构件和木构件,一般可直接采用表10.1中的构件代号。在绘图中,除混凝土构件可以不注明材料代码外,其他材料的构件可在构件代码前加注材料代码,并在图纸中加以说明。

预应力混凝土构件的代号,应在构件代号前加注"Y",如"Y-DL"表示预应力钢筋混凝土吊车梁。

3)结构施工图的图示特点

结构施工图传统图示法特点如下:

①用沿房屋防潮层的水平剖面图来表示基础平面图,用沿房屋每层楼面的水平剖面图来表达相应各层楼层结构平面图,用沿屋面承重层的水平剖面图来表达屋面结构平面图。

②用单个构件的正投影图来表达构件详图,即将逐个构件绘出其平面图、立面图及其相应断面图和材料明细表等,一些复杂构件还要绘出模板图、预埋件图等。这种图示法在工程中重复量较大,易出错,且不便于修改。

③用双比例法绘制构件详图,即在绘制构件详图时,构件轴线方向按一种比例绘制,而构件上的杆件、零件断面则按另一种比例(比轴向比例大一些)绘制,以便清晰地表达节点细节。

④结构施工图中,钢筋混凝土构件的立面图和断面图上,轮廓线多用中或细实线画出,图内不画材料图例,以便表达钢筋的配置情况,多用粗实线表示钢筋的长度方向(立面形状)和黑圆点表示钢筋的断面。

⑤结构施工图中采用多种图例来表达:如板的布置、楼梯间的表示等。

4)结构施工图读图方法

传统的结构施工图读图方法是:先看文字说明,再读基础平面图、基础结构详图,然后读楼层结构平面图、屋面结构平面图,最后读构件详图。对于构件详图,读图时先看图名,再看立面图和断面图,后看钢筋详图和钢筋表。当然与建筑施工图一样这些步骤不是孤立的,而是要经常互相联系进行阅读。读构件详图时,应熟练运用投影关系、图例符号、尺寸标注及比例,读懂空间形状,联系该构件名称和构件平面图中的标注,了解该构件在房屋中的部位和作用,联系尺寸和详图索引符号了解该构件大小和构造、材料等有关内容。

▶ **10.1.2 钢筋混凝土结构简介**

1)混凝土与钢筋混凝土

混凝土是由水泥作胶凝材料,以砂子、石子作骨料,加水按一定比例配合,经搅拌,成型、养护而成。混凝土的受压能力很好,且有可模性、耐久性、耐火性、整体性等。作为混凝土基本强度指标的立方强度是用边长为150 mm 的标准立方体试块在标准养护室养护28 d 或设计规定龄期,用标准方法所测得的具有95% 保证率的抗压强度,称为混凝土强度等级。混凝土的强度按《混凝土结构设计规范(2015 年版)》(GB 50010—2010)规定,分为C15,C20,C25,C30,C35,C40,C45,C50,C55,C60,C65,C70,C75,C80 共 14 个等级,数字越大表示混凝土抗压强度越高。

混凝土抗压强度很好,但受拉能力差,受拉易产生裂缝。为了提高混凝土的抗拉强度,使混凝土在建筑构件中发挥更好的作用,常在混凝土构件的受拉区内中配置一定量的钢材,使其与混凝土很好地粘结成一体。钢材强度高、塑性好,具有很高的抗拉、压强度,这样既保留了混凝土的抗压性能,又弥补了它的抗拉性能差的缺点,由混凝土和钢筋构成整体的构件叫作钢筋混凝土构件。有在施工现场浇制的,如楼梯、斜梁等,称为现浇钢筋混凝土构件;也有在其他地方预先把构件制作好的,称为预制钢筋混凝土构件。有的构件在制作时通过张拉钢筋对其预先施加一定的作用力,使构件产生预应力,从而提高构件的抗拉性能,这样的构件称为预应力钢筋混凝土构件。

为了防止钢筋的锈蚀,增强钢筋与混凝土之间的黏结力,钢筋的外面应有一定厚度的混凝土,称为保护层。混凝土保护层的最小厚度 c 应满足《混凝土结构设计规范(2015 年版)》(GB 50010—2010)的规定。

2)钢筋的分类和作用

钢筋按其抗拉强度和品种的不同分为不同的等级,并用不同的代号表示,以便标注和识读。表 10.2 给出了部分钢筋的种类、代号及强度标准值。

表 10.2 钢筋、代号及强度标准值　　　　　　单位:N/mm²

牌　号	符　号	公称直径 D	屈服强度标准值 f_{yk}	极限强度标准值 f_{stk}
HPB300	Φ	6~14	300	420
HRB335	Φ	6~14	335	455
HRB400 HRBF400 RRB400	Φ Φ^F Φ^R	6~50	400	540
HRB500 HRBF500	Φ Φ^F	6~50	500	630

如图 10.1 所示,配置在钢筋混凝土构件中的钢筋,按其所起作用的不同可分为下列几种:

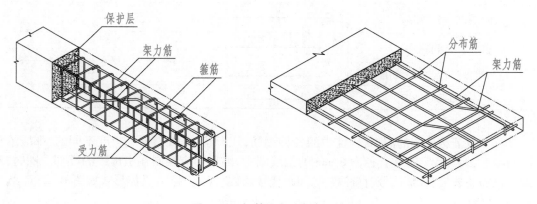

图 10.1　钢筋混凝土梁板配筋

①受力筋:构件中的主筋,主要承受拉、压应力,用于梁、板、柱等各种钢筋混凝土构件中。

②架立筋:与受力筋、箍筋一起构成钢筋骨架,称为架立筋,一般只用在梁中。

③箍筋:固定受力筋的位置,同时将承受的荷载均匀地传给受力筋,并承担部分斜拉应力,一般用于梁和柱中。

④分布筋:多布置在板类构件中,与受力筋垂直绑扎,与受力筋一起构成钢筋网,起固定

受力筋和均匀分布荷载的作用。

▶ 10.1.3 钢筋混凝土结构图的内容和图示特点

1）钢筋混凝土结构图的内容

钢筋混凝土结构图的内容包括两部分:结构平面布置图和构件详图。结构平面布置图表示承重构件的位置、类型、数量或钢筋的配置;构件详图通常包括配筋图、模板图、预埋构件详图及材料用量表。

配筋图在表示构件形状、尺寸的基础上,将构件内钢筋的种类、形状、数量、等级、直径、尺寸、间距等配置情况反映清楚。

2）钢筋混凝土结构图的图示特点

①为了突出表示钢筋及其配置,构件的可见轮廓线等以细实线绘制,用粗实线(立面图)或直径小于1 mm的黑圆点(断面图)表示钢筋。

②配筋图上各类钢筋的交叉重叠很多,为了更方便地区分它们,《建筑结构制图标准》(GB/T 50105—2010)对配筋图上的钢筋画法与图例也有规定,普通钢筋常见的表示方法如表10.3所示。

表10.3　普通钢筋的一般表示方法

序号	名　称	图　例	说　明
1	钢筋横断面	●	
2	无弯钩的钢筋端部		下图表示长、短钢筋投影重叠时,短钢筋端部用45°斜画线表示
3	带半圆形弯钩的钢筋端部		
4	带直钩的钢筋端部		
5	带丝扣的钢筋端部		
6	无弯钩的钢筋搭接		
7	带半圆形弯钩的钢筋搭接		
8	带直钩的钢筋搭接		

③为了保证结构图的清晰,构件中的各种钢筋,凡形状、等级、直径、长度不同的,都应给予不同的编号,编号数字写在直径为6 mm的细线圆中,编号圆应绘制在引出线的端部。同时,对各编号钢筋的数量、级别代号、直径数字、间距代号及数字也应注出,具体形式如图10.2所示。

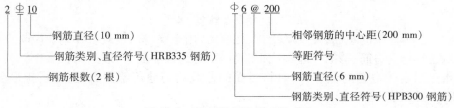

图10.2　钢筋的标注形式及含义

158

④当构件纵横向尺寸相差太大时,可在同一详图中纵横向选用不同比例绘制。

⑤结构图中的构件标高,一般标出构件完成面的结构标高。

⑥钢筋混凝土构件画好后,还要制作钢筋统计表,简称钢筋表,以便更清楚地反映钢筋形式、数量等,以方便施工下料,如表 10.4 所示。

表 10.4 钢筋表

构件名称	钢筋编号	钢筋规格	钢筋简图	每根长度/mm	根数	总长度/mm	备注

10.2 基础平面图和基础详图

基础一般是指在房屋标高 ±0.000 以下的构造部分,承受房屋全部荷载并把荷载传递给地基的房屋主要构件。常见的形式有:条形(墙)基础和独立基础等。基础底下的天然的或经过加固的土层或岩石层称为地基,基础与地基之间设有垫层,基础呈台阶形放宽的,俗称大放脚,基础的上部设有防潮层,防潮层的上面是房屋的墙体。

基础施工图包括基础平面图和基础详图。它是建筑物施工前放线、开挖基槽和砌筑基础的依据。

▶ 10.2.1 基础平面图

1)基础平面图的图示方法

基础平面图是假想用一个水平面沿房屋的底层地面与基础之间把整幢房屋剖开后,移去剖切平面上部的房屋和周围土层(基坑没有填土之前),向下投影得到的全剖面图。

2)基础平面图的图示内容

注写绘图比例,基础平面图的绘图比例一般应与建筑平面图的比例相同;注写定位轴轴线及编号,基础平面图中的定位轴线及编号也应与建筑平面图一致;注写尺寸,基础平面图中应注出房屋轴线间的开间、进深,基础平面的总长、总宽等尺寸,还应用剖切符号表示各断面的剖切位置,如 1—1,2—2 等;绘制出基础梁、柱、墙的平面布置、管沟、设备孔洞位置和注写出必要的文字说明。

基础平面图中剖切到的钢筋混凝土柱断面涂黑,基础底边轮廓线与基础墙边线画成中粗实线,基础大放脚的轮廓线不画出。

3)阅读例图

(1)条形基础平面图图例 如图 10.3 所示是以砖墙承重的住宅楼的基础平面布置图,由图示可见该住宅楼的基础为条形基础,定位轴线及轴间尺寸等与第9章的建筑平面图相同,图的比例为 1:100,轴线两侧的粗实线是墙边线,细实线为基础底边线。图中涂黑方框表示剖切到的钢筋混凝土柱。基础平面图上还用 1—1,2—2 等剖切符号表明该断面的位置。未标注的尺寸见各基础详图。

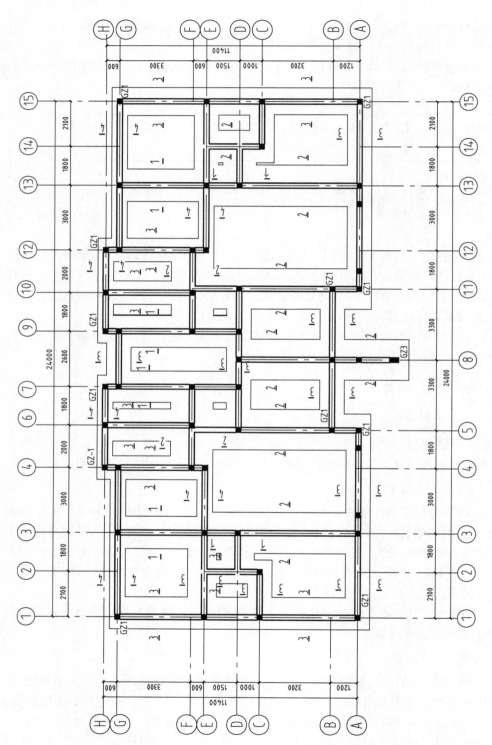

基础平面布置图 1:100

图10.3 条形基础平面图

160

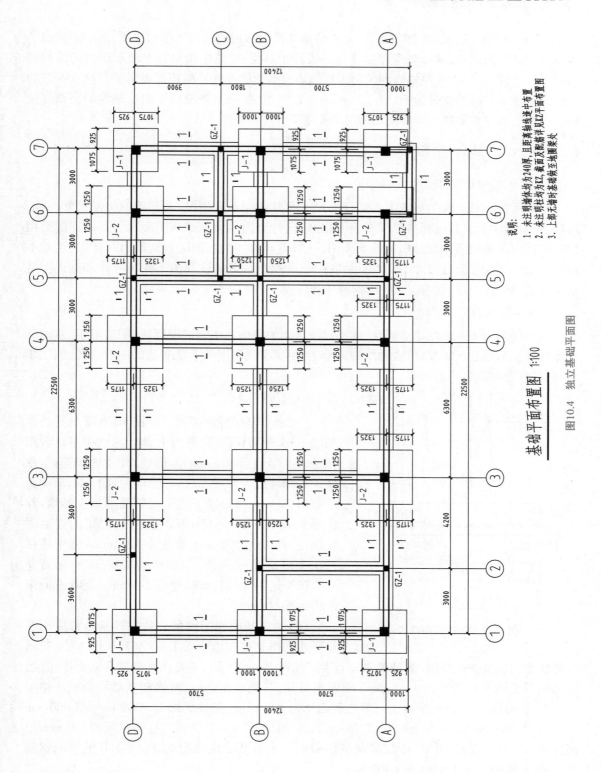

基础平面布置图 1:100

图10.4 独立基础平面图

说明：
1. 未注明墙体均为240厚，且距离轴线逢中布置
2. 未注明柱均为KZ，截面及配筋详见KZ平面布置图
3. 上部无墙时基础钢至地面梁处

（2）独立基础平面图图例　如图 10.4 所示是框架结构的基础平面布置图,图中表示出了各柱基础的平面位置、基础底座尺寸及与轴线的相对位置;图中涂黑方框表示剖切到的钢筋混凝土框架柱,柱间沿定位轴线的构件为框架结构基础梁。柱外的矩形表示的是独立基础的外轮廓。独立基础的编号为 J-1 和 J-2,标注在基础上,基础的外轮廓至定位轴线的距离标注在基础旁。各独立基础的具体配筋情况另见基础详图(图 10.6)。

▶ 10.2.2　基础详图

1)基础详图的图示形式

基础平面图只反映了基础主要部分的尺寸及其平面布置情况,而基础的细部尺寸、截面形状、材料做法及其基底标高都没有表示出来,这部分内容由基础详图表示。基础详图是用较大的比例画出的基础局部构造的断面图,一般不同尺寸的基础应分别画出其详图,当基本构造形式相同而仅部分尺寸不同时,可用一个详图表示,但需注写出不同尺寸。基础详图是砌筑基础的依据。常用的比例为 1:20 或 1:50。

2)基础详图的图示内容

基础详图表明基础断面的形状、大小以及基础的埋深和垫层的厚度,注明防潮层、室内外地坪标高及基础底面标高;反映轴线的编号,并用文字说明图示不能表达的内容,以及施工要求、材料标号和地基承载力等。

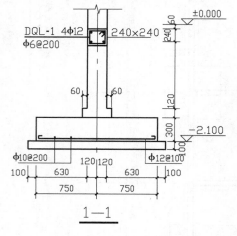

图 10.5　条形基础详图

3)阅读图例

（1）条形基础详图图例　如图 10.5 所示是条形基础 1—1 断面详图,比例为 1:20。从图中可以看出该基础上部是用砖砌筑的基础墙,并设地圈梁;基础墙的底部两边为一层大放脚,层高为 120 mm,向两边各放出 60 mm;基础墙下边采用钢筋混凝土结构,其配筋为 φ10@200,φ12@100 两类;垫层用的素混凝土浇注,厚度为 100 mm,宽度 1 700 mm。图中还标注出室内地面标高是 ±0.000,基础底部的标高是 -2.100,地圈梁的截面尺寸是 240 mm × 240 mm,距室内地面 60 mm。

（2）独立基础详图图例　独立柱基础常应用于柱承重的框架结构建筑或工业厂房,如图 10.6 所示是某住宅独立基础的详图(其基础平面布置图如图 10.4 所示),它是由平面图和断面图组成,常用绘图比例为 1:30。由 J—1,J—2 断面图可知,基础是由垫层、基础和基础柱组成。垫层是厚度为 100 mm 的细石混凝土且每边宽出基础 100 mm。基础底部为 2 000 mm × 2 000 mm (J—1),2 500 mm × 2 500 mm(J—2)的矩形,基础高 600 mm 并向四边逐渐减低到 300 mm 形成四棱台形状。基础平面图中以局部剖面的形式表明基础底部配有 φ12@150 的双向钢筋网。基础柱的尺寸为 400 mm × 400 mm。

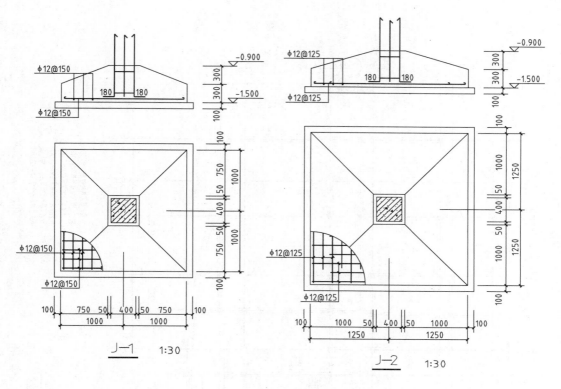

图 10.6　独立基础详图

10.3　楼层结构平面图

▶ 10.3.1　楼层结构平面图的图示方法及作用

　　楼层结构平面图是假想从房屋每层楼板面上方作水平剖切并向下投射所绘的水平投影图,用来表示每楼层的楼板和其下面的梁、柱、墙等承重构件平面布置的图。它是根据各层建筑平面的布置或上部结构而确定的平面布置图。若各层平面布置不同,则需要绘出不同层的结构平面图;若各层平面布置均相同,可只绘一个楼层结构平面图,称标准层结构平面图,如图 10.7 所示。

　　屋面结构平面图是表示屋顶面承重构件平面布置的图样,其内容和图示要求基本同楼层结构平面图。但因屋面有排水要求,或设天沟板,或将屋面板按一定坡度设置,还有楼梯间屋面的铺设,有些屋面上还设有上人孔结构,因此需单独绘制。

　　楼层结构平面图常用的比例是 1∶100,1∶200 和 1∶50,并和建筑平面图的比例一致。楼层结构平面图中可见的墙边线用中粗实线表示,被楼板遮住的墙边线用中粗虚线表示;现浇楼板的钢筋用粗实线(单线)表示;预制楼板的铺设一般用房间对角线(细实线)加板的名称编号来表示。

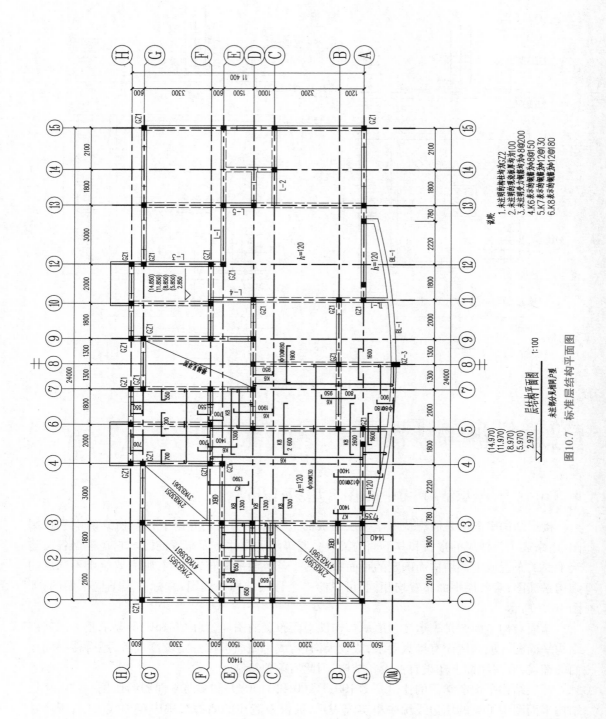

图10.7 标准层结构平面图

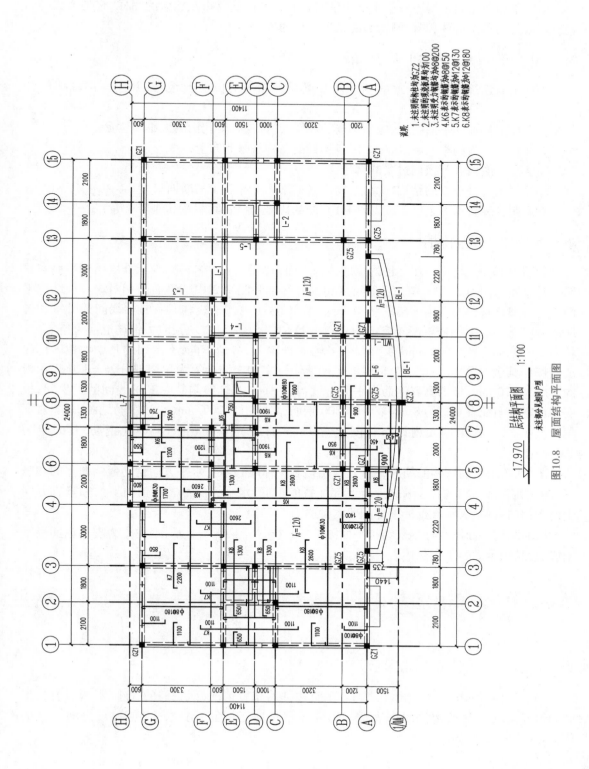

17.970 层结构平面图 1:100

屋面结构平面图

图10.8

注：
1.未注明的构造柱均为GZ2
2.未注明的现浇板厚均为100
3.未注明剪力墙筋均为∅8@200
4.K6表示构件编号为∅8@150
5.K7表示构件编号为∅12@130
6.K8表示构件编号为∅12@180

结构平面图是表示房屋各层承重构件布置的设置情况及相互关系的图样,它是施工时布置或安放各层承重构件、制作圈梁和浇筑现浇板的依据。

▶ 10.3.2　楼层结构平面图的图示内容

①标出与建筑平面图一致的轴线网和梁、柱、墙等的位置及编号,并注写出轴线间的尺寸;

②在现浇楼板的平面图上,画出钢筋的配置,并标注预留孔洞的大小和位置;

③在预制楼板的平面图上,标注出各构件的名称编号和布置;

④注写出圈梁或门窗洞过梁的编号;

⑤注写出各种板面的结构标高,注写出梁的结构标高和梁的断面尺寸;

⑥说明各种材料的强度等级,板内分布筋的代号、直径、间距及其他要求等。

▶ 10.3.3　阅读例图

如图 10.7 所示,为一住宅楼的楼层结构平面布置图,从图名得知为标准层结构平面布置图。其绘图比例为 1:100,定位轴线尺寸和编号等都和图 9.2 中的平面图相对应。从结构平面布置可知这幢楼的结构为砖混结构,砖墙承重;从①~④轴线和⑫~⑮轴线间的卧室和餐厅部分铺设预应力钢筋混凝土空心板,例如:2YKB3951 表示 2 块预应力钢筋混凝土空心板,长为 3 900 mm,宽为 500 mm 的 1 级板(空心板的编号,各地不同,本图用的是中南地区标注法);图中其余部分即客厅、卫生间、厨房、南侧小卧室和南阳台等为现浇部分,$h = 120$ 表示板的厚度为 120 mm,板内画有钢筋的平面布置:其中①~②轴线与ⓒ~ⓔ轴线间的卫生间,板底部长宽方向配有直径为 8 mm 的 HPB300 钢筋,其间距为 200 mm(未注钢筋见图 10.7 右下角的说明 3)。板顶部四周设有长度为 650 mm 直径为 8 mm 的 HPB300 钢筋,其间距为 200 mm。

图 10.7 中钢筋弯钩的朝向,按《建筑结构制图标准》规定:水平方向钢筋弯钩向上的和竖直方向钢筋弯钩向左的,表示靠近板底部配置的钢筋;水平方向钢筋弯钩向下的和竖直方向钢筋弯钩向右的,表示靠近板顶部配置的钢筋。

屋面结构平面图与标准层结构平面图基本一样,如图 10.8 所示,本住宅为现浇钢筋混凝土屋面,其图示内容不再赘述。

10.4　钢筋混凝土构件详图

▶ 10.4.1　构件详图的图示方法及作用

楼层结构平面图只表示出建筑物各承重构件的布置情况,而它们的大小、材料、构造、形状等情况需画出其结构详图来表达。构件详图是加工钢筋,制作、安装模板,浇灌构件的依据。

▶ **10.4.2　构件详图的图示内容**

（1）模板图

模板图是为浇注构件、安装模板而绘制的图样。主要表示构件的形状、尺寸、孔洞及预埋件的位置，并详细标注其定形及定位尺寸。对于外形较简单的构件，一般不必单独画模板图，只需在配筋立面图中将构件的外形尺寸表示清楚即可。

（2）配筋图

配筋图主要表示构件内部各种钢筋的布置情况，以及各种钢筋的形状、尺寸、数量、规格等。其内容包括配筋立面图、断面图和钢筋详图。

①比例：配筋立面图常用比例为 1：20，1：30，断面图应比立面图放大一倍。

②梁的可见、不可见轮廓线分别以细实线、细虚线表示。

③图中钢筋一律以粗实线绘制，钢筋断面以小黑圆点表示。箍筋若沿梁全长等距离布置，则在立面图中部画出三四个即可，但应注明其间距。钢筋与构件轮廓线应有适当距离，以表示混凝土保护层厚度（按照规范规定，梁的保护层厚度为 25 mm，板为 10～15 mm）。

④断面图的数量应视钢筋布置的情况而定，以将各种钢筋布置表示清楚为宜。

⑤所有钢筋均应以阿拉伯数字顺序进行编号。编号圆圈直径为 6 mm。采用引出线标注钢筋的数量及规格。形状、规格完全相同的钢筋用同一编号表示。编号圆圈宜整齐排列。

⑥尺寸标注：在钢筋立面图中应标注梁的长度、高度尺寸；在断面图中应标注梁的宽度、高度尺寸。

⑦对于配筋较复杂的构件，应将各种编号的钢筋从构件中分离出来，用与立面图相同的比例画成钢筋详图，画在立面图的下方，分别标注各种钢筋的编号、根数、直径以及各段的长度（不包括弯钩长度）和总长。

▶ **10.4.3　梁构件详图**

图 10.9 是某住宅的阳台现浇悬挑梁 TL-1 的配筋图（其结构平面布置如图 10.7 所示），它由配筋立面图和断面图组成。由图可知该梁为一矩形截面梁。梁长 3 420 mm、宽 240 mm、高 370 mm；立面图中表示出梁内钢筋的上下和左右排列情况，从立面图可知箍筋是直径为 8 mm 的 HPB300 钢筋，钢筋间距为 250 mm 和 130 mm；断面图则表示钢筋的上下、前后排列情况，该梁有 A—A，B—B 两个断面图，从 A—A，B—B 两个断面图中可以看出梁下部架立筋是两根直径为 12 mm 的 HPB300 钢筋；该梁 A—A 截面上部有受力筋是两根直径为 22 mm 的 HRB335 钢筋，而 B—B 截面上部有受力筋是 3 根直径为 22 mm 的 HRB335 钢筋。

▶ **10.4.4　柱结构详图**

在砖混结构中设置用现浇钢筋混凝土制成的构造柱和圈梁，可以改善砖混结构的整体受力性能，增加整体稳定性，提高抗震能力。

如图 10.10 所示编号为 GZ-1，GZ-2，GZ-3，GZ-4，GZ-5 的现浇钢筋混凝土构造柱的断面图。如柱 GZ-1 的横断面边长均为 240 mm×240 mm，主要受力筋为 4 根直径 16 mm 的 I 级钢筋，箍筋为直径 6 mm 的 I 级钢筋，间距为 200 mm。而柱 GZ-3 的横断面边长均为240 mm×420 mm，主要受力筋为 4 根直径 14 mm 的 I 级钢筋，箍筋同 GZ-1。

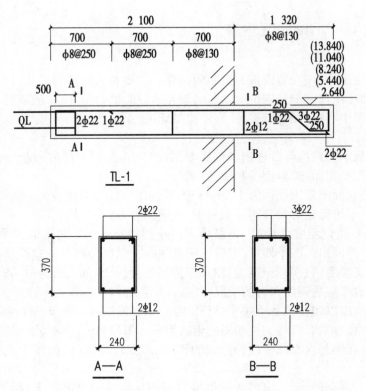

图 10.9　梁结构详图

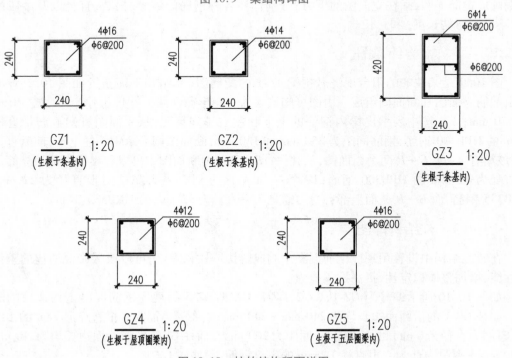

图 10.10　柱的结构断面详图

10.5 "平法"施工图

▶ **10.5.1 概述**

结构施工图的平面整体表示法(简称"平法")是近年来我国工程设计人员对传统结构施工图表示法的重大改革。2003年1月20日,中华人民共和国建设部批准由中国建筑标准设计研究所所修订和编著的《混凝土结构施工图平面整体表示方法制图规则和构造详图》(03G 101-1)图集,作为国家建筑标准设计图集之一,在全国推广应用。2011年、2016年均又进行修订,现执行《混凝土结构施工图平面整体表示方法制图规则和构造详图》(16G 101-1)标准设计图集。

"平法"施工图,它作图简洁,表达清晰,省时、省力,适用于常用的现浇柱、梁、剪力墙的结构施工图。目前已广泛应用于各设计单位和施工单位。按平法绘制的结构施工图由平法施工图和标准构件详图组成。根据各类构件的平法制图规则,在标准层平面布置图上直接表示各构件的尺寸、配筋和选用标准构造详图。

"平法"施工图表示各构件的尺寸和配筋的方式有列表注写、平面注写、截面注写3种方式。本节简要介绍柱、剪力墙和梁的平面整体表示法。

▶ **10.5.2 柱"平法"施工图**

柱"平法"施工图是在柱平面布置图上采用列表注写或截面注写方式来表示柱的截面尺寸和钢筋配置的结构施工图。柱在不同结构层截面多次变化时,可用列表注写方式,否则宜用截面注写方式。

1)列表注写方式

列表注写方式是在柱平面布置图上,分别在同一编号的柱中选择一个(有时需要选择几个)截面,标注几何参数代号来反映截面对轴线的偏心情况,再列出简明的柱表,在表中注写柱的编号、柱段起止标高、几何尺寸(含柱截面对轴线的偏心情况)与配筋的具体数值等,并配以各种柱截面形状及箍筋类型图的方式来表达柱平法施工图。《混凝土结构施工图平面整体表示方法制图规则和构造详图》(16G 101-1)规定其注写的主要内容有:

①注写柱编号,柱编号有类型代号和序号组成,应符合表10.5的规定。

表10.5 柱编号

柱类型	代　号	序　号
框架柱	KZ	××
框支柱	KZZ	××
芯柱	XZ	××
梁上柱	LZ	××
剪力墙上柱	QZ	××

注:编号时,当柱的总高、分段截面尺寸和配筋均对应相同仅分段截面与轴线的关系不同时,仍可将其编为同一柱号,但应在图中注明截面与轴线的关系。

②注写各段柱的起止标高,自柱根部往上变截面位置或截面未变化但配筋改变处为界分段注写。

③对于矩形柱,注写柱截面尺寸"$b \times h$"及与轴线关系的几何参数代号 b_1、b_2 和 h_1、h_2 的具体数值,须对应于各段柱分别注写;若为圆柱,则将"$b \times h$"一栏中改为"圆柱直径 d"。

④注写柱纵筋。当柱纵筋直径相同,各边根数也相同时,将纵筋注写在"全部纵筋"一栏中;除此之外,柱纵筋分角筋、截面 b 边中部筋和 h 边中部筋 3 项分别注写。

⑤注写箍筋类型号及箍筋肢数,在箍筋类型栏中注写按规定绘制柱截面形状及其箍筋类型号,注写箍筋的钢筋级别、直径和间距。柱箍筋加密区与非加密区的不同间距用"/"分隔。若柱为非对称配筋,需在表中分别表示各边的中部筋,并配上柱的截面形状图及箍筋类型图。

如图 10.11 所示为编号为 KZ1 的现浇钢筋混凝土柱平法注写的平面图。柱的引出线右侧标注的"KZ1"表明框架柱的编号,"$700 \times 700,600 \times 600,500 \times 550$"表示柱的横断面尺寸,"$\phi8@100/200$"表示柱的箍筋为直径为 8 mm 的 HPB300 级钢筋,加密区间距为 100 mm,非加密区间距为 200 mm。箍筋的平面画法表示柱的箍筋是柱配筋表中所列箍筋类型中类型 1 的形式。

2)截面注写方式

截面注写方式是在按标准层绘制的柱平面布置图的柱截面上,分别在同一编号的柱中选择一个截面,适当放大比例,以在图原位直接注写其截面尺寸和配筋的具体数值的方式,来表达柱平法施工图。《混凝土结构施工图平面整体表示方法制图规则和构造详图》(16G 101-1)规定表达的主要内容有:

①在柱定位图中,按一定比例放大绘制柱截面配筋图,在柱截面图上先标注出柱的编号,在其编号后再注写截面尺寸 $b \times h$、角筋、全部纵筋及箍筋的具体数值,箍筋的注写方式同列表注写方式,包括钢筋级别、直径与间距,并标注截面与轴线的相对位置。

②柱的竖筋数量及箍筋形式直接画在大样图上,并集中标注在大样旁边。

③当柱纵筋采用同一直径时,可标注全部钢筋;当纵筋采用两种直径时,需再注写截面各边中部筋的具体数值。

④必要时,可在一个柱平面布置图上用小括号"( )"和尖括号"< >"区分和表达各不同结构层的注写数值。

⑤如柱的分段截面尺寸和配筋均相同,仅分段截面与轴线的关系不同时,可将其编为同一柱号。但此时应在未画配筋的柱截面上注写该截面与轴线关系的具体尺寸。

如图 10.12 所示是一住宅楼标准层柱的平面布置图的局部,绘图比例为 1∶100,图中分别表示了用放大比例绘制的框架柱 KZ1、梁上柱 LZ1 的截面尺寸和配筋情况。如框架柱 KZ1,引出线旁边注写的第 1 行 KZ1 表示柱的编号;第 2 行 500×550 为柱的截面尺寸;第 3 行 4⾲22表示角筋为 4 根直径 22 mm 的 HRB335 级钢筋;第 4 行 $\phi8@100/200$ 表示柱的箍筋为直径10 mm的 HPB300 级钢筋,加密区间距为 100 mm,非加密区间距为 200 mm。柱的截面图上方标注的 2⾲22,表示 b 边一侧配置的中部筋;图的左方标注的 2⾲22,表示 h 边一侧配置的中部筋。由于柱截面配筋对称,所以在柱截面图的下方和右方的标注省略。

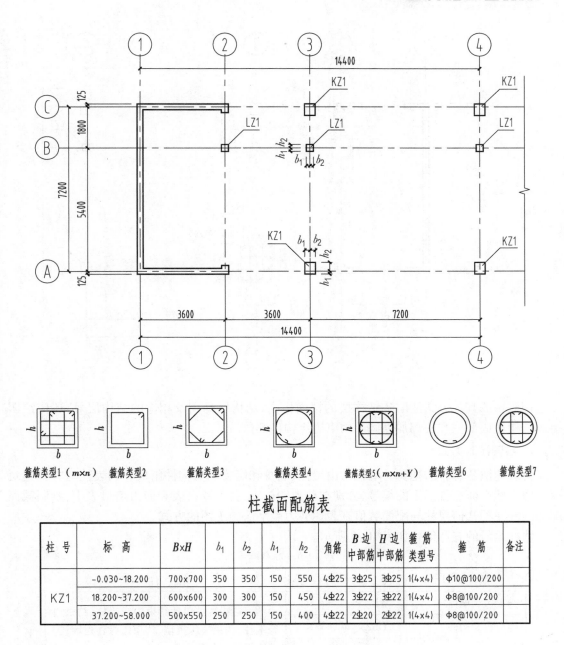

柱截面配筋表

柱 号	标 高	$B \times H$	b_1	b_2	h_1	h_2	角筋	B边中部筋	H边中部筋	箍筋类型号	箍 筋	备注
	-0.030~18.200	700×700	350	350	150	550	4⊈25	3⊈25	3⊈25	1(4×4)	Φ10@100/200	
KZ1	18.200~37.200	600×600	300	300	150	450	4⊈22	3⊈22	3⊈22	1(4×4)	Φ8@100/200	
	37.200~58.000	500×550	250	250	150	400	4⊈22	2⊈20	2⊈20	1(4×4)	Φ8@100/200	

图 10.11　柱的列表注写方式

▶ 10.5.3　剪力墙"平法"施工图

剪力墙平法施工图也有列表注写和截面注写两种方式。剪力墙在不同结构层截面多次变化时,可用列表注写方式,否则宜用截面注写方式。剪力墙平面布置图可采取适当比例单独绘制,也可与柱或梁平面图合并绘制。当剪力墙较复杂或采用截面注写方式时,应按标准层分别绘制剪力墙平面布置图。

在剪力墙平法施工图中,对于轴线未居中的剪力墙(包括端柱),应标注其偏心定位尺寸,

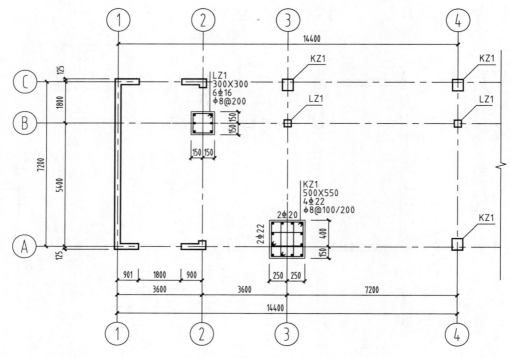

图 10.12　柱的截面注写方式

并采用表格或其他方式注明各结构层的楼面标高、结构层标高及相应的结构层号,还应注明上部结构嵌固部位和底部加强区及约束边缘构件部位。

1)列表注写方式

为表达清楚、简便,把剪力墙视为由墙柱、墙身和墙梁三类构件组成。列表注写方式是对应于剪力墙平面布置图上的编号,分别在剪力墙柱表、剪力墙身表和剪力墙梁表中,绘制截面配筋图并注写几何尺寸与配筋数值来表达剪力墙平法施工图的方式。

墙柱编号的表达形式如表 10.6 所示。

表 10.6　墙身编号

墙柱类型	代　号	序　号	备　注
约束边缘构件	YBZ	××	约束边缘构件包括约束边缘暗柱、约束边缘端柱、约束边缘翼墙、约束边缘转角墙;构造边缘构件包括构造边缘暗柱、构造边缘端柱、构造边缘翼墙、构造边缘转角墙
构造边缘构件	GBZ	××	
非边缘暗柱	AZ	××	
扶壁柱	FBZ	××	

墙身编号由墙身代号、序号和墙身配置的水平与竖向分布钢筋的排数组成,其中排数注写在括号中。表达形式为 Q××(×排)。

墙梁编号的表达形式如表 10.7 所示。

表 10.7　墙梁编号

墙梁类型	代　号	序　号	备　注
连梁	LL	××	在具体工程中,当某些墙身需要设置暗梁或边框梁时,宜在剪力墙平法施工图中绘制暗梁或边框梁的平面布置简图并编号,以明确其具体位置
连梁(对角暗撑配筋)	LL(JC)	××	
连梁(交叉斜筋配筋)	LL(JX)	××	
连梁(集中对角斜筋配筋)	LL(DX)	××	
暗梁	AL	××	
边框梁	BKL	××	

如图 10.13 所示,为一剪力墙平法施工图列表注写方式实例。

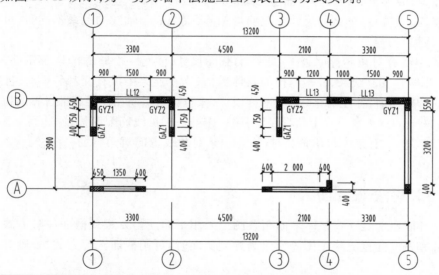

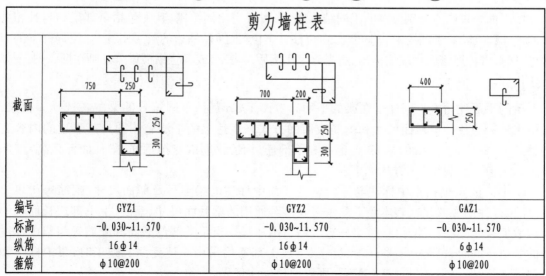

图 10.13　剪力墙的列表注写方式

2）截面注写方式

截面注写方式是在按标准层绘制的剪力墙平面布置图上，以直接在墙柱、墙身、墙梁上注写几何尺寸和配筋数量的方式表达剪力墙平法施工图。其表达的主要内容有：

①选用适当比例原位放大绘制剪力墙平面布置图。对各墙柱、墙身、墙梁分别编号。

②从相同编号的墙柱中选择一个截面，标注截面尺寸、全部纵筋及箍筋的具体数值（注写要求与平法柱相同）。

③从相同编号的墙身中选择一道墙身，按墙身编号、墙厚尺寸，水平分布筋、竖向分布筋和拉筋的顺序注写具体数值。

④从相同编号的墙梁中选择一根墙梁，依次引注墙梁编号、截面尺寸、箍筋、上部纵筋、下部纵筋和墙梁顶面标高高差的具体数值。墙梁顶面标高高差，是指相对于墙梁所在结构层楼面标高的高差值，高的为正值，低的为负值，无高差时不注。

⑤如若干墙柱（或墙身）的截面尺寸与配筋均相同，仅截面与轴线的关系不同时，可将其编为同一墙柱（或墙身）号。

⑥当在连梁中设有对角暗撑时，注写暗撑的截面尺寸，注写一个暗撑的全部钢筋，并注写×2表明有两根暗撑相互交叉，注写暗撑的具体数值；当在连梁中设有交叉斜筋时，注写连梁一侧对角斜筋的配筋值，并注写×2表明对称设置，注写对角斜筋在连梁端部设置的拉筋根数、规格及直径，并标注×4表示4个角都设置，注写连梁一侧折线筋配筋值，并注写×2表明对称设置；当在连梁中设有集中对角斜筋时，注写一条对角线上的对角斜筋，并注写×2表明对称设置。

► ## 10.5.4 梁"平法"施工图

梁的平面整体表示法是在梁整体平面布置图上采用平面注写方式或截面注写方式来表示梁的截面尺寸和钢筋配置的施工图。当梁为异型截面时，可用截面注写方式，否则宜用平面注写方式。

梁平面布置图应分别按梁的不同结构层，采用适当比例绘制，其中包括全部梁和与其相关联的柱、墙、板。对于轴线未居中的梁，应标注其定位尺寸（贴柱边的梁可不注）。当局部梁的布置过密时，可将过密区用虚线框出，适当放大比例后再表示，或者将纵横梁分开画在两张图上。

1）平面注写方式

梁的平面注写方式同样是在梁的平面布置图上，分别从不同编号的梁中各选择一根梁，在引出线旁边注写梁截面尺寸和配筋数值的方式来表达梁的平法施工图。其表达的内容有梁的编号、截面尺寸、梁的箍筋、上部筋和下部筋、构造钢筋或受扭钢筋、梁顶面标高高差（此项为选注值）。具体表示方法如下：

①平面注写包括集中标注与原位标注。集中标注的梁编号及截面尺寸、配筋等代表多跨，原位标注的要素仅代表本跨。梁编号及多跨通用的梁截面尺寸、箍筋、上下部通长筋等的通用数值采用集中标注，可从该梁任意一跨引出注写。当梁某部位截面和配筋等与集中标注中的数值不同时，可将其值原位标注。梁支座上部筋均采用原位标注。施工时，集中标注和原位标注相结合，但如果二者有偏差，则以原位标注优先。

②梁编号由梁类型代号、序号、跨数及有无悬挑代号几项组成,如表 10.8 所示。

表 10.8 梁的编号表

梁类型	代号	序号	跨数及是否带有悬挑	备注
楼层框架梁	KL	××	(××)或(××A)或(××B)	(××A)为一端有悬挑,(××B)为两端有悬挑,悬挑不计入跨数,例:KL9(5A)表示第 9 号框架梁,5 跨,一端有悬挑
屋面框架梁	WKL	××	(××)或(××A)或(××B)	
框支梁	KZL	××	(××)或(××A)或(××B)	
非框架梁	L	××	(××)或(××A)或(××B)	
悬挑梁	XL	××		
井字梁	JZL	××	(××)或(××A)或(××B)	

③等截面梁的截面尺寸用 $b \times h$ 表示;加腋梁用 $Lt \times ht$ 表示,其中 Lt 为腋长,ht 为腋高;悬挑梁根部和端部的高度不同时,用斜线"/"分隔根部与端部的高度值。

④箍筋加密区与非加密区的间距用斜线"/"分开,当梁箍筋为同一种间距时,则不需用斜线。箍筋肢数用带括号的数字表示。

⑤梁上部或下部纵向钢筋多于一排时,各排筋按从上往下的顺序用斜线"/"分开;同一排纵筋有两种直径时,则用加号"+"将两种直径的纵筋相连,注写时角部纵筋写在前面。

⑥梁上部筋(通长筋、架立筋)的根数,应根据结构受力要求及箍筋肢数等构造要求而定,注写时,架立筋须写入括号内,以示与通长筋的区别。

⑦当梁的上、下部纵筋均为通长筋时,可用";"号将上部与下部的配筋值分隔开来标注。

⑧梁中间支座两边的上部纵筋不同时,须在支座两边分别标注;支座两边的上部纵筋相同时,可仅在支座的一边标注。

⑨梁某跨侧面布有抗扭腰筋时,须在该跨适当位置标注抗扭腰筋的总配筋值,并在其前面加"*"号。

⑩附加箍筋(密箍)或吊筋直接画在平面图中的主梁上,配筋值原位标注。

⑪多数梁的顶面标高相同时,可在图面统一注明,个别特殊的标高可在原位加注。

如图 10.14 所示为梁平面注写示例,从平面布置图上分别引出 2 根不同梁的平面注写集中标注,表达了现浇钢筋混凝土框架梁 KL1,KL2 的截面尺寸和配筋情况。如编号为 KL2 的梁引出线右侧第 1 行"KL2(2)250×500"表示了梁的编号、跨数、截面尺寸;第 2 行"φ10@100/200(2)"表明了梁的箍筋是直径为 10 mm 的 HPB300 钢筋,加密区间距为 100 mm,非加密区间距为 200 mm,箍筋为双支箍;第 3 行"2 φ22;6 φ22 2/4"表示梁上部有 2 根直径为 22 mm 的 HRB335 的通长筋,梁的下部共配置了 6 根直径为 22 mm 的 HPB335 纵筋,排成 2 排,上排 2 根纵筋,下排 4 根纵筋。在梁的平面图上,靠近③轴的梁端注写的"6 φ22 4/2"表明此处梁端的上部的 6 根纵筋排成 2 排,上排 4 根纵筋,下排 2 根纵筋。图 10.14 中没有标注包括制作钢筋在内的各类钢筋的长度及伸入支座等尺寸,这些尺寸可查阅《混凝土结构施工图中平面整体表示方法制图规则和构造详图》(16G 101-1)中的标准构造详图,对照确定。采用平面注写方式表达时,不需绘制梁截面配筋图。

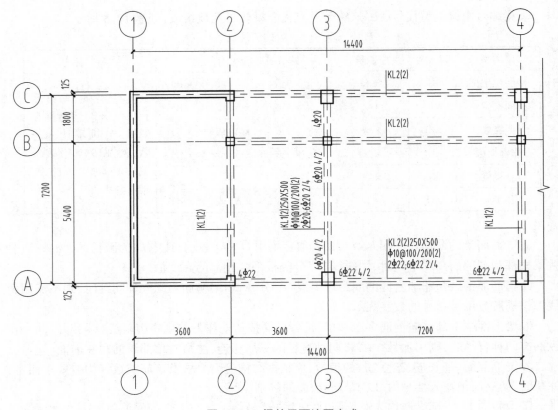

图 10.14 梁的平面注写方式

2）截面注写方式

截面注写方式是在按标准层绘制的梁平面布置图上，从不同编号的梁中各选择一根梁用剖切符号引出配筋图，并在其上注写截面尺寸和配筋数值的方式表达的梁平法施工图。截面注写方式既可单独使用，也可与平面注写方式结合使用。

截面注写方式是在梁的平面图中对所有梁按规定统一编号，从相同编号的梁中选取一根，先将单边截面号画在该梁上，如 1，2，3 截面，再将单边截面号详图画在本图或其他图上。在截面配筋图上注写截面尺寸 $b \times h$、上部筋、下部筋、侧面构造筋（或受扭筋）和箍筋的详细数值。如图 10.15 所示为梁的截面注写方式图，如截面为 1 的梁截面尺寸为 300×550、上部筋为 4 ϕ 16、下部筋为 6 ϕ 22 2/4、箍筋为 $\phi 8@200$。

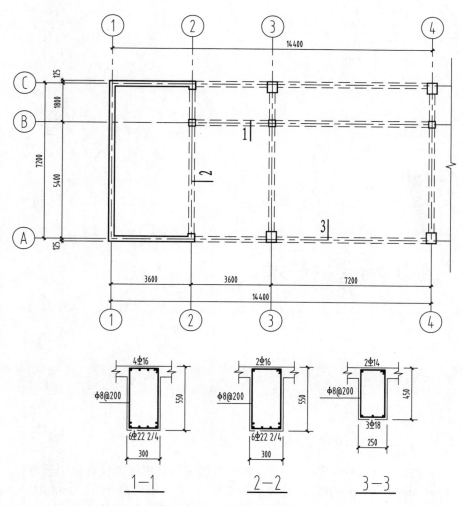

图 10.15 梁的截面标注方式

11

AutoCAD 绘图技术

11.1 AutoCAD 概述

▶ 11.1.1 AutoCAD 简介

AutoCAD 是美国 AUTODESK 公司开发的一种微型计算机辅助设计通用软件包。CAD 是英语 Computer Aided Design 的缩写,翻译成中文是"计算机辅助设计"。AutoCAD 软件是我国目前使用最为普遍的微机通用 CAD 软件,市场占有率远远高于其他软件。AutoCAD 不仅具有二维绘图功能,而且具有三维设计及真实感显示能力,并且支持外部通用数据库计算分析模块。工程技术人员可以利用它绘制工程图纸、编制技术文档、进行产品性能分析。现在,AutoCAD 已广泛应用于国民经济的许多领域,尤其是在机械、电子、建筑、地质等行业有着深入的应用。例如,在建筑领域中,设计人员可以利用 AutoCAD 进行房屋建筑施工图的设计,也可以进行室内装饰的真实感效果设计,并且在设计完成后,可利用 AutoCAD 与外部数据库的接口产生材料明细表、工程造价预算表等技术文档。

本章采用 AutoCAD2020 版本,介绍 AutoCAD 在建筑制图中的应用。

完成 AutoCAD2020 安装并启动,进入绘图界面,如图 11.1 所示。

如果要打开绘图区的栅格,可以按键盘上的 F7 功能键,或者用鼠标左键单击状态栏中的栅格 ⌗ 按钮即可。

▶ 11.1.2 AutoCAD 2020 的操作界面

双击启动 AutoCAD2020 后,会弹出快速入门、最近使用的文档、通知选项。单击"开始绘

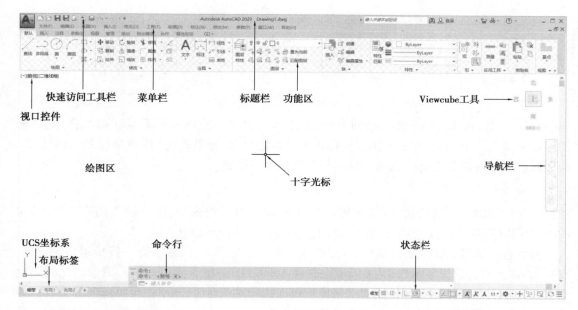

图 11.1　AutoCAD2020 默认界面

制"就进入了其操作界面,如图 11.1 所示。AutoCAD2020 界面由快速访问工具栏、标题栏、功能区选项卡和面板、绘图区、命令行和状态栏等部分组成。

1)快速访问工具栏

快速访问工具栏 在界面的最顶部,显示常用的工具:建立新文件、打开已有文件、快速存盘、另存为、从 Web 和 Mobile 中打开、保存到 Web 和 Mobile、打印、撤销操作、重做(反撤销)等。快速访问工具栏最右面的下拉箭头可以控制以上工具的显示和隐藏,菜单栏的显示和隐藏也由其控制。

2)菜单栏

标题栏下的下拉菜单提供了 AutoCAD 的大多数命令。当移动光标指向某菜单名称后,会看到该项浮起显示,单击该项就会弹出相应的下拉菜单列表,如图 11.6 所示,再单击其中的某条命令即可执行。

右边带有省略号的命令将引出对话框,并经对话框的方式执行;而右边带有三角符号的命令将引出下级菜单,当用移动光标指向该命令时可列出该项命令的多个选项供用户选择。

在下拉菜单中,灰色显示的菜单选项表示该条命令暂时无法使用,需要选定相关的对象后方能执行。

3)功能区选项卡和面板

功能区由选项卡、工具和控件按钮、面板组成,这些由工具和控件按钮组成的面板被组织到各选项卡中,如图 11.2 所示。

4)绘图区

绘图区是用户的工作区域,所绘的任何对象都出现在这里。在绘图区的左上角有视口控件,提供更改视图、视觉样式和其他设置的便捷方式,如图 11.1 所示。绘图区右上角有

图 11.2　功能区选项卡及面板

ViewCube 工具,用来控制三维视图的方向,如图 11.1 所示。绘图区左下角有 UCS 图标,在绘图区域中显示一个图标,它表示矩形坐标系的 *XY* 轴,该坐标系称为"用户坐标系",或 UCS。绘图区的颜色可以在工具—选项—显示—颜色中进行设置。

5)命令行

位于绘图窗口下面的命令行,是用户与 AutoCAD 对话的窗口,用户输入的命令和 AutoCAD 的回应都显示在这里。初学者应随时注意命令行的提示信息。

命令行行数可以拖动鼠标调整,根据操作需要一般显示 3 行,最下面一行显示当前信息,没有输入命令时,这里显示"键入命令:",表示 AutoCAD 正在等待用户输入命令。此时用键盘敲入命令名称,再按 Enetr 键或者空格键就可以执行这条命令,与单击菜单选项或工具栏按钮是等效的,如图 11.3 所示。上面的两行则显示以前的命令执行过程记录,可以利用右边的滚动条重读以前的操作信息。

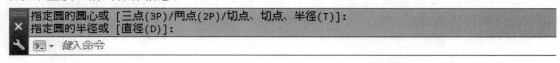

图 11.3　命令行

6)状态栏

状态行在屏幕的左下角,显示有关绘图的简短信息,在一般情况下跟踪显示当前光标所在位置的坐标及模型空间。接下来是辅助绘图工具,以及用于快速查看和注释缩放的工具。点击相关按钮可以控制该功能的开和关,最后的▤可以控制状态栏的所有选项的显示与隐藏。如图 11.4 所示。

图 11.4　状态栏

▶　11.1.3　图形的创建、打开、保存和关闭

1)创建新图

创建新图形有 3 种常用方法:

● 快速访问工具栏 ▭▭▭▭▭▭▭▭▭ →▭(新建)按钮。

● "应用程序"按钮▐A▌→▭ 新建 ▶。

● 命令行:NEW。

执行"新建"命令时,屏幕会显示"选择样板"窗口。新建文件对话框如图 11.5 所示。

如果绘制二维图形,可以选择 acad. dwt 或者 acadiso. dwt 样板文件;如果绘制三维图形,可以选择 acad3D. dwt 样板。

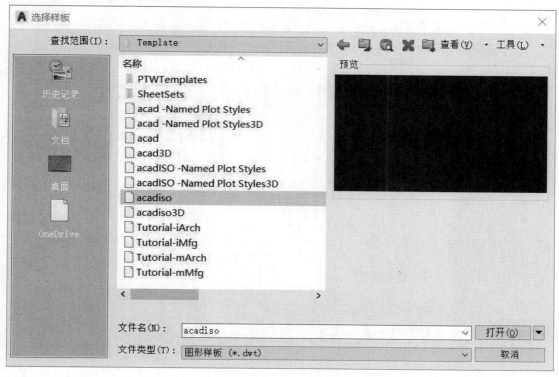

图 11.5　AutoCAD2020 选择样板创建图形

如果对系统提供的样板不满意,也可以自己根据作图类型和习惯创建自定义样板。其步骤如下:创建一个新图形;进行某些通用的设置,如单位、图形界限、图层、标注样式、文字样式等;将文件格式存储为样板文件,即文件类型为:图形样板(* . dwt),并且放在系统可以搜索到的位置;之后创建新图时就可以采用自定义样板,以减少重复工作。

2)打开已经存在的图形

打开已存在图形有 3 种常用方法:

- 快速访问工具栏 ⟶ （打开)按钮。
- "应用程序" 按钮 ⟶ 打开 。
- 命令行:OPEN。

在主程序中执行打开命令,即出现"选择文件"对话框,如图 11.6 所示。

找到需要打开的文件目录,选中文件,单击 打开(0) ▼按钮或者双击图形文件即可打开该图形文件。如果同时选中多个图形文件后单击 打开(0) ▼按钮,则相当于一次打开多个图形文件。

3)保存图形文件

在绘图过程,为了防止意外原因(比如程序出错或突然断电)而使数据丢失,一定要经常性保存图形文件。保存文件分"快速保存"和"另存"。

"快速保存"是指保存对当前文件所作的修改,即使用当前文件的名称和文件类型保存。

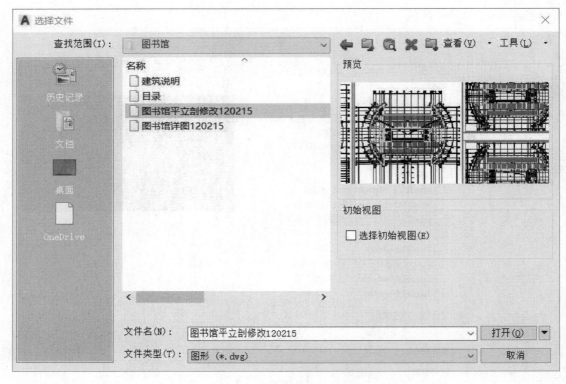

图 11.6 "选择文件"对话框

调用命令方式有：

- 快速访问工具栏→<kbd>保存</kbd>(保存)按钮。
- "应用程序"按钮<kbd>A</kbd>→<kbd>保存</kbd>。
- 命令行：QSAVE。

"另存为"是指换名存储和换文件格式存储,保存为另一个文件名或另一种文件格式。调用命令方式有：

- 快速访问工具栏→<kbd>另存为</kbd>(另存为)按钮。
- "应用程序"按钮<kbd>A</kbd>→<kbd>另存为</kbd>。
- 命屏幕令行：SAVE。

调用"另存为"的命令后,系统弹出"图形另存为"对话框,如图 11.7 所示。确定图形文件的名称和文件类型后,单击<kbd>保存(S)</kbd>按钮即可实现图形文件的另存。单击<kbd>文件类型(T):</kbd>输入框后面的向下箭头可以选择要保存文件的类型。在 AutoCAD 2020 中,可选择其中一种文件类型存储。

这些文件格式中有些是与 AutoCAD 前期版兼容的。例如,存储为 AutoCAD2004/LT2004 图形(∗ . dwg)格式就可以用 AutoCAD2004 版本打开。

4)关闭图形

关闭当前图形的命令调用方式有：

- "应用程序"按钮<kbd>A</kbd>→<kbd>关闭</kbd>。

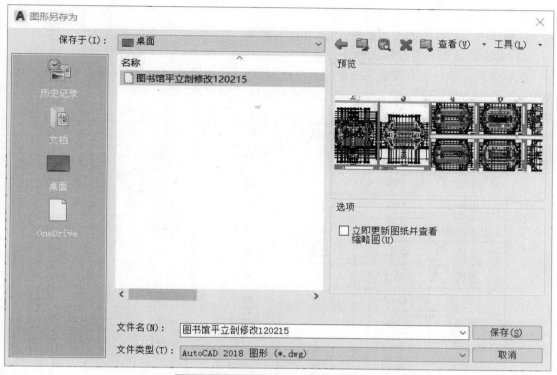

图 11.7 图形另存为对话框

● 命令行：CLOSE。

另外也可以使用图形窗口右上角的系统"关闭"按钮 ⊠ 关闭图形文件。如果当前图形改动后还未保存，系统将弹出提示保存的对话框，如图 11.8 所示。用户单击 是(Y) 按钮则保存图形；单击 否(N) 按钮则不保存图形；单击 取消 按钮则取消关闭操作，返回图形界面窗口。

图 11.8 关闭图形前的保存文件提示

▶ **11.1.4 AutoCAD2020 的命令操作**

1）启动命令

（1）菜单命令方式

选择菜单中的命令项，启动相应的命令。

（2）工具按钮方式

鼠标单击工具栏中的按钮图标,启动相应的命令。

（3）命令提示窗口直接输入命令方式

在命令提示窗口中直接输入命令的名称或名称缩写,按键盘上的 Enter 或空格键确认,启动相应的命令。常用命令的名称及名称缩写见表 11.1,大小写均可。

表 11.1　常用命令的名称及缩写

命　令	名　称	名称缩写	命　令	名　称	名称缩写
直线	Line	L	删除	Erase	E
多段线	Pline	PL	复制	Copy	CO
多线	Mline	ML	镜像	Mirror	MI
正多边形	Polygon	POL	偏移	Offset	O
矩形	Rectang	REC	阵列	Array	AR
圆弧	Arc	A	移动	Move	M
圆	Circle	C	旋转	Rotate	RO
椭圆	Ellipse	EL	比例	Scale	SC
插入块	Insert	I	拉伸	Stretch	S
创建块	Block	B	修剪	Trip	TR
写块	Wblock	W	延伸	Extend	EX
点	Point	PO	打断	Break	BR
图案填充	Hatch	BH	倒角	Chamfer	CHA
单行文字	Text	DT	倒圆角	Fillet	F
多行文字	Mtext	T	分解	Explode	X
对象特性	Properties	PR／MO	对齐	Align	AL
坐标查询	Id	ID	撤销	Undo	U
距离查询	Dist	DI	视图平移	Pan	P
面积查询	Area	AA	视图缩放	Zoom	Z
对象捕捉	—	F3 键	重生成	Regen	RE
对象追踪	—	F11 键	正交	—	F8 键

（4）鼠标右键快捷菜单方式

在绘图窗口中单击鼠标右键,弹出快捷菜单后从中选择命令项,启动相应的命令。

无论以哪种方式启动命令,命令提示窗口中都会显示与该命令有关的信息,其中包含一些选项,这些选项显示在"［　］"中。如果要选择其中某个选项,可直接点选,也可以在命令提示窗口中输入该选项后"（　）"中的数字或字母,并按键盘上的 Enter 或空格键确认。

如绘制圆时,在命令提示窗口中输入"C",按 Enter 或空格键确认后,其中会出现如图

11.9所示的提示信息；如果要选择其中的"三点"选项（即三点确定圆），可继续在命令提示窗口中输入"3P"，按 Enter 或空格键确认后，其中会出现如图 11.10 所示的提示信息，此时只要按提示信息用鼠标在绘图窗口中依次点击 3 个点，即可完成"三点绘制圆"的命令。

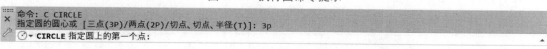

命令：
命令：C CIRCLE
CIRCLE 指定圆的圆心或 [三点(3P) 两点(2P) 切点、切点、半径(T)]：

图 11.9 执行圆命令提示

命令：C CIRCLE
指定圆的圆心或 [三点(3P)/两点(2P)/切点、切点、半径(T)]：3p
CIRCLE 指定圆上的第一个点：

图 11.10 选择画圆方式

2）取消正在执行的命令

• 在绘图过程中，可随时按 Esc 键取消正在执行的命令。

• 在绘图窗口中单击鼠标右键，在弹出的快捷菜单中鼠标单击"取消"命令项，即可取消正在执行的命令。

3）重复调用命令

• 按 Enter 或空格键，可重复执行前一个命令。

• 在绘图窗口中单击鼠标右键，在弹出的快捷菜单中鼠标单击"重复＊＊"命令项，即可重复执行前一个命令。

4）放弃已经执行的命令

• 菜单栏："编辑"→"放弃"。

• 工具栏：快速访问工具栏中的放弃按钮 ▨▨。

• 命令行：undo。

5）恢复已经放弃的命令

• 菜单栏："编辑"→"重做"。

• 工具栏：快速访问工具栏中的重做按钮 ⤳ 。

• 命令行：redo。

11.2 基本绘图命令

▶ 11.2.1 AutoCAD 绘图命令

AutoCAD 的命令有很多种，在 AutoCAD 的操作界面中的选项卡、菜单或者命令行中均可以调用。在绘图菜单或者选项卡中，基本绘图命令有直线、构造线、多段线、矩形、正多边形、圆、圆弧、样条曲线、椭圆、圆环等。

11.2.2 基本图元绘制

1)直线

- "默认"选项卡→ 绘图 ▾ 面板→ ✎ 。
- "绘图"菜单→"直线"命令。
- 命令行:LINE(L)。

该命令用于绘制直线或者连续的折线。执行命令后,命令行提示:

> 命令:_line 指定第一点: 输入起点,可以用光标点取或者输入坐标,如果按 En-
> ter 键,将以上次所画直线或弧线的终点为起点继续画线
>
> 指定下一点或[放弃(U)]: 输入直线的下一点,或键入 U 取消上一步所画线段
>
> 指定下一点或[放弃(U)]: 输入直线的下一点或键入 U,或按 Enter 键结束命
> 令

当绘制出两条以上线段时,键入 C 将从当前点到最初起点画线连成封闭多边形,同时结束直线命令。继续画直线可以再按一下 Enter 键或者空格键。

2)构造线 XLINE

- "默认"选项卡→ 绘图 ▾ 面板→ ✕ 。
- "绘图"菜单→"构造线"命令。
- 命令行:XLINE(XL)。

该命令用于绘制两端无限延伸的直线,一般用作绘图的辅助线。

> 命令:_xline 指定点或[水平(H)/垂直(V)/角度(A)/二等分(B)/偏移(O)]:输
> 入构造线经过的点(或键入选项)
>
> 指定通过点: 输入构造线经过的另一点

如果已经输入经过的一点,在"指定通过点"提示下,不断输入经过点,可以画出多条以第一点为中心呈放射状的构造线。

键入 H,在提示下不断输入经过点,可以画出多条水平的构造线;键入 V,在提示下不断输入经过点,可以画出多条垂直的构造线;键入 A,在提示下先输入倾斜角度,再不断输入经过点,可以画出多条倾斜的构造线;键入 B,在提示下指定一个已有夹角的顶点和两边,可以画出其等分线;键入 O,可以画出与已有直线平行且相隔指定距离的构造线,具体操作参见相关章节中的偏移命令。

单击鼠标右键或者回车即可结束命令。

3)多段线 PLINE

- "默认"选项卡→ 绘图 ▾ 面板→ ⤵ 。
- "绘图"菜单→"多段线"命令。
- 命令行:PLINE(PL)。

多段线是指相连的多段直线或弧线组成的一个复合对象,其中每一段线可以是细线、粗线或者变粗线,因此多段线能够画出许多其他命令难以表达的图形,如图 11.11 所示。

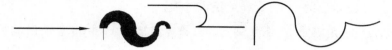

图 11.11　利用多段线画出的图形

命令：_pline 指定起点：输入多段线的起点

当前线宽为 0.0000

指定下一个点或［圆弧(A)/半宽(H)/长度(L)/放弃(U)/宽度(W)］：指定下一点(或输入选项)

指定下一点或［圆弧(A)/闭合(C)/半宽(H)/长度(L)/放弃(U)/宽度(W)］：指定下一点或者输入选项

键入 C,可以让多段线闭合;键入 H,用于设定多段线的半线宽,同样会提示输入起点半线宽和终点半线宽;键入 L,用于输入下一段线的长度,将沿上段直线方向或者上段弧线的切线方向画线;键入 U,用于取消上段所画多段线;键入 W,用于设定多段线线宽(键入 W 后命令行会提示输入起点线宽和终点线宽);键入 A,转入画弧线状态。接着提示：

指定圆弧的端点或［角度(A)/圆心(CE)/闭合(CL)/方向(D)/半宽(H)/直线(L)/半径(R)/第二个点(S)/放弃(U)/宽度(W)］：指定圆弧的端点或键入选项

键入 A,指定圆弧的圆心角;键入 CD,指定圆弧的圆心;键入 CL,用于封闭多段线,作用与直线(LINE)命令的 C 选项相同;键入 D,指定圆弧的起点切线方向;键入 R,指定圆弧的半径;键入 S,指定圆弧的第二点。此外,L 用于返回画直线状态,其余选项与前述相同。

用具有一定宽度的多段线绘制封闭图形,应键入 C 选项使其闭合,否则,即使起点与终点完全重合,也会出现缺口,如图 11.12 所示三角形的左下角。

不采用C选项绘制的三角形　　　采用C选项绘制的三角形

图 11.12　PLINE 命令中用与不用闭合选项的区别

4)矩形

- "默认"选项卡→ 绘图 面板→ □ 。
- "绘图"菜单→"矩形"命令。
- 命令行:RECTANG(REC)。

通过指定对角点来绘矩形,同时可以指定矩形的线宽、圆角、倒角效果。

> 命令：_rectang 指定第一个角点或［倒角(C)/标高(E)/圆角(F)/厚度(T)/宽度(W)］：指定矩形的一个角点(或键入选项)
>
> 指定另一个角点或［面积(A)/尺寸(D)/旋转(R)］：指定矩形的另一个角点或键入选项

输入 A 选项，允许用户指定矩形的面积和矩形的长度或宽度来确定矩形；输入 D 选项，提示用户指定长度和宽度确定矩形；输入 R 选项，允许用户指定所绘制矩形的上下边长与水平线的夹角。

如果选择了 W，在提示下先输入线条宽度，再输入矩形的对角点，按照指定线宽画出矩形；如果选择了 F 或 C，可以指定矩形的圆角半径或倒角距，再输入矩形的对角点，就会画出具有圆角或倒角效果矩形，如图 11.13 所示。

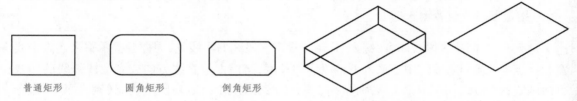

图 11.13　普通矩形和圆角、倒角矩形　　　　图 11.14　指定和未指定厚度的矩形

如果选择了 E，可以为将要绘制的矩形指定标高；如果选择了 T，可以为将要绘制的矩形指定厚度。如图 11.14 所示是在三维等轴侧视图中对比指定和未指定厚度的两个矩形。

5）正多边形

- "默认"选项卡→ 绘图 面板→ → 多边形。
- "绘图"菜单→"正多边形"按钮。
- 命令行：POLYGON(POL)。

该命令用于绘制 3～1 024 条边的正多边形。

> 命令：_polygon 输入侧面数 <5>：　输入正多边形的边数
>
> 指定正多边形的中心点或［边(E)］：指定正多边形的中心点(或者键入选项"E")
>
> 输入选项［内接于圆(I)/外切于圆(C)］<I>：选择定义正多边形的方式：I 选项将指定中心点到顶点的距离；C 选项将指定中心点到各边的距离
>
> 指定圆的半径：输入相应距离作为圆的半径

如果选择了 E 选项，将指定一条边来定义正多边形，在提示下输入一条边第一、二个端点，AutoCAD 将按逆时针方向画出正多边形。如图 11.15 所示，绘制正五边形，将其角点作为五角星的 5 个顶点，开启对象捕捉功能，绘制五角星。

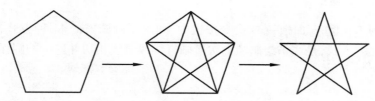

图 11.15　正五边形辅助绘制五角星

6）圆弧

- "默认"选项卡→ 绘图 ▼ 面板→ 。

- "绘图"菜单→"圆弧"命令。

- 命令行：ARC（A）。

该命令用于绘制圆弧。

> 命令：_arc 指定圆弧的起点或［圆心（C）］：指定圆弧起点（或者键入"C"选项）
>
> 指定圆弧的第二个点或［圆心（C）/端点（E）］：指定圆弧中间任意一点（或者键入选项）
>
> 指定圆弧的端点：指定圆弧终点，画出圆弧

选择 C，在提示下输入圆心，再输入圆弧终点；或者选择 A，输入圆弧的圆心角；或选择 L，输入圆弧的弦长，都将画出圆弧。

选择 E，在提示下输入圆弧终点。再输入圆心；或者选择 A，输入圆心角；或者选择 D，输入圆弧起点的切线方向；或者选择 R，输入圆弧半径，都将画出圆弧。

如果在第一步中直接按 Enter 键，将以上次所画直线或弧线的终点为起点，绘制与之相切的圆弧。

采用起点、圆心、端点方式绘制圆弧时，总是按照逆时针方向画出圆弧。因此，起点和终点的输入顺序不同，得到的结果将会不同，如图 11.16 所示。

图 11.16　不同的起点和端点绘制圆弧　　　图 11.17　弦长的正负与弧长的关系

输入角度时，以逆时针方向为正，顺时针方向为负。

输入弦长时，是按照逆时针方向绘制的，弦长为正画小弧，弦长为负画大弧，如图 11.17 所示。

采用起点、端点、半径绘制圆弧时，是按照逆时针方向绘制的，半径为正画小弧，半径为负画大弧，如图 11.18 所示。

"默认"选项卡，绘图 ▾ 面板→ ⌒ 命令按钮中，列出了画圆弧的 11 种方式，如图 11.19 所示。其中的"连续"方式，是用来绘制与上次所画直线或弧线相切并连续的圆弧。

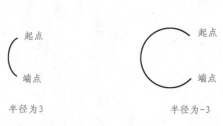

图 11.18 半径正负不同弧的大小也不同

图 11.19 画圆弧的 11 种方式

7）圆

●"默认"选项卡→ 绘图 ▾ 面板→ ⊘。

●"绘图"菜单→"圆"命令。

●命令行：CIRCLE（C）。

启动画圆命令后，AutoCAD 给出如下操作提示：

> 命令：_circle 指定圆的圆心或［三点（3P）/两点（2P）/切点、切点、半径（T）］：
> 指定圆心（或键入选项）
> 指定圆的半径或［直径（D）］<35.8326>：输入半径或键入选项"D"

在第一步指定圆心，或者键入选项"2P""3P""T"后的操作结果如图 11.20 所示。

圆心、半径方式画圆　　圆心、直径方式画圆　　三点画圆　　两点画圆　　切点、切点、半径画圆

图 11.20 画圆的几种方式

8）样条曲线

●"默认"选项卡→ 绘图 ▾ 面板→ ∿。

●"绘图"菜单→"样条曲线"命令。

●命令行：SPLINE（SPL）。

该命令用于绘制样条曲线。启动该令后，AutoCAD 给出如下操作提示：

> 命令：_spline 当前设置：方式 = 拟合　节点 = 弦
>
> 指定第一个点或［方式（M）/节点（K）/对象（O）］：指定第一个点（或键入选项"M""K""O"）
>
> 输入下一个点或［起点切向（T）/公差（L）］：指定样条曲线的下一个点（或者键入"T""L"）
>
> 输入下一个点或［端点相切（T）/公差（L）/放弃（U）］：指定样条曲线的下一个点（或者键入"T""L""U"）
>
> 输入下一个点或［端点相切（T）/公差（L）/放弃（U）/闭合（C）］：指定样条曲线的下一个点（或者键入"T""L""U""C"），如果选择了"C"选取项，将生成闭合的样条曲线。

第一步如果选择了"M"选项，将会提示：

> 输入样条曲线创建方式［拟合（F）/控制点（CV）］＜F＞：回车接受拟合方式，或者键入 CV

第一步中的"对象（O）"选项，用于选择一条进行了样条拟合的多段线（PLINE），将其转变成样条曲线。

第二步如果输入"L"选项，则系统提示：

> 指定拟合公差＜0.0000＞：默认为 0

样条曲线的拟合公差，是样条曲线按照这个距离偏离输入的经过点，其缺省值为 0，保证样条曲线穿过经过点。

9）椭圆

- "默认"选项卡→ 绘图 ▾ 面板→ 👁 ▾ 。
- "绘图"菜单→"椭圆"命令。
- 命令行：ELLIPSE（EL）。

该命令用于绘制椭圆或椭圆弧。启动该令后，AutoCAD 给出如下操作提示：

> 命令：_ellipse 指定椭圆的轴端点或［圆弧（A）/中心点（C）］：指定椭圆的轴端点（或键入其他选项）
>
> 指定轴的另一个端点：指定椭圆轴的另一个端点
>
> 指定另一条半轴长度或［旋转（R）］：输入另一轴半径长，即该轴向端点到椭圆中心点的距离，（或选择 R，输入一相对角度，以其余弦值为离心率来画出椭圆）

在第一步提示下如果选择了"中心点（C）"选项，在提示下输入椭圆的中心点。再输入椭圆的一轴向端点绘制椭圆。

如果选择了"圆弧（A）"选项，将绘制椭圆弧。先在类似前面的提示下，画出完整的椭圆，再在接着的提示下，输入椭圆弧的起始角度和终止角，画出椭圆弧。

10）圆环

- "默认"选项卡→ 绘图 ▼ 面板→◎。
- "绘图"菜单→"圆环"命令。
- 命令行：DONUT。

该命令用于绘制实心的圆或圆环。指定圆环的内径为 0，就要画出实心圆。

> 命令：_donut 指定圆环的内径 <0.5000>：输入圆环的内径尺寸或按 Enter 键接受缺省值
>
> 指定圆环的外径 <1.0000>：输入圆环的外径尺寸或按 Enter 键接受缺省值
>
> 指定圆环的中心点或 <退出>：指定圆环的圆心（可反复绘制多个圆环直到按 Enter 键结束）

11.3　绘图辅助命令

▶ 11.3.1　线型与图层设置

1）加载线型

AutoCAD 2020 提供了丰富的线型，它们存放在线库 ACAD. LIN 文件中，可以根据需要，使用不同的线型，区分不同类型的图形对象，以符合行业制图标准。此外，用户还可以定义自己的线型，以满足实际的需要。

要使用线型，需要将线型加载到当前图形中。具体操作："默认"选项卡→ 特性 ▼ 面板→▦ ———ByLayer ▼，单击线型右面向下的小三角，出现图 11.21 所示的选项，选择"其他"选项，屏幕出现如图 11.22 所示的线型管理器对话框。

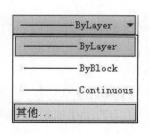

图 11.21　线型特性选项

图 11.22　"线型管理器"对话框

图 11.22 对话框的各个选项的含义如下：

①线型过滤器：线型过滤器选项区域设置 AutoCAD 在线型列表中显示线型的条件,只有满足该条件的线型才被显示出来并加以管理。反向过滤器复选框则设置显示线型的条件与下拉列表框确定的条件相反。

②当前线型：显示当前所使用的线型。

③线型列表框：列表框中显示满足过滤条件的线性,其中"线型"列显示线型的设置或线型名,"外观"列显示各线型的外观形式,"说明"列显示对各线型的说明。

④加载(L)：该按钮用于加载线型。单击 加载(L)... 按钮,AutoCAD 弹出如图 11.23 所示的加载或重载线型对话框。在该对话框中顶部的文本框显示的是线型文件的名称,AutoCAD 默认的线型文件为 ACADISO.LIN。可以通过单击 文件(F)... 按钮选择其他的线型文件,该线型文件所具有的可用线型就显示在下面的列表框中。 可用线型 列表框列出对应的线型文件所具有的线型名称及说明,选择需要加载的线型,然后单击 确定 按钮,即可将线型加载到当前图形中。

图 11.23 "加载或重载线型"对话框

⑤删除：该按钮用于删除一些不需要的线型,在线型列表框中选择要删除的线型,然后单击 删除 按钮即可。

⑥当前(C)：该按钮将选择的在线型设置为当前线型,在线型列表框中选择某一线型,然后单击 当前(C) 按钮即可。

⑦显示细节(D)：图 11.22 中没有显示下面的"详细信息"选项区域,单击 隐藏细节(D) 按钮,线型管理器对话框就显示了线型的详细信息,"详细信息"区域中详细说明了当前选中线型的特性信息,其中"全局比例因子"文本框设置线型的全局比例因子,它将影响到所有使用该线型的图形对象(包括已有的和以后绘制的对象)的比例效果, 当前对象缩放比例(O): 文本框设置以后绘制时使用该线型的图形的比例因子；"ISO 笔宽"下拉列表框确定 ISO 线型的笔宽。

2）线型的使用

把 AutoCAD 提供的线型或者用户制定的线型加载进来以后,就可以使用这些线型绘图了。使用线型有以下 3 种方式：

①设置为当前线型：将某种线型设置为当前线型后,所有绘制的新图形都是使用该线型。设置方法有两种：一是在图 11.22 所示的"线型管理器"对话框中选择线型,然后单击 当前(C) 按钮；二是在"默认"选项卡→ 特性 ▼ 面板→▤▤ ————ByLayer ▼ ,单击线型右面向下的小

三角,从下拉列表框中选择已经加载的线型即可,如图 11.24 所示。

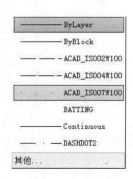

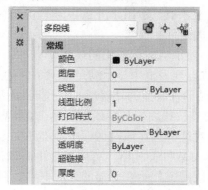

图 11.24　加载的线型　　　　　　图 11.25　"对象特性"对话框

②在图层中使用特定线型是最易于管理的方法。每一个图层可以使用不同的线型,创建图层时,需要将线型设置好,将来在该图层上绘制的图形对象都将使用该线型。

③修改线型:已有图形对象的线型是可以修改的,用鼠标左键双击屏幕上的图元,或者选中图元后单击右键选择快捷特性,屏幕就弹出如图 11.25 所示的"对象特性"对话框,在该对话框中用户可以改变对象的线型、图层、颜色等特性。

3)线型比例

在 AutoCAD 中,除了 CONTINUOUS 线型外,每一种线型都是由线段、空白段、点等所组成的序列。当图形线段太短而无法显示线型的所有组成元素,或者图形线段太长而线型组成元素太密时,可以通过改变线型比例系统变量的方法放大或缩小所有线型的每一小段的长度。

在图 11.22 中"详细信息"选项区域,修改"全局比例因子"文本框中的数值可以设置线型的全局比例因子,它将影响到所有线型(包括已有的和以后绘制的对象)的比例效果。"当前对象缩放比例"文本框设置新建对象的线型比例,生成的比例是全局比例因子与该对象的比例因子的乘积。

4)线宽的设置

除了绘制矩形、多段线时可以设置线的宽度外,AutoCAD 在绘制的其他所有线条都是以默认宽度为 0 来显示的,如果需要,必须另外进行线宽设置。

设置线宽常用的有 3 种方式:

①鼠标左键单击"默认"功能区选项卡下,"特性"面板,"线宽"工具按钮右边的小三角,会出现如图 11.26 所示的下拉列表框。选择"线宽设置…",即出现如图 11.27 所示的线宽设置对话框。

②用鼠标右键单击屏幕下方状态栏中"线宽"选项,选择"设置"屏幕菜单项,屏幕弹出"线宽设置"对话框,如图 11.27 所示。在"线宽"栏中选择所需要的线宽,则新建的对象都使用该线宽绘制。

对话框中其他主要选项的含义如下:

列出单位:设置线宽的单位,AutoCAD 提供"毫米"和"英寸"两种单位。

显示线宽:该复选框设置是否使用此对话框设置的线宽值显示图形,通过单击 AutoCAD

窗口状态栏上的"线宽"按钮也可以实现线宽显示与不显示的切换。

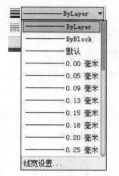
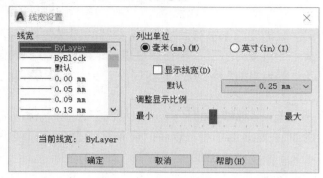

图 11.26　线宽下拉列表框　　　　　　　　图 11.27　"线宽设置"对话框

默认：设置 AutoCAD 的默认线宽值，即取消"显示线宽"复选框的选择后，AutoCAD 显示的线宽可以从相应的下拉列表框中作选择。

调整显示比例：确定线宽设置的显示比例，利用相应的滑块调整即可。

③在新建或设置图层时，设置图层上图元的线宽，该方法在"图层的基本概念"中介绍。

5）图层

图层好比一张透明纸，可以在不同的层上绘制不同的对象，将这些透明纸层叠起来，就构成了最终的图形。AutoCAD 允许用户创建任意多的图层，每一图层可以设置其属性，如线型、颜色、线宽等。有了图层的概念，就可以把相关的图形对象放在同一层上，图形的组织和编辑就更方便了。

图层的有关设置在"默认"选项卡，"图层"面板中，选择🔲工具按钮，屏幕弹出如图11.28所示的"图层特性管理器"对话框。在对话框的列表框中列出了图层的名称、状态、颜色、线型等。

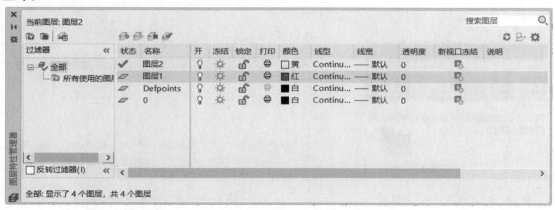

图 11.28　"图层特性管理器"对话框

①"新建图层"🔳：点击该按钮后在图层列表中将显示名为"图层 1"的图层。该名称处于选定状态，因此可以立即输入新图层名。新图层将继承图层列表中当前选定图层的特性（颜色、开或关状态等。）

②"所有视口中冻结的新图层"🔳：点击该按钮后在图层列表中创建新图层，然后在所

有现有布局视口中将其冻结。

③"删除图层" :将选定图层标记为要删除的图层,单击"应用"或"确定"时,将删除这些图层。只能删除未被参照的图层,参照的图层包括图层 0 和 DEFPOINTS、包含对象(包括块定义中的对象)的图层、当前图层以及依赖外部参照的图层是不能被删除的。

④"置为当前" :将选定图层设置为当前图层,此后新建的对象都将被放置在当前图层上。

⑤ 名称:名称即层的名称,一般情况下,图层名称应简单易记,与图中对象的实际意义有关。例如,在建筑制图中可以将门窗布置作为一层,命名为"门窗"。AutoCAD 为每个图形文件都定义了一个特殊的层—0 层。

⑥ 图层的开关状态 :每个图层都有打开和关闭两种状态。关闭状态下,该层上的图形对象不能显示出来,也不能打印输出(当前图层不能关闭)。

⑦ 冻结状态 :除了使用开关状态来控制图层上的对象的显示和打印以外,还可以用"冻结"或"解冻"来控制。冻结某一层后,该层上的图形对象不能显示和打印出来。与关闭图层不同的是,冻结图层后,再重生成的对象将不考虑该层上的对象,所以刷新速度快,而关闭图层后,刷新时仍然要重新计算该层上的对象。

⑧ 锁定状态 :锁定某一图层后,就不能对该层上的图形对象编辑、修改,但该层上的所有对象都是可见的。

⑨ 图层的颜色:每个图层都可以有自己的颜色,在绘图时该图层上的对象可以使用层的颜色。单击图层后面的颜色块可以调出"选择颜色"对话框,如图 11.29 所示。在该对话框中可以为图层选择任一种颜色。

⑩ 图层的线型:每一个图层都有一个具体的线型,在缺省条件下,AutoCAD 使用该线型作为该层上所有对象的线型,常见的如点画线、虚线、连续线等。单击图层后面对应的线型名称可以弹出"选择线型"对话框,如图 11.30 所示,在该对话框中可以为图层选择需要的线型。

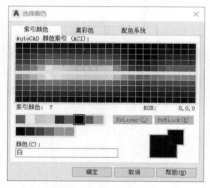

图 11.29 "选择颜色"对话框   图 11.30 "选择线型"对话框

⑪ 图层的线宽:每个图层都有单独的线宽,缺省条件下,AutoCAD 使用该线宽作为该层上的所有对象的线宽。用户可以通过点击图层后面对应的线宽重新设置该值。

在将图形输出到其他应用程序中或将对象剪贴到剪贴板中时,将保留对象的线宽信息。

⑫ 透明度:选择"透明度"下面的数值,弹出如图 11.31 所示的"图层透明度"设置对话框。在该对话框中,透明度的值可以从 1~90 调整。透明度为 0 时,完全不透明,值越大,透

明度越高。如图11.32所示是透明度为0和80的图形。如果设置的透明度在屏幕上没有显示,可以用鼠标左键单击状态栏的▨"显示/隐藏透明度"按钮。

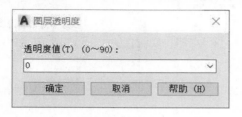

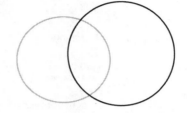

图 11.31　图层透明度设置　　　　图 11.32　透明度不同的图形

⑬图层的打印样式:打印样式决定了对象打印输出时的外观特征,例如打印颜色、线型、宽度、端点形状、填充方式等。与设置颜色一样,用户可以设置某个图型对象的打印样式,也可以设置某一层的打印样式。缺省条件下,该图层上的对象使用图层的打印样式。

⑭图层的可打印性:对于每个层,用户可以设置其为可以打印输出或不可以打印输出。当该层不能打印输出时,该层上的对象虽然是可见的,但并不能被打印出来。

▶ 11.3.2　对象捕捉与追踪

1)捕捉模式

通常情况下光标的移动是连续的,根据作图的需要也可以设置光标移动的最小步距,使光标只能在最小步距整倍数的点间跳动,从而保证光标取点的精确性,这种功能称为捕捉(SNAP)。单击屏幕下方状态栏中"捕捉"按钮⊞,可以打开或关闭捕捉模式。用鼠标右键单击该按钮可以弹出屏幕菜单,选择"设置"则弹出图11.33所示的"草图设置"对话框。在该对话框中用户可设置捕捉的间距和栅格的间距。

"栅格",如同坐标纸上的网格,起到作图辅助参考作用。这些网格并不构成图形的一部分,在打印出图时不会绘出。

2)极轴追踪

当在绘图和编辑命令中已经输入一点时,借助极柚追踪可以用光标直接拾取与上一点呈角度的点,如同用键盘输入相对极坐标一样。

在"草图设置"对话框中用选项卡 极轴追踪 来进行极轴追踪设置,"极轴追踪"选项如图11.34所示。

① 在"极轴角设置"栏的 增量角(I): 框中选择极轴追踪的角度增量,如增量为30°,则在30°及其整倍数的角度方向进行极轴追踪。

☑ 附加角(D) 选项用来添加未曾提供的非特殊角度增量,选中后再单击 新建(N) 按钮,就可输入新值。

② 在"极轴角测量"栏中选择角度度量方式:

⊙ 绝对(A) 选项表示按绝对角度度量。

⊙ 相对上一段(R) 选项表示按相对于上一线段的相对角度度量。

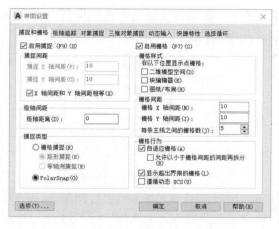

图 11.33 "捕捉和栅格"对话框

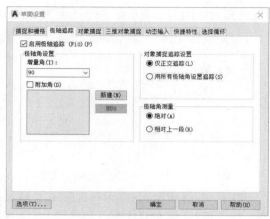

图 11.34 "极轴追踪"对话框

③在状态栏中单击"极轴"按钮打开或关闭极轴追踪功能,或者按下 F10 键,也可以方便地切换极轴追踪的开关状态。

设置并打开极轴追踪功能,在绘图和编辑命令中输入一点之后,移动光标会看到从引出符合设定追踪角度的辅助虚线,并且出现"极轴"标签提示当前光标到上一点的距离和方向,根据提示在合适位置单击即可得到精确的第二点。

3)对象捕捉

在"草图设置"对话框中,选项卡 对象捕捉 用于拾取已有对象上的特殊点,捕捉方式可先设置好。自动对象捕捉功能允许把一种或多种对象捕捉设为自动方式,每当命令提示输入点时自动生效,直接移动光标接近相应对象就可执行。

"对象捕捉"选项卡用来设置自动对象捕捉方式,如图 11.35 所示。

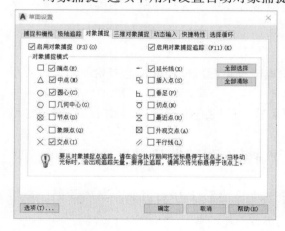

图 11.35 "对象捕捉"对话框

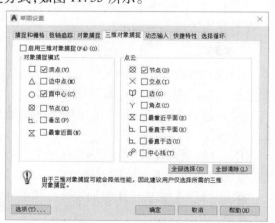

图 11.36 "三维对象捕捉"对话框

在"对象捕捉模式"栏中选择想要设为自动方式的选项,使之前面出现"√"符号。单击"全部选择"按钮可以选中全部选项;单击"全部清除"按钮则会清除全部选项。在状态栏单击对象捕捉按钮,或者按下 F3 键,可以方便地切换自动对象捕捉的开关状态。

4）三维对象捕捉

在"草图设置"对话框中，选择 三维对象捕捉 选项卡，可以对三维对象捕捉模式进行设置，如图11.36所示。在状态栏中，单击"三维对象捕捉"按钮 ⬜，也可以打开或关闭三维对象捕捉，或进行相应设置。

5）对象捕捉追踪

在极轴追踪和自动对象捕捉的基础上，AutoCAD还提供了一种对象捕捉追踪功能，可以同时从两个对象捕捉点引出极轴追踪辅助虚线，找到它们的交点。

极轴追踪 选项卡的 对象捕捉追踪设置 栏用于对象捕捉追踪的设置，如图11.34所示。

在状态栏单击 ∠ 按钮，或者按下F11键，可以方便地切换对象捕捉追踪的开关状态，使用对象捕捉追踪功能必须同时打开自动对象捕捉状态。

6）正交状态

在用光标取点时，打开正交状态，将会限制光标在水平和垂直方向移动，从而保证在这两个方向执行画线或是编辑操作。

在状态栏单击 ⌐ 按钮，或者按下F8键，就可切换正交状态的开与关。

正交状态与极轴追踪状态不可能同时存在。当打开正交状态时，原先打开的极轴追踪将会自行关闭；反之，打开极轴追踪时，原先打开的正交状态也会自行关闭。

正交状态只对光标取点起作用，不会影响键盘输入坐标。

在状态栏中，也可以打开或关闭正交状态，或进行相应设置。

7）推断约束

在状态栏，单击"推断约束"按钮 ⬚，可以启用"推断约束"模式，该模式会自动在正在创建或编辑的对象与对象捕捉的关联对象或点之间应用约束。启用"推断约束"时，用户在创建几何图形时指定的对象捕捉将用于推断几何约束；但是，不支持下列对象捕捉：交点、外观交点、延长线和象限点。

▶ **11.3.3 显示控制**

AutoCAD的绘图区域是无限大的，用户可以在其间的任意位置绘制图形对象。而要将这些对象显示在当前视口内，则需要使用某些显示控制方面的命令，最常用的就是缩放和平移。

1）缩放视口

缩放视口可以增大或减小取景框中的视口区域大小。增大视口区域时，可以看到更多的对象；减小视口区域时，可以详细地看到某个对象的细节。使用缩放改变视口大小时，并不改变对象的实际大小。

（1）实时

实时视口缩放最简单的方式是滚动鼠标中轮，向下滚动为缩小，向上滚动为放大，并且光标的放置位置即为缩放的基点。

"视图"选项卡→ 二维导航 面板→ 🔍 实时 · 工具按钮也可以启动该功能，如果在"二维导

航"面板上没有出现 🔍 实时 ▾ 工具按钮,可以点击 🔍 范围 ▾ 按钮右面的小三角,弹出 🔍 实时 ▾ 工具按钮。

(2)后退(上一个视图)和前进(下一个视图)

"视图"选项卡→ 二维导航 面板→ 🔍后退 工具按钮,显示上一个视图。连续使用该选项,可以一次一次地恢复到以前的显示画面。

"视图"选项卡→ 二维导航 面板→ 🔍前进 工具按钮,显示下一个视图。一般情况下,该选项灰显,只有执行了"后退"命令后,该按钮才处于正常显示状态,说明该命令可以执行。该命令按钮用于显示后退前的视图。

(3)窗口(W)

"视图"选项卡→ 二维导航 面板→ 🔍窗口 ▾ 工具按钮,该选项提示用户输入两个点,AutoCAD将以这两个点为对角点确定矩形视图区域。

(4)范围(E)

"视图"选项卡→ 二维导航 面板→ 🔍范围 ▾ 工具按钮,单击该按钮可以在屏幕上最大程度地显示所有对象。该选项将使系统重新计算图形对象,所以速度较慢。

2)平移视图

平移视图可以使用图形区域下边和右边的滚动条,也可以通过工具栏按钮或命令实现。

●"视图"选项卡→ 二维导航 面板→ 🖐平移 工具按钮。

●命令行:pan(或'pan,用于透明使用)。

激活该命令后,光标会变成手的形状,当用户按住鼠标键拖动时,视图范围和图形对象会实时更新,按 Esc 键可退出该命令。

3)设置对象显示顺序

对象的显示顺序,即哪个对象在前面,哪个对象在后面。对于线性图形对象,这个顺序一般并不重要,但对于插入到图形中的光栅图像或其他实心填充对象,显示顺序决定了出图效果。实现方式:

●"默认"选项卡→ 修改 ▾ 面板(单击其后的小三角)→ 🖫 ▾ 工具按钮。

单击 🖫 ▾ 按钮后的小三角,会弹出显示次序的选项,如图 11.37 所示。这里有 9 个选项,部分选项的含义如下:

① 🖫前置:将所选对象放在所有对象的前面。

② 🖫后置:将所选对象放在所有对象的后面。

③ 🖫置于对象之上:将所选对象放在某个参考对象的前面。

④ 🖫置于对象之下:将所选对象放在某个参考对象的后面。

当选择后两个选项时,AutoCAD 将提示用户选择一个参考对象,然后将先选择的对象放置在参考对象的前面或后面。

假设当前图形中已经插入了两个光栅图像,如图 11.38(a)所示。下面命令序列将改变对象的显示顺序,改变后的结果如图 11.38(b)所示。

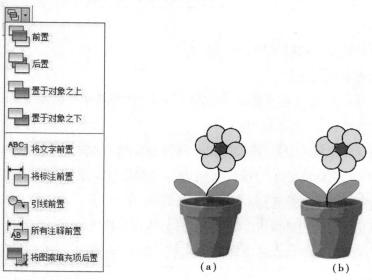

图 11.37　显示次序下拉菜单　　　图 11.38　改变对象的显示顺序

其他 5 个选项的含义及使用方法与此类似,不再赘述。

另外,也可以使用"视图"菜单中的命令进行显示控制,使用"工具"菜单中的"绘图次序"也可以选择显示顺序。

11.4　基本编辑命令

▶ 11.4.1　图形对象的选择

在实际绘图过程中,目标选择与编辑是图形绘制中必不可少的环节。目标捕捉是快速、精确绘图的重要环节。因此,掌握目标捕捉与目标选择的方法,对以后的绘图极为重要。

在 AutoCAD 2020 中提供了多种对象选择方式,常用的方式包括:

① 单击鼠标进行选取:只借用光标单击要选的对象,一次一个。

② W 窗口:在选择时输入 W,再在提示下输入两点形成一个窗口,完全处在窗口中的对象将被选中。利用鼠标左键框选也可以实现此功能,系统提示选择对象时,在屏幕空白处按下鼠标左键不放,并且向右拖动鼠标形成选择框,完全在框中的对象将被选中;如果按住鼠标左键从右向左进行框选,只要对象部分在框中即会被选择。

③ C 窗口:在选择时输入 C,再在提示下输入两点形成一个窗口,完全或部分处在窗口中的对象将被选中。系统提示选择对象时,在屏幕空白处按下鼠标左键不放,并且向左拖动鼠标,也可以实现此功能。

④ F 方式:在选择时键入 F,再在提示下输入多点构成折线,凡是折线穿过的对象都被

选中。

例如,执行修剪命令:

命令:_trim

当前设置:投影 = UCS,边 = 延伸

选择剪切边…

选择对象或 <全部选择>:找到 1 个　　(选择剪切的边界线)

选择对象:(按 Enter 键)

选择要修剪的对象,或按住 Shift 键选择要延伸的对象,或

[栏选(F)/窗交(C)/投影(P)/边(E)/删除(R)/放弃(U)]: F(键入 F)

指定第一个栏选点:(指定栏选线的第一点)

指定下一个栏选点或 [放弃(U)]:(指定栏选线的第二点)

指定下一个栏选点或 [放弃(U)]:　(按 Enter 键)

结果如图 11.39 所示。

图 11.39　采用栏选方式修剪对象

⑤移去(R):可以移去已经选中的对象,用于改错。键入 R,再去选择已经选的对象,就会使之回到未选中状态。

⑥增加(A):执行 R 后,键入 A 可以恢复对象选择状态,继续选择对象。

⑦全选(ALL):键入 ALL 将会选中图上全部对象。

▶ 11.4.2　修改基本图形

AutoCAD 提供的绘图命令只能绘制一些基本对象,为了获得所需的图形,在很多情况下都必须对这些图形对象进行修改。因此,掌握修改图形的方法非常重要,只有这样才能使自己所绘制的图形达到满意效果。

1)放弃

● 快速访问工具栏→。

● 命令行:UNDO(U)。

该命令可以取消上一个命令,返回命令执行之前的状态,并会显示被取消的命令名称,对于改正上一步的错误操作非常有用。

可以反复执行该命令,不断放弃以前的操作,直至返回本次作图的最初状态。但是某些与图形建立无关的命令(如保存、打印、DXF 输出等),无法取消。

2)重做

- 快速访问工具栏→➡️。
- 命令行:REDO。

该命令可恢复 UNDO 或 U 命令放弃的效果。REDO 必须紧跟随在 U 或 UNDO 命令之后,否则命令无效。

3)删除

在绘图工作中,经常会产生一些中间阶段的图形对象,可能是辅助线,也可能是一些错误或没有作用的图形。在最终的图纸中是不需要这些图形对象的。"删除"命令为用户提供了删除对象的方法。

调用删除命令的方式有:

- "默认"选项卡→ 修改 ▾ 面板→🖊️工具按钮。
- 命令行:ERASE(E)。

启动删除命令后,AutoCAD 在命令行提示"选择对象",用户选择需要删除的对象。可以使用上节所介绍的点选、交叉或窗口等方式来选择要删除的对象。

使用"删除"命令,有时很可能会误删除一些有用的图形对象。如果在删除对象后,立即发现操作失误,可用"恢复"命令来恢复删除的对象。可在"命令:"提示下直接输入 Oops 恢复已经删除的对象。

4)复制

如果需要一次又一次地重复绘制相同的对象,会很烦琐。AutoCAD 提供了"复制"命令让用户轻松地将对象目标复制到新的位置。

调用复制命令的方式有:

- "默认"选项卡→ 修改 ▾ 面板→🗐复制 工具按钮。
- 命令行:COPY(CO)。

该命令执行步骤:

> 命令:_copy
>
> 选择对象:(选择屏幕上的图元)找到 1 个
>
> 选择对象:(回车或单击鼠标右键)
>
> 当前设置:复制模式 = 多个
>
> 指定基点或〔位移(D)/模式(O)〕<位移>:(在屏幕上用鼠标左键单击指定一个点作为基点)
>
> 指定第二个点或〔阵列(A)〕<使用第一个点作为位移>:

指定第二个点或［阵列(A)/退出(E)/放弃(U)］＜退出＞：

指定第二个点或［阵列(A)/退出(E)/放弃(U)］＜退出＞：A（键入 A，阵列对象）

输入要进行阵列的项目数或［3］：4（键入阵列的个数为4）

指定第二个点或［布满(F)］：鼠标左键单击屏幕指定第二点（或者键入 F）

指定第二个点或［阵列(A)/退出(E)/放弃(U)］＜退出＞：E（键入 E 或直接回车退出）

如果命令行提示"指定基点或［位移(D)/模式(O)］＜位移＞："时键入"D"，即"位移(D)"选项，则要求定义复制位置到源对象的距离；如果选择"模式(O)"选项，则可以定义复制模式为"单个"或"多个"，默认状态下是"多个"模式。

如果命令提示"指定第二个点或［布满(F)］："键入 F，则图元会在两点之间均匀分布。

5）镜像

用镜像功能可围绕用两点定义的镜像直线来创建对象的镜像。

调用镜像命令的方式有：

• "默认"选项卡→ 修改 ▼ 面板→ △▷ 镜像 工具按钮。

• 命令行：MIRROR(MI)。

用于对称复制原有对象。当绘制对称图形时，可以只绘制一半再作镜像复制。

具体操作步骤如下（以图11.40为例）：

命令：_mirror

选择对象：指定对角点：找到8个（采用窗口选择的方式选择源对象）

选择对象：指定镜像线的第一点：指定镜像线的第二点：（指定镜像线的第一点和第二点）

要删除源对象吗？［是(Y)/否(N)］＜N＞：（按 Enter 键，表示不删除源对象，结果如图11.40所示）

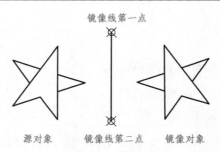

图11.40　镜像命令的应用

6）偏移

该命令可以复制一个与选定对象类似的新对象，并把它放在距选定对象有指定距离的位置。偏移产生的对象位置与原图形平行,可以偏移复制的对象有直线、圆弧、圆、二维多线段、椭圆、椭圆弧、参照线、射线和平面样条曲线。

调用该命令的方式有:

- "默认"选项卡→ 修改 ▼ 面板→ ⊆ 工具按钮。
- 命令行:OFFSET(O)。

偏移的方法有以指定距离偏移和通过定点偏移两种。

该命令用于偏移复制线性对象,得到源对象的平行对象,如图 11.41 所示。

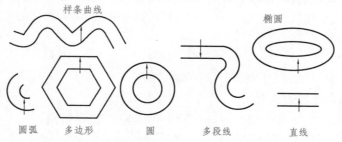

图 11.41　偏移命令的应用(箭头方向指的是偏移得到的对象)

①定距偏移:在距现有对象指定的距离处创建对象。

> 命令:_offset
>
> 当前设置:删除源=否　图层=源　OFFSETGAPTYPE=0
>
> 指定偏移距离或[通过(T)/删除(E)/图层(L)]<通过>:　(指定偏移距离:用鼠标指定偏移距离,可以在图形上点击鼠标指定两点,则两点距离即为指定距离,也可以通过命令行直接输入一个偏移距离)
>
> 选择要偏移的对象,或[退出(E)/放弃(U)]<退出>:　(选择一个要偏移的对象)
>
> 指定要偏移的那一侧上的点,或[退出(E)/多个(M)/放弃(U)]<退出>:(指定对象上要偏移的那一侧上的点)

②通过指定点偏移:创建通过指定点的对象。

> 命令:_offset
>
> 当前设置:删除源=否　图层=源　OFFSETGAPTYPE=0
>
> 指定偏移距离或[通过(T)/删除(E)/图层(L)]<通过>:T(键入T)
>
> 选择要偏移的对象,或[退出(E)/放弃(U)]<退出>:(选择一个要偏移的对象)
>
> 指定通过点或[退出(E)/多个(M)/放弃(U)]<退出>:(指定要偏移通过的点)

7）阵列

尽管"复制"命令可以复制多个图形,但要复制呈现规则分布效果的对象目标仍不是特别方便。CAD 提供的图形阵列功能,可以让用户快速准确地复制呈规则分布的图形。"阵列"命令可以创建以矩形或环形模式或沿指定路径均匀分布的对象的多个副本。

阵列模式可以是矩形,或者沿着一定的路径,或者沿着极轴进行。

在使用阵列命令时,需要控制阵列关联性。关联性可允许用户通过维护项目之间的关系快速在整个阵列中传递更改。阵列可以为关联或非关联。如果选择"关联",阵列的图形对象是一个整体,类似块。如果选择"非关联",阵列中的项目将创建为独立的对象,更改一个项目不影响其他项目。

（1）矩形阵列

用于把一个对象复制成为矩形阵列的一组对象。

调用矩形阵列命令的方式有:

● "默认"选项卡→ 修改 ▾ 面板→ 🔡 阵列 ▾ "矩形阵列"工具按钮。

> 命令：_arrayrect
>
> 选择对象：指定对角点：找到 17 个 （选择图 11.42 中所示的窗户）
>
> 选择对象：回车
>
> 类型 = 矩形 关联 = 否
>
> 选择夹点以编辑阵列或［关联(AS)/基点(B)/计数(COU)/间距(S)/列数(COL)/行数(R)/层数(L)/退出(X)］＜退出＞： S
>
> 指定列之间的距离或［单位单元(U)］＜40.0455＞：4200（输入列间距 4200）
>
> 指定行之间的距离 ＜42.2119＞：3900（输入行间距 3900）
>
> 选择夹点以编辑阵列或［关联(AS)/基点(B)/计数(COU)/间距(S)/列数(COL)/行数(R)/层数(L)/退出(X)］＜退出＞： R
>
> 输入行数数或［表达式(E)］＜3＞： 4
>
> 指定行数之间的距离或［总计(T)/表达式(E)］＜3900＞： 回车（接受缺省值）
>
> 指定行数之间的标高增量或［表达式(E)］＜0＞： 回车（接受缺省值）
>
> 选择夹点以编辑阵列或［关联(AS)/基点(B)/计数(COU)/间距(S)/列数(COL)/行数(R)/层数(L)/退出(X)］＜退出＞：回车（退出,阵列后的墙立面如图 11.43 所示）

（2）环形阵列

在环形阵列中,项目将围绕指定的中心点或旋转轴以循环运动均匀分布。

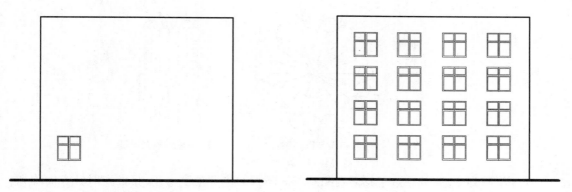

图 11.42　窗户阵列前墙立面图　　　　　　图 11.43　窗户阵列后墙立面图

调用环形阵列命令的方式有：

● "默认"选项卡→　修改 ▾ 面板→ ⊹ 阵列 ▾ "环形阵列"工具按钮。

使用中心点创建环形阵列时，旋转轴为当前 UCS 的 Z 轴。可以通过指定两个点重新定义旋转轴。阵列的绘制方向取决于为填充角度输入的是正值还是负值。

> 命令：_arraypolar
>
> 选择对象：（用框选的方式选择要阵列的对象）指定对角点：找到 2 个
>
> 选择对象：回车
>
> 类型 = 极轴　关联 = 否
>
> 指定阵列的中心点或［基点（B）/旋转轴（A）］：打开对象捕捉模式选择阵列的中心点（或者键入 B 或者 A）
>
> 选择夹点以编辑阵列或［关联（AS）/基点（B）/项目（I）/项目间角度（A）/填充角度（F）/行（ROW）/层（L）/旋转项目（ROT）/退出（X）］<退出>：F（或者选择其他相应选项）
>
> 指定填充角度（ + = 逆时针、− = 顺时针）或［表达式（EX）］<75>：360（指定填充角度为 360 度）
>
> 选择夹点以编辑阵列或［关联（AS）/基点（B）/项目（I）/项目间角度（A）/填充角度（F）/行（ROW）/层（L）/旋转项目（ROT）/退出（X）］<退出>：I
>
> 输入阵列中的项目数或［表达式（E）］<6>：20（阵列的项目数为 20）
>
> 选择夹点以编辑阵列或［关联（AS）/基点（B）/项目（I）/项目间角度（A）/填充角度（F）/行（ROW）/层（L）/旋转项目（ROT）/退出（X）］<退出>：ROT
>
> 是否旋转阵列项目？［是（Y）/否（N）］<是>：回车（默认旋转阵列项目）

图 11.43 所示为填充角度为 360°、复制项目数为 20 的环形阵列图形，其中图 11.44（a）为旋转阵列项目的效果，图 11.44（b）为不旋转阵列项目的效果。

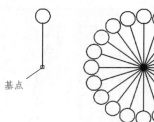

基点

（a）旋转阵列项目　　（b）不旋转阵列项目

图 11.44　环形阵列图形

在环形阵列中，阵列项数包括源对象本身。阵列的包含角度为正，将按逆时针方向阵列；为负则按顺时针方向阵列。

8）移动

调用环形阵列命令的方式有：

● "默认"选项卡→ 修改 ▾ 面板→ ✛ 移动 "移动"工具按钮。

● 命令行：MOVE（M）。

> 命令：_move
>
> 选择对象：指定对角点：找到 17 个
>
> 选择对象：回车
>
> 指定基点或［位移（D）］＜位移＞：指定位移的基点（如果直接按 Enter 键则相当于键入"D"，接下去系统提示用户指定位移量）
>
> 指定第二个点或 ＜使用第一个点作为位移＞：指定将基点移动到的目标点

AutoCAD 将以第 2 点相对于基点的距离和位移方向来移动对象。如果在第 3 步提示下直接按 Enter 键，就以基点的绝对坐标作为相对位移量△X，△Y。

9）旋转

AutoCAD 提供了旋转命令，以便用户对选定的对象进行旋转。要旋转图形，首先要选择目标对象，然后定义 AutoCAD 将绕着哪一点旋转，旋转多大角度。

调用旋转命令的方式有：

● "默认"选项卡→ 修改 ▾ 面板→ ⟳ 旋转 "旋转"工具按钮。

● 命令行：ROTATE（RO）。

> 命令：_rotate
>
> UCS 当前的正角方向：　ANGDIR ＝逆时针　ANGBASE ＝0
>
> 选择对象：找到 1 个 选择要旋转的对象并按 Enter 键
>
> 指定基点：指定对象旋转所围绕的基点
>
> 指定旋转角度，或［复制（C）/参照（R）］＜0＞：指定旋转角度，对象会按照该角度旋转，且逆时针为正（如果不指定角度而直接按 Enter 键则认为不旋转）

如果选择 R,则为参照方式,将会提示:"指定参照角 <0>:"和"指定新角度或〔点(P)〕<0>:"然后将参照角度旋转到新角度。比如参照角度为 20°,新角度为 60°,则相当于旋转 40°。旋转角度以逆时针方向为正。

10)缩放

- "默认"选项卡→ 修改 ▼ 面板→ ⬜ 缩放 "缩放"工具按钮。
- 命令行:SCALE(SC)。

该命令用于按比例缩放所选择对象的几何尺寸。

> 命令:_scale
>
> 选择对象:指定对角点:找到 1 个　　选择需要缩放的对象
>
> 选择对象:按 Enter 键
>
> 指定基点:指定对象缩放的基点
>
> 指定比例因子或〔复制(C)/参照(R)〕<1.5000>:指定缩放的倍数或者键入
> 选项"C""R"

在"指定比例因子或〔复制(C)/参照(R)〕<1.5000>:"提示下如果直接输入比例因子,即按此比例缩放。如果键入"C",则源对象不缩放,复制源对象并同时按指定比例进行缩放。如果选择 R,则为参照方式,系统会提示输入"参照长度"和"新长度",然后系统将计算新长度与参照长度的倍数关系进行缩放。

缩放基点的选择将会影响缩放的效果,如图 11.45 所示。

图 11.45　比例缩放

11)拉伸图形

调用拉伸命令的方式有:

- "默认"选项卡→ 修改 ▼ 面板→ ⬜ 拉伸 "拉伸"工具按钮。
- 命令行:STRETCH(ST)。

该命令用于对对象进行拉伸、压缩或者移动。

> 命令:_stretch
>
> 以交叉窗口或交叉多边形选择要拉伸的对象...〔用 C 窗口或 CP 窗口选择拉伸对象,或者将鼠标从右向左框选,如图 11.46(a)所示〕
>
> 选择对象:指定对角点:找到 1 个
>
> 选择对象:按 Enter 键

> 指定基点或 [位移(D)] <位移>：指定一个点作为基点,或者键入"D"选择位移选项
>
> 指定第二个点或 <使用第一个点作为位移>：指定将基点拉伸到的新位置点,如图 11.46(b)所示

如果在"指定基点"的提示下选择位移选项,在系统要求输入 3 个数作为 X、Y、Z 方向的拉伸长度。如果只输入一个数据,系统认为只在 X 方向拉伸,如果输入两个数据,系统认为在 X、Y 方向进行拉伸。例如,输入"200,100",则结果如图 11.46(c)所示。

如果在选择对象时将整个对象都框进了交叉选择框中,则该命令相当于"移动(move)"命令的效果。

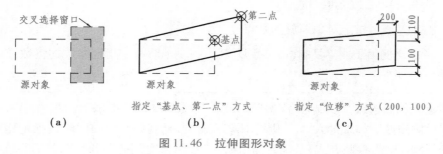

图 11.46 拉伸图形对象

12)延伸

调用延伸命令的方式有：

- "默认"选项卡→ 修改▾ 面板→ 延伸"延伸"工具按钮。
- 命令行：EXTEND(EX)。

该命令可以将线性对象按其方向延长到指定边界,如图 11.47 所示。

> 命令：_extend
>
> 当前设置:投影 = UCS,边 = 无
>
> 选择边界的边…
>
> 选择对象或 <全部选择>:找到 1 个 (选择需要延伸到的边界对象)
>
> 选择对象： 按 Enter 键
>
> 选择要延伸的对象,或按住 Shift 键选择要修剪的对象,或[栏选(F)/窗交(C)/投影(P)/边(E)/放弃(U)]：选择需要延伸的对象(可以点选、栏选、或窗交选择,或者键入"U"放弃操作)

如果要延伸的对象有多个,而且具有相同的延伸边界,可以键入"F"或"C",选择"栏选(F)"或"窗交(C)"选项,以提高作图效率。如图 11.47(b)所示,采用"栏选"的方法可以一次修改好墙和柱的交点效果;如果采用图 11.47(a)的方法点选要延伸的对象则较为麻烦。

在选择要延伸的对象时如果按住 Shift 键则选择要修剪的对象,即按住 Shift 键可以实现"延伸"和"修剪"命令的快速切换。

选取想要延伸的对象时应注意,所选点应靠近需要延长的那一端。

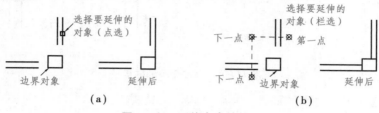

图 11.47　延伸命令的使用

13)修剪

AutoCAD 提供了修剪命令,使得用户可以方便快速地利用边界对图形对象进行修剪。该命令要求用户首先定义一个剪切边界,然后再用此边界剪去对象的一部分。

调用修剪命令的方式有:

● "默认"选项卡→ 修改 ▼ 面板→ ✂ 修剪 "修剪"工具按钮。

● 命令行:TRIM(TR)。

命令:_trim

当前设置:投影 = UCS,边 = 无

选择剪切边…

选择对象或 <全部选择>:找到 1 个　　选择修剪边界

选择对象:按 Enter 键

选择要修剪的对象,或按住 Shift 键选择要延伸的对象,或[栏选(F)/窗交(C)/投影(P)/边(E)/删除(R)/放弃(U)]:选择要修剪的对象(可以点选、栏选、窗交选择,或者键入其他选项)

如果要修剪的对象有多个,而且具有相同的修剪边界,可以键入"F"或"C",选择"栏选(F)"或"窗交(C)"选项,以提高作图效率。如图 11.48(b)所示,采用"窗选"的方法可以一次修改好墙和中柱的交点效果;如果采用图 11.48(a)的方法点选要修剪的对象则较为麻烦。

在选择要延伸的对象时如果按住 Shift 键则选择要修剪的对象,即按住 Shift 键可以实现"修剪"和"延伸"命令的快速切换。

选取想要修剪的对象时应注意,所选点应位于需要修剪掉的那一侧,而不能选在需要保留的那一侧。

14)打断

打断命令可以将实体的某一部分打断,或者删除该实体的某一部分。被打断的只能是单独的线条,不能是图块、面域等。调用打断命令的方式有:

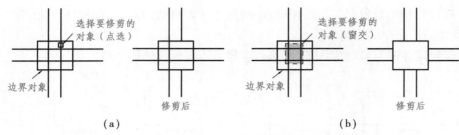

图 11.48 修剪命令的使用

- "默认"选项卡→ 修改 ▾ 面板→ "打断"工具按钮。
- 命令行:BREAK（BR）。

该命令可以将一个线性对象断开成为两个,如图 11.49 所示。

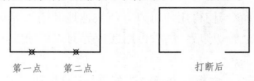

第一点   第二点   打断后

图 11.49 打断对象

> 命令: _break 选择对象: 选择需要打断的对象
>
> 指定第二个打断点 或 [第一点(F)]: 指定第二个打断点或者键入"F"

如果输入对象上的第二点,将会删去一步所选点与第二点之间的一段。

如果选择 F,则可在提示下重新输入两个点并删去两点之间的一段。

15) 倒角

只要两条直线已相交于一点(或可相交于一点),就可以利用"倒角"命令绘制这两条直线的倒角。

调用倒角命令的方式有:

- "默认"选项卡→ 修改 ▾ 面板→ "倒角"工具按钮。
- 命令行:CHAMFER(CHA)。

> 命令: _chamfer("修剪"模式) 当前倒角距离 1 = 10.0000,距离 2 = 10.0000
>
> 选择第一条直线或 [放弃(U)/多段线(P)/距离(D)/角度(A)/修剪(T)/方式(E)/多个(M)]: 选择需要倒角的第一条边(或键入其他选项)
>
> 选择第二条直线,或按住 Shift 键选择直线以应用角点或 [距离(D)/角度(A)/方法(M)]: 选择需要倒角的第二条边(或按住 Shift 键并选择对象,以创建一个锐角)

如果选择直线或多段线,它们的长度将调整以适应倒角线。如果选定对象是二维多段线的直线段,它们必须相邻或只能用一条线段分开。如果它们被另一条多段线分开,执行该命令后将删除分开它们的线段并代之以倒角。

其他选项如下：

放弃(U)：恢复在命令中执行的上一个操作。

多段线(P)：对整个二维多段线倒角。相交多段线线段在每个多段线顶点被倒角。倒角成为多段线的新线段。如果多段线包含的线段过短以至于无法容纳倒角距离，则不对这些线段倒角。

距离(D)：设置倒角至选定边端点的距离。如果将两个距离均设置为零，该命令将延伸或修剪两条直线，以使它们终止于同一点。

角度(A)：用第一条线的倒角距离和第二条线的角度设置倒角距离。

修剪(T)：控制该命令是否将选定的边修剪到倒角直线的端点。

方式(E)：控制该命令使用两个距离还是一个距离和一个角度来创建倒角。

多个(M)：为多组对象的边倒角。选择该选项系统将重复显示主提示和"选择第二个对象"的提示，直到用户按 Enter 键结束命令。

方法(M)：可以选择修剪的方法是距离(D)还是角度(A)。

16) 圆角

调用圆角命令的方式有：

● "默认"选项卡→ 修改 ▼ 面板→ ⌐ ▼ "圆角"工具按钮。

● 命令行：FILET（F）。

> 命令：_fillet 当前设置：模式 = 修剪，半径 = 100.0000
>
> 选择第一个对象或［放弃(U)/多段线(P)/半径(R)/修剪(T)/多个(M)］：选择圆角的第一条边（或键入其他选项）
>
> 选择第二个对象，或按住 Shift 键选择要应用角点的对象：选择圆角的第二条边

该命令可以把两个线性对象用圆弧平滑连接。如图 11.50 所示，选择上面的水平线和左边的斜线为一组圆角对象，选择下面的水平线和右面的斜线为另一组圆角对象，定义合适的圆角半径绘制道路。

图 11.50　使用圆角命令绘制道路　　　　　图 11.51　分解对象

其他选项与"倒角"中的同类选项相似，其中"半径(R)："选项用于定义圆角弧的半径。

17) 分解

对于多段线、块、尺寸标注、面域等复杂对象，可以用 EXPLODE 命令将其分解。不同的对象在分解后生成的对象不同。例如：块、尺寸标注分解后还原为原来的组成对象，多段线分解

后将生成直线或圆弧,同时原有的线宽信息将不再存在。

调用分解命令的方式有:

- "默认"选项卡→ 修改 ▾ 面板→ 📷 "分解"工具按钮。

- 命令行:EXPLODE(X)。

激活 EXPLODE 命令以后,AutoCAD 提示用户选择对象,然后将对象分解。能够分解的对象有块、实体、多段线、圆环等,分解时任何分解对象的颜色、线型和线宽都可能会改变,如图 11.51 所示。

▶ ### 11.4.3　多段线编辑

- "默认"选项卡→ 修改 ▾ 面板→ ✐ "多段线编辑"工具按钮。

- 命令行:PEDIT　(PE)。

> 命令: _pedit
>
> 选择多段线或［多条(M)］:选择一条多段线(或者键入"M")
>
> 输入选项［闭合(C)/合并(J)/宽度(W)/编辑顶点(E)/拟合(F)/样条曲线(S)/非曲线化(D)/线型生成(L)/反转(R)/放弃(U)］: 输入其中的一个选项

① 在"选择多段线或［多条(M)］:"提示下,单击鼠标左键选取想要编辑的多段线,或者键入 M,可以选择多条多段线同时编辑。如果选择的对象非多段线,将会提示是否转为多段线,输入 Y 则转为多段线。

② 在"输入选项［闭合(C)/合并(J)/宽度(W)/编辑顶点(E)/拟合(F)/样条曲线(S)/非曲线化(D)/线型生成(L)/反转(R)/放弃(U)］:"提示下,选择编辑方式:

"闭合(C)"将使多段线首尾相连,成为封闭图形,如图 11.52 所示。如果选择的多段线已经闭合,则该提示中的"闭合(C)"选项将变为"打开(O)",用于打开多段线。

"合并(J)"可使多段线与另一线(多段线或其他线)相连成一条多段线,在执行合并前可以先设置合并选定多段线的方法。

"闭合"前	"闭合"后	"宽度改变"前	"宽度改变"后

图 11.52　闭合多段线　　　　　　　　　　图 11.53　改变多段线宽度

> 合并类型 = 延伸
>
> 输入模糊距离或［合并类型(J)］<0.0000>:键入"J"选择合并类型(或者输入距离)
>
> 输入顶点编辑选项

> 输入合并类型［延伸（E）/添加（A）/两者（B）］＜延伸＞：键入"E"或者"A"或"B"

- 延伸（E）：通过将线段延伸或剪切至最接近的端点来合并选定的多段线。
- 添加（A）：通过在最接近的端点之间添加直线段来合并选定的多段线。
- 两者（B）：如有可能，通过延伸或剪切来合并选定的多段线。否则，通过在最接近的端点之间添加直线段来合并选定的多段线。

"宽度（W）"可以改变多段线的宽度。该选项用于为整个多段线指定新的统一宽度，如图 11.53 所示。

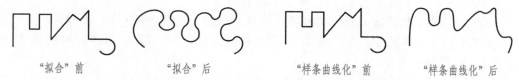

| "拟合"前 | "拟合"后 | "样条曲线化"前 | "样条曲线化"后 |

图 11.54 拟合多段线   图 11.55 "样条曲线（S）"选项

"拟合（F）"创建圆弧拟合多段线（由圆弧连接每对顶点的平滑曲线）。曲线经过多段线的所有顶点并使用任何指定的切线方向，如图 11.54 所示。

"样条曲线（S）"将会以多段线的折点为控制点，把多段线拟合成光滑的样条曲线，如图 11.55 所示。

| "打断"前 | "打断"后 | "插入顶点"前 | "插入顶点"后 |

图 11.56 打断多段线   图 11.57 插入顶点

③ 如果选择 E，就可依次编辑多段线的各个折点，将会提示：

> 输入顶点编辑选项［下一个（N）/ 上一个（P）/打断（B）/插入（I）/移动（M）/重生成（R）/拉直（S）/切向（T）/宽度（W）/退出（X）］＜N＞：选择一个选项

此时多段线的起点上出现一个 X 标记，可以通过 N 和 P 选项移动 X 标记到想要编辑的折点上，再执行相应操作：

"下一个（N）"把标记移到下一折点。可以反复执行，直至到达终点。

"上一个（P）"把标记移到上一折点。可以反复执行，直至到达起点。

"打断（B）"用于断开多段线。在"输入选项［下一个（N）/上一个（P）/执行（G）/退出（X）］＜N＞："提示下，键入 N 或 P 将标记移至另一断点，再执行 G 删去中间线段，如图 11.56所示。

图 11.58 移动顶点　　　图 11.59 拉直多段线

“插入(I)”用于增加折点。在提示下输入新点,成为当前折点的下一折点,如图 11.57 所示。

“移动(M)”用于移动折点。在提示下输入新的位置即可,如图 11.58 所示。

“重生成(R)”用于重生成多段线,更新多段线的显示。

“拉直(S)”用于将指定两点间的多段线拉直。在输入选项[下一个(N)/上一个(P)/执行(G)/退出(X)]<N>:提示下,键入 N 或 P 将标记移至另一折点,再执行 G 拉直中间线段,如图 11.59 所示。

“退出(X)”用于退出折点编辑,回到第二步提示。

11.4.4 特性修改和复制

1)特性修改

在 AutoCAD 2020 绘图区,用鼠标左键单击任意图元,则会弹出该图元的特性对话框,如图 11.60 所示。在该对话框中可以对图元的特性进行修改,如修改其颜色、图层、线型等。

2)特性复制

●“默认”选项卡→ 剪贴板 面板→ “特性匹配”工具按钮。

图 11.60 图元特性修改对话框

●命令行:MATCHPROP(MA)。

该命令用于将某个对象的特性直接复制给其他对象,这种方法往往比特性修改命令更为简单快速。

> 选择源对象:选择具有复制特性的源对象
>
> 选择目标对象或[设置(S)]:选择想要改变特性的目标对象或者键入“S”设置要复制的特性

一般情况下会把源对象的所有特性复制给目标对象,但也可以只复制指定的特性,方法是在第二步提示下,键入 S,将会出现“特性设置”对话框,如图 11.61 所示。

对话框分为上下两栏,上面的“基本特性”栏列出各种对象的基本特性,前面带有“√”符号的表示该项已被选中并用于复制。下面的“特殊特性”栏用于选择是否复制几种特殊对象的专有特性。通过单击选项名称就可改变其选择状态,完成后单击“确定”按钮,以后选择的目标对象将按此设置进行特性复制。

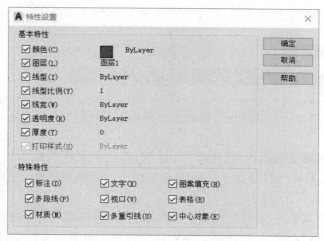

图 11.61 "特性设置"对话框

▶ 11.4.5 夹点编辑

AutoCAD 还提供了一种自动快速编辑功能,用户无须发出任何命令,直接选择对象,就会看到对象上出现一些蓝色小方框,标识出对象的特征点(比如直线的端点和中点、多段线的端点和折点),称之为夹点。点取某个夹点,就可自动启动前面学过的 5 种基本编辑命令。夹点编辑包括伸展、移动、旋转、比例缩放和镜像。

不同对象的夹点各不相同,如图 11.62 所示。

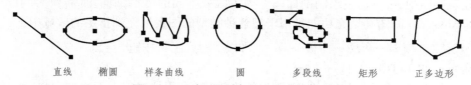

直线　椭圆　样条曲线　　　圆　　多段线　　矩形　　正多边形

图 11.62 对不同对象使用夹点编辑功能

① 在没有发出任何命令的情况下,直接选择想要编辑的对象,可用点取、自动窗口或快速选择,看到对象夹点亮显。

② 点取某个夹点,使之变成红色,即可启动夹点编辑。

③ 出现如下提示:

＊＊拉伸 ＊＊

指定拉伸点或［基点（B）/复制（C）/放弃（U）/退出（X）］:

此时处于拉伸命令状态,并自动以上一步所选夹点为拉伸基点,只需输入拉伸到点,就可完成拉伸操作。提示中的选项含义如下:

"基点（B）":可以重新指定基点。

"复制（C）":为复制方式。将保持原有对象不变,并生成新的拉伸对象。

"放弃（U）":取消上一步操作。

"退出（X）":退出夹点编辑。

④ 如果想要执行其他编辑操作,按 Enter 键,将会出现提示:

> **＊＊移动 ＊＊**
>
> 指定移动点或［基点（B）/复制（C）/放弃（U）/退出（X）］：

此时转入移动命令状态,同样以所选夹点为基点,可以输入移动到点,完成移动操作。提示中选项作用同前。

如果想要执行其他编辑操作,再次按 Enter 键,将会出现依次提示:"旋转""比例缩放""镜像";如果再次按 Enter 键,将会返回拉伸命令状态。如此循环往复,周而复始,以供用户选择想要执行的操作。

执行拉伸操作的结果与所选夹点有关,如对于直线,选择端点可以拉伸,选择中点将会移动;对于圆,选择圆心将会移动,选择圆周夹点将会放缩。取消对象的夹点状态,可以连续按下 Esc 键,直至夹点消失。

11.5 图案填充与图块

▶ ### 11.5.1 图案填充

在建筑制图中,常常需要绘制剖面图。为了区分不同的材料剖面,常需要对剖面进行图案填充。AutoCAD 的图案填充功能是用于把各种类型的图案填充到指定的区域中。

- "默认"选项卡→ 绘图 ▾ 面板→ ▨ ▾ "图案填充"工具按钮。
- 命令行:BHATCH(H)。

执行该命令后功能区面板转换为"图案填充创建"专用功能区上下文选项卡,如图 11.63所示。

图 11.63 "图案填充创建"选项卡

① "图案"面板:其中有预先定义好的图案供选择,单击面板右面的向上和向下的小三角,可以显示各种图案。单击右面的 ▾ 图标,弹出所有定义好的填充图案,如图 11.64所示。滚动鼠标中轮,或者拖动右侧的滚动条可以查看其他填充图案。

② "边界"面板用于填充的边界选择和设置,如图 11.63所示。

"边界"面板中提供了"拾取点" 拾取点 、"选择边界" ▨ 选择 、"删除边界" ▨ 删除 等按钮。

"拾取点" 拾取点 :可以在图形的填充区域内指定一点后按 Enetr 键,即可对检测到区域进行填充。

"选择边界" ▨ 选择 :选择对象方式是将指定的对象作为填充的图形边界。但使选象选项时,不自动检测内部对象,必须手动选择内部对象,以确保其正确填充。如不选择内部对象,将对指定对象内部全部填充。

"删除边界" 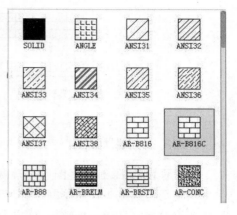 删除:从边界定义中删除以前添加的任何对象。单击"删除边界"时,命令提示:

> 选择要删除的边界:选择要从边界定义中删除的对象
>
> 选择要删除的边界或[放弃(U)]:选择要从边界定义中删除的对象或者键入"U",或按 Enter 键返回对话框

图 11.64　可供选择的填充图案

③"特性"面板:用于填充图案的特性设置,如图 11.63 所示。

"特性"面板中有相应的按钮,可以选择填充的图案 图案 、填充的颜色 使用当前项 、填充图案的透明度 图案填充透明度 0 、填充图案的角度 角度 0 和填充图案的比例 0.5 。可以通过单击按钮后面的小三角或者修改选项后面的数值对图案、颜色、透明度、填充角度、比例等进行调整。

④"选项"选项板:控制几个常用的填充选项。

注释性按钮:指定图案填充是否为可注释性的。选择注释性时,填充图案显示比例为注释比例乘以填充图案比例。

关联按钮:此按钮控制新填充的图案是否与图形对象相关联。打开此开关则新填充的图案与图形对象相关联,图形对象改变时,填充图案随图形对象的变化而变化。反之,填充图案不变,如图 11.65 所示。

移动矩形框前　　　　选择"关联"　　　　不选择"关联"

图 11.65　填充图案与图形对象的关联性

特性匹配按钮:相当于复制一种填充样式,即选择一个已有填充样式及特性来填充指定的边界,以避免重复的填充特性设置。

⑤"原点"选项板:默认情况下,填充图案使用当前原点。但是,有时可能需要移动图案填充的起点(称为原点)。此选项可以让用户自己选择原点,如图 11.66 所示。

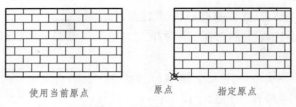

使用当前原点 　　　　　原点　　指定原点

图 11.66　图案填充原点

▶ 11.5.2　图块概述

在工程设计中,有很多图形元素需要大量、重复应用,例如门窗、座椅、家具、洁具等。如果每次使用时都从头开始绘制,则浪费大量时间。在 AutoCAD 中,可以将逻辑上相关联的一系列图形对象定义成一个整体,称之为"图块"。图块可以是一条线、一个圆等单一的图形对象,也可以是一组图形对象。组成图块的对象可以分别处于不同的层,具有不同的颜色和线型等。

若调用的图块为外部图块,则块中对象具有的层、颜色、线型被当前图形中与块中对象同名的层及其设置覆盖。如果当前图层中没有该图块中具有的层,则图块的颜色和线型不变,并在当前图形中建立相应的新层。

当非 0 层图块在某一图层插入时,插入的图块实际上仍处于建立该图块的层中(0 层图块除外),因此不管它的特性怎样随插入层或绘图环境变化,当关闭该层时,图块仍然显示。

在 0 层上建立的图块,无论它的特性怎样都将随插入图层或绘图环境而变化,当关闭入层时,插入的 0 层块也会随着关闭。也就是说 0 层上建立的图块是随各插入层浮动的,插入哪层,该图块就置于哪层上。通常情况下,最好将图块建立在 0 层上,这样才不会在打开或关闭图层时造成显示的混乱。

1)图块的定义

在定义块时,需要指定块名、基点和要编组的对象,是否保留或删除对象或者将它们转换为当前图形中的块。

在当前图形定义块的操作步骤:

- "默认"选项卡→　块 ▼　面板→ 　　 "创建"工具按钮。
- 命令行:BLOCK(B)。

执行命令后,屏幕将弹出"块定义"的对话框,如图 11.67 所示。

① "名称(N)"对话框:在对话框中输入块名,如窗户 1。

② 在"对象"选项板中单击"选择对象"按钮 ,用鼠标选择包含在块定义中的对象。在选择构成块的对象时,对话框将暂时关闭,选择块后按 Enter 键,对话框重新打开。

在"对象"选项板中指定"保留""转换为块"或"删除"3 个单选按钮可以保留源对象,或者将源对象转换成块,或者将源对象删除。默认设置为选择转换为块选项,原来的图形将变为一个块整体。

③ 在"基点"选项板中定义插入基点的坐标值。可以在 X,Y,Z 中输入坐标值,也可以单击"拾取点"按钮,使用鼠标在屏幕上指定基点。

图 11.67 "块定义"对话框

2）图块的插入

插入块或图形时,需要指定插入点、缩放比例和旋转角度。当把整个图形插入到另一个图形中时,AutoCAD 会将插入图形当作块参照处理。随后进行的插入将依据引用的块定义(包括块的几何描述),以不同的位置、缩放比例和旋转角度进行设置。

插入块的操作有多种,最常用的一种是在当前图形中插入已定义的图块。

- "默认"选项卡→ 块 ▼ 面板→ "插入"工具按钮。

- 命令行:INSERT(I)。

执行命令后,屏幕将弹出"插入"的对话框,如图 11.68 所示。

① 列表项:在左侧列表项中选择图块。也可以单击右面的"…"按钮,寻找块文件或将已经存在的图形文件当作块插入当前图形中。

② "插入点"选项板:定义图形中块插入的位置,如果想要通过鼠标来确定插入位置,点击屏幕上要插入的位置即可,否则就直接输入插入点的 X,Y,Z 坐标。选择在屏幕上指定后,屏幕上将出现块的图形,光标位置是块的插入基点。移动光标,块的图形也将随之移动,在图形上的合适位置指定插入点后,图块的基点将固定在插入点上。

③ "比例"选项板:确定插入比例,可以直接输入在 X,Y,Z 方向的插入比例,也可以在屏幕上指定。

④ "旋转"选项板:确定旋转角度,在其后的文本框中输入要旋转的角度。也可通过屏幕选择的方式指定。

⑤ "分解"选项板:确定插入后是否需要分解,如果想让图形对象在插入后成为单一的图形对象而不是整个块就勾选该选项。

3）图块的分解

如果想修改所插入块中的单个对象,可首先将块分解,然后修改块,或者添加、删除块定义中的对象以及创建新的块定义。用户在插入块的时候也可以预先设置是否将块分解。

调用分解命令的方式有:

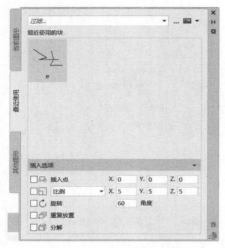

图 11.68 "插入"对话框

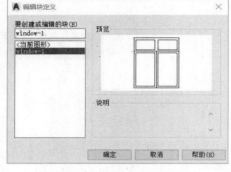

图 11.69 图块编辑对话框

- "默认"选项卡→ 修改 ▾ 面板→ 🔲 "分解"工具按钮。
- 命令行:EXPLODE(X)。

执行"分解"命令后,命令行提示:"选择对象:",选择需要分解的块对象即可。块被分解为其部件对象,但是块定义仍然存在于图形的块符号表中。

4)编辑块

当图块插入图形后,可以对图块的定义和引用进行修改。在当前图形中重新定义图块后,所有插入图形的同名图块都会被改变。调用编辑图块的命令如下:

- "默认"选项卡→ 块 ▾ 面板→ 🔲编辑 "编辑"工具按钮。

屏幕出现图 11.69 所示的对话框。选择要编辑的块,单击确定按钮,屏幕出现"块编辑器"面板,如图 11.70 所示。

图 11.70 "块编辑器"面板

在该界面中,对已有图块进行编辑,图形中对所有该块的引用将立即被更新,如图 11.71 所示。

图块C-1编辑前

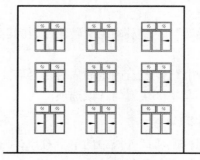

图块C-1编辑后

图 11.71 图块编辑

11.6 文本、尺寸的标注与编辑

▶ 11.6.1 文本标注与编辑

1)定义字体

标注文本之前,需要先给文本字体定义一种样式,字体样式是所用字体文件、字体大小、宽度系数等参数的综合。

● "默认"选项卡→注释▾面板,单击"注释"后面向下的小三角→ 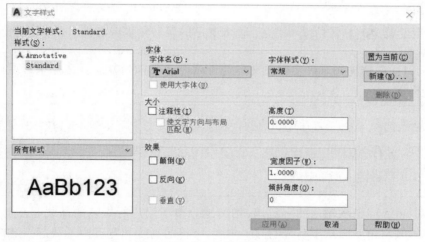 "文字样式"工具按钮。

● 命令行:STYLE。

执行该命令后,屏幕出现如图 11.72 所示的"文字样式"对话框,在该对话框中,用户可以进行字体样式的设置。

图 11.72 "文字样式"对话框

① "样式(S)"选项组:用于管理字体样式。

在这个选项组中,有一个下拉列表框,其中列出了当前图形文件中所有曾定义过的字体样式。若用户还未定义过字体样式,则 AutoCAD 自动定义 Standard 字体样式并默认其为当前字体样式。用鼠标左键单击选择某个定义好的字体样式名称(例如图中的"汉字")后,再单击置为当前(C)按钮,在执行"单行文字"或"多行文字"时就可以利用该字体书写文字了。

② "字体"选项板:用于选择字体名称、字体样式。

③ "大小"选项板:用于选择字体的高度,如果将字体高度设置为 0,则每次用该字体写文字时系统都会提示用户输入字体的高度。

④ "效果"选项板:用于设置文字的效果,例如是否颠倒、反向,在宽度因子(W):下面的文本框中设置字体的宽高比为多少,在倾斜角度(O):下面的文本框中设置文字的倾斜角。

⑤ "新建(N)"按钮:单击该按钮会显示"新建文字样式"对话框。在该对话框中给新建

的文字样式取一个名字,默认名为"样式1"。确定后则又回到图11.72所示的"文字样式"对话框,用户可以在该对话框中设置所需要的文字样式。

⑥"置为当前(C)"按钮:用于把需要的文字样式设置为当前的文字样式。

2)标注单行文本

在AutoCAD中,标注文本有两种方式:一种是单行文字标注,即启动命令后每次能输入一行文本,不会自动换行输入;另一种是多行文字标注,一次可以输入多行文本。

可以通过以下两种方法启动单行文字标注命令。

● "默认"选项卡→注释▼面板→ⓐ"单行文字"工具按钮。

● 命令行: DTEXT(DT)。

启动该命令后,命令行出现如下提示:

> 当前文字样式:"样式1" 文字高度: 90.1930 注释性: 否 对正: 左
>
> 指定文字的起点或[对正(J)/样式(S)]:指定文字起点或者键入选项
>
> 指定高度<2.5>:指定文字高度或者按Enter键接受缺省值
>
> 指定文字的旋转角度<0>:输入文字的旋转角度或者按Enter键接受缺省值

① 对正(J):该选项用来确定标注文本的排列方式及排列方向。选择该选项后AutoCAD将出现如下提示:

> 输入选项[左(L)/居中(C)/右(R)/对齐(A)/中间(M)/布满(F)/左上(TL)/
>
> 中上(TC)/右上(TR)/左中(ML)/正中(MC)/右中(MR)/左下(BL)/中下(BC)/
>
> 右下(BR)]:键入所需选项

选择"对齐(A)"选项输入的字符串,均匀地分布于用户所指定的基线起点与终点之间,文本字符串的倾斜角度服从于基线的倾斜角度,字符的高度和宽度由基线起点和终点间的距离、字符数及文字的宽度系数确定。如果想要输入有一定旋转角度的文字行可以选择该选项,如图11.73所示。

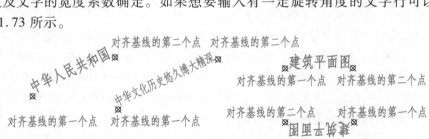

图11.73 使用对齐命令标注的文本

② 样式(S):该选项用来选择已有的文本字体样式。

3)标注多行文本

用"单行文字"标注命令虽然也可以标注多文本,但换行时定位及行列对齐比较困难,且标注结束后每行文本都是一个单独的对象,不易编辑。AutoCAD提供了"多行文字"标注命令,使用"多行文字"标注命令可以一次标注多行文本,并且各行文本都以指定宽度排列对齐,共同作为一个对象。

可以采用如下方式启动"标注多行文字"命令:

- "默认"选项卡→ 注释 ▼ 面板→ 大字 "多行文字"工具按钮。
- 命令行: MTEXT(MT)。

启动该命令后,系统要求确定所标注文本的宽度和高度或字体排列方式等,然后再根据这些数据确定文本框的大小,自动弹出一个专门用于文字编辑的文本框,可在编辑框中进行编辑工作。

命令: _mtext

当前文字样式: "样式1" 文字高度: 2.5 注释性: 否

指定第一角点: 指定文本框的第一点

指定对角点或[高度(H)/对正(J)/行距(L)/旋转(R)/样式(S)/宽度(W)/栏(C)]: 指定文本框的第二点或输入选项

①"指定对角点":确定标注文本框的另一个角点,系统将在这两个角点形成的矩形区域中进行文本标注,矩形区域的宽度就是所标注文本的宽度。系统自动把一个对角点作为文本第一行顶线的起始点。

②"高度(H)":设置标注文本的高度。

③"对正(J)":设置文本排列方式。与单行文字中的"对正(J)"选项相同。

④"行距(L)":设置文字的行间距。

⑤"旋转(R)":设置文本行基线的倾斜角度。

⑥"样式(S)":设置文本字体的样式,要求选择已经定义好的文字样式。

⑦"宽度(W)":设置文本框的宽度。

⑧"栏(C)":设置是否分栏。

确定标注文本框后,AutoCAD自动弹出文本输入窗口以及如图11.74所示的对话框。

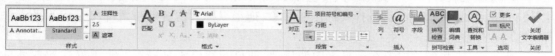

图11.74 "多行文字"对话框

在该对话框中可以方便地进行文字样式的选择、文字高度的定义、文字格式的定义(如粗体、斜体、上划线、下划线)、文字排列方式的定义、输入特殊符号、设置宽高比等。

4)文本编辑

AutoCAD提供了一种非常简便的文本编辑方法,用户只需用鼠标左键双击需要编辑的文本即可对文本内容进行编辑和修改。也可利用"对象特性"编辑文本,即鼠标左键单击文字,屏幕出现"对象特性"对话框,在此对话框中可以对文字的内容、样式、对齐方式、高度等进行

修改。

► 11.6.2 尺寸标注与编辑

1)尺寸标注的组成

一个完整的尺寸标注一般由尺寸线、尺寸界线、尺寸箭头(起止符号)和尺寸文字四部分组成,如图 11.75 所示。通常 AutoCAD 将构成尺寸的尺寸线、尺寸界线、尺寸箭头和尺寸文字作为块处理,因此一个尺寸标注一般是一个对象。

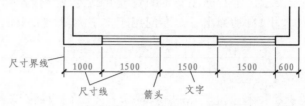

图 11.75 尺寸标注的组成

2)尺寸标注类型及标注方法

在建筑中常用的尺寸标注有线性尺寸标注、对齐标注、弧长标注、半径标注、角度标注、快速标注、基线标注、连续标注等,如图 11.76 所示,下面分别介绍这些类型。

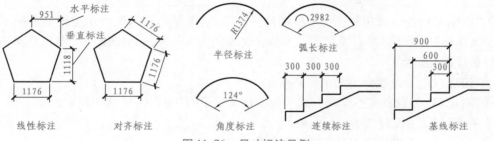

图 11.76 尺寸标注示例

(1)线性尺寸标注

• "默认"选项卡→ 注释 ▼ 面板→ 线性 ▼ "线性标注"按钮。

线性尺寸标注,是指标注对象在水平方向、垂直方向或指定方向的尺寸,又分为水平标注、垂直标注、旋转标注 3 种类型。执行该命令后,根据命令行的提示指定第一条和第二条尺寸界线的原点或者按 Enter 键选择要标注的对象,拖动鼠标到适合的位置即可完成水平或垂直线性尺寸标注。

①水平标注:指标注对象在水平方向的尺寸,即尺寸线沿水平设置。水平标注并不是只标注水平边的尺寸。

②垂直标注:指标注对象在垂直方向的尺寸,即尺寸线沿垂直设置。垂直标注并不是只标注垂直边的尺寸。

③旋转标注:指标注线旋转一定的角度,实际上是标注某一对象在指定方向投影的长度。根据命令行的提示指定第一条和第二条尺寸界线的原点或者按 Enter 键选择要标注的对象后,键入"R"选项,指定尺寸线的角度,即可进行旋转标注。

（2）对齐标注

- "默认"选项卡→注释 ▼面板→ ⬩ "对齐标注"按钮。

对齐标注，即尺寸线与两尺寸界线起始点的连线相平行。从图11.76可以看出，水平标注和垂直标注是对齐标注的特殊形式。执行该命令后，根据命令行的提示指定第一条和第二条尺寸界线的原点或者按 Enter 键选择要标注的对象，拖动鼠标到适合的位置即可完成对齐标注。

（3）弧长标注

- "默认"选项卡→注释 ▼面板→ ⬩ "弧长标注"按钮。

测量圆弧或多段线弧线段上的距离。执行该命令后，根据命令行的提示选择弧线段或多段线弧线段即可进行弧长标注。

（4）半径标注

- "默认"选项卡→注释 ▼面板→ ⬩ "半径标注"按钮。

半径尺寸标注用来标注圆或圆弧的半径。执行该命令后，根据命令行的提示选择圆弧或圆即可进行半径标注。

（5）角度尺寸标注

- "默认"选项卡→注释 ▼面板→ ⬩ "角度标注"按钮。

角度标注用来标注圆弧或者两条线的角度。执行该命令后，根据命令行的提示选择圆弧、圆或者两条直线即可进行角度标注。

（6）快速标注

- "默认"选项卡→注释 ▼面板→ ⬩ "快速标注"按钮。

快速创建或编辑一系列标注。例如平面图中创建一系列门窗的连续标注时，可采用此命令。

（7）基线标注

- "默认"选项卡→注释 ▼面板→ ⬩ "基线标注"按钮。

基线标注是指各尺寸线从同一尺寸界线处引出，在选择"基线标注"时必须已经存在一个线性标注或对齐标注作为基准标注。单击 ⬩ 按钮后面的小三角可以在"基线标注"和"连续标注"按钮间切换。

（8）连续标注

- "默认"选项卡→注释 ▼面板→ ⬩ "连续标注"按钮。

连续标注是指相邻两尺寸线共用一个尺寸界线，在选择"连续标注"时必须已经存在一个线性标注或对齐标注作为基准标注。

3）标注样式

由于系统提供的标准标注样式（Standard）与建筑制图中的标注样式不一样，在调用尺寸标注命令前要先设置适合建筑制图使用的标注样式。实现步骤如下：

• "默认"选项卡→注释▼面板,单击"注释"后面向下的小三角→  按钮。

屏幕显示"标注样式管理器"对话框,如图 11.77 所示。在该对话框中除了创建新样式外,还可以执行其他许多样式管理任务。

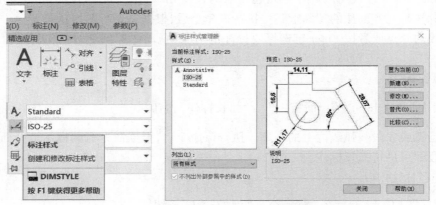

图 11.77 "标注样式管理器"对话框

① 选择 新建(N)... 按钮,弹出"创建新标注样式"对话框,如图 11.78 所示。在"创建新标注样式"对话框中,在新样式名(N):后的文本框中输入新样式名,比如输入"建筑 1"。在 用于(U): 后的文本框中指出要使用新样式的标注类型。缺省设置为所有标注。但是,也可以指定仅应用于特定标注类型的设置,例如,选择"直径标注",这时定义的是 Standard 样式的子样式,所以"新样式名"不可用。单击 继续 按钮则出现图 11.79 所示的"新建标注样式:建筑 1"对话框。

图 11.78 "创建新标注样式"对话框

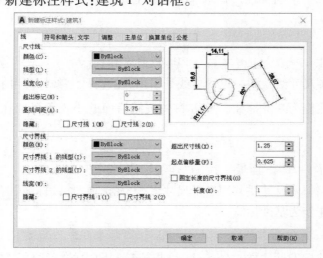

图 11.79 "新建标注样式"对话框

② 在"新建标注样式:建筑1"对话框中,选择下列选项卡之一输入新样式的标注设置:

线:设置尺寸线、尺寸界线的颜色、线型、样式等。"线"选项卡中需要调整的有:尺寸线的基线间距、尺寸界线超出尺寸线的长度和起点偏移量。根据建筑施工图的制图规范来调整相关的选项,如图11.74所示。

符号和箭头:设置箭头、圆心标记和弧长符号等的外观和表现方式。在建筑制图中,箭头的样式要采用"建筑标记",即短斜线样式,如图11.80所示的箭头样式。

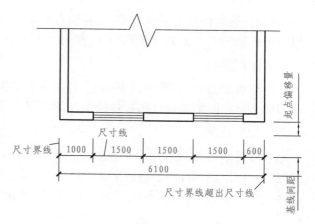

图11.80 "线"选项卡中需设置的参数

文字:设置标注文字的样式、高度、位置、颜色、对齐方式。

调整:控制 AutoCAD 放置尺寸线、尺寸界线和文字的位置,全局标注比例的定义。

主单位:设置线性和角度标注单位的格式和精度。

换算单位:设置换算单位的格式和精度。建筑制图中一般不需要该项。

公差:设置尺寸公差的值和精度,一般在机械制图中常用该选项,建筑制图中不需设置。

③ 完成修改之后,单击 **确定** 按钮,回到图11.77所示的"标注样式管理器"对话框。在左边的样式列表中选择要设置为当前标注样式的样式名(例如以上刚设置好的标注样式"建筑1")。然后单击右边的 **置为当前(U)** 按钮即可。

4)尺寸标注的编辑

① 拉伸标注

可以使用夹点或者"拉伸"命令,拉伸标注。

② 使用"对象特性":鼠标左键单击需要编辑的尺寸标注,屏幕弹出"对象特性"对话框,可以修改各选项。

11.7　AutoCAD 绘制建筑施工图

▶ 11.7.1　计算机制图的一般规则

1)制图的方向与指北针

平面图与总平面图的方向宜保持一致;绘制正交平面图时,宜使定位轴线与图框边线平行;绘制由几个局部正交区域组成且各区域相互斜交的平面图时,可选择其中任意一个正交区域的定位轴线与图框边线平行。指北针应指向绘图区的顶部并在整套图纸中保持一致。

2)坐标系与原点

计算机制图时,可选择世界坐标系或用户定义坐标系;绘制总平面图工程中有特殊要求

的图样时,也可使用大地坐标系;坐标原点的选择,宜使绘制的图样位于横向坐标轴的上方和纵向坐标轴的右侧并紧邻坐标原点;在同一工程中,各专业应采用相同的坐标系与坐标原点。

3)图纸布局

计算机制图时,宜按照自下而上、自左至右的顺序排列图样;宜布置主要图样,再布置次要图样;表格、图纸说明宜布置在绘图区的右侧。

4)绘图比例

计算机制图时,采用1:1的比例绘制图样时,应按照图中标注的比例打印成图。采用图中标注的比例绘制图样时,应按照1:1的比例打印成图。计算机制图时,可采用适当的比例书写图样及说明中文字,但打印成图时应符合《房屋建筑统一制图标准》(GB/T 50001—2017)的规定。

▶ **11.7.2 模板图的制作**

在开始绘制一张新图时,往往需要设置图形的范围、单位精度、图层、图层线型、图层颜色以及标注样式等,借助于模板的制作和使用可以达到一劳永逸的目的。根据中国建筑制图的规则,用户可以自制一些模板图形,在每开始一张图时可以调用模板作基础图形,这样可以避免重复的设置过程,有助于提高工作效率。下面介绍一种简单模板的制作过程。

1)设置作图区

左下角点一般是(0,0),右上角点的坐标与所绘图形的尺寸以及比例有关,例如一张 2#图纸,出图比例为1:100,右上角点的坐标可设置为(59 400,42 000)。

2)单位控制

AutoCAD 提供各种绘图单位,除非是涉外工程的特殊需要,一般宜采用国际工程单位。建筑施工图中,长度常用 mm 为单位,角度常用(°)为单位。因此,将长度单位默认为十进制 mm;将角度单位设置为十进制度。

设置图形单位的方法如下:

• "应用程序"按钮 →"图形实用工具"  →"单位"。

图 11.81 "图形单位"对话框

• 命令行:UNITS。

系统弹出"图形单位"对话框,把单位精度设置为小数点前一位;把角度单位设置为十进制度数,单位精度设置为小数点前一位,如图 11.81 所示。

3)尺寸标注形式:

我国建筑施工图中,长度单位通常为 mm,标注了建筑物的真实尺寸。根据我国《房屋建筑制图统一标准》(GB/T 50001—2017)的要求确定"线""箭头""文字""调整""主单位"等选项卡中各个相关选项的数值和选择。

4)基本图层的设定

设置常用的图层及其线型、线宽和颜色,例如墙体层、门窗层、文字层、标注层、轴线层、室外层、其他层、辅助线层等。

5)文字字型定义

绘制建筑图的过程中,由于我们需要用汉字进行标注图纸名称、房间名称等,还需要用汉字写图纸说明,所以在模板图中,至少要定义一种汉字系统。例如,创建一种字体名为"仿宋"文字样式。

6)定义常用图块

常用图块有门窗图块、图形符号、标高符号、图框等。也可以暂不设置,待需要时插入另外的符号库文件。

7)模板存盘

以上所有工作做好之后存为模板文件(扩展名为.dwt),备以后调用。

▶ 11.7.3 绘制建筑平面图

图纸内容包括房屋的平面形状、各房间的分隔和组合、房间名称、出入口、门厅、走廊、楼梯的布置、各种门窗的布置、室外台阶散水等的布置。

绘图步骤:

① 根据所作图形的类型和大小制作或选定合适的模板。

② 先绘制出定位轴线,并进行轴号标注。

③ 根据定位轴线绘制墙体。

④ 确定门窗位置、打断墙体成为洞口、绘制门窗。

⑤ 绘制楼梯台阶等。

⑥ 绘制其他细部特征。

⑦ 标注尺寸及文字。

⑧ 插入图框、打印出图。

下面以图11.82所示的住宅平面图为例,讲解平面图的绘制过程和方法。

1)制作模板

前面已经讲解了模板的绘制过程,在此不再赘述。

2)绘制轴线及轴号标注

将轴线层设为当前层。在本图中上下开间的尺寸不一样,可按开间尺寸先偏移复制出上开间的尺寸,然后用拉伸命令将中间几条轴线拉到偏上的位置,接着再次偏移复制出下开间的尺寸,用拉伸命令将中间几条轴线拉到偏下的位置,再采用相似的方法绘制横向轴线,如图11.83所示。为了绘图时定位方便,可以先简单地标出轴号。

绘制轴线圆圈和进行轴线编号最简单的方法是绘制一个小圆圈,用多重复制命令,激活

象限点捕捉模式,把小圆圈一个个复制在适当的位置,接着用动态文字命令把轴线编号写在小圆圈内。

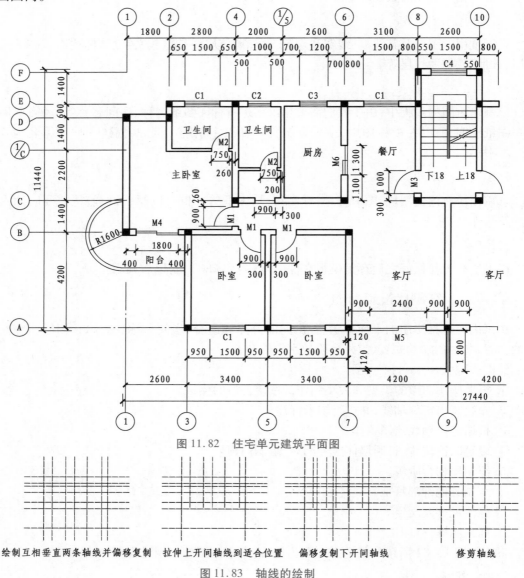

图 11.82　住宅单元建筑平面图

绘制互相垂直两条轴线并偏移复制　拉伸上开间轴线到适合位置　偏移复制下开间轴线　修剪轴线

图 11.83　轴线的绘制

3)绘制墙体及柱子

把墙体层设置为当前层,用绘"直线"命令绘制墙体,并用"偏移"命令绘出所有墙体,在墙角及纵横墙的交点处用"修剪"命令修饰。

柱子可以用填充的矩形表示,也可以制成图块以备调用。在本图中构造柱尺寸为 240 × 240,柱子的形心与轴线的交点重合,如图 11.84 所示。

4)绘制门窗

在绘制门窗前,先要在需要插入门窗的墙体上精确定出门窗洞口的位置,然后绘制洞口边线、打断墙线,开启门窗洞口、绘制门窗线(图11.82)。

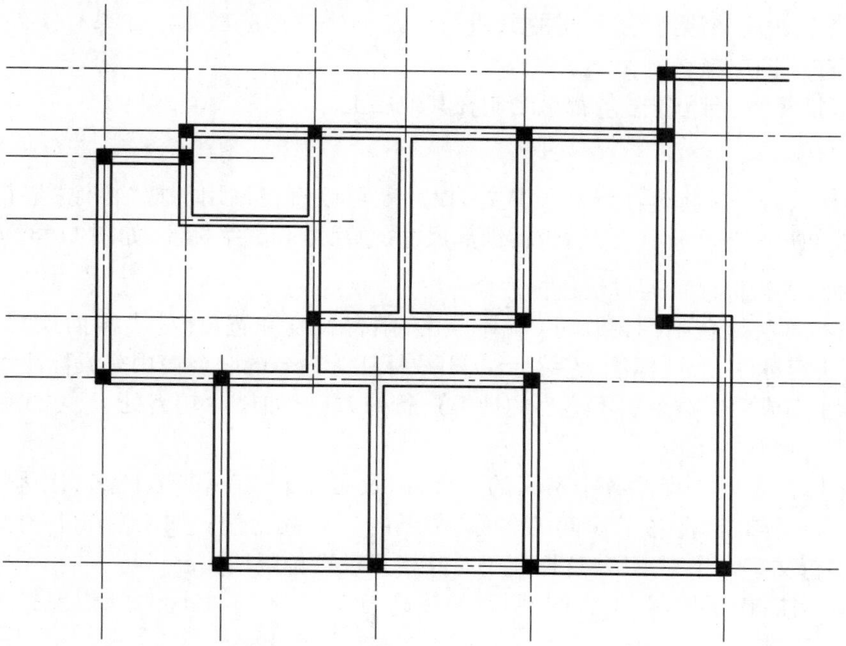

图 11.84 绘制好的单元墙体及柱子

5) 绘制楼梯和台阶

以直段两跑楼梯为例。楼梯和台阶看起来虽然简单,但绘制起来却较烦琐。偏移复制楼梯间上部的墙体作为楼梯的第一阶。如果休息平台的净宽度为 1 300 mm,则偏移复制的距离为 1 300 mm,将偏移复制出的第一阶台阶线转移到"楼梯"图层上。

再对第一条台阶线阵列复制。例如,双跑楼梯的台阶数为 18 阶,则复制的行数为 9 行,列数为 1 列;行偏移复制距离是台阶的宽度。接下去把梯段线打断,绘制出梯井;将梯井进行细部修整,画上双折断线(标准层楼梯)或单折断线(底层楼梯),用多段线绘制箭头,用文字标注上下台阶数,楼梯的绘制即可完成,如图11.85 所示。

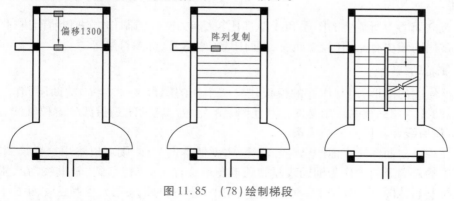

图 11.85 (78)绘制梯段

6)阳台、散水室外台阶等的绘制

将阳台层设置为当前层,直接用直线或圆弧或多段线绘制出阳台即可。

散水绘制在"室外"图层上,如果散水的宽度是 900 mm,可以将外墙线向外偏移复制 900 mm的距离,然后转移到"室外"图层,进行细部的修改形成散水。如果有室外台阶,也可以绘制在"室外"图层上。

保温层、指北针、剖切符号等都可绘制在其他层上。

7) 尺寸标注、文字标注、标高标注

在制作模板时已经将标注样式设置好,以后就可以直接调用。把"标注"层设置为当前层,先对轴线间尺寸进行标注,然后进行细部尺寸、总尺寸和文字标注,如图 11.82 所示。

① 对轴线进行标注可通过快速标注命令  。

② 细部尺寸标注包括门窗尺寸、墙体厚度、阳台长度和宽度、柱子截面尺寸、散水宽度等。可通过快速标注、线性标注、连续标注、引线标注等命令的联合使用完成标注。

尺寸标注完成后要对个别不适当的地方进行修改,例如尺寸较密处、尺寸线和尺寸数字重合处,应进行调整。

③ 文字标注主要是标注各个房间的名称,以及必要的文字说明、图名、比例等。调用已经设置好的汉字样式标注各个房间的名称、图纸的名称及比例。如果图纸上的文字说明较多,可以用多行文字命令来书写,这样便于对其格式进行排版编辑。

④ 标高标注:由于厨房、卫生间、阳台的标高与客厅、卧室等不同,所以要把必要的标高标注出来。

8) 插入图框

最好把图框预先做成图块,保存在图块库中,待需要时插入。

▶ 11.7.4 绘制建筑立面图

在立面图中不用显示楼面线和所有轴线,但为了确定门窗、雨篷等在外墙上的位置,还是应该首先绘制出部分楼面线和墙体轴线作为辅助线。也可以将要绘制立面图的方向的外墙和轴线从平面图中复制过来作为绘制立面图的辅助线。绘制过程应遵循先整体后细部的规则进行。在绘制外墙装饰线的时候应注意墙面的清晰、美观。

1) 制作或调用模板

在建筑立面图中所需要的图层和线型都比较简单,模板的制作方法和前面讲过的相同。立面图中常用的图块有立面门、立面窗、立面阳台、水落管、标高符号等。

2) 绘制辅助线

根据所绘制的图形,用制作好的模板建立一个新的图形文件。将"辅助层"作为当前图层,绘制辅助线。辅助线的作用是便于其他图元的定位。辅助线是指部分定位轴线、地面线、楼面线、门窗边线和其他需要的线条。

如果在绘制立面图时平面图已经绘制完毕,就像本例一样,则可以不用这样绘制辅助线,将平面图中的外墙及门窗作为辅助线复制到本图形文件中,并转移到"辅助线"层,根据辅助线的定位绘制其他图元。如图 11.86 所示,利用平面图中的相关图元绘制正立面图。

3) 绘制外墙轮廓线及阳台

将"外轮廓线"图层设置为当前层(如果模板中没有设置该图层,可新建该图层并设置为当前层），注意该图层的线条为粗实线。打开交点捕捉命令,绘制建筑物的外轮廓线。由于建筑物的南立面图是对称的,所以只绘制出左半部分,再镜像复制出右半部分即可。

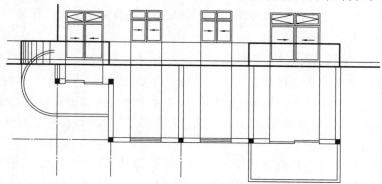

图 11.86 引入平面外墙、门窗等作辅助线绘立面图

4）绘制立面门窗

可以采用绘制立面门窗并复制到合适位置的做法,也可以调用已经定义好的插入门窗图块。如果门窗尺寸和房屋的层高都很规则,可以只画出一排门窗,同样用"阵列复制"命令生成其他各层门窗,如图 11.87 所示。

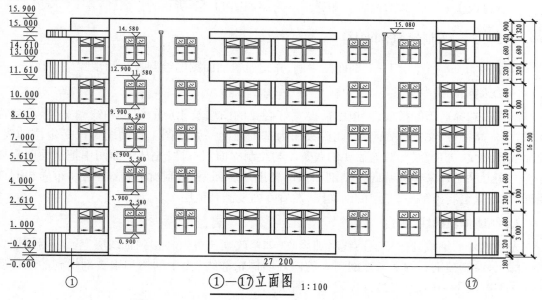

①—⑰立面图 1:100

图 11.87 复制立面门窗、阳台等

5）绘制雨篷、台阶、水落管等

根据辅助线的指引,很容易找到雨篷、台阶的位置,用相应的线型绘制在相应的图层上即可。其他层上包含一些琐碎的图元,线条的粗细可能不一样,可以在"对象特性"工具条"线宽控制"框中直接设置。

6）绘制墙体勒脚线、墙面分格线,进行细部修饰

为使建筑物立面美观以及保护外墙面,要对建筑物立面进行装修,例如贴外墙面砖或涂

外墙涂料。在立面图中要把立面装修、装饰的材质、做法标注清楚,还要把外墙勒脚线、引条线、分格线等绘制出来,进行一些细部修饰。立面装修、装饰的材质和做法一般比较简单,可用单行文字写出;如果文字较多,也可调用"多行文字",使编辑和排版更容易。为了使图面看起来整洁清晰,可以关闭辅助线层。

7)绘制和标注轴线,标注尺寸和标高

在立面图中要把两端的轴线绘制出来,并且标注两轴线间的总尺寸。不管前面是利用偏移复制水平和竖直直线的方式绘制辅助线还是从平面图中引入部分图元作为辅助线,都可以精确地找到轴线的位置;将轴线层设为当前层,绘制轴线、进行轴线标注。具体方法可参照平面图中的相应内容。

标注标高最简单的方法是直接用线条绘制出标高符号,然后用单行文字写出标高数字。但是立面图中标高较多,用这种方法太浪费时间。建议将标高符号制作成图块,将高度数值作为图块的属性在插入图块时输入标高。

8)插入图框、图块

插入预先绘制好的图框(图块),如果立面图较小,而图纸较大,可以把绘制好的其他详图(如墙体节点图)作为一个图块,插入到图纸上,这部分内容在详图绘制章节中有详细叙述。

读者可以按照上面讲的内容和顺序练习绘制如图 11.87 所示的立面图。

▶ 11.7.5 绘制建筑剖面图

以如图 11.88 所示的 1—1 剖面图为例,介绍建筑剖面图的绘制方法和步骤。

1)绘制辅助线

制作或选择适当的模板,模板中需设置好必要的图层及相应的线型和线型宽度、尺寸标注样式、标高符号、文字样式等,以此模板作为基础开始一张新图。辅助线可以是定位轴线、地面线、楼面线、窗台线和其他需要的线条。与绘制立面图一样,先从平面图中把剖面图需要参考的图元粘贴过来作为基础绘制剖面图的辅助线。如果建筑物的各层层高和布局相同或相近,可以只绘制出第一、二层的剖面图,然后阵列复制其他层。

2)制墙体轮廓线、阳台

先将内外墙轴线处的草辅助线略加修改(如修改其长短),转移到轴线层上。将墙体层设为当前层,绘制被剖到的和未被剖切到的内外墙体轮廓线(由于剖切和未被剖切到的墙体所用的线型宽度不一样,所以最好设置两个图层)。

3)制楼板线、剖切梁和可见梁、门窗

将楼板层设置为当前层,用直线绘制楼板线。如果出图比例大于 1:50,需要画出图例,图例可采用 AutoCAD 提供的预定义图例;如果小于 1:50,不用画出图例,可用两条粗实线表示或直接涂黑。另外,在出图比例大于或等于 1:50 时,还应在两条粗实线上面绘制一条细实线表示面层。

4)绘制楼梯梯段、休息平台

楼梯层设置为当前层,绘制第一步踏步,然后阵列复制。"阵列"的行数为 1,列数为踏步

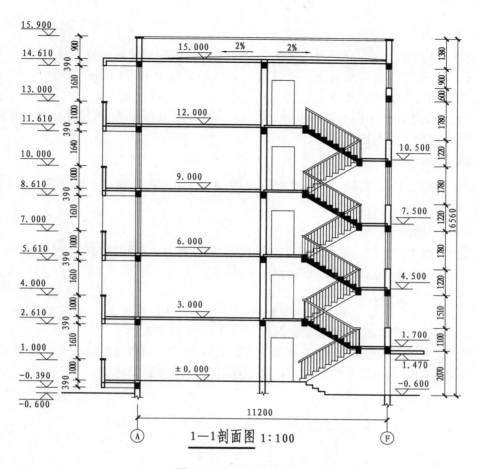

图 11.88　剖面图的绘制

的阶数,列间距可以在屏幕上点取一阶踏步的斜段长,角度设置为楼梯的倾角(在屏幕上点取踏步斜段的角度),如图 11.89 所示。

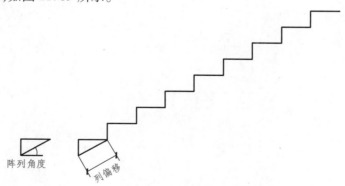

图 11.89　阵列复制剖面楼梯

　　在剖面图的绘制中,楼梯梯段分为剖切梯段和可见梯段,这两种梯段的线条宽度不同,需要绘制在不同的图层上。可见梯段用中粗线绘制出其轮廓即可,而剖切梯段要用粗实线绘制轮廓,其中填充图例或涂黑。用双直线绘制出被剖切的休息平台。

5）绘制上面各层及屋面

先将第一层和第二层绘制好（通常第一层和上面各层的剖面差别较大，所以要绘制出第一层和第二层，用第二层阵列复制以上各层），再阵列复制出上面四层。也可以不用全部绘制，而是用剖断线在中间断开。

剖面图中的屋面要绘制出屋面板、排水坡度、女儿墙及其压顶等，可用相应的线宽用直线绘制出来，箭头用多段线绘制。

6）细部图元绘制

细部图元的绘制包括楼梯栏杆、室内外地坪、雨篷、墙体在地坪以下的剖断线、可见的水落管、水斗等。

7）尺寸标注和标高标注

建筑剖面图中应标注出剖到部分的必要尺寸，即竖直方向剖到部位的尺寸和标高。具体标注方法请参看平面图绘制和立面图绘制中的标注方法。

▶ 11.7.6 图形输出

最好把图框预先做成图块，保存在图块库中，待需要时插入。

将图形绘制好之后单击"标准工具条"中的"打印机"按钮 就可以在绘图设备上出图。根据出图设备的不同，所需要设置的内容也略有不同，在此不再赘述。

12

天正建筑 CAD 的应用

12.1　T20 天正建筑 V7.0 概述

▶　**12.1.1　天正建筑软件概述**

T20 天正建筑 V7.0 是一款功能强大的基于 AutoCAD 平台而研究开发的建筑施工图设计绘图软件。它旨在为用户带来更快的设计效率和友好的界面,集成强大的命令,并且可以将常用命令分类提取出来。它支持使用快捷键快速打开你需要的命令从而进行更快的操作,能有效提升工作效率。

软件为用户提供了一系列的可自定义的对象来表示建筑专业构件。例如,各种墙体构件都具有完整的几何和材质特征,它们可以像 AutoCAD 的普通图形对象一样操作,用户可用夹点随意拉伸改变几何形状,也可以双击对象进行墙体厚度、高度等参数的修改,并可与门窗按相互关系智能联动。

T20 天正建筑软件 V7.0 版带来更多的功能,如新增轴号组合、文字加框、文字互换、调字基点、天正注释对象的视图显示等。同时进行了多项改进和优化,让用户的使用更加流畅、便捷。

▶　**12.1.2　T20 天正建筑 V7.0 的软硬件配置及安装**

1)软硬件配置

T20 天正建筑 V7.0 软件支持 32 位 AutoCAD 2010—2016 以及 64 位 AutoCAD 2010—

2021 平台。

另外,要对图形进行快速缩放,必须配备带滚轮的鼠标。鼠标附带滚轮十分重要,没有滚轮的鼠标效率会大大降低。如中键变为捕捉功能,请调整系统变量 Mbuttonpan,设置该变量值为 1。

显示器屏幕的分辨率一般设置在 1 024×768 以上的分辨率工作,如果达不到这个条件,你可以用来绘图的区域将很小,请在 Windows 的显示属性下设置较大的文字尺寸以及更换更大的显示器尺寸。

操作系统要求工作在 WindowsXP、Windows7、Windows8 或者是 Windows10 平台上,IE 要求在 7.0 或更高版本。如果你使用的是大型数据集、点云和三维建模,则建议使用 64 位操作系统。

2)安装

在安装天正建筑软件前,首先要确认计算机上已安装 AutoCAD200X,并能够正常运行。运行天正软件光盘的 setup. exe,首先打开安装授权协议对话框,如图 12.1 所示。

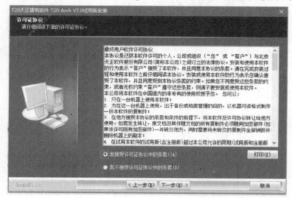

图 12.1 "T20 天正建筑 V7.0 安装"对话框　　　图 12.2 T20 天正建筑 V7.0 启动图标

选择"我接受许可证协议中的条款",单击"下一步",根据用户的选择项目及计算机系统情况大概需要 4～15 min 可以安装完毕。

安装完毕后生成在桌面上自动创建"T20 天正建筑 V7.0"图标,桌面图标如图 12.2 所示。如果 AutoCAD 被重新安装,TArch 必须也要重新安装,不过此时不必勾选任何组件即可恢复当前运行环境。

▶ 12.1.3　T20 天正建筑 V7.0 的基础知识及初始设置

1)T20 天正建筑 V7.0 的界面

软硬件配置 T20 天正建筑 V7.0 保留了 AutoCAD 的所有下拉菜单和图标按钮,同时针对建筑设计的实际需要,对交互界面作出了扩充,建立了自己的菜单和快捷键,提供了可由用户自定义的折叠式屏幕菜单、天正选项板、工具栏和与选取对象关联的右键菜单。T20 天正建筑 V7.0 的界面如图 12.3 所示。

2)如何使用 T20 天正建筑 V7.0 软件的命令

T20 天正建筑 V7.0 以菜单、图标和键盘专业命令 3 种形式提供专业设计功能,3 种形式

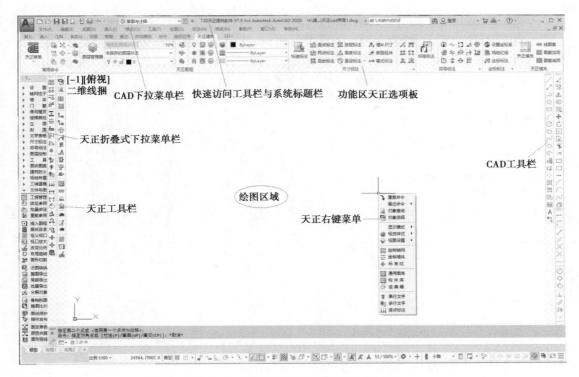

图 12.3　T20 天正建筑 V7.0 的界面

效果一样。我们在天正屏幕菜单中看到的所有名称,都有相应的图标按钮,且在运行过程中可看到相应的键盘命令。通过键盘调命令,例如【绘制轴网】菜单项,对应的键盘命令是这 4 个汉字的首字声母的组合,即在命令行后面输入"HZZW"(大小写通用),即可打开"绘制轴网"的对话框。少数功能只能菜单点取,不能从命令行键入,如状态开关设置。

T20 天正建筑 V7.0 的命令格式与 AutoCAD 相同,但选项为热键直接执行的快捷方式,不必回车。例如:直墙下一点或[弧墙(A)/矩形画墙(R)/闭合(C)/回退(U)] <另一段>:键入 A/R/C/U 均可直接执行相应操作。

3)T20 天正建筑 V7.0 自定义热键

- Ctrl ＋"＋":屏幕菜单的开关或用 tmnload 命令;
- Ctrl ＋"－":文档标签的开关;
- Ctrl ＋"～":工程管理界面的开关。

4)T20 天正建筑 V7.0 的初始设置

T20 天正建筑 V7.0 的屏幕菜单中的"设置"下的"自定义"和"天正选项"为用户提供了绘图之前的一些基本设置。

"天正自定义"对话框如图 12.4 所示,用户可根据个人喜好设置软件的显示风格、基本界面及常用键的设置。

"天正选项"对话框如图 12.5 所示,通过"基本设定"选项卡,用户可以设定绘制图形的当前比例、当前层高及符号的一些设置,从 2013 版开始新增弧长标注的设定;"加粗填充"选项卡用于墙体与柱子的填充,提供各种填充图案和加粗线宽,并有"普通填充"和"线图案填

充"两种方式,适用于不同材料的填充对象;共设有"标准"和"详图"两个填充级别,由用户通过"当前比例"给出界定,当前比例大于设置的比例,就会从一种填充与加粗选择进入另一个填充与加粗,满足了施工图中不同图纸类型填充与加粗详细程度不同的要求。"高级选项"选项卡用于控制天正建筑全局变量的用户自定义参数的设置。

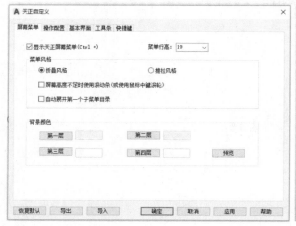

图 12.4 "天正自定义"对话框

图 12.5 "天正选项"对话框

▶ 12.1.4 T20 天正建筑 V7.0 的帮助资源

T20 天正建筑 V7.0 的帮助资源可以从以下几方面获取:

[在线帮助]:屏幕菜单下的"帮助"→"在线帮助",即打开随软件附带的《天正建筑 CAD 软件使用手册》电子档的用户手册,按照屏幕菜单的顺序介绍了 T20 天正建筑 V7.0 的功能和使用方法。

[教学演示]:T20 天正建筑 V7.0 发行时提供的动态教学演示教程,使用 Flash 动画文件格式存储和播放,如果安装时没有选择安装动画教学文件,此功能无法使用。

[日积月累]:T20 天正建筑 V7.0 启动时将提示有关 AutoCAD 及 T20 天正建筑 V7.0 软件使用的小诀窍。

[常见问题]:使用天正建筑软件经常遇到的问题和解答(常称为 FAQ)。

其他帮助资源:通过登录天正公司的主页 www.tangent.com.cn,可获得 T20 天正建筑 V7.0 及其他产品的最新消息,包括软件升级和补充内容,下载试用软件、教学演示、用户图例等资源。

▶ 12.1.5 T20 天正建筑 V7.0 的设计流程

T20 天正建筑 V7.0 的主要功能可支持建筑设计各个阶段的需求,无论是初期的方案设计还是最后阶段的施工图设计。设计图纸的绘制详细程度取决于设计需求,由用户自己把握,而不需要通过切换软件的菜单来选择。除了具有因果关系的步骤必须严格遵守外,通常没有严格的先后顺序限制,图 12.6 是包括日照分析与节能设计在内的建筑设计流程图。

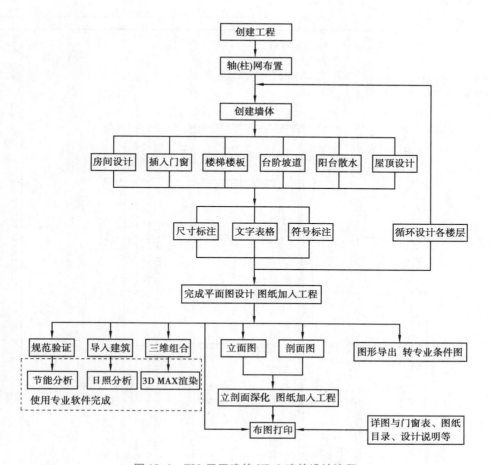

图 12.6　T20 天正建筑 V7.0 建筑设计流程

12.2　平面图的绘制

　　以一个小型框架结构的办公楼为例,介绍如何在 T20 天正建筑 V7.0 中绘制建筑施工图。完成的一层平面图如图 12.7 所示。

▶　12.2.1　工程管理

　　工程管理是把用户设计的一套图纸放在一个文件夹下进行管理,在工程管理中建立由各楼层平面图组成的楼层集。此外,它还提供了创建立面、剖面、三维组合建筑模型等命令。它适用于 AutoCAD 2000 以上的任何版本,既可用于模型空间也可用于图纸空间。T20 天正建筑 V7.0 允许用户使用一个 DWG 文件保存多个楼层平面,也可以每一个楼层平面分别保存一个 DWG 文件。但本书建议每一个楼层平面分别保存一个 DWG 文件,因为如果一旦一个楼层打不开,还可以用其他楼层打开修改后用另存;另外,多个图形放在一个图形文件里会造成机器速度变慢。

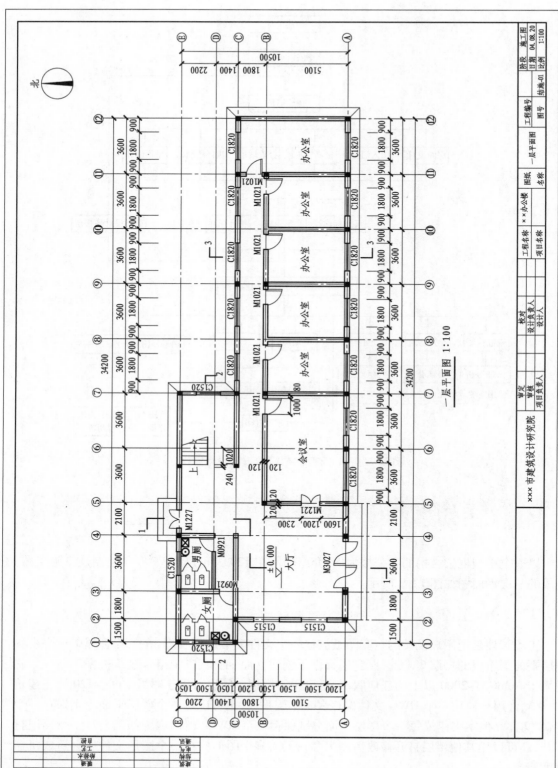

图12.7 一层平面图

1）创建文件夹

创建文件夹来放置我们的图形文件，为文件夹命名为"××办公楼实例"，如图12.8所示。

2）创建新工程

进入 T20 天正建筑 V7.0 绘图界面后，按下"ctrl"+"~"键或在命令行输入"GCGL"，即可打开工程管理界面。单击"工程管理"，在弹出的菜单中选择"新建工程"命令，如图12.9所示。

在弹出的"另存为"对话框中，选择刚刚在 E 盘根目录下创建的"××办公楼实例"文件夹，并为工程命名为"××办公楼实例"。单击"保存"按钮，完成新工程的创建，如图12.10所示。

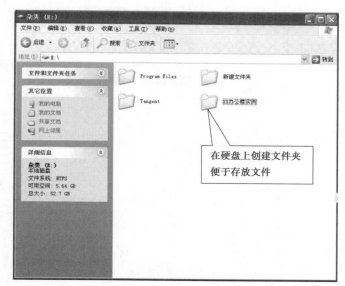

图12.8　文件目录结构

图12.9　工程管理界面

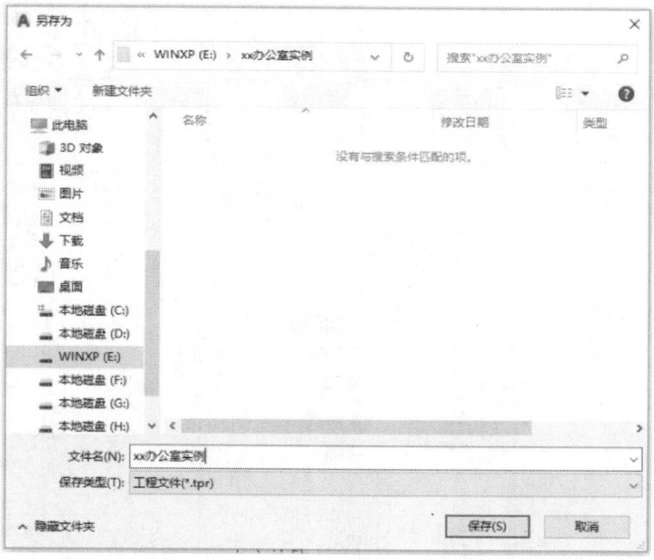

图12.10　保存工程对话框

3）为新工程添加文件

把 AutoCAD 自动命名为 drawingX. dwg 的文件进行命名存盘。单击工具按钮█，打开"图形另存为"对话框，如图12.11所示，并保存在 E:\××办公楼实例\××办公楼#建-平面01. dwg 上。

右键双击"工程管理"→"平面图"，从弹出的快捷菜单中选择"添加图纸"，如图12.12所示。把"××办公楼#建-平面01"添加到工程后的状态，如图12.13所示。

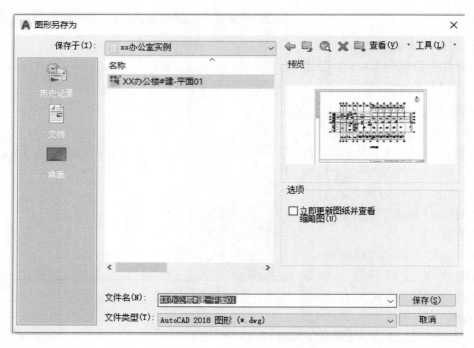

图 12.11 "另存为"对话框

图 12.12 工程管理界面

图 12.13 添加图纸后

► 12.2.2 图形初始化

执行天正屏幕菜单下的"设置"→"选项",打开"选项"对话框,选择"天正基本设定"选项卡,如图 12.14 所示进行设置。

该对话框中的参数设置只对当前绘制的 DWG 文件有效,如果还在本文件下绘制其他平面图,仍有必要检查一下参数设置是否合适。

► **12.2.3 轴网**

1)建立直线轴网

直线轴网功能用于生成正交轴网、斜交轴网或单向轴网。

菜单命令:【轴网柱子】→【绘制轴网】或命令行:HHZW

执行命令后,打开"绘制轴网"对话框,选择"直线轴网"选项卡,在该对话框中设置开间及进深尺寸。本例的开间及进深尺寸如表12.1所示。

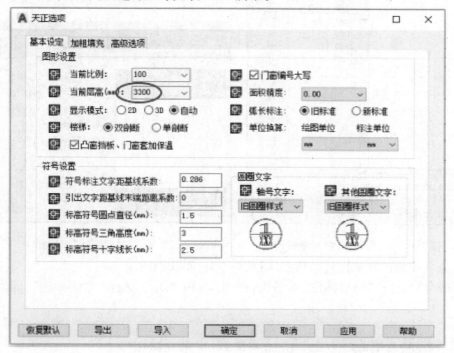

图 12.14 "天正选项"对话框

表 12.1 一层平面图轴网尺寸　　　　　　　　　　　　　　　　　　　　　　单位:mm

上下开间	1 500	1 800	3 600	2 100	3 600×7
左右进深	5 100	1 800	1 400	2 200	

在图 12.15 对话框中,按表 12.1 中数据进行设置。因为上开间和下开间尺寸一样,所以设置一个方向就行,同理,左右进深亦是如此。

单击"确定"之后,命令行提示:

请选择插入点[旋转 90 度(A)/切换插入点(T)/左右翻转(S)/上下翻转(D)/改转角(R)]在屏幕上任意拾取一点作为轴网的基点。

按回车键结束,结果如图 12.17 所示。

2）轴网标注

本命令对始末轴线间的一组平行轴线（直线轴网与圆弧轴网的进深）或者径向轴线（圆弧轴线的圆心角）进行轴号和尺寸标注。

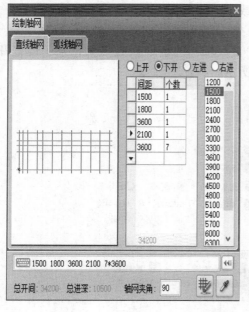

图 12.15　"绘制轴网"对话框

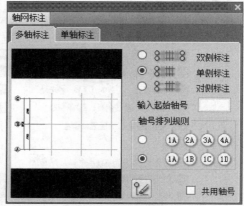

图 12.16　"轴网标注"对话框

菜单命令：【轴网柱子】→【轴网标注】或命令行：ZWBZ

执行命令后，打开"轴网标注"对话框，如图 12.16 所示。选择"双侧标注"，同时命令行提示：

请选择起始轴线＜退出＞：点取图 12.17 起始轴线 1。

请选择终止轴线＜退出＞：点取图 12.17 终止轴线 2，按 Enter 键结束。

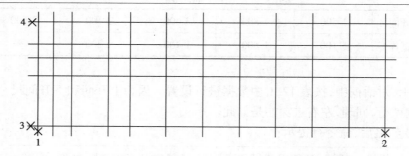

图 12.17　标注轴网

接着依次点取 3 点和 4 点对进深轴线进行标注。标注完效果如图 12.18 所示。为了以后绘图方便，这里先不让轴线层显示为点划线，需要时只需单击【轴网柱子】→【轴改线型】。

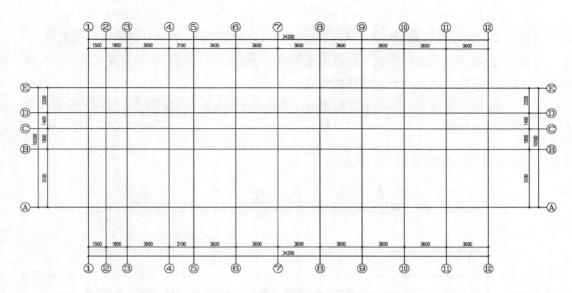

图 12.18　轴网标注效果

▶　12.2.4　墙体

本命令可直接使用"直墙""弧墙"和"矩形布置"3 种方式绘制墙体对象。墙线相交处自动处理,墙宽随时定义,墙高随时改变,在绘制过程中墙端点可以回退,用户使用过的墙厚参数在数据文件中按不同材料分别保存。

菜单命令:【墙体】→【绘制墙体】或命令行:HZQT

执行命令后,打开"绘制墙体"对话框,如图 12.19 所示。在其中可以设定墙体参数,不必关闭对话框即可直接绘制。同时命令行提示:

图 12.19　"绘制墙体"对话框

> 起点或[参考点(R)]<退出>：移动光标到绘图区,结合对象捕捉进行绘制。
>
> 直墙下一点或[弧墙(A)/矩形画墙(R)/闭合(C)/回退(U)]<另一段>： 根据需要可切换到其他绘制墙体的方式。
>
> 直墙下一点或[弧墙(A)/矩形画墙(R)/闭合(C)/回退(U)]<另一段>： 回车可结束绘制。

墙体绘制完效果如图 12.20 所示。

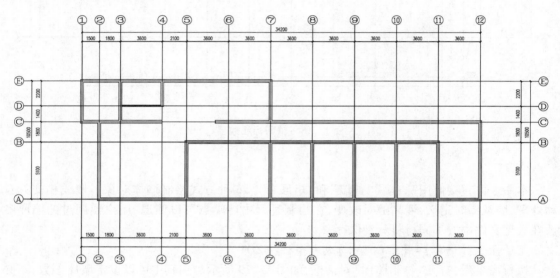

图 12.20　绘制墙体效果

▶ 12.2.5　柱子

本命令在轴线的交点或任何位置插入矩形柱、圆柱或正多边形柱,插入柱子的基准方向总是沿着当前坐标系的方向。如果当前坐标系是 UCS,柱子的基准方向自动按 UCS 的 X 轴方向,不必另行设置。

菜单命令:【轴网柱子】→【标准柱】或命令行:BZZ

执行命令后,打开"标准柱"对话框,如图 12.21 所示,按对话框中参数设置,选择"点选插入"按钮时,命令行提示:

图 12.21　"标准柱"对话框

点取位置或［转 90 度（A）/左右翻（S）/上下翻（D）/对齐（F）/改转角（R）/改基点（T）/参考点（G）］＜退出＞：点取轴线交点,即可放置柱子。

如果选择"沿着一根轴线布置柱子"按钮,命令行提示:

请选择一轴线＜退出＞：这时点取Ⓐ轴线,即可在该根轴线与其他轴线交点处放置柱子,①Ⓐ处没有柱子,把该处柱子删除。

如果想看到柱子的填充效果,可打开状态栏上的"填充"按钮（建议在绘图过程中关闭"填充"）,布置柱子后的效果如图 12.22 所示。

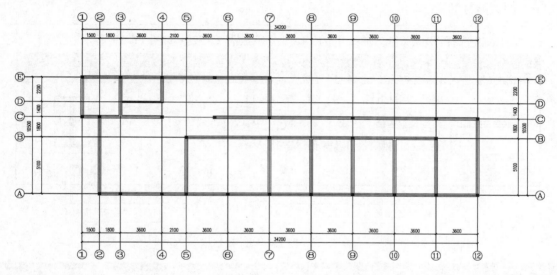

图 12.22　柱子布置效果

▶ 12.2.6　门窗

门窗在 T20 天正建筑 V7.0 中是一种附属于墙体并需要在墙上开启洞口、带有编号的 AutoCAD 自定义对象,它包括通透的和不通透的墙洞在内。门窗和墙体建立了智能联动关系,门窗插入墙体后,墙体的外观几何尺寸不变,但墙体对象的粉刷面积、开洞面积已经立刻更新以备查询。门窗和其他自定义对象一样,可以用 AutoCAD 的命令和夹点编辑修改,并可通过电子表格检查和统计整个工程的门窗编号。门窗创建对话框中提供输入门窗的所有需要参数,包括编号、几何尺寸和定位参考距离。如果把门窗高参数改为 0,系统在三维下不开该门窗。

菜单命令:【门窗】→【门窗】或命令行:MC

执行命令后,打开"门窗参数"对话框,对于一层平面图中的 C1520（这里门窗选择"自动编号",门窗编号的前 2 位代表洞口宽,后 2 位代表洞口高）的参数设置,如图 12.23 所示。

在图 12.23 对话框左边的平面图示例中单击左键,可以打开如图 12.24 所示的"天正图库管理系统"对话框。在打开的对话框中双击所需图例,返回到图 12.23 门窗参数对话框。

同样,在门窗的立面形式图例上单击左键,可以打开如图 12.25 所示的"天正图库管理系统"对话框。在打开的对话框中选择所需立面图例,返回到图 12.23 门窗参数对话框,同时命令行提示:

> 点取门窗大致的位置和开向(Shift-左右开)或[多墙插入(Q)]<退出>:在图 12.26 中点取③～④轴线间墙段。
> 指定参考轴线[S]/门窗或门窗组个数(1～2)<1>:回车采用默认的插入一扇窗 C1520。
> 点取门窗大致的位置和开向(Shift-左右开)<退出>:可继续点取其他墙段放置同一型号的窗。

然后依次选择①轴线和⑦轴线上的 CE 段分别放置 C1520,如图 11.29 所示。

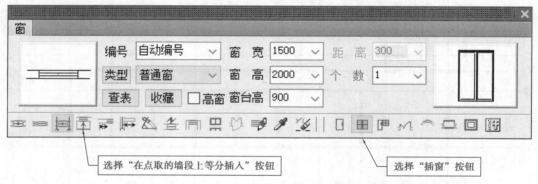

图 12.23 "门窗参数"对话框

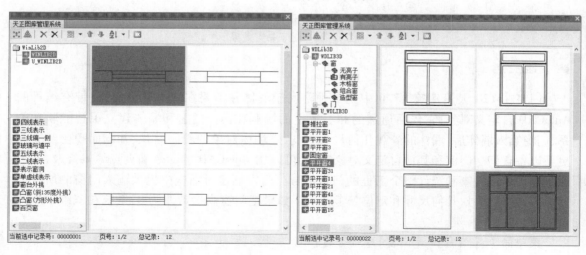

图 12.24 "天正图库管理系统"对话框　　图 12.25 "天正图库管理系统"对话框

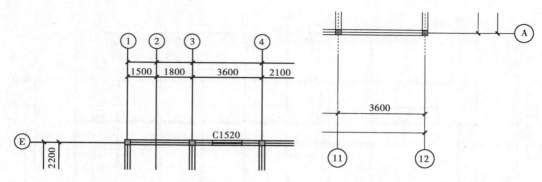

图 12.26　插入普通窗 C1520　　　　　　　　图 12.27　在⑪~⑫轴线间的墙段上单击

Ⓒ轴线和Ⓐ轴线上的 C1820 在"门窗参数"对话框中选择"依据点取位置两侧的轴线进行等分插入",命令行提示:

> 点取门窗大致的位置和开向(Shift-左右开)或[多墙插入(Q)]<退出>:光标移至绘图区,在⑪~⑫轴线间的墙段上单击,轴线⑪和⑫虚线显示(如图 12.27 所示,代表在⑪~⑫轴线间放置)。
>
> 指定参考轴线[S]/门窗或门窗组个数(1~2)<1>:回车默认放置 1 扇窗户。
>
> 点取门窗大致的位置和开向(Shift-左右开)或[多墙插入(Q)]<退出>:然后依次放置其他 C1820 窗。

②轴线上 C1521 在"门窗参数"对话框中如图 12.28 所示,选择"轴线定距插入",在"距离"栏里输入 1200,命令行提示:

> 点取门窗大致的位置和开向(Shift-左右开)或[多墙插入(Q)]<退出>:光标移至绘图区,在Ⓐ~Ⓑ轴线间,距 A 点较近的轴线上单击,结果会在Ⓐ~Ⓑ轴线间放置一个 C1521;还按上述对话框的设置,然后在Ⓑ~Ⓒ轴线间,距 C 点较近的轴线上单击,结果会在Ⓐ~Ⓒ轴线间放置另一个 C1521。
>
> 点取门窗大致的位置和开向(Shift-左右开)或[多墙插入(Q)]<退出>:回车结束命令。

图 12.28　C1521 的参数设置

一层平面图放置所有窗的效果如图 12.29 所示。

接下来在图中放置门。天正中放置门和窗是一个对话框,只不过选择的按钮是"插门"。

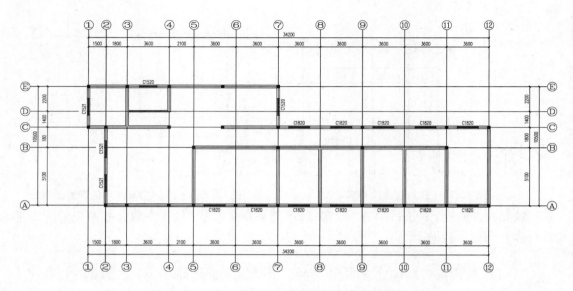

图 12.29 一层平面图放置所有窗的效果

菜单命令:【门窗】→【门窗】或命令行:MC

执行命令后,打开"门窗参数"对话框,对于一层平面图中的 M1021 的参数设置,如图 12.30所示。

图 12.30 M1021 的参数设置

M0921 的参数设置方法,与 M1021 相同。

M1221 的参数设置,如图 12.31 所示的对话框,然后在④~⑤轴线间墙段上单击左键,按 Enter 键确认。

另一扇 M1221 参数设置采用如图 12.31 所示的对话框。选择"轴线定距插入",距离设为 1600,然后在⑤和Ⓐ轴线交点附近单击,即可放置另一 M1221。

图 12.31 M1221 的参数设置

M3027 可以看作由两扇"M1527"组成,M1527 的参数设置如图 12.32 所示,然后在③~④轴线间靠近③轴线的墙段上单击左键。如果门的开启方向不对,可按着 Shift 键进行调整。按图 12.32 的设置在然后在靠近④轴线的墙段上单击左键,按 Enter 键确认。

图 12.32 M1527 的参数设置

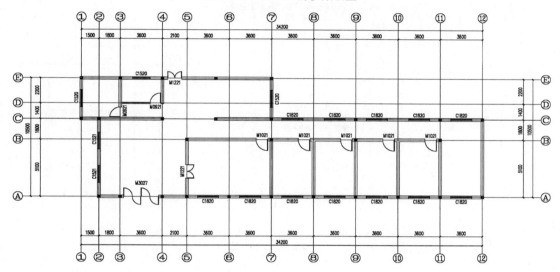

图 12.33 一层平面图放置完所有门窗的效果

两扇 M1527 门放置完之后,修改门的编号,左键双击门编号"M1527"修改门编号为"M3027",删除另外一扇门编号"M1527"。利用夹点编辑方法,移动"M3027"到合适的位置。

一层平面图所有门窗放置完毕后的效果如图 12.33 所示。

▶ 12.2.7 楼梯

T20 天正建筑 V7.0 提供了由自定义对象建立的基本梯段对象,包括直线、圆弧与任意梯段,由梯段组成了常用的双跑楼梯对象、多跑楼梯对象。其他形式的楼梯由楼梯组件(梯段、休息平台、扶手等)拼合而成。双跑楼梯具有梯段可方便地改为坡道、标准平台可改为圆弧休息平台等灵活可变的特性;各种楼梯与柱子在平面相交时,楼梯可以被柱子自动剪裁;双跑楼梯的上下行方向标识符号可以自动绘制。

下面介绍放置一层平面图中楼梯的方法和步骤。

菜单命令:【楼梯其他】→【双跑楼梯】或命令行:SPLT

执行命令后,打开"双跑楼梯"对话框,单击"其他参数"前的" + "号展开对话框。对于一层平面图中的楼梯的参数设置,如图 12.34 所示。

对话框中数值可直接输入,也可结合对象捕捉来给,单击"确定",同时命令行提示:

点取位置或[转90度(A)/左右翻(S)/上下翻(D)/对齐(F)/改转角(R)/改基点(T)]<退出>:

按 A 键 3 次,调整到合适方向,捕捉⑦号轴线和Ⓔ号轴的内侧墙线交点,即可放置如图 12.35 所示的首层楼梯。

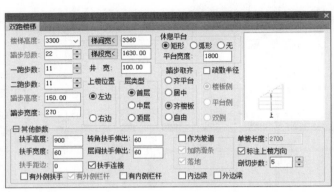

图 12.34　首层楼梯的参数设置

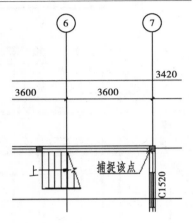

图 12.35　首层楼梯的布置

▶ 12.2.8　布置洁具

1) 布置洁具

本命令用于在卫生间或浴室中按选取的洁具智能布置卫生设施。洁具是从洁具图库中调用的二维天正图块对象,其他辅助线采用了 AutoCAD 的普通对象。

菜单命令:【房间屋顶】→【房间布置】→【布置洁具】或命令行:BZJJ

执行命令后,打开"天正洁具"对话框,如图 12.36 所示。

例如男厕中拖布池的布置,如图 12.40 所示。双击如图 12.36 所示对话框中的拖布池,会打开如图 12.37 所示的"布置拖布池"对话框。移动光标至绘图区,同时命令行提示:

请选择沿墙边线 <退出>:在③~④墙段上单击。

插入第一个洁具[插入基点(B)]<退出>：在④、Ⓔ轴线墙内交点处单击左键,即可放置一拖布池。

下一个 <结束>：命令行提示可继续放置,修改图 12.37 对话框中的参数可一次放置多个,直至击右键结束本次操作。

对于男厕中洗脸盆的布置,同样调出"天正洁具"对话框,双击如图 12.38 所示的洗脸盆中的"洗脸盆 04",会打开如图 12.39 所示的参数设置对话框,同时命令行提示:

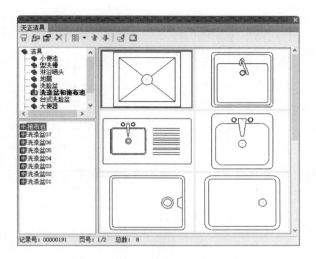

图 12.36 "天正洁具"对话框(拖布池)

图 12.37 拖布池的参数设置

在刚刚布置过的洗脸盆的上方单击,即可在紧挨着洗脸盆的地方放置一拖布池,如图 12.40所示。

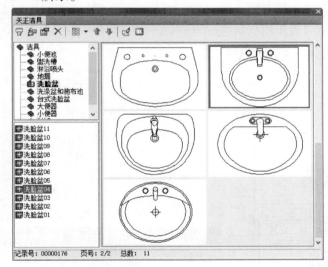

图 12.38 "天正洁具"对话框(洗脸盆)

图 12.39 布置洗脸盆04的参数设置

> 请选择沿墙边线 <退出>:在③~④墙段上单击。
>
> 插入第一个洁具[插入基点(B)] <退出>:B,输入开关项"B"。
>
> 请选择洁具布置基点(墙角点):捕捉已放置拖布池的左上角点,即可紧挨拖布池放置一洗脸盆。
>
> 下一个 <结束>:修改图 12.39 对话框中的参数可继续放置,直至击右键结束本次操作。

大便器的布置,按图 12.41 所示的对话框设置。移动光标至绘图区,同时命令行提示:

> 请选择沿墙边线 ＜退出＞：在Ⓔ Ⓓ墙段上单击
>
> 插入第一个洁具［插入基点（B）］＜退出＞：在③Ⓔ交点处单击，即可放置一大便器，接着在刚布置的大便器的下方单击，即可放置另一个。
>
> 下一个 ＜结束＞：右键结束本次操作。

2）布置隔断

本命令通过两点选取已经插入的蹲便器，布置卫生间隔断，要求先布置蹲便器才能执行。隔板与门采用了墙对象和门窗对象，支持对象编辑。

菜单命令：【房间屋顶】→【房间布置】→【布置隔断】或命令行：BZGD
命令行提示：

> 输入一直线来选洁具！
>
> 起点：本例中隔断门朝外开启，在Ⓓ轴线上方空白处拾取一点。
>
> 终点：直线穿过布置隔断的另一大便器的上端。
>
> 隔板长度＜1200＞：键入新值或回车用默认值。
>
> 隔断门宽＜600＞：键入新值或回车用默认值。

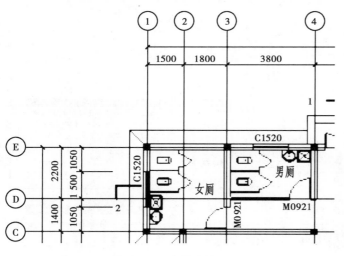

图 12.40　布置洁具

图 12.41　蹲便器的参数设置

布置完隔断后的效果如图 12.40 所示。

▶ 12.2.9　文字标注

天正的文字标注扩展了 AutoCAD 的文字样式，在天正中可分别设置中英文字体的宽度和高度，解决了 CAD 中文字名义字高小于实际字高的问题，可方便地书写和修改中西文混合文字，且提供了方便实现加圈文字和钢筋符号等功能。

文字的样式的设置,菜单命令为:【文字表格】→【文字样式】或命令行:WZYS

打开如图 12.42 所示对话框,在对话框中可分别设置中西文字体的宽度和高度,字高由使用文字样式的命令确定。天正中提供了 3 种输入方式:单行文字、多行文字和曲线文字,下面我们来标注图 12.7 中的房间名称。

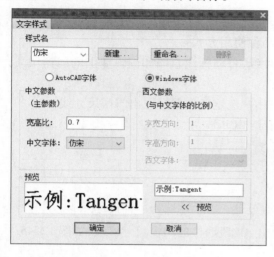

图 12.42 "文字样式"对话框   图 12.43 "单行文字"对话框

菜单命令:【文字表格】→【单行文字】或命令行:DHWZ

打开如图 12.44 的对话框,文本标注也采用了非模式对话框,可以不必关闭对话框即可直接在绘图区指定文本位置。

文本标注可以直接在对话框输入内容,也可以单击"词"按钮,弹出如图 12.44 所示的"专业文字"对话框。可直接选择对话框中的内容,单击"确定",将所选择内容作为本次要标注的内容。本词库中提供一些常用的建筑专业词汇,词库还可在各种符号标注命令中调用,其中做法标注命令可调用其中北方地区常用的 88J1-X12000 版工程做法的主要内容。

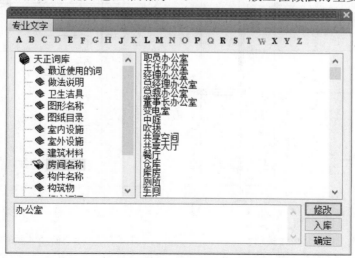

图 12.44 "专业文字"对话框

► **12.2.10 尺寸标注**

天正的尺寸标注符合国家颁布的建筑制图标准中的规定,它是自定义的尺寸标注系统,完全取代了 AutoCAD 的尺寸标注功能,分解后退化为 AutoCAD 的尺寸标注。

1)门窗标注

本命令适合标注建筑平面图的门窗尺寸,有两种使用方式:

①在平面图中参照轴网标注的第一、二道尺寸线,自动标注直墙和圆弧墙上的门窗尺寸,生成第三道尺寸线。

②在没有轴网标注的第一、二道尺寸线时,在用户选定的位置标注出门窗尺寸线。

菜单命令:【尺寸标注】→【门窗标注】或命令行:MCBZ

命令行提示:

> 请用线选第一、二道尺寸线及墙体
>
> 起点<退出>:拾取垂直于墙线方向取过第一道尺寸线与墙体的起点1。
>
> 终点<退出>:点取终点2,系统绘制出 AB 段墙体的门窗尺寸标注,如图 12.45 所示。
>
> 选择其他墙体:拾取 CE 墙段,回车结束命令,标注完效果如图 12.46 所示。

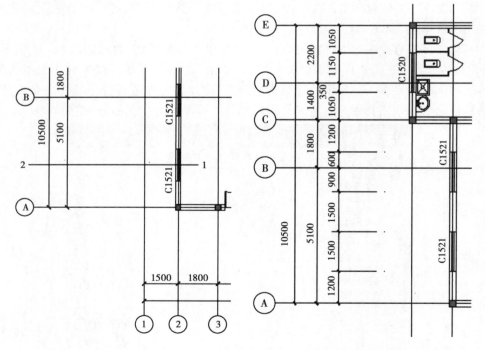

图 12.45　标注窗尺寸　　　　　图 12.46　标注窗尺寸后的效果

图中Ⓑ轴线处 C1521 标注和 C1520 标注不正确,调出"合并区间(HBQJ)"命令,选择合并区间中的尺寸线即可合并尺寸标注。合并后的效果如图 12.47 所示。

2）内门标注

本命令用于标注平面室内门窗尺寸以及定位尺寸线，其中定位尺寸线与邻近的正交轴线或者墙角（墙垛）相关。

菜单命令：【尺寸标注】→【内门标注】或命令行：NMBZ

命令行提示：

> 标注方式：轴线定位. 请用线选门窗，并且第二点作为尺寸线位置！
>
> 起点或［垛宽定位（A）］＜退出＞：在⑤～⑥轴线间点取起点 1 或者键入 A 改为垛宽定位。
>
> 终点＜退出＞：经过标注的室内门窗，在 M1221 的左侧拾取 2 点作为终点，如图 12.48 所示，且 2 点的位置作为尺寸线的位置。

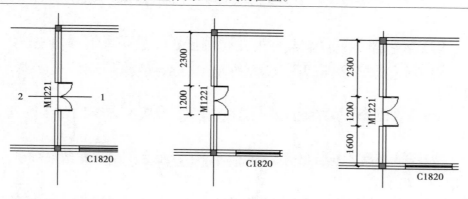

图 12.47 内门标注　　　图 12.48 标注内门的效果　　　图 12.49 增补尺寸后

标注完后如图 12.48 所示，然后利用"增补尺寸（ZBCC）"命令选择已经标注过的尺寸，捕捉⑤、Ⓐ轴线的交点，即在下方加注一个"1600"的标注，如图 12.49 所示。

3）墙厚标注

本命令在图中一次标注两点连线经过的一至多段天正墙体对象的墙厚尺寸，标注中可识别墙体的方向，标注出与墙体正交的墙厚尺寸。在墙体内有轴线存在时，标注以轴线划分的左右墙宽；在墙体内没有轴线存在时，标注墙体的总宽。

菜单命令：【尺寸标注】→【墙厚标注】或命令行：QHBZ

命令行提示：

> 直线第一点＜退出＞：在图 12.50 中拾取 1 点。
>
> 直线第二点＜退出＞：在图 12.50 中拾取 2 点，结果如图 12.51 所示。

4）逐点标注

本命令对选取的一串给定点沿指定方向和选定的位置标注尺寸，特别适用于没有指定天正对象特征、需要取点定位标注的情况，以及其他标注命令难以完成的尺寸标注。

天正选项板或菜单命令:【尺寸标注】→【逐点标注】或命令行:ZDBZ

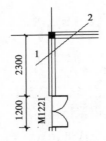

图 12.50　墙厚标注

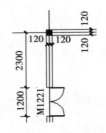

图 12.51　标注墙厚的效果

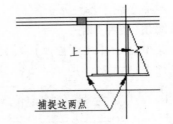

图 12.52　逐点标注命令

命令行提示:

> 起点或[参考点(R)]<退出>:点取第一个标注点作为起始点;捕捉图 12.52 中的交点。
>
> 第二点<退出>:点取第二个标注点;捕捉图 12.52 中的另一标注点。
>
> 请点取尺寸线位置或[更正尺寸线方向(D)]<退出>:拖动鼠标,点取尺寸线定位点。
>
> 请输入其他标注点或[撤消上一标注点(U)]<结束>:给出其他标注点,并可以回退。
>
> 请输入其他标注点或[撤消上一标注点(U)]<结束>:回车结束命令。结果如图 12.7 所示。

▶　12.2.11　室外设施

1)创建台阶

本命令可组合成满足工程需要的各种台阶类型,可直接绘制矩形单面台阶、矩形三面台阶、阴角台阶、沿墙偏移等预定样式的台阶,也可把预先绘制好的 PLINE 转成台阶;台阶可以自动遮挡之前绘制的散水。

例如,绘制如图 12.7 所示的南面大厅入口处台阶。

菜单命令:【楼梯其他】→【台阶】或命令行:TJ

点取后,打开如图 12.53 所示对话框,按图进行参数设置,同时命令行提示:

> 指定第一点或[中心定位(C)/门窗对中(D)]<退出>:捕捉②、Ⓐ轴线交点。
>
> 第二点或[翻转到另一侧(F)]<取消>:捕捉⑤、Ⓐ轴线交点。
>
> 指定第一点或[中心定位(C)/门窗对中(D)]<退出>:回车结束命令,直台阶两侧需要单独补充 Line 线画出二维边界。

图 12.53 "台阶"对话框　　　　　图 12.54 "散水"对话框

2）创建散水

本命令通过自动搜索外墙线，绘制散水，且散水自动被凸窗、柱子等对象裁剪。也可以通过双击散水进行添加和删除顶点，可以满足绕壁柱、绕落地阳台等各种变化。阳台、台阶、坡道等对象会自动遮挡散水，位置移动后遮挡自动更新。

菜单命令:【楼梯其他】→【散水】或命令行:SS

打开如图 12.54 所示的"散水"对话框，在显示对话框中设置好参数，然后执行命令行提示：

请选择构成一完整建筑物的所有墙体(或门窗、阳台) <退出 >：框选墙体后按对话框要求生成散水与勒脚、室内地面。

▶　12.2.12　符号标注

天正按照建筑制图标准的规定画法，提供了一套自定义工程符号对象。这些符号对象可以方便地绘制剖切号、指北针、引注箭头，绘制各种详图符号、引出标注符号，而且对象可随图形指定范围的绘图比例的改变，对符号大小、文字字高等参数进行适应性调整，以满足规范的要求。图上已插入的符号，拖动夹点或者"Ctrl＋1"启动对象特性栏，在其中更改工程符号的特性。双击符号中的文字，启动在位编辑，即可更改文字内容。

1）标高标注

本命令适用于平面图的楼面标高与地坪标高标注，可标注绝对标高和相对标高，也可用于立面、剖面图标注楼面标高。标高三角符号为空心或实心填充，可根据需要选择对话框中标高的标注样式。

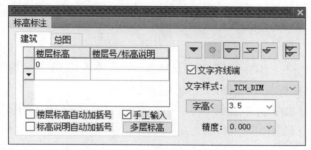

图 12.55 "编辑标高"对话框

天正选项板或菜单命令:【符号标注】→【标高标注】或命令行:BGBZ

执行后,显示如图 12.55 所示对话框。

本例中按如图 12.55 所示对话框设置,同时命令行提示:

> 请点取标高点或[参考标高(R)]<退出>:在图中拾取标高摆放位置点。
>
> 请点取标高方向<退出>:给出标高的方向。
>
> 下一点或[第一点(F)]<退出>:继续标注或回车结束命令。

2)剖面剖切

本命令在图中标注国标规定的断面剖切符号,用于定义编号的剖面图,表示剖切断面上的构件以及从该处沿视线方向可见的建筑部件。剖面符号除了可以满足施工图的标注要求外,生成剖面时执行【建筑剖面】与【构件剖面】命令也需要事先绘制此符号,用以定义剖面方向。下面以标注图 12.7 的 1—1 剖切符号为例,操作如下:

点取天正选项板【符号标注】→【剖切符号】或菜单命令或命令行:PQFH

打开如图 12.56 所示"剖切符号"对话框,选择转折标注,输入编号,同时命令行提示:

> 点取第一个剖切点<退出>:拾取图 12.57 所示的 1 点。
>
> 点取第二个剖切点<退出>:沿剖线拾取第 2 点。
>
> 点取下一个剖切点<结束>:沿剖线拾取第 3 点。
>
> 点取下一个剖切点<结束>:给出结束点 4。
>
> 点取下一个剖切点<结束>:回车结束绘制。
>
> 点取剖视方向<当前>:向左拖动鼠标给定剖视方向。

标注完成后,拖动不同夹点即可改变剖面符号的位置以及改变剖切方向,双击可以修改剖切编号。

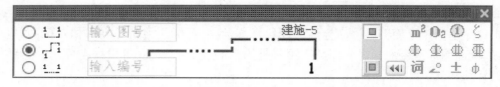

图 12.56 "剖切符号"对话框

3)画指北针

本命令在图上绘制一个国标规定的指北针符号,从插入点到橡皮线的终点定义为指北针的方向,这个方向在坐标标注时起指示北向坐标的作用。

天正选项板或菜单命令:【符号标注】→【画指北针】或命令行:HZBZ

执行命令后,命令行提示:

> 指北针位置<退出>:点取指北针的插入点。
>
> 指北针方向<90.0>:回车确认。

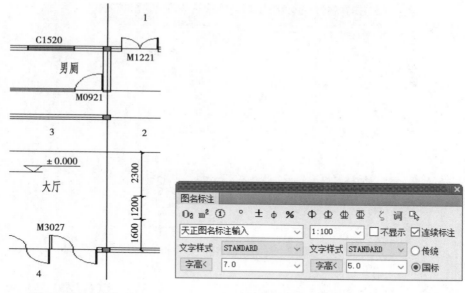

图 12.57   剖切标注   图 12.58   "图名标注"对话框

4)图名标注

一个图形中绘有多个图形或详图时,需要在每个图形下方标出该图的图名,并且同时标注比例,比例变化时会自动调整其中文字的合理大小。

天正选项板或菜单命令:【符号标注】→【图名标注】或命令行:TMBZ

点取后,打开如图 12.58 所示对话框,命令行提示:

> 请点取插入位置<退出>: 在对话框中编辑好图名内容,选择合适的样式后,
> 在给图区拾取图名标注点。

双击图名文字或比例文字,进入在位编辑修改文字。

► 12.2.13 插入图框

本命令在模型空间或图纸空间插入图框,新增通长标题栏功能以及图框直接插入功能。预览图象框提供鼠标滚轮缩放与平移功能,插入图框前按当前参数拖动图框,用于测试图幅是否合适。图框和标题栏均统一由图框库管理,能使用的标题栏和图框样式不受限制,且带属性标题栏支持图纸目录生成。

菜单命令:文件布图→插入图框或命令行:CRTK

点取后,弹出如图 12.59 所示"图框选择"对话框,分别单击会签栏和标准标题栏右侧的拾取按钮,在另外打开的"天正图库管理系统"对话框中选择合适的样式,然后回到图 12.59 对话框,单击"插入",在绘图区选择合适的位置摆放。

双击标题栏打开"增强属性编辑器"对话框,修改标题栏中内容。至此,完成一层平面图的绘制。其他层平面图用一层平面图另存,然后做局部修改,或在同一文件中复制一层平面图后做局部修改,以完成其他层平面图的绘制。

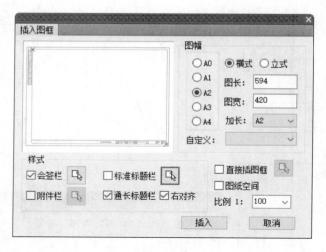

图 12.59 "图框选择"对话框

12.3   创建立面和剖面图

▶   12.3.1   工程管理与楼层表

1）工程管理

T20 天正建筑 V7.0 的立面生成是由【工程管理】功能实现的。在【工程管理】命令界面上，打开前面创建的"××办公楼实例"工程。通过右键点击工程、"添加图纸"的操作建立工程，把绘制好的各层平面图添加到工程管理中去，如图 12.60 所示。在工程的基础上定义平面图与楼层的关系，从而建立平面图与立面楼层之间的关系。T20 天正建筑 V7.0 的工程管理命令可以接受一部分楼层平面在一个 DWG 文件，而另一些楼层在其他 DWG 文件的情况。

2）创建楼层表

本例中 1～3 层的层高为 3.3 m，顶层高 1.2 m（注意，地下层层号用负值表示，如地下一层层号为 -1，地下二层为 -2）。单击如图 12.61 所示"楼层"栏下方的"选择标准层文件"，如果各标准层在同一文件中，用第二个按钮"在当前图中框选楼层范围，同一文件中可布置多个楼层平面"，分别选择图形和指定对齐点。

▶   12.3.2   立面图的绘制

1）立面图的生成

本命令按照【工程管理】命令中的数据库楼层表格数据，一次生成多层建筑立面。在当前工程为空的情况下执行本命令，会出现警告对话框：

图 12.60 "工程管理"中的"图纸"栏　　　图 12.61 "工程管理"中的"楼层"栏

请打开或新建一个工程管理项目,并在工程数据库中建立楼层表!

如果当前工程管理界面中有正确的楼层定义,即可提示保存立面图文件,否则不能生成立面文件。天正立面图形中除了符号与尺寸标注对象以及门窗阳台图块是天正自定义对象外,其他图形构成元素都是 AutoCAD 的基本对象。

菜单命令:【立面】→【建筑立面】或命令行:JZLM

单击后,命令行提示:

请输入立面方向或[正立面(F)/背立面(B)/左立面(L)/右立面(R)]<退出>:

键入 F。

请选择要出现在立面图上的轴线:一般点取首末轴线或回车不要轴线。

接着显示如图 12.62 所示的"立面生成设置"对话框。在该对话框中进行设置后,单击"生成立面"按钮。进入标准文件对话框。在其中给文件命名,单击"确定"后生成立面图文件,并且打开该文件作为当前图,显示如下:

注意:执行本命令前必须先行存盘,否则无法对存盘后更新的对象创建立面。

本例中生成的立面如图 12.63 所示。

2)立面图的细化

(1)立面屋顶

本命令可完成平屋顶、单坡屋顶、双坡屋顶、四坡屋顶与歇山屋顶的正立面和侧立面、组合的屋顶立面、一侧与其他物体(墙体或另一屋面)相连接的不对称屋顶的绘制。

菜单命令:【立面】→【立面屋顶】或命令行:LMWD

执行命令后,显示如图 12.64 所示对话框。

单击"定位点 PT1-2"按钮,捕捉立面图中9.9 m 高程处左端点和右端点,拾取两点后回到对话框,单击确定,即可完成平屋顶立面的绘制。

图 12.62　"立面生成设置"对话框

图 12.63　利用"建筑立面"生成的正立面图

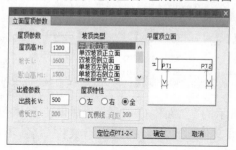

图 12.64　"立面屋顶参数"对话框

（2）雨水管线

本命令在立面图中按给定的位置生成竖直向下的雨水管。

菜单命令：【立面】→【雨水管线】或命令行：YSGX

执行后，命令行提示：

前管径为 100

请指定雨水管的起点[参考点（R）/管径（D）]＜退出＞：点取雨水管的起点。

请指定雨水管的下一点[管径（D）/回退（U）]＜退出＞：点取雨水管的终点，即在两点间竖向画出平行的雨水管，其间的墙面分层线均被雨水管断开。

其他的细部内容用 AutoCAD 和天正命令来进行完善,完成后的立面图如图 12.65 所示。

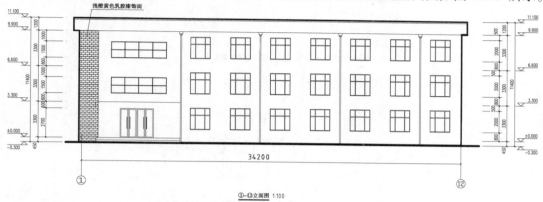

图 12.65　完成后的立面图

▶ 12.3.3　剖面图的绘制

1)剖面图的生成

在剖面图中创建的墙、柱、梁、楼板亦不再是自定义对象,可使用 AutoCAD 编辑命令进行修改,或者使用剖面菜单下的命令加粗或图案填充。首先,把一层平面图置为当前文件。

菜单命令:【剖面】→【建筑剖面】或命令行:JZPM

执行后,命令行提示:

> <u>请点取一剖切线以生成剖视图：</u>点取××办公楼#建-平面 01 图中的 1—1 剖切线。
>
> <u>请选择要出现在立面图上的轴线：</u>一般是选择同剖面方向上的开间或进深轴线。

屏幕弹出如图 12.66 所示的"剖面生成设置"对话框,按对话框中参数进行设置。

单击"生成剖面"按钮,提示先设置剖面图的保存路径及文件名,设置完后即生成如图 12.67 所示图形。

2)剖面图的细化

(1)门窗过梁

本命令可在剖面门窗上方画出给定梁高的矩形过梁剖面。

菜单命令:【剖面】→【门窗过梁】或命令行:MCGL

执行后,命令行提示:

> <u>选择需加过梁的剖面门窗：</u>点取要添加过梁的剖面门窗图块,可多选。
>
> <u>选择需加过梁的剖面门窗：</u>回车退出选择。
>
> <u>输入梁高<120>：</u>键入门窗过梁高,按 Enter 键结束命令。

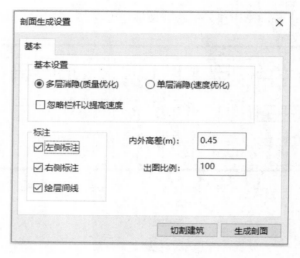

图 12.66 "剖面生成设置"对话框

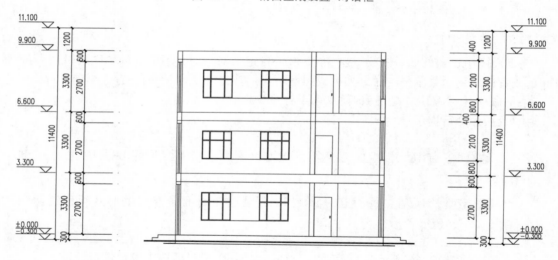

图 12.67 利用"建筑剖面"生成的剖面图

（2）双线楼板

本命令用一对平行的 AutoCAD 直线对象，在 S_FLOORL 图层直接绘制剖面双线楼板。

菜单命令：【剖面】→【双线楼板】或命令行：SXLB

执行后，命令行提示：

> 请输入楼板的起始点＜退出＞：点取楼板的起始点。
>
> 结束点＜退出＞：点取楼板的结束点。
>
> 楼板顶面标高 ＜3300＞：输入从坐标 y＝0 起算的标高或回车。
>
> 楼板的厚度（向上加厚输负值）＜200＞：键入 100。

（3）加剖断梁

本命令在剖面楼板处按给定尺寸加剖面梁，剪裁双线楼板底线。

菜单命令：【剖面】→【加剖断梁】或命令行：JPDL

执行后，命令行提示：

> **请输入剖面梁的参照点 ＜退出＞**：点取取楼板顶面的定位参考点。
>
> **梁左侧到参照点的距离 ＜100＞**：键入 120。
>
> **梁右侧到参照点的距离 ＜150＞**：键入 120。
>
> **梁底边到参照点的距离 ＜300＞**：键入 400，包括楼板厚在内的梁高。

其他的细部内容，同立面图一样，用 AutoCAD 和天正命令来进行完善，完成后的剖面图如图 12.68 所示。

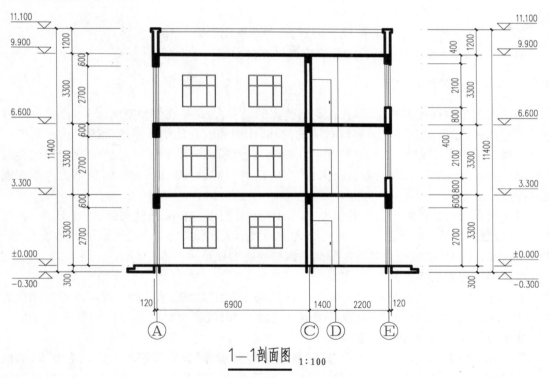

图 12.68　完成后的剖面图

12.4 布 图

► ### 12.4.1 单比例布图

当一张图纸中只使用一个比例时,最简单的布图方法是在模型空间直接插入图框。图形对象都是在模型空间中按照1:1的实际尺寸进行绘制的,出图比例就是绘制之前设置的图形的"当前比例"。当出图比例与"当前比例"不一致时,采用"文件布图"→"改变比例"修改图形比例。

单比例布图方法如下:

①如前所绘一层平面图,先利用"设置"→"当前比例"命令,设置为1:100。

②按要求绘制图形。

③如第12.2.13节内容所述,插入图框,设置图框比例为1:100。

④在"打印"对话框中进行打印设置后就可直接出图。

► ### 12.4.2 多比例布图

当一张图纸中存在多种比例时,无论当前比例是多大,都是在模型空间按1:1的实际尺寸创建图形构件,然后在图纸空间进行布图的,当前比例和改变比例并不改变图形构件对象的大小。而对于图中的文字、工程符号和尺寸标注,以及断面充填和带有宽度的线段等注释对象而言,它们与比例参数密切相关,在执行"当前比例"和"改变比例"命令时实际上改变的就是这些注释对象。

多比例布图就是把多个选定的模型空间的图形分别以各自画图使用的"当前比例"为倍数,缩小放置到图纸空间中的视口,进行合理的布置。天正设计了"定义视口"和"改变比例"命令修改视口图形,系统能自动将注释对象调整到符合规范。

多比例布图方法如下:

①当图形中既有1:25的比例又有1:50的时候,使用"当前比例"命令设定图形的比例为1:25,按设计要求绘制1:25图形;修改当前比例为1:50,按设计要求绘制1:50图形。

②单击"布局"标签,进入图纸空间。

③在AutoCAD的"文件"菜单中选择"页面设置管理器"。在"页面设置管理器"对话框中单击"修改",进入"页面设置"对话框。在该对话框中设置打印机和图纸大小,设置打印区域为"布局",打印比例设置为1:1,单击"确定"按钮,删除自动创建的视口。

④单击天正菜单"文件布图"→"定义视口",定义两个视口,并分别设置图形的输出比例为25和50,然后调整图形位置。

⑤在图纸空间单击"文件布图"→"插入图框",设置图框比例参数1:1,单击"确定"按钮插入图框,调整位置后即可打印出图。

参考文献

［1］朱育万,卢传贤.画法几何及土木工程制图［M］.北京:高等教育出版社,2005.

［2］乐荷卿,陈美华.土木建筑制图［M］.武汉:武汉理工大学出版社,2005.

［3］何斌,陈锦昌,陈坤.建筑制图［M］.北京:高等教育出版社,2005.

［4］罗康贤,左宗义,冯开平.土木建筑工程制图［M］.广州:华南理工大学出版社,2006.

［5］陈培泽,焦永和,赵书嫒.画法几何［M］.北京:北京理工大学出版社,2005.

［6］莫章金,毛家华.建筑工程制图与识图［M］.3版.北京:高等教育出版社,2013.

［7］杨国立,李瑞鸽.土木工程 CAD 技术与应用［M］.北京:地震出版社,2004.

［8］刘清云,黄嫣.AutoCAD 2009 自学手册［M］.北京:人民邮电出版社,2009.

［9］钱敬平.AutoCAD 建筑制图教程［M］.北京:中国建筑工业出版社,2006.

［10］大林工作室.TARch7.5 天正建筑软件实例详解［M］.北京:人民邮电出版社,2008.

［11］中国建筑标准设计研究院有限公司,等.房屋建筑制图统一标准:GB/T 50001—2017
　　　［S］.北京:中国建筑工业出版社,2018.

［12］中国建筑标准设计研究院有限公司,等.总图制图标准:GB/T 50103—2010［S］.北京:中
　　　国计划出版社,2011.

［13］中国建筑标准设计研究院有限公司,等.建筑制图标准:GB/T 50104—2010［S］.北京:中
　　　国计划出版社,2011.

［14］中国建筑标准设计研究院有限公司,等.建筑结构制图标准:GB/T 50105—2010［S］.北
　　　京:中国建筑工业出版社,2011.

［15］中国建筑标准设计研究院有限公司,等.16G101-1 混凝土结构施工图 平面整体表示方
　　　法制图规则和构造详图［S］.北京:中国计划出版社,2016.

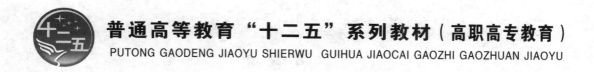

普通高等教育"十二五"系列教材（高职高专教育）

PUTONG GAODENG JIAOYU SHIERWU GUIHUA JIAOCAI GAOZHI GAOZHUAN JIAOYU

热工仪表检修

REGONG YIBIAO JIANXIU

主　编　曾　蓉　成福群

副主编　张　波　隆　荣

　　　　谢碧蓉　常家祥

编　写　李　梅

主　审　倪桂杰

中国电力出版社

CHINA ELECTRIC POWER PRESS

内容提要

本书以培养高素质技能型人才为目的，在深入分析工业热工控制技术专业工作任务和职业核心能力后，采用以职业能力为本位的项目化课程的思路对编写内容进行优化设计。

本书以典型工作任务来训练学生掌握热工测量仪表及系统的检修、故障处理、校验等实践能力，教材内容依据相关的国家标准和电力行业规程，同时也参考了电厂的规章制度，为学生获取热工仪表检修三级、四级职业资格证做准备。

本书可作为高职高专院校工业热工控制技术、热工检测及控制技术以及相关专业的教材，也可供电力、化工、冶金、石油、机械等从事过程自动控制专业工作的技术人员参考。

图书在版编目（CIP）数据

热工仪表检修/曾蓉，成福群主编. —北京：中国电力出版社，2013.8（2021.8重印）

普通高等教育"十二五"规划教材.高职高专教育

ISBN 978－7－5123－4780－9

Ⅰ.①热… Ⅱ.①曾…②成… Ⅲ.①热工仪表－检修－高等职业教育－教材 Ⅳ.①TH810.7

中国版本图书馆 CIP 数据核字（2013）第 178108 号

中国电力出版社出版、发行

（北京市东城区北京站西街 19 号　100005　http：//www.cepp.sgcc.com.cn）

北京天宇星印刷厂印刷

各地新华书店经售

*

2013 年 8 月第一版　　2021 年 8 月北京第二次印刷

787 毫米×1092 毫米　16 开本　13.25 印张　321 千字

定价 **24.00** 元

前　言

　　国民经济的不断增长增加了对能源的需求，电力工业逐渐向大电网、大机组、高参数、高度自动化发展。由于高参数、大容量机组发展迅速，机组装机容量趋于大型化，对机组自动化的要求也日益提高。另外，脱硫等工艺的广泛采用，建设清洁、高效电厂，对电厂热工测量仪表的准确性、可靠性等要求越来越高。

　　目前我国需要大量高级技术技能型人才。在这一大环境下，电力职业院校进行了深入细致的教学改革，以培养适应新形势的合格人才，就必然体现在相关专业教材的建设上。

　　本书是以完成实际工作项目任务为目的来组织教材内容，引导学生以实际工作过程为导向，按行业规程要求完成工作任务，在获取知识、训练职业能力的同时，也培养了学生的职业素质。教材内容的编排和组织以职业岗位的工作任务为依据确定，同时也参考了电力行业规程规范以及制度的要求和国家职业技能鉴定规范。本书以培养学生热工仪表检修职业技能为目标，重点讲解电厂中先进成熟的热工参数的测量原理和方法，并融入了烟气在线监测仪表等新知识、新技术，力求与电厂生产实际紧密结合，注重职业素质的培养。

　　本书由重庆电力高等专科学校曾蓉、成福群主编，曾蓉编写项目一的知识拓展、项目二～项目四、项目五的任务二；成福群编写项目六；国电重庆恒泰发电有限公司常家祥和重庆电力高等专科学校谢碧蓉共同编写了项目一；神华国能重庆发电厂隆荣和重庆电力高等专科学校张波、李梅共同编写了项目五的任务一。全书由重庆电力高等专科学校曾蓉统稿。

　　全书由郑州电力高等专科学校倪桂杰副教授审稿，并提出了许多宝贵意见和建议，在此表示衷心的感谢。

　　本书于 2013 年 8 月被教育部职业教育与成人教育司批准立项为"十二五"职业教育国家规划教材。

编　者

2013 年 8 月

目 录

绪　　论

在热力发电厂中，为了及时反映热力设备的运行工况，为运行人员提供操作依据，为热工自动化装置准确及时地提供信号，为运行的经济性计算提供数据，必须进行热工参数的测量。因此，热工参数测量是保证热力设备安全、经济运行及实现自动化的必要条件，亦是经济管理、环境保护、研究新型热力生产系统和设备的重要手段。

国民经济的不断增长，增加了对能源的需求量，电力工业逐渐向大电网、大机组、高参数、高度自动化发展。因此，对热工测量的准确性、可靠性等要求越来越高，对机组自动化的要求也日益提高。以"4C（Computer、Control、Communication、CRT）技术"为基础的现代火电机组热工自动化技术也相应得到了迅速发展。大机组的特点之一是监视点多，600MW 机组 I/O 点多达 6000 个，随着发电机—变压器组和厂用电源等电气部分监视纳入 DCS（Distributed Control Systems）之后，I/O 点已超过 8000 个，参数变化速度快和控制对象数量大（600MW 机组超过 1300 个），而各个控制对象又相互关联，所以，操作稍一失误，将引起严重的后果。如果将大机组的监视与控制操作任务仅交给运行人员去完成，不仅体力和脑力劳动强度大，而且很难做到及时调整和避免人为的操作失误，因此，必须由高度计算机化的机组集控取而代之。大型火电机组离开了高度的自动化，将不可能实现安全经济运行。而对机组参数的实时、准确的掌握，就显得尤其重要。

图 0-1 显示了热工测量在热力生产过程控制系统中的地位，对生产过程进行实时、准确的监测，是实现热力生产过程自动控制的前提。由此可看出热工测量在热力生产过程中的重要地位。

锅炉、汽轮机装有大量的热工测量仪表，包括测量仪表、变送器、显示仪和记录仪等，它们随时显示、记录机组运行的各种参数，如温度、压力、流量、水位、转速等，以便进行必要的操作和控制，保障机组安全、经济地运行。

图 0-2 是某火力发电厂机组的一幅运行监控画面。该画面上显示有汽包水位、压力，有给水的温度、压力、流量，有除氧器的温度、压力、水位等各热力设备运行参数。由此我们可以看出，热工测量的

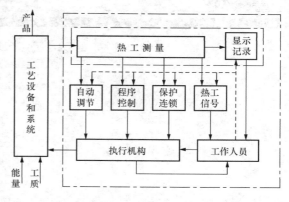

图 0-1　热力生产过程控制系统的组成框图

内容广泛，且以计算机为基础的数据采集系统（DAS）是目前电厂监控的最主要的方式，它不仅可以进行一般的监测及报警，而且可以提供参数变化率、机组运行效率等数据，可定期打印制表，并在事故情况下追忆事故前后被控设备各部分的参数，以供运行分析及资料累积。

热工测量是指压力、温度等热力状态参数的测量，通常还包括一些与热力生产过程密切

相关的参数的测量，如流量、液位、振动、位移、转速和烟气成分等。

在电力生产过程中，维护热工测量仪表的正常工作，确保测量参数的准确性、可靠性，是电力生产安全、经济、环保运行的重要保障。除了日常的运行维护、事故抢修外，热工测量仪表的定修，包括大修、小修，也十分重要。

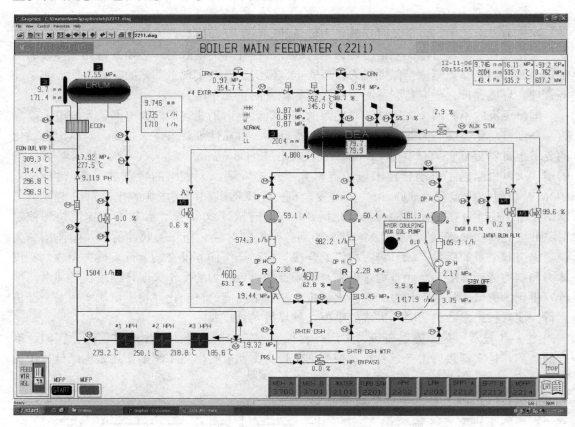

图 0-2　火电厂生产过程监控画面举例

项目一　压力测量仪表检修

【项目描述】

　　压力或差压是反映工质热力状态的主要参数之一，生产中监视和控制压力，对保证工艺过程的安全和经济有重要意义。在火电厂中，压力是热力过程的重要参数。如要使锅炉、汽轮机以及辅机设备等安全、经济地运行，就必须对生产过程中的水、汽、油、空气等工质的压力进行测量，以便对火电生产过程的监视和控制。随着机组容量的增大，需要监控的压力参数的数目也在增多。

　　在火电生产过程中，被测压力值的范围也比较宽，约从 1kPa～30MPa，如凝汽器内的真空、炉膛负压、主蒸汽压力、给水压力、油压和风烟压力等。对压力进行测量所使用的压力仪表的种类不尽相同，数量众多。此外，差压测量还广泛应用在液位和流量测量中。表1-1列举了部分压力测点。

表 1-1　　　　　　　　　　　　电厂压力测点例表

序号	测 点 名 称	型 式 及 规 范	安装地点
1	主蒸汽压力	0～26.7MPa	—
2	锅炉给水压力	0～35MPa	保护柜
3	省煤器入口锅炉给水压力	0～35MPa	保护柜
4	高温过热器出口蒸汽压力	0～35MPa 带 HART 协议	保护柜
5	A 磨煤机分离器出口风粉混合物压力	STD924-E1A，0～30kPa	保护柜
6	炉膛压力	STD924-E1A 带 HART 协议 4000～4000Pa	保护柜

　　本项目的任务是培养学员对压力测量系统的整体构成的分析能力，并使学员具备压力测量仪表检修及校验的能力，养成依据规程开展压力测量仪表检修工作的职业习惯。

【教学环境】

　　教学场地是多媒体教室、热工仪表检修室或一体化教室。学员在多媒体教室进行相关知识的学习，小组工作计划的制订，实施方案的讨论；在热工仪表检修室依据规程进行压力仪表的校验、检修。

任务一　弹性式压力表检修

【学习目标】

　　(1) 能表述弹性压力表的测量原理；能说明不同类型弹簧管压力表的使用环境。

（2）能正确读识弹簧管压力表铭牌，分辨精确度、量程等相关技术参数等。

（3）能根据任务进行检修的设备准备、材料准备、施工现场准备工作，能开具合格的工作票。

（4）能对弹簧管压力表进行外观检查，目测二次阀门、排污门及各管接件是否良好；能检查电接点弹簧管压力表接线良好情况；能进行压力取样管路冲洗，会正确投入压力仪表。

（5）能根据检定规程的要求，正确选择压力校验仪等相关仪器设备，按检修规程完成弹簧管压力表绝缘电阻的测试和弹簧管压力表的校验，出具校验结果证书或合格证书，完成弹簧管压力表的检修。

（6）能根据弹簧管压力表测量系统的故障现象，进行消缺，恢复其正常测量。

（7）掌握绝对误差、引用误差、基本误差、回程误差的计算方法，会计算测量系统的综合误差。

（8）会按流程结束工作票、整理归档资料，办理正常结束工作手续。

【任务描述】

弹性式压力表的检修的任务是能根据压力测量参数的要求正确分析测量系统构成，说明测量原理及基本技术参数，熟悉相关的规程，如 JJG 52—1999《弹簧管式一般压力表、压力真空表和真空表检定规程》、JJG 49—1999《弹簧管式精密压力表和真空表检定规程》等，并能按电厂工作规程进行压力测量仪表及系统的检修，熟练掌握压力仪表校验的职业技能。

【知识导航】

一、压力测量的初步认识

（一）压力的概念

工程技术中的压力即物理学中所说的压强，是指垂直作用在物体单位面积上的力。流体在流动状态时表现出静压和动压，而且在一定条件下，静压、动压服从相应的规律。在测量这些压力时，所使用的压力仪表和测量方法有所不同。

（二）压力的表示方法

物理学中所讲的流体的压强系指绝对压力 p，而在工程技术中往往采用表压力 p_g，即超出当地大气压 p_a 的压力值，也就是一般压力计所指示的数值。它们之间的关系为

$$p_g = p - p_a \qquad (1-1)$$

当 $p_g > 0$ 时，称 p_g 为正压力或正压，通常称为压力；当 $p_g < 0$ 时，称 p_g 为负压力或负压，通常也称为真空。很显然，真空压力是小于大气压的压力，绝对压力与表压力的关系如图 1-1 所示。

在液位或流量测量技术中常会遇到用两个压力的差值 Δp 代表被测量的液位或流量，通常把 Δp 称为差压。在 Δp 的检测中，其值是由管道或容器中直接取

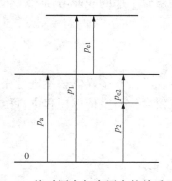

图 1-1　绝对压力与表压力的关系示意

p_a—大气压力；p_1、p_2—绝对压力；p_{e1}—与 p_1 对应的正表压力；p_{e2}—与 p_2 对应的负表压力，即真空值

出的两个绝对压力值的差值，即 $\Delta p = p_1 - p_2 (p_1 > p_2)$。在差压计中，把压力高的一侧叫正压，压力低的一侧叫负压，这个负压不一定低于当地大气压。

（三）压力的单位

根据物理学知识，压力 p 可用下式表示：

$$p = \frac{F}{A} \tag{1-2}$$

在国际单位（SI）制中，压力的单位名称为帕斯卡，简称帕，符号为 Pa。$1Pa = 1N/m^2$，即 1 帕斯卡等于 1 牛顿力垂直均匀作用在 1 平方米面积上所形成的压力。

过去常用的压力单位有工程大气压（kgf/cm^2）、毫米水柱（mmH_2O）、毫米汞柱（$mmHg$）以及标准大气压等，均应换算成帕或其倍数单位。

在欧美一些国家中还使用其他一些压力单位，如巴（bar）、磅力/英寸（$1bf/in$）、英寸水柱（inH_2O）、英寸汞柱（$inHg$）等。这些单位在我国不采用。各压力单位换算关系见表 1-2。

表 1-2 压力单位换算关系

压力单位	帕	千克力/厘米²	毫米水柱	毫米汞柱	毫巴	标准大气压
1 帕	1	1.02×10^{-5}	0.102	7.501×10^{-3}	10^{-2}	9.87×10^{-2}
1 千克力/厘米²	9.806×10^4	1	10^4	735.56	980.6	0.9678
1 毫米水柱	9.806	10^{-4}	1	7.3556×10^{-2}	9.806×10^{-2}	0.9678×10^{-4}
1 毫米汞柱	133.3	13.6×10^{-4}	13.6	1	1.333	1.316×10^{-4}
1 毫巴	100	0.102×10^{-2}	10.2	0.7501	1	9.87×10^{-4}
1 标准大气压	10.13×10^4	1.033	1.033×10^4	760	1013	1

（四）压力测量仪表分类

在生产过程中和实验室里使用的压力仪表种类很多。对压力仪表可以从不同的角度进行分类。如按被测压力可分为压力表、真空表、绝对压力表、真空压力表等，按压力表使用的条件可分为普通型、耐震型、耐热型、耐酸型、禁油型、防爆型等压力表，按压力表的功能可分为指示式压力表、压力变送器，按压力表的工作原理可分为液柱式压力计、弹性式压力计、电气式压力计、活塞式压力计等。下面按工作原理分类简述各类压力计。

1. 液柱式压力计

液柱式压力计是利用液柱产生的压力去平衡被测量的压力。由于液柱的高度与其产生的压力有确定的关系，所以这类仪表大都是用液柱的高度作为仪表的示值。

液柱式压力计的结构简单，显示直观。这类压力计可达到较高的精确度，主要用于实验室测量。

2. 弹性式压力计

在弹性式压力计的内部结构中都有弹性元件。弹性元件在被测压力的作用下产生弹性形变，从而使弹性元件产生与其弹性形变相对应的弹性力。在弹性限度内，弹性形变与弹性力有确定的关系。当弹性元件产生的这种弹性力与被测压力相平衡时，弹性形变的大小就代表了被测量的压力值。

弹性压力计是压力表中使用最广泛的一类压力计，它结构简单，性能可靠，价格便宜。弹性压力计中有机械弹性压力表和弹性式压力变送器，种类与型号也比较多。广泛应用于生产现场，就地显示压力。

3. 电气式压力计

电气式压力计是利用某些物质受压后产生一定的物理效应，其某种电气特性会发生变化，通过测量这些电气特性的参数来进行压力测量。如某些金属受压后产生压阻效应，即电阻发生变化；某些晶体受压后产生压电效应，即在晶体的表面上带有电荷；某些铁磁材料受压后产生压磁效应，即材料的磁导率发生变化从而引起激磁线圈的阻抗发生变化；某些气体在一定的条件下，其热导率（导热系数）与压力有一定的关系，通过对气体热导率的测量可测知压力等。其压力信号转换为电信号远传，可采集进入 DCS 系统进行显示或作为控制信号。

4. 活塞式压力计

活塞式压力计是一种用于计量检定工作的压力标准器，又称压力校验台。它是利用活塞及标准质量重物（砝码）的重力在单位面积上所产生的压力，通过密封液的传递与被测压力平衡的原理进行测量。其压力测量的范围宽，精确度高，性能稳定。活塞式压力计的显示值不是连续的，而是离散的，主要用于压力表的检定中。

二、弹性式压力计

弹性式压力计是生产过程中使用最为广泛的一类压力计。它的结构简单，使用操作方便，性能可靠，价格便宜，可以直接测量气体、油、水、蒸汽等介质的压力。其测量范围很宽，可以从几十帕到数十兆帕，可以测量正压、负压和差压。

弹性元件是压力计的核心器件，它把被测量的压力转换成弹性元件的弹性位移输出。当结构、材料一定时，在弹性限度内弹性元件发生弹性形变而产生的弹性位移与被测量的压力值有确定的对应关系。图 1-2 展示的是弹性压力表。

图 1-2 弹性压力表

目前金属弹性式压力计的精确度可达到 0.16 级、0.25 级、0.4 级。工业生产过程中使用的弹性压力计，其精确度大都是 1.5 级、2.0 级、2.5 级。弹性式压力表适用的测量条件也较广泛，有抗震型、抗冲击型、防水型、防爆型、防腐型等。

（一）弹性元件

1. 弹性元件的结构形式

弹性式压力计中的弹性元件主要有膜片、膜盒、弹簧管、波纹管等。每种弹性元件在结构上又有不同的形式，如膜片分为平面膜片、波纹膜片和挠性膜片等。

（1）膜片、膜盒。膜片是一种圆形弹性薄片，它的四周被固定起来，在压力的作用下各处产生弹性变形，其弹性位移最大的地方是中心部位，通常取其最大位移的中心部位位移作为被测压力的信号。波纹膜片的波纹形状有正弦波、梯形波、三角波、弧形波等。挠性膜片的刚度很小，主要起隔离作用，它的输出主要取决于与之连接的弹簧元件。膜片的材料通常为锡锌青铜、磷青铜、黄铜、铍青铜、不锈钢、工具钢、锰钢等，膜片结构示意图如图1-3所示。

膜盒是把两个膜片周边焊接起来而构成的，膜盒的灵敏度是相应的一张膜片灵敏度的两倍。构成膜盒的膜片一般都是波纹膜片，如要得到更高的灵敏度，可将几个膜盒串接起来构成膜盒组，如图1-4所示。取膜盒中心部位的弹性位移作为压力信号输出。

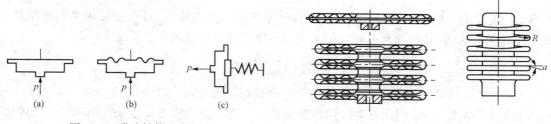

图1-3 膜片结构示意图
（a）平面膜片；（b）波纹膜片；（c）挠性膜片

图1-4 膜盒结构示意图

膜片和膜盒主要用来测量中低压力或差压。

（2）弹簧管。弹簧管又称波登管，是一种横截面为椭圆形或扁圆形的空心薄壁金属管，外形各不相同，如图1-5所示。其中应用最多的是C形单圈弹簧管，中心角 γ 为270°，下面以此为例说明弹簧管的测压原理。

如图1-6所示，单圈弹簧管的开口端固定在仪表基座上，称为固定端，压力信号由此端引入弹簧管内。弹簧管的另一端封闭并可以自由移动，称为自由端。当弹簧管内通入的压

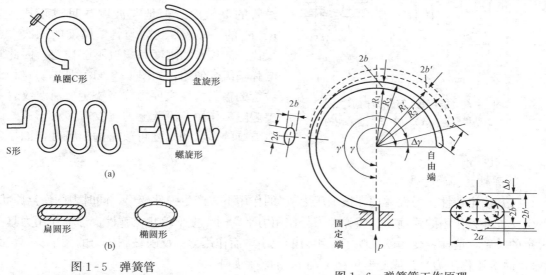

图1-5 弹簧管
（a）弹簧管外形；（b）弹簧管断面形状

图1-6 弹簧管工作原理

力高于管外时，由于短轴方向的面积比长轴方向的大，故截面趋于变圆，管子趋于伸直，即曲率半径 R 增大和圆弧角 γ 减小，自由端产生位移 l。也可用几何关系来说明自由端位移。设弹簧管长半轴为 a，短半轴为 b，受压力作用前内外半径分别为 R_1、R_2，圆弧角为 γ；受压力作用后弹簧管的内外半径为 R_1'、R_2'，圆弧角为 γ'。受压前后的管长视为基本不变，即

$$R_1\gamma = R_1'\gamma'$$
$$R_2\gamma = R_2'\gamma'$$

上两式相减可得

$$(R_2 - R_1)\gamma = (R_2' - R_1')\gamma'$$

设受力前后弹簧管截面的短半轴长度分别为 b 及 b'，则 $R_2 - R_1 = 2b$，$R_2' - R_1' = 2b'$，因此

$$b\gamma = b'\gamma' \tag{1-3}$$

弹簧管内充压后，$b' > b$，故 $\gamma' < \gamma$，自由端向外移动产生位移 l。设受压后短半轴变化量为 Δb，圆弧角变化为 $\Delta\gamma$，则 $b' = b + \Delta b$，$\gamma' = \gamma - \Delta\gamma$，式（1-3）可改写成

$$\Delta\gamma = \frac{\Delta b}{b + \Delta b}\gamma \tag{1-4}$$

由式（1-4）可见，要想有较大的位移（即提高灵敏度），应取较小的 b 值（一般 a/b 取 5～6 较好）；应增加 γ，因此有多圈弹簧管等结构；应有较大的 Δb，为此要选择合适的管壁材料，减小管壁厚度，尽可能增加与长轴平行的内表面积，设计恰当的断面形状等。为了在相同的 $\Delta\gamma$ 下得到更大的输出位移 l，还应增大弹簧管的曲率半径 R。当弹簧管内引入负压时，由于管外压力高于管内，则 b 变小，γ 变大，自由端的位移方向与受正压时相反。

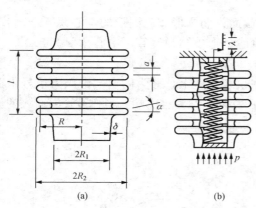

图 1-7　波纹管（筒）结构示意图
（a）波纹筒结构示意；（b）与弹簧组合使用的波纹筒

（3）波纹管。波纹管是一种有多层同心波纹的薄壁圆筒，亦称波纹筒，一端开口并固定在仪表基座上，为固定端；另一端封闭，为自由端，如图 1-7（a）所示。使用时，压力信号引入筒内或筒外，使自由端产生轴向位移作为输出。当变形不大时，输出特性是线性的。波纹管的灵敏度近似地与波纹数目成正比，与 R_2/R_1 的平方成反比，与管壁厚度的三次方成反比。波纹管的刚度和零位不够稳定，因此常与弹簧组合使用，如图 1-7（b）所示。这种波纹管的输出特性主要由弹簧决定，而波纹管主要起隔离作用。筒壁上的波纹有多种形式，改变波纹的形状和尺寸可改善输出特性，如灵敏度、线性度等。

2. 弹性元件的特性

（1）输出特性。弹性元件在被测压力 p_x 的作用下，产生弹性变形，同时力图恢复原状，产生反抗外力作用的弹性力。当弹性力与作用力平衡时，变形停止。弹性变形与作用力具有一定的关系，这样，变形就反映了作用力的大小，而作用力则反映被测压力的大小。弹性力（平衡时等于作用力）F 或变形位移 x 与 p_x 的关系如下：

$$F = f(p_x) \quad \text{或} \quad x = f'(p_x)$$

上两式称为弹性元件的输出特性，也称为弹性特性，一般为非线性关系。各种弹性元件的性质见表 1-3，从输出特性曲线可以求得元件的刚度。

表 1-3　　　　　　　　　　　　　　　各种弹性元件的性质

类别	名称	示意图	测量范围（×100kPa）		输出量特性	动态性质	
			最小	最大		时间常数（s）	自振频率（Hz）
薄膜式	平薄膜		$0\sim10^{-1}$	$0\sim10^{3}$		$10^{-6}\sim10^{-2}$	$10\sim10^{4}$
	波纹膜		$0\sim10^{-5}$	$0\sim10$		$10^{-3}\sim10^{-1}$	$10\sim100$
	挠性膜		$0\sim10^{-7}$	$0\sim1$		$10^{-2}\sim1$	$1\sim100$
波纹管式	波纹管		$0\sim10^{-5}$	$0\sim10$		$10^{-2}\sim10^{-1}$	$10\sim100$
弹簧管式	单圈弹簧管		$0\sim10^{-3}$	$0\sim10^{4}$			$10^{2}\sim10^{3}$
	多圈弹簧管		$1\sim10^{-4}$	$0\sim10^{3}$			$10\sim100$

弹性元件的输出特性决定着测压仪表的质量好坏。它与弹性元件的结构形式有关，与材料、加工和热处理有关。因此，目前还无法推导出输出特性的完整的理论公式，而是通过实验、统计的方法得到经验公式。

（2）固有频率。固有频率也叫自振频率或无阻尼自由振动频率。它与材料及元件的结构尺寸有关，对弹性元件的动态影响很大，一般希望固有频率较高。

（3）刚度和灵敏度。使弹性元件产生单位变形所需要的负荷（压力、力），称为弹性元件的刚度；反之，在单位负荷作用下产生的变形（力、位移），称为弹性元件的灵敏度。

刚度大的弹性元件，其灵敏度较小，适用于大量程测压仪表；刚度小的弹性元件，易于制成检测微小波动压力的仪表。对于线性输出特性的弹性元件，其刚度和灵敏度均为常数，这有利于制作高准确度的仪表。

（4）弹性迟滞和弹性后效（不完全弹性）。弹性元件在弹性范围内加负荷与减负荷时，其弹性形变输出特性曲线不重合，这种特性称为弹性迟滞，如图 1-8（a）所示。弹性迟滞特性将使压力计产生回程误差。

当加在弹性元件上的负荷停止变化或被取消时，弹性元件的形变并不是立即就完成的，而是要经过一定的时间才完成相应的形变，这种特性称为弹性后效，如图 1-8（b）所示。弹性后效特性会影响压力表的动态性能，其仪表示值产生动态误差。

在实际工作中，弹性迟滞和弹性后效往往同时产生，也将使压力计产生回程误差，如图 1-8（c）所示。

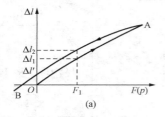
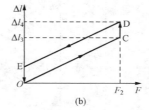
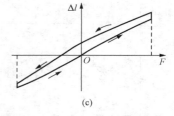

图 1-8　弹性元件的部分特性
(a) 弹性迟滞；(b) 弹性后效；(c) 弹性滞环

弹性迟滞和弹性后效现象与弹性元件材料及加工后的热处理有关，也与压力的最大值有关。在使用中减小弹性迟滞和弹性后效的一种方法，是使弹性元件的工作压力远小于比例极限（即取用线性输出特性范围）。一般工业用弹性压力计由不完全弹性造成的误差约为 $\pm(0.2\sim0.5)\%$。

（5）蠕变和疲劳形变。弹性元件经过长时间的负荷作用，当负荷取消后，不能恢复原来的形态，这种特性称为弹性元件的蠕变。弹性元件在频繁交变负荷的作用下，当负荷取消后，不能恢复原来形态，这种特性称为弹性元件的疲劳形变。蠕变和疲劳形变将会影响压力表的准确度。

（6）温度特性。由于温度变化，弹性元件材料的弹性模量将发生变化，所以弹性元件的刚度发生变化，这将影响弹性元件的输出特性。很容易理解，温度升高，刚度减小，灵敏度增大，压力表示值将会偏高。由于温度对弹性元件输出特性的影响，所以弹性压力表的使用要注意它的适用温度范围。采用弹性合金材料制作弹性元件或者在使用中进行温漂的实验修正可以减小温度的影响。

（二）弹簧管压力表

弹簧管压力表是生产过程中和实验室中应用非常普遍的测压仪表。它可以测量压力，也可以测量真空。弹簧管压力表应用最广，测量范围从真空到 10^9 Pa 的高压，准确度等级一般为 1.0～4.0 级，精密的可达 0.1～0.5 级。

如图 1-9 所示为单圈弹簧管压力表的结构。它主要由弹簧管、传动放大机构、指示机构及外壳组成。当弹簧管内充压后，自由端位移，通过拉杆带动齿轮传动机构，使指针相对于刻度盘转动。当弹簧管形变产生的弹性力与被测压力产生的作用力相平衡时，形变停止，指针指示出被测压力值。

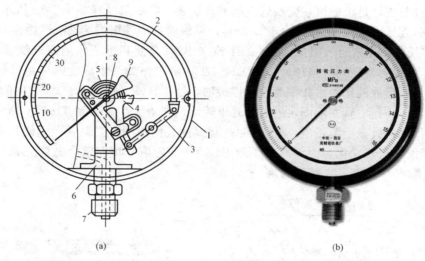

图 1-9　单圈弹簧管压力表

(a) 结构图；(b) 单圈弹簧管压力表

1—表盘面；2—弹簧管；3—拉杆；4—扇形齿轮；5—游丝；6—支座；

7—接头；8—小齿轮；9—指针

扇形齿轮与拉杆相连处有一开口槽，用以调整拉杆与扇形齿轮的铰合点位置，从而改变指针的指示范围。转动轴处装有一根游丝，用来消除齿轮啮合处的间隙。传动机构的传动阻力要尽可能小，以免影响仪表的准确度。

（三）膜合微压计

膜合微压计的测量范围为 150～40 000Pa，准确度等级一般为 2.5 级，较高的可达 1.5 级。在火电厂中可用膜盒微压计测送风系统、制粉系统、炉膛和尾部烟道的压力，膜盒微压计原理结构如图 1-10 所示。膜盒计的感受件是膜盒，传动机构由一系列连杆机构组成，游丝的作用是消除传动机构的间隙。膜盒在被测压力作用下产生变形，其中心处便发生位移，此位移通过传动机构带动指针转动。当平衡时，指针指示出被测压力值。

调零机构用于调整膜盒的初始高低位置，以实现仪表的调零；微调螺丝可调整

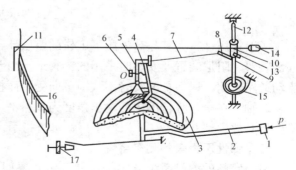

图 1-10　膜盒微压计原理结构

1—接头；2—导压管；3—金属膜盒；4，5—杠杆；6—微调螺丝；7—拉杆；8—曲柄；9—内套筒；10—外套筒；11—指针；12—轴；13—制动螺丝；14—平衡锤；15—游丝；16—标尺；

17—调零机构

量程的满度值，即起到微调量程的作用；大的量程调整是通过改变各连杆间的连接孔位置来实现的。

（四）双波纹管差压计

双波纹管差压计是一种低压及差压测量仪表，其中差压测量仪表主要在测量流量和水位等参数时用于中间变换或显示。一般被测差压不大，但静压力很高。

双波纹管差压计是机械位移变换式差压测量仪表，其测量原理如图 1-11 所示。当从高、低压引入口引入压力 p_1、p_2 时，由于 $p_1 > p_2$，波纹管自由端用连接轴刚性相连，受力后 B1 压缩，B2 伸长，填充液通过阻尼缝隙由 B1 流向 B2（充液和阻尼作用使波纹管受力均匀，移动平稳），量程弹簧 7 同时被拉伸。当 B1、B2 和量程弹簧 7 组成的弹性组件的弹性力与差压（$p_1 - p_2$）形成的作用力相平衡时，连接轴 1 停止移动，挡板 3 使摆杆 4 带着扭力管 5 扭转一定角度，与扭力管左端固定的芯轴 6 也转动相同角度，如图 1-11（b）所示，此角度变化可带动仪表指针显示测量值。波纹管 B3 起温度补偿作用，当温度变化使充液体积变化时，B3 的容积可随着变化，因而减小了对 B1、B2 的影响。填充液为低膨胀系数液体（一般为 50％蒸馏水与 50％乙二醇混合液）。

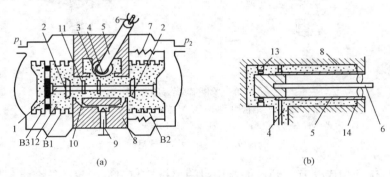

图 1-11　双波纹管差压计原理结构

（a）双波管剖面示意；（b）输出轴结构示意

1—连接轴；2—单向受压保护阀；3—挡板；4—摆杆；5—扭力管；6—芯轴；7—量程弹簧；
8—中心基座；9—阻尼阀；10—阻尼旁路；11—阻尼环；12—填充液；13—滚针轴承；
14—玛瑙轴承

一般差压计，尤其是高静压下工作的差压计，设计时都考虑有单向超压保护装置、温度补偿装置、阻尼装置及安装时采用的三阀组。当差压过大时，单向受压保护阀 2 将填充液的流动通路封闭，以保护波纹管不致因单向受压而损坏。

芯轴 6 在全量程范围内的输出角度为 0°～8°，为此还需通过四连杆机构和扇形齿轮放大机构将其放大到 0°～270°，以便于指针进行指示。

三、弹性压力表的测量系统

一个完整的测量系统方案是怎样的呢？要回答这个问题，我们必须先知道什么是测量系统。

为了实现一定的测量目的，将测量设备按一定方式进行组合的系统称为测量系统，也称检测系统。由于测量原理不同，测量准确度的要求不同，测量系统的构成会有很大的差别。它可能是仅有一只测量仪表的简单测量系统，例如，水银温度计；也可能是一套价格昂贵、高度自动化的复杂测量系统，例如，用计算机进行数据采集和数据处理的自动测量系统。

热工测量系统是对热工过程中的热工参数进行测量的系统，其中用来测量热工参数的仪表叫热工仪表。

（一）测量系统的组成

一般测量系统由传感元件、传送变换元件和显示元件三个基本环节组成。图 1-12 所示的是一般测量系统的框图。

1. 传感元件

传感元件（传感器）也叫敏感元件或一次元件。传感元件是测量系统

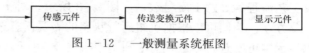

图 1-12　一般测量系统框图

中直接与被测对象相接触的部分，它接受来自被测介质的信号（能量），产生一个以某种形式与被测量有关的输出信号。例如，压力测温系统中的弹性元件，它把被测介质的压力信号转换弹性元件的形变，再通过机械传动成为仪表指示。对传感元件的要求是：

（1）输出信号必须随被测参数的变化而变化，即要求传感元件的输出信号与输入的被测信号之间有稳定的单值函数关系，最好是线性关系，而且可复现。

（2）非被测量对传感元件输出的影响应小得可以忽略。若不能忽略，将造成测量误差。在这种情况下，一般要附加补偿装置进行补偿或修正。

（3）传感元件需尽量少地消耗被测对象的能量，并且不干扰被测对象的状态或者干扰极小。

2. 传送变换元件

传送变换元件的作用是将感受元件输出的信号，根据显示元件的要求，传输给显示元件。

（1）单纯起传输作用。当感受件输出的信号只送给显示件时，传送件只起传输作用。如信号导管、电缆、光导纤维、无线电电波，都可以起传送信息的作用，如流量测量系统中，标准孔板产生的差压信号通过导压管传送到差压流量变送器，而差压流量变送器输出的电流信号通过导线传送到显示仪表，此处的导压管和导线都是该测量系统的传送元件。

传送元件选择不当或安排不合理，会造成信息能量损失，引入干扰，使信号失真，严重时根本无法测量。例如，导压管过细、过长使传输信号受阻，产生传输迟延，影响动态压力测量准确度，导线电阻不匹配，将使电压、电流信号失真，甚至信号不能送进仪表或使仪表给出错误的测量结果。

（2）将感受件输出的信号放大，以满足远距离传输以及驱动显示、记录装置的需要。

（3）为了使各种感受件的输出信号便于与显示仪表和调节装置配接，要通过变换件把信号转换成标准化的统一信号，各种感受件的输出信号都被转换成统一数值范围的气、电信号，这时的传送件常称为变送器。这样，同一种类型的显示仪表常可用来显示不同类型的被测量。

3. 显示元件

显示元件的作用是向观测者显示被测参数的量值。显示元件是人和仪表联系的主要环节，因此，要求它的结构能使观测者便于读出数据，并能防止读者的主观误差。

显示元件的显示方式有模拟式、数字式和屏幕式三种。

（1）模拟式显示。最常见的显示方式是仪表指针在标尺上定位，可连续指示被测参数的数值。读数的最低位由读数者估计。模拟显示设备结构简单，价格低廉，是一种常见的显示形式。模拟式显示有时伴有记录，即以曲线形式给出测量数据。

（2）数字式显示。直接以数字给出被测量值，所示不会有视差，但有量化误差。量化误差的大小取决于模/数转换器的位数。记录时可打印出数据。此种显示的直观形象性较差。

（3）屏幕画面显示。它是目前电厂比较常见的显示方式。它既能按模拟式显示给出曲线，又能给出数值，或者同时按两种方式显示。它还可以给出数据表格、曲线和工艺流程图及工艺流程各处的工质参数，如图 0-2 所示。对于屏幕画面显示方式，生产操作人员观察十分方便，他们可以根据机组运行状态的需要任意选择监视内容，从而提高了监控水平。这类显示器可配合打印或内存、外存作记录，还可以增加在事故发生时跟踪事故过程的记录（称为事故追忆）。屏幕画面显示具有形象性和易于读数的优点。

（二）压力测量系统

压力测量系统主要由导压管和压力表组成，同时还有阀门、隔离容器等附件。典型测量系统如图 1-13 所示。一次阀门主要用于检修时截断测压系统，二次阀门主要用于截断压力表。环形盘管装在二次阀门之前，主要隔离高温介质，以防其进入压力表。测量系统中的压力表安装注意如下几点：

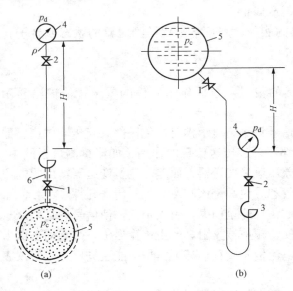

（1）测量低压的压力表或变送器的安装高度宜与取压点的高度一致。

（2）就地安装的压力表不应固定在振动较大的工艺设备或管道上。

（3）测量高压的压力表安装在操作岗位附近时，宜距地面 1.8m 以上，或在仪表正面加保护罩。

（4）当取压口与压力表不在同一高度时，应对仪表读数进行高度差的修正，修正公式为

仪表在测点上方

$$p_d = p_c - \rho g H$$

仪表在测点下方

$$p_d = p_c + \rho g H$$

图 1-13　压力测量系统

（a）测蒸汽介质，仪表安装在测点上方；
（b）测液体介质，仪表安装在测点下方
1—次针形阀门；2—二次针形阀门；3—冷凝盘管；
4—压力表；5—被测管道或容器；6—保温层

式中　p_d——仪表示值；

　　　p_c——被测压力；

　　　H——仪表与被测压力管道高度差；

　　　ρ——被测介质密度；

　　　g——重力加速度。

测量系统的正确显示还应注意如下几方面。

1. 选择正确的压力测量仪表

压力表的选择主要根据测量参数，正确选择仪表的量程范围和准确度等级。

如果被测压力的测量范围要求已经确定，原则上根据压力表的适用量程范围，再考虑一

定的裕度量程范围即可确定。对于弹性压力表，被测压力的额定值一般选择为压力表满量程的 2/3，例如，额定值为 10MPa，压力表的测压范围选为 0～16MPa。如果被测压力经常有脉动变化的情况，被测压力的额定值应选择为压力表量程范围的 1/2 左右为好。

对于压力表准确度的选择除了考虑测量误差要求以外，还应考虑到测压系统各环节以及测量条件的干扰所产生的附加误差的影响。经过适当综合后，选择满足测量要求的压力表的精确度，以使总不确定度符合要求。例如，弹性压力表对其环境温度适用的范围就不大，1.0～4.0 级弹性压力表适用的温度范围为 15～25℃。当压力表的环境温度不在 15～25℃范围内时，压力表将产生附加误差。该附加误差是可以计算的。

2. 压力信号导管（导压管）的选择与安装

被测压力信号是由导压管路传输的，导压信号管路会影响压力测量的质量。

（1）在被测压力变化时，导压管的长度和内径会影响整个测量系统的动态性能。工程上规定导压管的长度一般不超过 60m，测量高温介质时不应短于 3m。导压管的内径一般在 7～38mm 之间。测量的动态性能要求越高、介质的黏度越大、介质越脏污、导压管越长时，导压管的内径应大些；反之应小些。导压管内径与其长度及被测介质的关系见表 1-4。

表 1-4　　　　　　　　　　导压管内径与其长度及被测介质的关系

被测介质	导压管最小内径（mm）		
	长度<16m	长度在 16～45m	长度在 45～90m
水、水蒸气、干气体	7～9	10	13
湿气体	13	13	13
低、中粘度的油品	13	19	25
脏液体、脏气体	25	25	38

（2）导压管的敷设至少要有 3/100 的倾斜度，在测量低压时，最小倾斜度应增大到 5/100～10/100；在测量差压时，两根导压管应平行布置，并尽量靠近，使两管内介质的温度相等。当导压管内为液体时，应在其最高点安装排气装置；当管内为气体时，应在最低点安装排液装置，以免形成气塞或水塞，如图 1-14 所示。导压管在靠近取压口处应装关断阀（一次阀门），以方便检修。

（3）当测量温度高于 60℃的液体、蒸汽和可凝性气体的压力时，就地安装的压力表的取源部件应带有环形或 U 形冷凝弯。

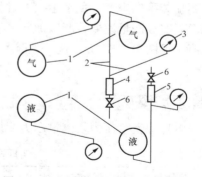

图 1-14　压力信号导管的布置示意图
1—被测对象；2—压力信号导管；
3—仪表（或变送器）；4—排液罐；
5—排气罐；6—排水（气）门

3. 导压管路中的附件及其配置

在进行压力或差压测量时，导压信号管路中经常装设的附件有一次、二次阀门，排气、排液阀门，泄压阀门，环形盘管，隔离容器，集气器，沉降器，沉淀器，平衡容器等。导压信号管路附件的配置如图 1-15 所示。

一次阀门主要用于截断测压系统，二次阀门主要用于截断压力表，如图 1-15（a）所示；环形盘管如图 1-15（b）、(c）所示，装在二次阀门之前，主要隔离高温介质，以防其

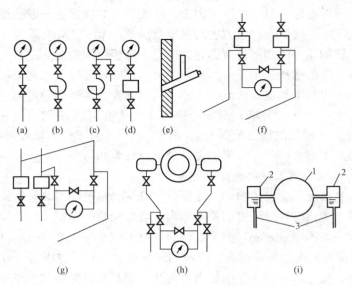

图 1 - 15　导压信号管路附件的配置
1—被测管道；2—平衡容器；3—信号管道

进入压力表；隔离容器见图 1 - 15（d）安装在一次阀门之后，主要隔离腐蚀性介质或黏度大的介质，以防其进入压力表；沉淀器见图 1 - 15（e）安装在取压点处，主要用于混合物的压力测量，防止固相物质对管路的阻塞；当导压管路中的介质为气体、蒸汽时，在导压管路的最低处或可能积液的地方要加装沉降器和排液阀，见图 1 - 15（g），以防管路系统的液塞；当导压管路中的介质为液体时，在导压管路的最高处或可能积气的地方安装集气器和排气阀门，见图 1 - 15（f），以防管路系统的气塞；在进行蒸汽差压 Δp 的测量时，在导压信号管路上要加装平衡容器，见图 1 - 15（h）；由于蒸汽在导压管路中可能会产生凝结水附加的液柱压力而造成测量误差，所以加装平衡容器后应使两个压力管路中的凝结水高度保持相等并为定值，见图 1 - 15（i），这就克服了信号管路中凝结水的影响。

【任务实施】

电厂弹簧管压力表测量压力测量例表见表 1 - 5。

表 1 - 5　　　　　　　　　　　电厂弹簧管压力表测量压力测量例表

序号	标签名	设备名称描述	所属系统
1	PI1031	燃油回油压力	锅炉燃油
2	PI1025	燃油供油压力	锅炉燃油
3	PI0201	汽包压力（固侧）	主再热蒸汽
4	PI0202	汽包压力（扩侧）	主再热蒸汽
5	PI0213	主蒸汽压力	主再热蒸汽
6	PI0221	再热蒸汽压力	主再热蒸汽
7	PI0101	给水阀前压力	给水系统

续表

序号	标签名	设备名称描述	所属系统
8	PI0102	给水阀后压力	给水系统
9	PI2601	主蒸汽压力	主再热蒸汽
10	PI3209	凝汽器真空	抽真空系统
11	PI3532	大机润滑油压	汽机润滑油
12	PI3611	抗燃油压	抗燃油系统
13	PI5201	发电机进氢压力	发电机系统
14	PI2622	高压缸排汽压力	主再热蒸汽
15	PI3104	轴封供汽母管压力	轴封疏水系统
16	PI2713	除氧器压力	抽汽系统
17	PI2715	除氧器水箱压力	抽汽系统
18	PI4715a	A机润滑油压力	小汽轮机油系统
19	PI2702	一段抽汽压力	抽汽系统
20	PI2704	二段抽汽压力	抽汽系统
21	PI2706	三段抽汽压力	抽汽系统
22	PI2708	四段抽汽压力	抽汽系统
23	PI2718	五段抽汽压力	抽汽系统
24	PI2720	六段抽汽压力	抽汽系统
25	PI2722	七段抽汽压力（一）	抽汽系统
26	PI3001	1号高压加热器本体压力	加热器疏水
27	PI3002	2号高压加热器本体压力	加热器疏水
28	PI3003	3号高压加热器本体压力	加热器疏水
29	PI4706a	A机直流油泵出口油压	小汽轮机油系统
30	PI4706b	B机直流油泵出口油压	小汽轮机油系统
31	PI4707a	A机冷油器进口油压	小汽轮机油系统
32	PI4707b	B机冷油器进口油压	小汽轮机油系统
33	PI4720a	A机调节油压	小汽轮机油系统
34	PI4720b	B机调节油压	小汽轮机油系统
35	PI4724a	A机安全油压	小汽轮机油系统
36	PI4724b	B机安全油压	小汽轮机油系统
37	PI4701a	A机A交流油泵高压出口压力	小汽轮机油系统

一、弹簧管压力表的检修

1. 检修前的准备工作

检修前的准备工作涉及许多方面，主要包括设备基本参数、设备修前状况、人员准备、工具准备、材料准备、备件准备、参考资料准备、施工现场准备等。

（1）检修前交底。检修前交底包括设备运行状况、检修前了解压力测量相关缺陷记录，针对存在的问题有的放矢，提高设备健康水平。测量有问题压力表原始工程值，做好修前记录，核对对照表。

（2）进行危险点分析和安全措施。

1）严格执行《电业安全工作规程热力和机械部分》。

2）确认设备解列，工作票办理完毕方可工作。

3）涉及危险源的安全隔离措施见使用的工作票部分。

4）检查管路无堵塞，连接好各处接口。根据被校弹簧管压力表的量程正确选用校验仪器。

5）拆装弹簧管压力表时应轻拿轻放，防止碰撞。

6）检修过程涉及应急与响应控制程序相关预案。

7）涉及环境因素：抹布执行《固体废弃物控制程序》。

（3）工具准备、材料准备、备件准备、参考资料准备。

工具准备、材料准备、备件准备见表1-6。使用的计量仪器等应具有有效期内的鉴定、检验合格证书。清点所有专用工具齐全，检查合适，试验可靠。

（4）办理工作票，做好安全措施，工作票规范、正确、无涂改。

表1-6 **工具准备、材料准备、设备准备表**

工 具 准 备				
序号	工器具名称	工具编号	检查结果	备注
1	活扳手		□	两把
2	接头		□	若干个
3	密封圈（垫）		□	若干个
4	精密压力表		□	1只
5	二等活塞压力计		□	1台
材 料 准 备				
序号	材料名称	检查结果	序号	材料名称	检查结果
1	棉纱0.5kg	□	3	除锈剂，规格：WD-40，数量：1瓶	□
2	清洗剂	□	4	生料带	□
备 件 准 备				
序号	备件名称	检查结果	序号	备件名称	检查结果
1	弹簧管压力表	□	3	二次阀门，数量：5个	□
2	管接头，数量：5个	□			

2. 开工

（1）施工现场准备。

1）由工作负责人与运行人员一起检查安全措施，确定安全措施已落实。

2）停所检修设备气源、电源及隔离介质。

3）由工作负责人通知相关车间作好检修配合工作，交代相关安全措施及注意事项，确认施工现场准备表中工作完成见表1-7。

表 1 - 7   **施 工 现 场 准 备 表**

序号	准 备 项 目	检查结果
1	搭建临时安全设施：棚架、隔离围栏等	□
2	停表计电源、气源及隔离介质	□

（2）校验器具的检查。

1）活塞压力计水平检查。进行活塞压力计水平检查，调节压力计下调节螺钉，使活塞压力计呈水平状态。

2）油杯里油质、油位检查。排除活塞压力计中油中气泡，保证油位正常。

（3）标准室环境检查。

1）标准室环境温度应在 $20\pm5℃$。

2）标准室相对湿度应在 $45\%<RH<75\%$。

（4）弹簧管压力表现场拆除

1）要求运行人员关闭被测介质一次阀门。

2）热控人员缓慢打开排污阀门管道泄压。

3）检修人员关闭二次阀门松开压力表接头及紧固螺帽，取下压力表，将压力表接头及引压管接头包扎好。

3. 压力表检修

（1）压力表一般性检查

1）压力表的表盘应平整清洁，分度线，数字以及符号等应完整清晰。表盘玻璃完好清洁，嵌装严密。外观检查应合格。

2）压力表接头螺纹无滑扣，错扣，紧固螺母无滑方现象。检查应合格。

3）压力表指针平直完好轴向嵌装端正，与铜套铆接牢固，与表盘或玻璃面不碰擦。检查应合格。

4）测量特殊气体的压力表，应有明显的相应标记，检查确认。

（2）主要机械部件的检查、清理。

1）游丝各圈间距均匀，同心平整，其表面应无斑点和损伤。检查应合格。

2）上下夹板、中心齿轮、扇形齿轮、拉杆锁眼等部件应清洁无明显磨损，检查应合格。

3）弹性测量元件应无锈斑、变型和泄漏。检查应合格。

4）机械部分组装后，紧配合部件应无松动，可动部件应动作灵活平稳，检查应合格。

5）机械部分组装后，应向各轴孔加少量润滑油。

（3）电接点检查。

1）电接点压力（真空）表的接点应无明显斑痕和烧损。无损伤。

2）电接点压力表的信号端子对外壳的绝缘电阻，在正常条件下，用 500V 绝缘表测试，应不小于 $20M\Omega$。测试合格。

4. 调校项目与技术标准

（1）弹簧管压力（真空）表。

1）零点检查。

有零点限止的仪表，其指针应紧靠在限止钉上，其指针应在零点分度线宽度范围内。

2）仪表校准。

压力校验台上用标准表或砝码进行比对校验。校准点一般不少于 5 点，包括常用点。仪表的基本误差不应超过仪表的允许误差。仪表的回程误差不应超过仪表的允许误差的绝对值。压力表在测量上限耐压 5min，压力真空表在测量上限或下限耐压 3min。作好校验记录。

工业弹簧管压力表的精确度等级一般在 1.0～4.0 级。检定根据计量校定规程 JJG 49—1999《弹簧管式精密压力表和真空表检定规程》的要求进行，主要的检定项目有基本误差、回程误差、零位、指针移动的平稳性、轻敲表示值的变动量、外观检查等。

a. 检定方法的要求

在一定数量的校定点上（一般为大刻度线、零点、上限点）进行测试。加压时按上、下行程进行。上行程加压或下行程减压到检定点时，要进行两次读数，一次是指针达到检定点时的读数，一次是轻敲仪表外壳后的读数。

b. 数据处理要求

在检定点上的上、下行程第一次读数之差为压力表的示值回程误差，其中的最大值（绝对量）为压力表的回程误差。在检定点上的上行程或下行程的第二次读数之差为压力计示值的轻敲位移值，压力表的回程误差和轻敲位移值都应满足规程要求。检定点上的上行程示值或下行程示值与标准表示值之差为压力表的示值误差，其中最大值（绝对量）为压力表的基本误差。按规程要求，其基本误差不应超过该压力表的允许误差。

（2）电接点压力表校准。电接点压力表的显示部分校准按照压力表校准执行。电接点压力表的接点动作误差不应超过仪表允许误差的绝对值的 1.5 倍。作好校验记录。

5. 压力仪表的运行

（1）仪表投入前检查

1）一、二次阀门、排污门及各管路接头检查高压及油管路接头应用紫铜垫片，管路、接头、阀门盘根应严密不漏。二次门排污门关闭。

2）风压、负压管路检查，密封试验。用压缩空气吹管确认管路不堵塞，堵塞的管路应进行疏通，拆下取样接头加堵垫上紧，拆下仪表接头加三通，接上 U 形压力计，仪表阀门，用压缩空气向管路送压，调节阀门使管路中压力为 6000Pa，关闭仪表阀门，5min 内压力降低值不应大于 50Pa。密封试验不合格，应用压缩空气找漏气处。拆下取样接头堵垫换接头垫片，接上仪表接头。

（2）压力取样管路冲洗汽水系统管路在水压后，生炉时采用排污冲洗，压力在 2MPa 左右进行，冲洗时应经运行人员同意，作好必要的防溅措施。有隔离容器的压力测量系统不许采用排污冲洗。油系统管路冲洗应有排油收集措施和防火措施。冲洗至管路无污垢。

（3）变送器线路，电源检查接线正确，电源 DC 24V 已送正常。

（4）压力仪表投入缓慢稍开一次阀门，检查管路各接头，盘根无泄漏，稍开二次阀门，变送器排空气，然关闭排版气阀，全开一次门，全开二次门，压力仪表即投入。

6. 清理或更换仪表标识，仪表阀门标识清晰整齐

7. 检修工作结束，工作票终结，该设备投入运行

8. 整理相关检修资料、记录等

二、压力测量系统的消缺

在火电厂机组运行过程中，压力监测及调节系统能否正常运行关系到整个机组的安全运行，因此，对压力测量系统的故障及时做出判断并排除显得非常重要。压力测量系统包括被测对象、压力变送器、显示仪表以及引压管路。在实际应用时，必须详细了解整个测量系统的辅助设施及连接形式，如取压装置、导压管、根部阀、表前阀、放空阀、接线端子排、穿线管、供电装置以及电源开关等。对被测对象的特性也要熟练掌握，如被测介质的物理、化学特性，被测介质的压力源及压力控制方式等。

只有对压力测量系统的各个环节都了解清楚后，才能正确分析系统故障。在生产过程中，压力测量系统的故障都是通过显示仪表的现象判断整个测量系统是否故障，再通过这些现象分析故障原因并判断故障部位。

压力测量系统的消缺的工作程序介绍如下。

（1）接受缺陷通知单。

（2）按《工作票、操作票使用和管理标准》办理工作票、操作票，特别注意"作业危险点分析及预控措施"。

（3）制定消缺方案。能处理的应制定方案，不能处理的应认真做好记录，以备处理。

（4）准备工具。主要工具见表 1-6。

（5）故障分析处理。

（6）确认消缺完成，投入正确运行，OIS 显示正确。

（7）实绩记录、可靠性统计，按照周、月报表式及内容要求进行定期分析，提出改进、改善意见。

下面对一些常见故障现象进行列举，并分析其原因。

1. 参数指示值为零

显示仪表指示为零的原因很多，主要有：

（1）仪表未接通电源。

（2）显示仪表本身故障。

（3）显示仪表无输入信号或输入信号为零。

（4）压力变送器故障无输出信号。

（5）导压管、根部阀未开或管路堵塞。

（6）仪表之间连接导线断路或接线端子接触不良。

（7）被测对象无压力。

在排查故障原因时，应该以先易后难，先简后繁的原则来进行。

（1）检查仪表电源是否接通。如电源指示灯亮，则说明电源已接通，否则应查明原因，接通电源。

（2）根据相关仪表观察系统内是否应有压力指示。如其他仪表有指示，则检查该仪表有无输入信号（用万用表），如输入信号大于 4mA，则说明该显示仪表本身有故障。

（3）如无输入信号，或输入信号小于或等于 4mA，应检查压力变送器。关闭表前阀或根部阀，打开放空阀（操作时应了解介质特性，是否有毒、有害，温度高低，是否允许就地放空），检查压力变送器是否有 4mA 电流，如没有，检查电源是否正常；如有 4mA 电流指示，说明压力变送器正常，应该检查导压管是否堵塞，根部阀是否开启等。

（4）检查压力变送器若无电源指示，应检查电源及连线是否有断路故障。若有电源指示而无电流指示，说明该变送器故障。

2. 参数指示到最大值

显示仪表指示最大值主要原因有：

（1）对于具有"断路故障指示"的仪表，可能是线路断开。

（2）显示仪表本身故障。

（3）压力变送器故障。

（4）导压管内介质凝固或结冰。

（5）系统压力大于或等于仪表指示最大值。

排查故障的顺序如下：

（1）先观察其他相关仪表指示是否正常，如其他仪表指示正常，则检查该仪表的输入信号。如其他仪表也超压，说明是工艺原因。

（2）检查仪表输入信号，若输入信号不是 20mA 以上，则说明显示仪表故障。

（3）若输入信号大于 20mA，检查压力变送器，关闭表前阀或根部阀，打开放空阀。如有介质放出，变送器仍指示最大，说明变送器故障。

（4）如无介质放出，说明放空阀堵塞以及内部介质凝固或冷冻，应该疏通导压管。具体方法应视现场情况而定。如是冬季，应检查导压管的伴热和保温。如温度正常，则可能是氧化物沉积，如允许放空，可放空处理；如不允许放空，可用压力泵疏通。

3. 参数指示值偏高或偏低

参数指示值偏低主要原因有：

（1）导压管及阀门泄漏。

（2）连接导线接触不良，线路电阻过大。

（3）变送器或显示仪表量程偏大。

（4）变送器或显示仪表零位漂移，零位迁移偏大。

参数指示值偏高主要原因有：

（1）变送器或显示仪表量程偏小。

（2）变送器或显示仪表零位漂移。

（3）变送器或显示仪表零位迁移偏小。

排除故障的方法介绍如下：

（1）用代替法更换变送器或显示仪表。

（2）检查仪表或变送器的零位。

（3）检查变送器回路电阻是否超过 $250\sim600\Omega$。

（4）检查导压管路有无泄漏。

（5）检查变送器零位迁移是否正确。

【任务验收】

（1）仪表校验。根据设计值设定，仪表输入端通大气情况下应显示零值，有液柱修正的仪表，应核对液柱修正值。用压力源和标准表进行系统校验。

校验点不少于 5 点，应包括常用点。仪表的综合误差不应超过允许综合误差，主要仪表常用点的综合误差不应超过允许综合误差的 1/2。仪表的回程误差不应超过允许综合误差的绝对值。作好校验记录。

（2）电缆绝缘检查。500V 绝缘摇表测量绝缘大于 20MΩ，检查前电缆应开路测试。

（3）二次阀门、排污门及各管路接检查。高压及油管路接头应用紫铜垫片，管路、接头、阀门盘根应安装严密接头丝牙、接管平面无损伤。二次门、排污门关闭。

（4）风压、负压管路检查，密封试验。用压缩空气吹管确认管路不堵塞，堵塞的管路应进行疏通，折下取样接头加堵垫上紧，折下仪表接头加三通，接上 U 形压力计，仪表阀门，用压缩空气向管路送压，调节阀门使管路中压力为 6000Pa，关闭仪表阀门，5min 内压力降低值不应大于 50Pa。密封试验不合格应用压缩空气找漏消出。折下取样接头堵垫换接头垫片，接上仪表接头。

（5）压力取样管路冲洗。汽水系统管路在水压后，生炉时采用排污冲洗，压力在 2MPa 左右进行，冲洗时应经运行人员同意，做好必要的防溅措施。有隔离容器的压力测量系统不许采用排污冲洗。油系统管路冲洗应有排油收集措施和防火措施。冲洗后管路无污垢。

（6）压力仪表投入。缓慢稍开一次阀门，检查管路各接头，盘根无泄漏，稍开二次阀门，变送器排空气，然后关闭排版气阀，全开一次门，全开二次门，压力仪表即投入。

（7）检修后场地清，卫生良好。

（8）资料齐全。

【知识拓展】

一、测量误差

任何一个被测量，在任一时刻它都具有一客观存在的量值，这一量值称之为真值，用 x_0 表示；通过测量仪表测量得到的结果称为测量值，用 x 表示。

测量的任务就是要测出被测量的真值。但是，由于测量仪表、测量方法、测量环境、人的观察能力以及测量程序等都不能做到完美无缺，所以真值是无法测得的。

测量误差是被测量参数的测量值 x 与其真值 x_0 的之差。

但由于被测参数的真值是不可知的，那么我们如何计算误差呢？在计算中获取真值常用的方法有：①用标准物质（标准器）所提供的标准值，例如，水的三相点。②用高一级的标准仪表测量得到的值来近似作为真值。③对被测量进行 N 次等准确度测量，各次测量值的算术平均值近似为真值。N 越大，越接近真值。

常见的测量误差表达方式如下所述：

1. 绝对误差

仪表测量值与被测量的真实值之间的差值，称为绝对误差。但是被测量的真实值是不知道的，所以在实际测量中是用标准仪表的读数来代替真实值，称为标准值。如果测量仪表的指示值即测量值为 x，标准仪表的指示值为 x_0，则该点批示值的绝对误差为

$$\delta = x - x_0 \tag{1-5}$$

式中 δ——绝对误差；

x——测量值；

x_0——真实值（真值）。

2. 实际相对误差

除了绝对误差表示形式之外，测量误差还可以用相对误差及引用误差形式表示。实际相对误差为绝对误差与实际值之比，常用百分数表示，即

$$\gamma_{x_0} = \frac{\delta}{x_0} \times 100\% = \frac{x - x_0}{x_0} \times 100\% \tag{1-6}$$

式中 γ_{x_0}——实际相对误差。

3. 标称相对误差

示值的绝对误差与该仪表示值的比值，称为示值的标称相对误差，以百分数表示，即

$$\gamma_x = \frac{\delta}{x} \times 100\% = \frac{x - x_0}{x} \times 100\% \tag{1-7}$$

式中 γ_x——标称相对误差。

对于大小数值不同的测量值，以相对误差更能比较出测量的准确程度，即相对误差越小，准确程度越高。

4. 引用误差

引用误差为绝对误差与所用测量仪表的量程之比，也以百分数表示，即

$$\gamma_A = \frac{\delta}{A_{\max} - A_{\min}} \times 100\% \tag{1-8}$$

式中 γ_A——引用误差；

$A_{\max}$、$A_{\min}$——测量仪表上限及下限刻度。

$A_{\max} - A_{\min}$ 称为测量仪表的量程。同一台仪表在整个测量范围内，一般相对误差不是一个定值，它随被测量 X 的大小而改变，这不便于比较。引用误差一般用于比较测量仪表的优劣。引用误差也称折合误差。

二、测量误差的分析与处理

由于测量过程中所用仪表准确度的限制，环境条件的变化，测量方法的不够完善，以及测量人员生理、心理上的原因，测量结果不可避免地存在与被测真值之间的差异，这称为测量误差。因此，只有在得到测量结果的同时，指出测量误差的范围，所得的测量结果才是有意义的。测量误差分析的目的：根据测量误差的规律性，找出消除或减少误差的方法，科学地表达测量结果，合理地设计测量系统。

根据测量误差性质的不同，一般将测量误差分为系统误差、随机误差、疏忽误差三类，以便于对它们采取不同的误差处理方法。

（一）系统误差

1. 系统误差的概念

在同一条件下（同一观测者，同一台测量器具，相同的环境条件等），多次测量同一被测量，绝对值和符号保持不变或按某种确定规律变化的误差称为系统误差。前者称为恒值系统误差，后者称为变值系统误差。测量系统和测量条件不变时，增加重复测量次数并不能减少系统误差，系统误差通常是由于测量仪表本身的原因，或仪表使用不当，以及测量环境条件发生较大改变等原因引起的。

例如，仪表零位未调整好会引起恒值系统误差。系统误差可通过校验仪表，求得与该误差数值相等、符号相反的校正值，加到测量值上来消除。又例如，仪表使用时的环境温度与

校验时不同，并且是变化的，这就会引起变值系统误差。变值系统误差可以通过实验的方法找出产生误差的原因及变化规律，改善测量条件来加以消除，也可通过计算或在仪表上附加补偿装置来加以校正。

还有一些未定系统误差尚未被充分认识，因此只能估计它的误差范围，在测量结果上标明。

2. 系统误差的分类

（1）定值系统误差。定值系统误差是指误差的大小和符号都不变的误差，如仪表的零点偏高使全部测量值偏大，形成一定数值的系统误差。一般通过校验来确定定值系统误差及其修正值。

（2）变值系统误差。变值系统误差按一定规律变化，根据变化规律的不同，它可分为累积系统误差和周期性系统误差。

随时间的增长逐渐增大或逐渐减小的误差为累积系统误差。例如，检测元件老化，沿线电阻的磨损等均可引起累积误差。对累积误差只能在某瞬时引入校正，不能只作一次性校正。

测量误差的大小和符号均按一定周期变化的系统误差为周期性系统误差。例如，秒表的指针回转中心和刻度盘中心有偏差时，会产生周期性系统误差。

采用重复测量并不能减小系统误差对测量结果的影响，也难以发现系统误差，并且有时误差数值可能很大，例如，测高温烟气温度时，测温元件对冷壁的辐射散热可能引起上百摄氏度的误差，因此，测量中特别要重视这项误差。主要是通过对测量对象与测量方法的具体分析，用改变测量条件或用不同测量方法进行对比分析，对测量系统进行检定等来发现系统误差，并找出引起误差的原因和误差的规律。这在测量中是非常重要的，为了减小测量系统的误差，我们建立的复杂系统，例如，在采用节流元件对主蒸汽流量的测量时，除了要测量节流元件前后的差压，我们还要测量主蒸汽温度和压力，以便构成较完善的测量系统，以减小测量的系统误差。

3. 消除系统误差的一般方法

（1）消除系统误差的来源。在测量工作投入之前，仔细检查测量系统中各环节的安装及连接线路，使其达到规定要求，尽量消除误差的来源。

（2）在测量结果中加修正值。对不能消除的系统误差，在测量之前，对测量系统中的各仪表进行检定，确定出修正值。对各种影响量如温度、气压、湿度等要力求确定出修正公式、修正曲线或修正表格以便对测量结果进行修正。

（3）采取补偿措施。在测量系统中加装补偿装置（或自动补偿环节），以便在测量中自动消除系统误差。如在热电偶测温回路中加装参比端温度补偿器，自动消除由于热电偶参比端温度变化产生的系统误差。又如，采用平衡容器对汽包水位的测量，要进行汽包压力的补偿，也是由于减小汽包压力变化对其水位产生的系统误差。

（4）改善测量方法。测量方法不完善将导致测量结果不正确。在实际测量中，应尽可能采用较完善的测量方法，消除或减少系统误差对测量结果的影响。常用两种方法：

1）交换法。交换法是消除定值系统误差的常用方法，也叫对置法。此种方法的实质是交换某些测量条件，使得引起定值系统误差的原因以相反方向影响测量结果，从而消除其影响。

2）对称法。对称法是消除线性系统误差的有效方法。

图 1-16 所示为按线性规律变化的温度测定值和时间的关系，温度测定值的系统误差也是与时间 t 成比例变化的，可以通过对称法来消除此系统误差。具体地说，就是将测量工作

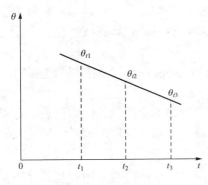

图 1-16　对称观测法中的温度-时间关系

以某一时刻为中心对称地安排，取各对称点两次测定值的算术平均值作为测量结果，即

$$\theta_{t2} = \frac{\theta_{t1} + \theta_{t3}}{2}$$

上述是指时间上对称的。如果系统误差与温度成比例变化，则横坐标量是温度。热电偶检定时对各支热电偶热电势的循环读数，即"标准→被检1→被检2→···→被检2→被检1→标准"的读数方式，取各对称点两次测定值的算术平均值作为测量结果，就是采用了对称法。

（二）随机误差

什么是随机误差？

在相同条件下多次测量同一被测量时，绝对值和符号不可预知地变化着的误差称为随机误差。这类误差对于单个测量值来说，误差的大小和正、负都是不确定的，但对于一系列重复测量值来说，误差的分布服从统计规律。因此随机误差只有在不改变测量条件的情况下，对同一被测量进行多次测量才能计算出来。

随机误差大多是由测量过程中大量彼此独立的微小因素对测量影响的综合结果造成的。这些因素通常是测量者所不知道的，或者是因其变化过分微小而无法加以严格控制的。如气温和电源电压的微小波动，气流的微小改变等。

值得指出，随机误差与系统误差之间既有区别又有联系，二者并无绝对的界限，在一定条件下它们可以相互转化。随着测量条件的改善、认识水平的提高，一些过去视为随机误差的测量误差可能分离出来作为系统误差处理。

对于单个测量值，其随机误差的大小和方向都是不确定的，但多次重复测量结果的随机误差却有统计规律性。

实践与理论证明，只要重复测量次数足够多，测定值的随机误差的概率密度服从正态分布。

随机误差概率密度的正态分布曲线如图 1-17 所示。曲线的横坐标为误差 $\delta = x - x_0$，纵坐标为随机误差概率密度 $f(\delta)$，误差的概率密度 $f(\delta)$ 与误差 δ 之间的关系为

$$f(\delta) = \frac{1}{\sigma \sqrt{2\pi}} e^{\frac{-\delta^2}{2\sigma^2}} \qquad (1-9)$$

式中　δ——测定值的误差；

　　　σ——标准误差（均方根误差）。

$$\sigma = \sqrt{\frac{\sum_{i=1}^{N}(x_i - x_0)^2}{N}} \qquad (1-10)$$

式中　N——总的测量次数。

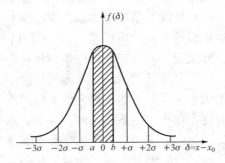

图 1-17　随机误差概率密度的正态分布曲线

如图 1-18 可看出，按正态分布的随机误差有以下特性：

（1）对称性。随机误差出现的概率，即绝对值相等的正误差和负误差出现的次数相等，

以零误差为中心呈对称分布。重复的测量次数越多，则误差分布图形的对称性越好。

（2）单峰性。绝对值小的随机误差比绝对值大的随机误差出现的概率大。从概率分布曲线看，零误差对应误差概率的峰值。

（3）有界性。在一定条件下，随机误差的绝对值不会超过一定的范围或绝对值很大随机误差出现的概率几乎为零。

（4）抵偿性。在同样条件下，对同一量的测量，随着测量次数的增加，随机误差的算术平均值（或总和）趋向于零。该特性是随机误差的最本质特性，换言之，凡具有抵偿性的误差，原则上都可以按随机误差处理。

（三）疏忽误差

明显歪曲了测量结果，使该次测量失效的误差称为疏忽误差。含有疏忽误差的测量值称为坏值。出现坏值的原因有：测量者的主观过失，如读错、记错测量值；操作错误；测量系统突发故障等。应尽量避免出现这类误差，存在这类误差的测量值应当剔除。在测量时一旦发现坏值，应重新测量。如已离开测量现场，则应根据统计检验方法来判别是否存在疏忽误差，以决定是否剔除坏值。但应注意不应当无根据地轻率剔除测量值。

（四）测量的精密度、正确度和准确度

上述三类误差都使测量结果偏离真值，通常用精密度、正确度和准确度来衡量测量结果与真值的接近程度。

（1）精密度。对同一被测量进行多次测量，测量的重复性程度称为精密度。精密度反映了测量值中的随机误差的大小。随机误差愈小，测量值分布越密集、测量的精密度愈高。

（2）正确度。对同一被测量进行多次测量，测量值偏离被测量真值的程度称为正确度。正确度反映了测量结果中系统误差的大小，系统误差愈小、测量的正确度越高。

（3）准确度。精密度与正确度的综合称为准确度。指示仪表测量值或装置动作值与真值的一致程度。它包括仪表及系统本身的系统误差与随机误差。准确度也称为精确度。

对于测量结果，测量精密度高的正确度不一定高，正确度高的精密度也不一定高，但如果测量结果的准确度高，则精密度和正确度都高，测量值及其误差图如图 1-18 所示，说明了这种情况。图中，x_0 代表被测参数的真值，$\bar{x}$ 代表多次测量获得的测量值的平均值，小黑点代表每次测量所得到的测定值 x，t 为测量顺序。从图（a）可看出，测量值密集于平均值 $\bar{x}$ 周围，随机误差小，表明测量精密度高，但测量值的平均值 $\bar{x}$ 偏离被测量真值较大，说明系统误差大，测量正确度低；图（b）中，测定值分布离散性大，说明随机误差大，测量精密度低，但平均值 $\bar{x}$ 较接近真值 x_0，说明系统误差小，正确度高；图（c）中，测量结果既精密又正确，说明随机误差和系统误差均小，测量的准确度高。图（c）中的测量值 x_k 明显

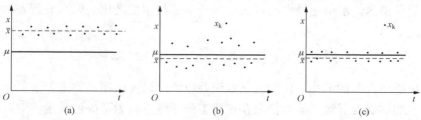

图 1-18 测量值及其误差图
(a) 精密度高；(b) 正确度高；(c) 准确度高

地不同于其他测量值，可判定是疏忽误差造成的坏值，应去除。

三、仪表或测量系统的静态性能指标

描述仪表或测量系统在静态测量条件下的测量品质优劣的静态性能指标是多方面的。

仪表的质量指标主要包括评价仪表计量性能、操作性能、可靠性和经济性等方面的指标。仪表的可靠性是对仪表，特别是过程测量仪表的基本要求，目前常用有效性（MTBF）作为仪表的可靠性指标，即

$$有效性 = \frac{平均无故障工作时间}{平均无故障工作时间 + 平均修复时间}$$

此外，选用仪表时，首要的是了解仪表计量性能方面的指标，其中包括以下这些方面。

1. 准确度

准确度是表征仪表指示值接近被测量值程度的质量指标。

（1）仪表的示值误差。仪表的示值误差表征仪表各个指示值的准确程度，常用示值的绝对误差 δ 和示值的相对误差用 γ 表示，若仪表指示为 x、被测参数的真值为 μ，则

$$\delta = x - \mu \qquad (1-11)$$

$$\gamma = \frac{x-\mu}{|\mu|} \times 100\% = \frac{\delta}{|\mu|} \times 100\% \approx \frac{\delta}{x} \times 100\% \qquad (1-12)$$

示值绝对误差与被测量有一致的量纲，并有正负之分。正值表示偏大，负值表示偏小。绝对误差是表示误差的基本形式，但相对误差更能说明示值的准确程度。

例如，用温度计测量一炉子温度，温度计指示值为 $1005℃$，炉子真实温度为 $1000℃$，示值绝对误差为 $+5℃$，示值相对误差为 $\gamma = \frac{+5}{1005} \times 100\% = +0.5\%$；如果测量 $100℃$ 的水虽然同样有 $+5℃$ 的示值绝对误差，但其示值相对误差则为 $\gamma = \frac{+5}{100} \times 100\% = +5\%$，显然其示值相对误差大得多，说明后者的测量准确度要低得多。

（2）仪表的基本误差。在规定的工作条件下，仪表量程范围内各示值误差中的绝对值最大者称为仪表的基本误差 δ_j，即

$$\delta_j = \pm |\delta_{\max}| \qquad (1-13)$$

超出正常工作条件引起的误差称为仪表的附加误差。

仪表的引用误差 γ_y 定义为仪表示值的绝对误差 δ 与该仪表量程 A 之比，并以百分数表示之，即

$$\gamma_y = \frac{\delta}{A} \times 100\% \qquad (1-14)$$

仪表量程范围内，示值中最大绝对误差的绝对值与量程之比（以百分数表示）称为最大引用误差 $\gamma_{y\max}$，即

$$\gamma_{y\max} = \frac{\pm |\delta_{\max}|}{A} \times 100\% \qquad (1-15)$$

这样，按引用误差的形式，仪表的基本误差也可用最大引用误差来表示。

（3）仪表的准确度等级。某类仪表在正常工作条件下，为了保证质量，对各类仪表人为规定了其基本误差不能超过的极限值，此极限值称为该类仪表的允许误差（或称基本误差限），用绝对误差 δ_{yu} 或引用误差 γ_{yu} 表示。对具体某台仪表，它的基本误差可以大于或小于

允许误差，所以，允许误差不能代表某台仪表的具体误差。

根据仪表及系统准确度高低所划分的级别，通常称为"精度等级"。准确度等级标志随该仪表及系统产品给出，合格的产品应附有合格证。

仪表最大引用误差表示的允许误差 γ_{yu} 去掉百分号后余下的数字值为该仪表的准确度等级。工业仪表准确度等级的国家标准系列有 0.005，0.01，0.02，0.04，0.05，0.1，0.2，0.4，0.5，1.0，1.5，2.5，4.0，5.0 等级。仪表刻度盘上应标明该仪表的准确度等级。数字越小，准确度越高。且有：

$$仪表的允许误差 = \pm 准确度等级 \%$$

例 1-1　对某机组进行热效率试验，需用 0～16MPa 压力表来测量 10MPa 左右的主蒸汽压力，要求相对测量误差不超过 0.5%，试选择仪表的准确度等级。

解　绝对误差 $= 10 \times 0.5\% = \pm 0.05$（MPa）

$$仪表的允许误差 = \frac{\pm 0.05}{16 - 0} \times 100\% = \pm 0.313\%$$

设该仪表的工作条件均满足，仪表的准确度等级应选为 0.2 级，不能误选为 0.4 级。

仪表的准确度等级只说明该仪表标尺上各点可能的最大绝对误差，它不能说明在标尺各点上的实际读数误差。实际读数误差需通过逐点校验得到。

例 1-2　一测量范围为 0～10MPa 的弹簧管压力计经校验，在其量程上各点处最大示值绝对误差 $\delta_{max} = -0.14$MPa，若该仪表的准确度等级为 1.5 级，判断该仪表是否合格。

解　则该表的最大引用误差

$$\gamma_{yu max} = \frac{\pm 0.14}{10 - 0} \times 100\% = \pm 1.4\%$$

该仪表的允许误差 $\delta_{yu} = \pm 1.5\%$。因该仪表的基本误差未超过允许误差，故认为该仪表的准确度合格。

引起仪表指示值误差的因素有很多，如线性度、回程误差、重复性、分辨率相漂移等。

2. 线性度（或非线性误差）

对于理论上具有线性"输入—输出"特性曲线的仪表，由于各种原因，实际特性曲线往往偏离线性关系，它们之间最大偏差的绝对值与量程之比的百分数，称之为线性度。

3. 回程误差

在外界条件不变的情况下，使用同一仪表对被测参数进行正反行程（即逐渐由小到大再由大到小）测量时，在同一被测参数值下仪表的示值却不相同，如图 1-19。输入量上升（正行程）和下降（反行程）时，同一输入量相

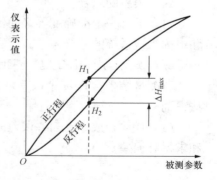

图 1-19　测量仪表的回程误差

应的两输出量平均值之间的最大差值的绝对值称为回程误差，记为 ΔH_{max}。一般还可以用与量程之比的百分数表示，记为 γ_h：

$$\gamma_h = \frac{|\Delta H_{max}|}{A} \times 100\% \tag{1-16}$$

它通常是由于仪表运动系统的摩擦、间隙，弹性元件的弹性滞后等原因造成的。合格的仪表，其回程误差也必须不超过其允许误差，即 $\gamma_h \leqslant |\gamma_{yu}|$。

4. 重复性和重复性误差

同一工作条件下，多次按同一方向输入信号作全量程变化时，对应于同一输入信号值，仪表输出值的一致程度称为重复性。对于全范围行程，在同一工作条件下从同方向对同一输入值进行多次连续测量所获得的输出两极限值之间的代数差或均方根误差称为重复性误差，它通常用量程的百分数表示，其值应不大于仪表及系统允许误差的绝对值。

5. 分辨率

引起仪表示值可察觉的最小变动所需的输入信号的变化，称为仪表的分辨率，也称灵敏限或鉴别阈。输入信号变化不致引起示值可察觉的最小变动的有限区间与量程之比的百分数，称为仪表的不灵敏区或死区，为保证测量准确，一般规定不灵敏区不应大于允许误差的 $1/10 \sim 1/3$。

6. 灵敏度

仪表及系统对信号输入量变化的反应能力。对于给定的输入量，仪表及系统的灵敏度，用被观察到的变量的增值（示值或动作值）与其相应的输入量的增量之商来表示。

若仪表具有线性特性，则量程各处的灵敏度为常数。仪表灵敏度应与仪表准确度相适应。即灵敏度的高低只需保证仪表示值的最后一位比允许误差 δ_{yu} 略小即可。灵敏度过低会降低仪表的准确度，过高则会增大仪表的重复性误差。

7. 漂移

在保持工作条件和输入信号不变的条件下，经过规定的较长一段时间后输出的变化，称为漂移，它以仪表量程各点上输出的最大变化量与量程之比的百分数来表示。漂移通常是由于电子元件的老化，弹性元件的时效，节流件的磨损，热电偶或热电阻的污染变质等原因引起的。

此外，在被测量快速变化时，常常会由于仪表的输出信号跟不上被测量的变化而产生动态误差，动态误差的大小与仪表的动态特性及被测量的变化规律有关。常用感受件的时间常数与仪表的全行程时间来表征仪表的动态特性。

四、误差的综合

由多个有一定准确度等级的仪表及检测元件组成的测量系统，其各测量环节的误差的方和根称为该系统的综合误差。

综合误差是用来评定电厂热工测量系统工作质量是否符合机组运行条件的一项特定指标。

若测量结果含有 m 个误差，其误差分别为 ε_1、ε_2、$\cdots$、ε_m，则其总的误差 ε 可用下述方法得到。

（1）代数合成。已知各误差的分量 ε_1、ε_2、$\cdots$、ε_m 的大小及符号，可采用各分量的代数和求得总误差 ε，即

$$\varepsilon = \sum_{i=1}^{m} \varepsilon_i \qquad (1-17)$$

（2）绝对值合成。在测量中只能估计出各误差分量 ε_1、ε_2、$\cdots$、ε_m 的数值大小，而不能确定其符号时，可采用最保守的合成法，将各分量误差的绝对值相加，称绝对值合成法，即

$$\varepsilon = \pm \sum_{i=1}^{m} |\varepsilon_i| \qquad (1-18)$$

对于 $m > 10$ 的情况，绝对值合成法对误差的估计往往偏大。

（3）方和根合成。当测量中误差的分量比较多（m 较大）时，各分量最大误差值同时出

现的概率是不大的，它们之间还会互相抵消一部分。因此，如果仍按绝对值合成法计算总的误差，显然把误差值估计得过大。此种情况可采用方和根合成法，即

$$\varepsilon = \pm \sqrt{\sum_{i=1}^{k} \varepsilon_i^2} \qquad\qquad (1-19)$$

应该特别指出的是：当误差纯属于定值误差时，可直接采用与定值误差大小相等、符号相反的量去修正测量结果，修正后此项误差就不存在了。

例 1-3　如图 1-20 所示，使用弹簧管压力表测量某给水管路中的压力，试计算综合误差。已知压力表的准确度等级为 0.5 级，量程为 0～600kPa，表盘刻度分度值为 2kPa，压力表位置高出管道 $h(h=0.05\text{m})$。测量时压力表指示 300kPa，读数时指针来回摆动 ± 1 格。压力表使用条件大都符合要求，但环境温度偏离标准值（20℃），当时环境温度为 30℃，每偏离 1℃造成的附加误差为仪表基本误差的 4%。

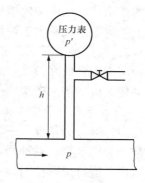

图 1-20　管道流体压力测量示意

解　仪表基本误差为

$$\Delta p_1 = \pm (0.5\% \times 600) = \pm 3.0(\text{kPa})$$

环境温度造成的附加误差为

$$\Delta p_2 = \pm (\Delta p_1 \times 4\% \times \Delta t)$$
$$= (3 \times 4\% \times 10)$$
$$= \pm 1.2(\text{kPa})$$

由于压力表没有安装在管路的同一水平面上，而是高出管道 h 的地方，为了消除这位置误差，对读数进行修正（调整压力表机械零点）。管路中的实际压力值 p 为

$$p = p' + \rho h g$$

式中：p 为被测液体密度，取 $p \approx 1000\text{kg/m}^3$；$g$ 是重力加速度，取 $g \approx 10\text{N/kg}$。

所以可求得位置误差为

$$\Delta p_3 = p' - p = -\rho h g = -0.05 \times 1000 \times 10(\text{Pa}) = -0.5\text{kPa}$$

读数误差为

$$\Delta p_4 = \pm 2.0(\text{kPa})$$

根据各分项误差，可求得总的误差 Δp。按代数合成法，得

$$\Delta p = \pm (3 + 1.2 - 0.5 + 2) = \pm 5.7(\text{kPa})$$

标称相对误差为

$$E_{\text{xp}} = \frac{\Delta p}{p} \times 100\% = \pm \frac{5.7}{300} = \pm 2.0\%$$

按方和根合成法，得

$$\Delta p = \pm \sqrt{\sum_{i=1}^{N} \Delta p_i^2} = \pm \sqrt{3.0^2 + 1.2^2 + 0.5^2 + 2.0^2} = \pm 3.8(\text{kPa})$$

$$E_{\text{xp}} = \frac{\Delta p}{p} \times 100\% = \pm \frac{3.8}{300} = \pm 1.3\%$$

五、仪表的检定

检定是为了评定仪表的计量性能，并与规定的指标比较，以确定仪表是否合格。进行检

定工作应遵循国家法定性技术文件《国家计量检定规程》。规程详细规定了被检仪表的技术条件；检定用的标准测量器具和设备；检定项目、方法和步骤，检定结果处理；检定证书的格式和填写要求等。

检定方法一般可分为定点法和示值比较法两类。定点法，提供被检仪表测量所需的某种标准量值，例如，已知的某种纯金属相变点温度，标准成分气样等，从而确定仪表的示值误差。工业上常用的是示值比较法，就是使被检仪表与标准仪表同时去测量同一被测量，比较两者的指示值，从而确定被检仪表的基本误差、回程误差等质量指标。一般要求标准仪表的测量上限应等于或稍大于被检仪表的测量上限。标准仪表的允许误差为被检仪表误差的1/10～1/3。在这种情况下，可以忽略标准仪表的误差。将标准仪表的指示值作为被测量的真值。检定点常常取在仪表标尺的整数分度值（包括上、下限）上和经常使用的标尺刻度附近，必要时可适当加密检定点。

1. 压力标准与量值传递

压力标准分为基准、一等标准、二等标准、三等标准。能够实现基准和各级标准的仪器是基准器和标准器。基准器是国家最高的压力标准器，它又可以分为基准器和工作基准器。基准器用于进行国际比对，还将压力基准传递给工作基准器。工作基准器可复制多套保存在全国各地的主要部门，由它将压力工作基准传递到一等标准器，再由一等标准器传递到二等标准器，然后由二等标准器传递到三等标准器，最后由三等标准器传递到工作压力仪表。

基准器、工作基准器及各级标准器目前多采用活塞式压力计和液柱式压力计。压力量值传递关系见表1-8。

表1-8　　　　　　　　　　压 力 量 值 传 递 关 系

级别	测量范围及允许误差	使用和保存单位
基准器	0.04～10MPa±0.002% 气压计 133kPa±0.7Pa	国家级 中国计量科学研究院
工作基准器	0.04～60MPa±0.005%	国家级 中国计量科学研究院主要部门和大区级
一等标准器	0.04～250MPa±0.02%	省市和地区级 各省市计量机构各地区计量站
二等标准器	0.04～2500MPa±0.05%	主要企事业单位
三等标准器	0.04～2500MPa±0.2%	各企事业单位
工作用压力表	各种测量范围 ±(0.5～4.0)%	使用现场

校验是为确定仪表及系统性能（准确度、稳定度、灵敏度、可靠性等）是否合格所进行的全部工作。

2. 压力标准器——活塞式压力计

对工业弹性压力表使用的标准器可以是活塞式压力计，也可以是精密的弹簧管压力表或液柱式压力计。

活塞式压力计是根据流体静力学平衡原理和帕斯卡定律制成的一种高精度压力测量仪表。它由压力计内活塞筒中具有一定压力的介质（油或气体）作用在已知面积活塞上产生的力与专用砝码重力相平衡，从而测知活塞筒内介质的压力。活塞式压力计原理示意如图 1-21 所示。

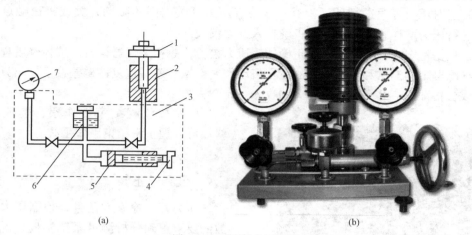

(a)　　　　　　　　　　　　　　　　　(b)

图 1-21　活塞式压力计

（a）结构原理图；（b）1151 电容式差压变送器

1—专用砝码；2—活塞筒；3—导压管；4—加压手轮；5—油泵活塞；6—油杯；7—压力表

活塞式压力计由活塞、活塞筒、压力泵、砝码盘、专用砝码等组成。压力计的油压 p 是通过手轮带动压力泵活塞 5 运动而产生的，压力通过导压管导入活塞 2（有效面积 A_e 已知），并作用在其上产生作用力 $G = pA_e$。当加到砝码盘上的专用砝码和活塞 2 及其砝码盘的重力（$m_0 g + mg$）与 G 相平衡时，有

$$p = \frac{m_0 g + mg}{A_e} \tag{1-20}$$

式中　m_0——活塞及砝码盘质量；

　　　m——专用砝码质量；

　　　g——重力加速度。

根据式（1-19），可在专用砝码上直接刻上活塞筒内介质的压力值。活塞压力计根据使用的介质及结构划分，其种类较多，有单活塞式、双活塞式、差动活塞式等。在进行工业压力表的检定时，把被检定的压力表安装在活塞筒压力引出接口上。

在压力表的检定过程中也常把活塞压力计用作压力产生器。把它用作压力产生器时无需不使用砝码，而是把精密弹簧管压力表和工业压力表同时安装在活塞压力计的接口上，同时测量活塞筒内介质的压力。

活塞式压力计可以达到很高的测量精确度，它可以用于国家级的基准器、工作基准器或用于精密测试。活塞式压力计作为基准器、工作基准器使用时，其工作条件、使用方法、数据处理等都有较高的要求。

任务二　压 力 开 关 检 修

【学习目标】

（1）能表述不同类型压力开关的使用环境。

（2）能正确读识压力开关铭牌，分辨精确度、量程等相关技术参数等。

（3）根据进行检修的设备准备、材料准备、施工现场准备工作，能开具合格的工作票。

（4）能对压力开关进行外观检查；能检查压力开关内部的微动开关或机械触点良好情况；能进行压力取样管路冲洗，会正确投入压力仪表。

（5）根据检定规程的要求，能正确使用压力校验仪等相关仪器设备，按检修规程完成压力开关绝缘电阻的测试和压力开关的设定值动作差、恢复差、重复性误差校准，出具校验结果证书或合格证书。并完成压力开关的投入。

（6）按流程结束工作票、整理归档资料，可办理正常结束工作手续。

📝【任务描述】

压力开关检修的任务是根据压力测量参数的要求正确分析测量系统构成，说明测量原理及基本技术参数，熟悉相关的规程，并能按电厂工作规程进行压力开关的检修，熟练掌握压力开关校验的职业技能。

📱【知识导航】

压力开关，产品型号 D511-7D，如图 1-22 所示。压力开关技术参数见表 1-9。表 1-10 列举了电厂中应用压力开关的部分测点。ETS 是汽轮机紧急跳闸系统，BMS 是燃烧器管理系统。

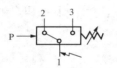

单刀双掷微动开关作用过程：
接线端1-3,压力上升至上切换值时接通；
接线端1-2,压力上升至上切换值时断开。

图 1-22　压力开关

表 1-9　压力开关技术参数

项目	普 通 型	防 爆 型
工作黏度	$<1\times10^{-3}\text{m}^2/\text{s}$	$<1\times10^{-3}\text{m}^2/\text{s}$
开关元件	微动开关	微动开关
防爆等级	—	ExdeⅡCT5 合格证编号 GYB00108X
外壳防护等级	IP65（符合 DIN40050，与 GB4208 中 IP65 相当）	IP54（符合 DIN40050，与 GB4208 中 IP54 相当）
环境温度	$-40\sim+50℃$	$-40\sim+50℃$
介质温度	$0\sim90℃$	$0\sim90℃$
安装位置	—	压力接口垂直向下
抗震性能	D502/7D：40m/s^2 D502/7D：20m/s^2	Max：20m/s^2
重复性误差	≤1%	≤1%
触点容量	AC 220V 6A（阻性）	DC 250V 0.25A（阻性）60Wmax DC 250V 5A（阻性）1250VAmax

表 1 - 10　　　　　　　　　　　　电厂中应用压力开关的部分测点

序号	设备名称描述	所属系统	序号	设备名称描述	所属系统
1	凝结器真空低开关	ETS	10	炉膛压力高开关	BMS
2	凝结器真空低开关	ETS	11	炉膛压力高开关	BMS
3	凝结器真空低开关	ETS	12	炉膛压力高开关	BMS
4	汽机润滑油压力低开关	ETS	13	汽机安全油压低	ETS
5	汽机润滑油压力低开关	ETS	14	汽机安全油压低	ETS
6	汽机润滑油压力低开关	ETS	15	汽机安全油压低	ETS
7	炉膛压力低开关	BMS	16	发电机定子冷却水流量低	发电机
8	炉膛压力低开关	BMS	17	发电机定子冷却水流量低	发电机
9	炉膛压力低开关	BMS	18	发电机定子冷却水流量低	发电机

【任务实施】

1. 检修前的准备工作

参考项目一中任务一的相关内容。工具准备、材料准备、备件准备见表 1 - 11。

表 1 - 11　　　　　　　　　　工具准备、材料准备、设备准备表

工 具 准 备				
序号	工器具名称	工具编号	检查结果	备注
1	万用表检定合格		☐	1 只
2	活扳手		☐	2 把
3	接头		☐	若干个
4	密封圈（垫）		☐	若干个
5	精密压力表		☐	1 只
6	二等活塞压力计		☐	1 台

材 料 准 备					
序号	材料名称	检查结果	序号	材料名称	检查结果
1	186 不锈钢无缝仪表管	☐	3	油托盘，数量：1 个	☐
2	白布，数量：1m	☐	4	除锈剂，规格：WD-40，数量：1 瓶	☐

备 件 准 备					
序号	备件名称	检查结果	序号	备件名称	检查结果
1	压力开关，数量：10 个	☐	3	二次阀门，数量：5 个	☐
2	管接头，数量：5 个	☐			

2. 开工

（1）施工现场准备。参考项目一中任务一的相关内容。

（2）压力开关现场拆除。

1）要求运行人员关闭被测介质一次阀门。

2）热控人员缓慢打开排污阀门管道泄压。

3）停用通道 DC 24V 电源。

4）检修人员关闭二次阀门松开压力开关接头及紧固螺帽取下压力开关，将压力开关接线头及引压管接头包扎好。

（3）外观、绝缘检查和校前准备。

1）外观检查。

a. 压力开关外壳、外露部件（端钮、面板、开关等）表面应光洁完好，铭牌标志应清楚。

b. 各部件应清洁无尘、完整无损，不得有锈蚀、变形。

c. 各调节器部件应操作灵敏、响应正确，在规定的状态时，具有相应的功能和一定的调节范围。

d. 接线端子板的接线标志应清晰；引线孔、表门及玻璃的密封应良好。

e. 电源熔丝容量符合要求。

f. 压力开关内部的微动开关或机械触点应无明显氧化和烧损，闭合和释放动作准确可靠。

2）绝缘检查。对压力开关绝缘检查，要求输出端子接地端子电阻不小于 20MΩ，电源端子接地端子电阻不小于 50MΩ，电源端子输出端子电阻不小于 50MΩ。做好绝缘检查记录。

3）调校前校验。

a. 连接压力开关电路。连接压力开关与可显示其通断状况的外电路。

b. 压力开关校准。将压力开关与压力校准器紧密连接；缓慢平稳地（避免产生任何过冲和回程现象）加压，直至设定点动作（或恢复），记录设定点动作（或恢复）值；继续加压至测量上限，关闭校准器通往被检开关的阀门，耐压 3min 应无泄漏；然后缓慢平稳地降压，直至设定点恢复（或动作），记录设定点恢复（或动作）值。

（4）振动试验检查。在开关设定点切换前后，对开关进行少许振动，其接点不应产生抖动。

3. 压力开关校验和调整

（1）设定点动作差和恢复差的调整。调校前进行校验，若设定点动作误差值不小于允许基本动作误差的 2/3 时须进行调整。动作差和恢复差应反复调整，直到设定点动作差和恢复差均符合精度要求为止。

（2）设定值动作差和恢复差校准。

1）在校准过程中不允许再次调整。

2）按调校前校验方法连续测定 3 次。

3）设定值动作差应不大于开关或控制器铭牌给出的允许设定值动作误差。若铭牌上未给出准确度等级或无分度值的开关和控制器，其设定点动作差应不大于设定点绝对值的 1.5%。

4）恢复差不可调的开关元件，其恢复差应不大于设定值允许动作差绝对值的 2 倍，恢复差可调的开关元件，其恢复差应不大于设定值允许动作差的 1.5 倍。

（3）重复性误差校准，其值应不大于开关或控制器允许设定值误差的绝对值。

（4）校准后工作。

1）切断被校仪表和校准仪器电源（无电源仪表无此项要求）。

2）对压力开关的报警值调整机构进行漆封，并贴上有效的计量标签。

3）对调校前校验和调校后校准进行记录整理。

4）仪表装回原位，恢复接线，检查参数显示与实际一致。

4．压力开关现场安装

固定压力开关，恢复接线，恢复管道连接。

5．恢复所停电源及隔离介质

送上通道 DC 24V 电源。关闭排污阀，检修人员打开二次阀。联系运行人员打开一次阀。

6．清理现场

清理检修现场卫生。拆除临时安全设施：棚架、隔离围栏等。检修后环境满足环保要求。

7．工作结束

终结工作票。整理相关检修资料、记录等。

【任务验收】

（1）仪表校验。对压力开关进行外观检查，检查压力开关内部的微动开关或机械触点良好情况操作规范。

（2）电缆绝缘检查规范。500V 绝缘摇表测量绝缘大于 $20M\Omega$，检查前电缆应开路测试。

（3）正确使用压力校验仪等相关仪器设备，按检修规程完成压力开关绝缘电阻的测试和压力开关的设定值动作差、恢复差、重复性误差校准，出具校验结果证书或合格证书。

（4）压力开关投入正常。

（5）检修后场地清洁，卫生良好。

（6）资料齐全。

项目二　温度测量仪表检修

【项目描述】

温度是表示物体冷热程度、反映物体内部热运动状态的物理量。

火电厂热力生产过程中，从工质到各部件无不伴有温度的变化，对各种工质（如蒸汽，过热蒸汽，给水、油、风等）及各部件（如过热器管壁、汽轮机高压汽缸壁及各轴承等）的温度必须进行密切的监视和控制，以确保机组安全经济运行。

温度是火电厂最普遍、最重要的热工参数之一。这是由于：

（1）温度是蒸汽质量的重要指标之一。锅炉所生产的蒸汽，一般用温度、压力等参数表示其品质的优劣，运行中必须保持这些参数在允许的范围内，以保证向汽轮机提供合格的蒸汽。

（2）温度是影响热力设备效率的主要因素。在高温高压机组中，蒸汽温度是一个重要的参数。进入汽轮机的蒸汽温度如果降低，就会导致汽轮机热效率显著下降；锅炉排烟温度如果高于额定值，锅炉热效率也会降低，这些都会使火电厂的经济性下降。

（3）温度是影响传热过程的重要因素。火电厂所有的传热过程都必须在有温差的条件下进行。要正确控制省煤器、空气预热器以及冷凝器等各种热交换器的传热正常进行，必须对传热介质的温度进行监督。

（4）温度是保证热力设备安全运行的重要参数。各种材料的耐热能力总是有限的，如果过热器和水冷壁管过热，就容易烧坏；发电机线圈的温度太高，就会加速其绝缘老化，以致烧坏线圈等。只有对上述各处的温度进行严格的监控，才能避免重大事故的发生。

由此可见，温度的准确测量对保证火电厂安全、经济生产具有重大的意义。

在火电厂中，温度的测点很多，测温参数在总的监控参数中所占的比例较大，能正确维护测温仪表的运行，掌握测温仪表的使用、检修方法是十分重要的。表2-1列举出火电厂的一些测点及测量元件。

表 2-1　　　　　　　　　　　温 度 测 点 举 例 列 表

序号	测点名称	数量	单位	设备名称	型 式 及 规 范	安装地点
1	给水母管温度	3	支	热电偶	双支E分度，0～300℃，带焊接式锥形保护管，有效插深100mm，热套式	就地
2	省煤器入口给水温度	1	支	热电偶	双支E分度，0～300℃，带焊接式锥形保护管，有效插深100mm，热套式	就地
3	省煤器出口给水温度	1	支	热电偶	双支，K分度	就地
4	屏式过热器出口蒸汽温度	2	支	热电偶	双支，K分度	就地

续表

序号	测点名称	数量	单位	设备名称	型 式 及 规 范	安装地点
5	高温过热器入口蒸汽温度	2	支	热电偶	双支，K 分度	就地
6	高温过热器出口蒸汽温度	2	支	热电偶	双支，K 分度	就地
7	一次风机 A 入口温度	1	支	热电阻	双支 Pt100，0～100℃，带 M27X2 固定螺纹直形不锈钢保护套管，l＝500mm，L＝650mm	就地
8	B 磨煤机润滑油温度	1	只	双金属温度计		就地
9	A 磨煤机电机绕组温度	6	支	热电阻	双支 Pt100 大于 135℃ 时报警；大于 145℃时，跳磨	就地
10	屏式过热器出口金属温度	14	支	热电偶	WRNT-11Mφ6 K 分度双支型 l＝30 000mm	就地

本项目的任务是培养学员对温度测量系统的整体构成的分析能力，并使学员具备温度测量仪表检修及校验的能力，养成依据规程开展温度测量仪表检修工作的职业习惯。

【教学环境】

教学场地是多媒体教室、热工仪表检修室，或一体化教室。学员在多媒体教室进行相关知识的学习，小组工作计划的制订，实施方案的讨论；在热工仪表检修室依据规程进行温度仪表的校验、检修。

任务一 热电偶及测量系统检修

【学习目标】

（1）能表述热电偶的测量原理；能说明不同类型热电偶的使用环境；会使用分度表。

（2）能正确读识热电偶铭牌，分辨热电偶的分度号，相关技术参数等。

（3）能根据检修规程进行检修的设备准备、材料准备、施工现场准备工作，能开具合格的工作票。

（4）能对热电偶进行外观检查，对保护套管、绝缘套管、测量端、热电偶丝目测性能是否良好；能检查热电偶接线良好情况。

（5）能根据检定规程的要求，正确使用高温检定炉、电位差计、温度自动检定装置等相关仪器设备，按检修规程完成热电偶绝缘电阻的测试和热电偶的校验，出具校验结果证书或合格证书，完成热电偶的检修；能完成温度测量系统检修。

（6）能根据热电偶测量系统的故障现象，进行消缺，恢复其正常测量。

（7）会按流程结束工作票、整理归档资料，办理正常结束工作手续。

【任务描述】

热电偶及测量系统检修的任务是能根据被测量温度参数的要求正确分析热电偶温度测量系统构成，说明测量原理及基本技术参数，熟悉相关的规程，如 JJG 351—1996《工业用廉金属热电偶检定规程》、JJF 1262—2010《铠装热电偶校准规范》、JJG 141—2000《工作用贵金属热电偶》等相关规程，并能按电厂工作规程进行热电偶及测量系统的检修，熟练掌握热电偶校验的职业技能。

【知识导航】

一、认识热电偶

热电偶是重要的测温敏感元件，一般是安装在生产现场设备及管道流程中，用以测量工作介质及生产设备的温度，通过温度的测量可明确判断生产过程及设备的相关运行状况。

目前，热电偶是世界上科研和生产中应用最普通、最广泛的温度测量元件，测量范围一般为 300~1600℃。它具有结构简单、制作方便、测量范围宽、准确度高、热惯性小等优点。普遍应用的装配型热电偶如图 2-1 所示。

热电偶是由两种不同的导体或半导体材料 A 和 B 组成回路如图 2-2 所示。如果 A 和 B 所组成回路的两个接合点的温度 t 和 t_0 不相同，则回路中就有电流产生，即回路中有电动势存在，这种现象叫热电效应。热电效应于 1821 年首先由塞贝克发现，所以又叫塞贝克效应。热电效应产生的电动势叫热动势，常以符号 $E_{AB}(t, t_0)$ 表示，这样的回路叫热电偶。这两根热电偶丝称为热电极。

图 2-1　热电偶

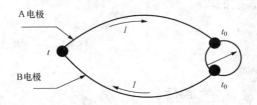

图 2-2　热电偶回路

当热电偶用于测量温度时，总是把两个接点之一放置在被测温度为 t 的介质中，习惯上把这个接点叫做热电偶的测量端或热端。热电偶的另一个接点要处于已知的温度 t_0 的条件下，此接点叫做热电偶的参比端或冷端。

科学家研究后认为，热电动势是由接触电势和温差电势两部分组成的。

1. 接触电势

从微观上分析，两种不同材料的导体或半导体 A 和 B 互相接触，设 A 和 B 内部的自由电子密度为 n_A 与 n_B，且 $n_A > n_B$，导体或半导体中的自由电子相互扩散，因 A 中的自由电子密度较大，所以在接触面处从 A 扩散到 B 的电子数多于从 B 扩散到 A 的电子数，于是 A 带正电，B 带负电，在 A、B 接触面处出现一个静电场，这个静电场起阻碍自由电子进一步由 A 向 B 扩散的作用。当静电场的作用力与电子扩散作用力相等时，电子的迁移达到动平衡，材料 A 和 B 之间就建立起一个稳定的电势差，即接触电势 e_{AB}，如图 2-3 所示。理论上已证明，接触电势的大小和方向主要取决于两种材料的性质和接触面处温度的高低，其表达式为

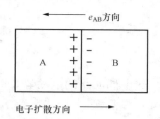

图 2-3　接触电势

$$e_{AB}(t) = \frac{KT}{e} \ln \frac{n_{At}}{n_{Bt}} \qquad (2-1)$$

式中　e——电子电量；

　　　　K——玻尔兹曼常数；

n_{At}，n_{Bt}——材料 A 和 B 在温度为 t 时的电子密度；

　　　　T——热力学温度。

接触电势 $e_{AB}(t)$ 的方向由电子密度小的 B 指向电子密度大的 A。

2. 温差电势

如图 2-4 所示，当对一个长度为 l 的金属棒的一端 A 加热时，实验表明，在金属棒两端之间便会形成电势差。从微观上看，这一现象的产生是由于金属中的自由电子从温度为 t 的高温端 A 扩散到温度为 t_0 的低温端 A′，并在低温端堆积起来，在导体内形成电场，该电场起阻止电子热扩散的作用。这种热扩散作用一直进行到导体内形成的电场作用与它平衡为止。此时，在金属棒两端之间形成电势差，称为温差电势。

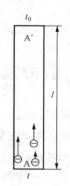

图 2-4　温差电势

根据物理学知识整个金属棒内的温差电势为

$$e_A(t,t_0) = \frac{K}{e} \int_{t_0}^{t} \frac{1}{n_{At}}(n_{At}t) \qquad (2-2)$$

温差电势的方向由低温端 A′ 指向高温端 A。

式（2-2）表明，温差电势的大小只与金属材料和两端的温度有关，与棒的形状无关。

式（2-1）、（2-2）表明，温差电势的大小与导体的材料的性质及两端温度差有关，温差越大，温差电势也越大，当 $t=t_0$ 时，温差电势为零。

综上所述，欲在金属导体组成的闭合回路中得到稳定电流，必须在电路中同时存在着温度梯度和电子密度梯度。为此，需将两种金属材料 A 和 B 串联成一闭合回路，并使它们的两个接触点保持不同的温度 t 和 t_0，在这样两根金属导线组成的闭合回路中将产生温差电势，同时在两个接触点产生接触电势。整个闭合回路中的总电动势为两个温差电势和两个接触电势的代数和。

3. 热电偶回路电动势

如图 2-5 所示，由 A 和 B 两种导体组成的热电偶，导体 A 的电子密度为 n_A，导体 B 的电子密度为 n_B，两个接触点的温度分别为 t 和 t_0。两个接触电势分别由式（2-1）得

$$e_{AB}(t) = \frac{KT}{e} \ln \frac{n_{At}}{n_{Bt}}$$

$$e_{AB}(t_0) = \frac{KT_0}{e} \ln \frac{n_{At_0}}{n_{Bt_0}}$$

两个温差电势由式（2-2）得

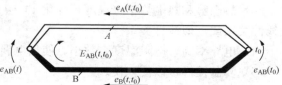

图 2-5　热电偶回路电动势原理图

$$e_A(t,t_0) = \frac{K}{e}\int_{t_0}^{t}\frac{1}{n_{At}}d(n_{At}t)$$

$$e_B(t,t_0) = \frac{K}{e}\int_{t_0}^{t}\frac{1}{n_{Bt}}d(n_{Bt}t)$$

热电偶回路的电动势，即热电势（也称塞贝克电势）为

$$E_{AB}(t,t_0) = e_{AB}(t) - e_A(t,t_0) - e_{AB}(t_0) + e_B(t,t_0) \tag{2-3}$$

当组成热电偶的材料 A 和 B 已选定时，n_A 与 n_B 中是温度的函数，温差电势 $e_A(t,t_0)$ 和 $e_B(t,t_0)$ 可用下面的函数差表示：

$$e_A(t,t_0) = e_A(t) - e_A(t_0) \tag{2-4}$$

$$e_B(t,t_0) = e_B(t) - e_B(t_0) \tag{2-5}$$

通过以上分析，将式（2-4）、式（2-5）代入式（2-3）则

$$E_{AB}(t,t_0) = [e_{AB}(t) - e_A(t) + e_B(t)] - [e_{AB}(t_0) - e_A(t_0) + e_B(t_0)] \tag{2-6}$$

式（2-6）可以写成摄氏温度的函数形式，即

$$E_{AB}(t,t_0) = f_{AB}(t) - f_{AB}(t_0) \tag{2-7}$$

通过以上讨论，可得出以下结论：

（1）只有两种不同性质的材料才能组成热电偶回路，相同材料组成的闭合回路不会产生热电动势。

（2）热电偶回路中热电动势的大小只与组成热电偶的材料的性质及两端接点处的温度有关，而与热电偶丝的直径、长度及沿程温度分布无关。

（3）若组成热电偶的材料确定后，且 t_0 已知并恒定，则 $f_{AB}(t_0)$ 为常数，热电动势 $E_{AB}(t,t_0)$ 只是温度 t 的单值函数。因此，测量热电动势的大小，就可以求得温度 t 的数值，这就是用热电偶测量温度的原理。

如果 $t_0 = 0℃$，则热电动势简写成 $E_{AB}(t)$，工程上所使用的各种类型的热电偶均把 $E_{AB}(t)$ 和 t 的关系制成了易于查找的表格形式，这种表格叫做热电偶的分度表（见附表）。

二、热电偶的型号规格

实用的热电偶制作时，热电极材料该如何选取？成品热电偶都是什么样的呢？不同工况下使用怎样型号的热电偶是合适的呢？下面我们将一一解答。

（一）热电极材料

为了保证测温具有一定的准确度和可靠性，对热电极材料的基本要求是：

（1）物理性质稳定，能在较宽的温度范围内使用，其热电特性（热电势与热端温度关系）不随时间变化。

（2）化学性质稳定，在高温下不易被氧化和腐蚀。

（3）热电势和热电势率（温度每变化 1℃引起的热电势的变化）大，热电势与温度之间呈线性关系或近似线性关系。

（4）电导率高，电阻温度系数小，使热电偶的内阻随温度变化小。

（5）复制性好，以便互换。

（6）价格便宜。

目前所用的热电极材料，不论是纯金属、合金还是非金属，都难以满足以上全部要求，

只能根据不同的测温条件下选用不同的热电极材料。

（二）标准化热电偶

热电极材料的选取经过科学家和工程专家无数次的实验，最终选定了几种性能稳定、适用范围广泛的热电极材料组合为热电偶，并统一名称，它们称为标准化热电偶。

标准化热电偶是指制造工艺较成熟、应用广泛、可成批生产、性能优良而有稳定并已列入专业或国家工业标准化文件中的那些热电偶。标准化热电偶具有统一的热电势——温度分度表，并有与其配套的显示仪表可供选用。对于同一型号的标准化热电偶具有互换性，使用十分方便。

下面对各种标准化热电偶的性能和特点进行简要介绍。

1. 铂铑 10-铂热电偶（分度号 S）

这是一种贵金属热电偶，热电极直径通常约为 0.02～0.5mm，它长期使用的最高温度可达 1300℃，短期使用可达 1600℃，这种热电偶的热电特性稳定、复制性好，测量准确度高，可用于精密测温和作为基准热电偶，它的物理、化学性质较稳定，宜在氧化性及中性气氛中长期使用，在真空中可短期使用，但不能在还原性气氛及含有金属和非金属蒸汽中使用，除非外面套有合适的非金属保护套管，防止这些气氛和它直接接触。这种热电偶的缺点是热电势率较小，热电特性是非线性的，价格较贵，机械强度较差，高温下铂电极对污染很敏感，在铂铑极中的铑会挥发或向铂电极扩散，热电势会下降。铂铑 10-铂热电偶分度表见附表 1。

2. 镍铬-镍硅（镍铬-镍铝）热电偶（分度号 K）

这是目前工业中应用得最广泛的一种廉价金属热电偶，热电极直径一般为 0.3～3.2mm；直径不同，它的最高使用温度也不同。以直径 3.2mm 为例，它长期使用的最高温度为 1200℃，短期测温可达 1300℃。镍铬-镍铝热电偶与镍铬-镍硅热电偶的热电特性几乎完全一致，但是镍硅合金比镍铝合金的抗氧化性更好，目前我国基本上已用镍铬-镍硅热电偶取代镍铬-镍铝热电偶。镍铬-镍硅热电偶的热电势率比铂铑 10-铂热电偶的热电势率大 4～5 倍，而且温度和热电势关系较近似于直线关系。但其准确度比 S 偶低，且不足之处是在还原性介质中易被腐蚀。镍铬-镍硅（镍铝）热电偶分度表见附表 2。

3. 铜-康铜热电偶（分度号 T）

这是廉价金属热电偶，测温范围为 −200～+400℃，热电极直径为 0.2～1.6mm，它的最高测量温度与热电极直径有关。它在潮湿的气氛中是抗腐蚀的，特别适合于 0℃ 以下低温的测量。它的主要特点是测量准确度高，稳定性好，低温时灵敏度高以及价格低廉，缺点是高温下易氧化、测温上限不高。铜-康铜热电偶分度表见附表 3。

4. 镍铬-康铜热电偶（分度号 E）

这也是一种应用广泛的金属热电偶，测温范围为 −200～900℃，热电极直径为 0.3～3.2mm。直径不同，最高使用温度也不同，以直径 3.2mm 为例，长期使用最高温度为750℃，短期使用最高可达 900℃。在常用热电偶中，这种热电偶的热电势率最高，在 300～800℃ 范围内热电特性线性较好，测量灵敏度高，价格便宜，缺点是不能测高温，因为负极是铜镍（康铜）合金，在高温下易氧化变质。镍铬-康铜热电偶分度表见附表 4。

几种分度号的热电偶的热电特性如图 2-6 所示，它们在工业中应用较广，其中 S 偶测温准确，测温上限高，但价格贵；K 偶和 E 偶热电势大，价格较便宜，因此在温度低于

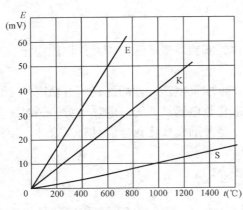

图 2-6　常用热电偶的热电特性

1000℃及准确度要求不太高的场合应尽量采用分度号 K、E 的热电偶。

5. 铂铑 30-铂铑 6 热电偶（分度号 B）

这也是贵金属热电偶，直径通常为 0.5mm，测温上限比 S 偶更高，长期使用最高温度可达 1600℃，短期使用可达 1800℃。与铂铑 10-铂热电偶相比，由于它的两个热电极都是铂铑合金，因此抗污染能力增大，热电性质更为稳定。这种热电偶的热电势及热电势率都比铂铑 10-铂热电偶更小。由于它在低温时的热电势很小，因此冷端在 50℃ 以下使用时，可不必进行冷端温度补偿。

6. 铁-康铜热电偶（分度号 J）

这是廉价金属热电偶，测温范围为 −40～750℃，热电极直径为 0.3～3.2mm，它的最高测量温度与热电极直径有关。它适用于氧化、还原性气氛中测温，亦可用于真空、中性气氛中测温。它不能在 538℃ 以上的含硫气氛中使用。这种热电偶具有稳定性好、灵敏度高和价格低廉等优点。

常用标准化热电偶的主要特性见表 2-2。

表 2-2　　　　　　　　　　　　　　　标准化热电偶的主要特性

热电偶名称	IEC 分度号	国家分度号		偶丝直径 (mm)	适 用 范 围	允 许 误 差		
		新	旧			等级	使用温度范围	允 差
铂铑 10-铂	S	S	LB-3	0.5～0.020	适用于氧化性气氛中测温；长期最高使用温度为 1300℃，短期最高使用温度 1600℃；不推荐在还原气氛中使用，但短期内可以用于真空中测温	I	0～1100℃ 1100～1600℃	±1℃ ±[1+(t−1100) ×0.003]℃
						II	0～600℃ 600～1600℃	±1.5℃ ±0.25%t
铂铑 30-铂铑 6	B	B	LL-2	0.5～0.015	适用于氧化性气氛中测温；长期最高使用温度为 1600℃，短期最高使用温度为 1800℃；特点是稳定性好，测量温度高，冷端在 0～100℃ 内可以不用补偿导线，不推荐在还原气氛中使用，但短期内可以用于真空测温	II	600～1700℃	±0.25%t
						III	600～800℃ 800～1700℃	±4℃ ±0.5%t

续表

热电偶名称	IEC 分度号	国家分度号 新	国家分度号 旧	偶丝直径 (mm)	适用范围	允许误差 等级	允许误差 使用温度范围	允许误差 允差
镍铬-镍硅 (镍铬-镍铝)	K	K	EU-2	0.3、0.5、0.8、1.0、1.2、1.5、2.0、2.5、3.2	适用于氧化和中性气氛中测温,按偶丝直径不同其测温范围为 −200～1300℃;不推荐在还原气氛中使用;可短期在还原气氛中使用,但必须外加密封保护管	I	−40～1100℃	±1.5℃或±0.4%t
						II	−40～1200℃	±2.5℃或±0.75%t
						III	−200～40℃	±1.5℃或±1.5%t
铜-铜镍 (康铜)	T	T	CK	0.2、0.3、0.5、1.0、1.6	适用于在 −200～400℃ 范围内测温;其主要特性为测温准确度高,稳定性好,低温时灵敏度高,价格低廉	I	−40～350℃	±0.5℃或±0.4%t
						II	−40～350℃	±1℃或±0.75%t
						III	−200～40℃	±1℃或±1.5%t
镍铬-铜镍 (康铜)	E	E	—	0.3、0.5、0.8、1.2、1.6、2.0、3.2	适用于氧化或弱还原性气氛中测温;按其偶丝直径不同,测温范围为 −200～900℃;具有稳定性好,灵敏度高,价格低廉等优点	I	−40～800℃	±1.5℃或±0.4%t
						II	−40～900℃	±2.5℃或±0.75%t
						III	−200～40℃	±2.5℃或±1.5%t
铁-铜镍 (康铜)	J	J	—	0.3、0.5、0.8、1.2、1.6、2.0、3.2	适用于氧化和还原气氛中测温,亦可在真空和中性气氛中测温;按其偶丝直径不同,其测量范围为 −40～750℃;具有稳定性好,灵敏度高,价格低廉等优点	I	−40～750℃	±1.5℃或±0.4%t
						II	−40～750℃	±2.5℃或±0.75%t
铂铑 13-铂铑	R	R	—	0.5～0.020	适用于氧化性气氛中测温;长期最高使用温度为 1300℃,短期最高使用温度为 1600℃;不推荐在还原气氛中使用,但短期内可以用于真空中测温	I	0～1600℃	±1℃ ±[1+(t−1100)×0.003]℃
						II	0～1600℃	±1.5℃或 ±0.25%t

注 1. t 为被测温度,℃。

　　2. 允许偏差以℃值或实际温度的百分数表示,两者中采用计算数值的较大值。

(三)非标准化热电偶

　　还有一类热电偶没有统一的分度表,称为非标准化热电偶。如钨铼系热电偶,铱铑系热电偶及非金属热电偶等。非标准化热电偶无论在使用范围或数量上均不及标准化热电偶。但在某些特殊场合，譬如在高温、低温、超低温，高真空和有核辐射等被测对象中，这些热电偶具有某些特别良好的性能。表2-3介绍了部分非标准化热电偶的特点及用途。

表2-3 非标准热电偶的主要特点和用途

序号	热电偶材料成分（%）		使用最高温度		允许误差（℃）	特 点	用 途
	正极（＋）	负极（－）	短期	推荐			
1	铂铑40 (Pt60＋Rh40)	铂铑20 (Pt80＋Rh20)	1850℃	1600～1800℃	≤600℃为±3.0; >600℃为±0.5%t	1. 高温下机械性能好，抗污染能力强，长期稳定性好。 2. 抗氧化性能好。 3. 参比端在50℃以下可以不补偿	适用于1800℃的高温测量
2	钨铼5 (W95＋Re5)	钨铼26 (W74＋Re26)	2800℃	1600～2300℃	300～2000℃±1%t	1. 热电势与温度呈线性关系。 2. 与纯钨比较，抗污染能力强，并能克服纯钨的脆性特点	适用于短时间的高温测量
3	镍铁 (Ni87＋Fe13)	硅考铜 (Cu56＋Ni41＋Mn1＋Si)	300℃	300～600℃	≤400℃为±4; >400℃为±1%t	在高温为100℃时热电势趋近于零，因此参比端在100℃以下不需要进行温度补偿	适用于飞机火警系统的信号发动机及发动机的排汽温度测量
4	铁 (Fe100)	康铜 (Cu55＋Ni45)	750℃	—40～750℃	±1.5～2.5℃或0.4%t 0.75%t	1. 热电特性呈线性关系。 2. 在氧化性或还原性气氛中均能使用。 3. 价格低廉	广泛应用于中低温度范围及测量准确度不高的场合
5	镍铬 (Ni90＋Cr10)	金铁 (0.07%原子铁金Au)	2～73K	2～273K	±0.5	在73K以下灵敏度较高，是目前测量73K以下温度的常用热电偶	适用于液态天然气、国防工程和科研的温度测量

此外，根据应用场合的要求，非标准化热电偶还可以做成快速微型热电偶、表面温度热电偶、速度热电偶、非金属热电偶等。

三、实用热电偶

不同类型的热电偶的应用范围也不一样。不同类型的热电偶都用铭牌来表明身份。

下面就火电厂中典型温度测量，如蒸汽温度、炉膛温度、过热器金属壁温等的测量用热电偶的结构进行一一展示。

（一）装配型热电偶

普通热电偶型号的组成及代号含义见表2-4。

表 2 - 4　　　　　　　　　　**普通热电偶型号的组成及其代号含义**

第 一 节				第 二 节					
第一位	第二位	第三位		第一位		第二位		第三位	
代号 含义	代号 含义	代号	含义	代号	含义	代号	含义	代号	含义
W 温度仪表	R 热电偶	R P N E F C M	热电偶分度号及材料： B（铂铑 30-铂铑 6） S（铂铑 10-铂） K（镍铬-镍硅） E（镍铬-铜镍） J（铁-铜镍） T（铜-铜镍） N（镍铬硅-镍硅）	1 2 3 4 5 6	安装固定装置： 无固定装置 固定螺纹 活动法兰 固定法兰 角形活动法兰 锥形固定螺纹或焊 接固定锥形保护套管	1 2 3 4	接线盒形式： 普通接线盒 防溅接线盒 防水接线盒 防爆接线盒	 0 1 0 1 2 3	设计序号或保护套管 1. 分度号 B 和 S： φ16 瓷保护套管 φ25 瓷保护套管 2. 分度号 K 和 E： φ16 钢保护套管 φ20 钢保护套管 φ16 瓷保护套管 φ20 瓷保护套管

注　1. 在型号的第一节字母后，下角注有"2"的为双支热电偶，即一个温度计套管内装有两支热电偶。

　　　2. 各生产厂设计序号的含义不一。例如，上海自动化仪表三厂为区别矩形保护套管的不同产品，用 0 和 1（改进型）分别代表端部焊接和深盲孔技术的固定螺纹链形保护套管，用 4 和 5（改进型）分别代表接壳式和绝缘式焊接固定锥形保护套管。

　　适用性最强的实用工业热电偶即是装配型热电偶，如图 2-1 所示。

　　装配型电热偶的结构如图 2-7 所示。常用的装配型热电偶本体是一端焊接的两根金属丝（如图中热电极 2）。考虑到两根热电极之间的电气绝缘和防止有害介质侵蚀热电极，在工业上使用的热电偶一般都有绝缘管 3 和保护套管 4。在个别情况下，如果被测介质对热电偶不会产生侵蚀作用，也可不用保护套管，以减小接触测温误差与滞后。

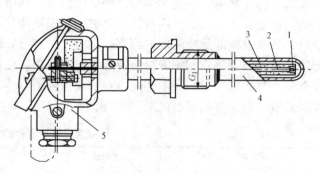

图 2 - 7　装配型热电偶温度传感器的结构
1—热电偶热端；2—热电极；3—绝缘管；4—保护套管；
5—接线盒

　　1. **热电极**

　　热电极的直径由材料的价格，机械强度，电导率以及热电偶的用途和测量范围等决定。贵金属热电极的直径一般是 0.3～0.65mm；廉价金属热电极的直径一般是 0.5～3.2mm。热电偶的长度根据热端的介质中的插入深度来决定，通常为 350～2000mm。

　　热电偶热端通常采用焊接方式形成。为了减小热传导误差和滞后，焊点宜小，焊点直径应不超过两倍热电极直径。焊点的形式有点焊、对焊、绞状点焊等多种，如图 2-8 所示。

　　2. **绝缘材料**

　　热电偶的两根热电极要很好地绝缘，以防短路。在低温下可用橡胶、塑料等作绝缘材料；在高温下采用氧化铝、陶瓷等制成圆形或椭圆形的绝缘管套在热电极上。绝缘管的形状如图 2-9 所示，常用的绝缘材料见表 2-5。火电厂中尤以瓷绝缘套管使用最多。

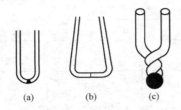

图 2-8 热电偶热端焊点的形式

(a) 点焊；(b) 对焊；(c) 绞状点焊

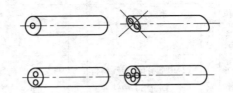

图 2-9 绝缘管外形

表 2-5 绝 缘 材 料 (℃)

名　　称	长期使用的温度上限	名　　称	长期使用的温度上限
天然橡胶	60～80	石　英	1100
聚乙烯	80	陶　瓷	1200
聚四氟乙烯	250	氧化铝	1600
玻璃和玻璃纤维	400	氧化镁	2000

3. 保护套管

为了防止热电极遭受化学腐蚀和机械损伤，热电偶通常都是装在不透气的、并带有接线盒的保护套管内。接线盒内有连接电极的两根接线柱，以便连接补偿导线或导线。对保护套管材料的要求是能承受温度的剧变，耐腐蚀，有良好的气密性和足够的机械强度，有高的热导率，在高温下不致和绝缘材料及热电极起作用，也不产生对热电极有害的气体。目前，还没有一种材料能同时满足上述要求，因此应根据具体工作条件选择保护套管的材料。常用的保护套管材料及其所需温度见表 2-6。

表 2-6 热电偶用保护套管的材料 (℃)

材料名称（金属）	能耐温度	材料名称（金属）	能耐温度
铜	360	石英	1100
20 号碳钢	600	高温陶瓷	1300
1Cr18Ni9Ti 不锈钢	870	高纯氧化铝	1700
镍铬合金	1150	氮化硼	3000（还原性气氛）

常用保护套管的外形如图 2-10 所示，（此外还有不带固定法兰与固定螺纹的主要用于测量气体图中未作出），蒸汽和液体等介质的热电偶按其安装时的连接形式可分为螺纹连接和法兰连接两种；按其使用的被测介质的压力大小可分为密封常压式和高压固定螺纹式两种，可根据使用情况选择适当的形式。

这些热电偶测温时的时间常数随保护套管的材料及直径而变化。图 2-10 (a) ～ (c) 形式的热电偶，当采用金属保护套管，保护套管外径为 12mm 时，其时间常数为 45s，直径为 16mm 时，其时间常数为 90s，对于图 2-10 (d) 耐高压的金属热电偶，其时间常数为 2.5min。

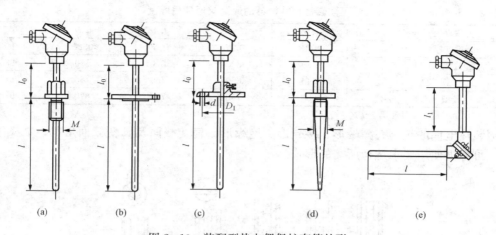

图 2-10　装配型热电偶保护套管外形

（a）固定螺纹；（b）固定法兰；（c）活动法兰；（d）高压用锥形固定螺纹；（e）90°套管

4. 接线盒

接线盒中有接线端子，它将热电极和补偿导线连接起来。接线盒起密封和保护接线端子的作用。它有普通式、防溅式、防水式、隔爆式和插座式等。

（二）铠装热电偶

铠装热电偶在现场应用广泛，可用于金属壁温的测量。铠装热电偶是由金属套管、绝缘材料和热电极经拉伸加工而成的坚实组合体，铠装热电偶如图 2-11 所示，铠装热电偶结构如图 2-12 所示。套管材料有铜、不锈钢及镍基高温合金等。热电偶与套管之间填满了绝缘材料的粉末，目前采用的绝缘材料大部分为氧化镁。套管中的热电极有单丝的、双丝的和四丝的，彼此之间互相绝缘。热电偶的种类则是标准或非标准的金属热电偶。目前生产的铠装热电偶，其外径一般为 1～6mm，长度为 1～20m，外径最细的有 0.2mm，长度最长的有 100m 以上。它测量的温度上限除和热电偶有关外，还和套管的外径及管壁厚度有关。外径粗、管壁厚时测温上限可高些，不同套管尺寸推荐的最高长期使用温度见表 2-7。

图 2-11　铠装热电偶

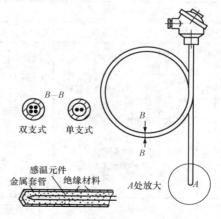

图 2-12　铠装热电偶结构

表 2 - 7　　　　　　　　　　不同套管尺寸推荐的最高长期使用温度

公称直径（mm）	1.02	1.57	3.18	4.78	6.35
公称壁厚（mm）	0.18	0.25	0.50	0.64	0.81
K 型（℃）	760	870	870	870	980
J 型（℃）	540	650	760	760	870
E 型（℃）	650	760	760	870	930

铠装热电偶的热端有露端形、接壳形、绝缘形、扁变截面及圆变截面形等，如图 2 - 13 所示，可根据使用要求选择所需的形式。

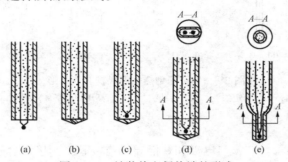

图 2 - 13　铠装热电偶热端的形式
（a）露端形；（b）接壳形；（c）绝缘形；（d）扁变截面形；（e）圆变截面形

铠装热电偶的主要优点是热端热容量小，动态响应快，机械强度高，挠性好，耐高压，震强烈动和冲击，可安装在结构复杂的装置上，因此被广泛用在许多工业部门。

（三）热套式热电偶

为了保护热电偶能在高温、高压、大流量的介质中安全可靠地工作，近年来已生产一种专用于主蒸气管道上的测量蒸汽温度的新型高强度热电偶，称为热套式热电偶。它也可在其技术性能允许的其他工作部门用来测量气态或液态介质的温度。铠装热电偶型号组成及其代号含义见表 2 - 8。

表 2 - 8　　　　　　　　　　铠装热电偶型号组成及其代号含义

第　一　节					第　二　节				
第一位		第二位		第三位	第四位		第一位	第二位	第三位
代号	含义	代号	含义	代号　含义	代号	含义	代号　含义	代号　含义	代号　含义
W	温度仪表	R	热电偶	热电偶分度号及材料： N　K（镍铬-镍硅） E　E（镍铬-铜镍） F　J（铁-铜镍） C　T（铜-铜镍） M　N（镍铬硅-镍硅）	K	铠装式	安装固定装置： 1　无固定装置 2　固定卡套螺纹 3　可动卡套螺纹 4　固定卡套法兰 5　可动卡套法兰	接线盒形式： 0 或 1　简易式 2　防溅式 3　防水式 6　插接式 8　手柄式 或接线盒式 9　补偿导线式	测量端形式： 1　绝缘式 2　接壳式 3　露端式

注　在型号第一节字母后，下角注有"2"的为双支铠装热电偶。

热套式热电偶采用热套保护管与热电偶可分离的结构。使用时可将热套焊接或机械固定在设备上，然后装上热电偶，即可工作。热套式热电偶的感温元件为铠装热电偶。

热套式热电偶的特点是采用了锥形套管，三角锥面支撑和热套保温的焊接式安装结构。这种结构形式既保证了热电偶的测温精度和灵敏度，又提高了热电偶保护套管的机械强度和热冲击性能。其结构与安装方式如图2-14所示。

装配型热电偶保护套管的端部在管道中处于悬臂状态，在高温、高压、大流量的介质冲刷之下很容易损坏，若能缩短保护套管的悬臂长度，可提高其机械强度和热冲击性能，但是，这将会因热电偶插入深度的减小而降低测量的准确性。采用热套式热电偶的结构，可使蒸汽或其他被测介质通过三角锥面与管道开孔的缝隙流入并充满安装套管与热电偶保护套管之间的环形管内，形成热套对热电偶加以保温，既保证热电偶有足够的插入深度，又缩短了热电偶保护套管的悬臂长度。由于增加了被测介质热对电偶的热交换面积和利用热套对热电偶的有效保温，从而减小了沿热电偶轴向的温度梯度和由于导热影响引起的测温误差。

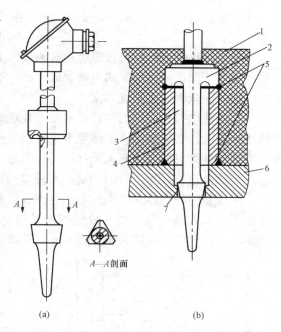

图2-14　热套式热电偶的结构及其安装方式

（a）结构图；（b）安装尺寸示意图

1—保温层；2—热套式热电偶；3—充满介质的热套；
4—安装套管；5—电焊接口；6—主蒸汽管道壁；
7—卡紧固牢

在高温、高压管道上的螺纹是难以固紧的，易造成介质的泄漏，而热套式热电偶采用焊接安装结构改善了高压密封性能，增强了机械强度和热冲击性能。安装焊接时，保护套管的三角锥面与管道开孔内缘应紧密配合，保护套管的上端与安装套管焊牢，其下端为自由状态，因此，保护套管受热后只能向下膨胀，使其三角锥面支撑卡得更紧。

在机组起动过程中，由于蒸汽流量小，流速低其对流换热量小，蒸汽热套的加热保温作用不大，因而会有较大的散热，使温度测量的指示偏低。为此应加厚保温层或者在热套处增设外加热装置，以提高启动过程中的测温准确性。为了能顺利地排出热套中的凝结水，热套式热电偶以在水平管道上垂安装为宜。

热套式热电偶的测温元件采用镍铬-铬硅或镍铬-铜镍铠装热电偶，以满足快速测温的要求。由于热电极得到很好的密封保护而增强了抗氧化和耐振性能。

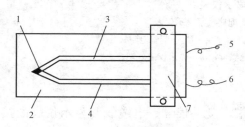

图2-15　铁-镍薄膜热电偶

1—热端接点；2—衬架；3—Fe膜；4—Ni膜；
5—Fe丝；6—Ni丝；7—接头夹具

（四）薄膜热电偶

薄膜热电偶是由两种金属薄膜连接而成的一种特殊结构的热电偶。这种薄膜热电偶的热端既小又薄，热容量很小，可以用于微小面积上的温度测量，动态响应快，可测量瞬变的表面温度。其中片状结构的薄膜热电偶，是采用真空蒸镀法将两种热电极材料蒸镀到绝缘基板上，上面再蒸镀一层二氧化硅薄膜作绝缘和保护层。我国研制成的铁-镍薄膜热电偶如图2-15所示，其长、宽、厚三个方向的尺寸分别是 60、6、0.2mm，金属薄膜厚度为 3～6μm，测温范围为 0～300℃，时间常数小于 0.01s。

如果将热电极材料直接蒸镀在被测表面上，其时间常数可达微秒级，可用来测量变化极快的温度。同样可将薄膜热电偶制成针状，针尖处为热端，可用来测量点的温度。

四、热电偶测量系统方案

一只热电偶选择得当并且正确安装在现场只是测温的第一步，要最后能在集控室操作员站正确显示，必须建立一个测量方案，构成一个完整的测温系统。

随着计算机分散控制系统（DCS）在电厂的普遍应用，热电偶测温系统大部分都在 DCS 操作员站上进行显示。它的测量方案是如何构成的呢？

测量系统的传感元件当然是热电偶。这其中包含各种类型的热电偶，例如，测量主蒸汽温度的热套式热电偶、测量过热器壁温的铠装热电偶等，中间采用热电偶补偿导线，接入 DCS，然后在操作员站的屏幕画面进行显示。

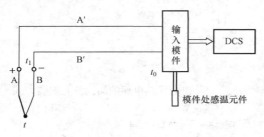

图 2-16 热电偶连接 DCS

A、B—热电极；A'、B'—补偿导线；t_1—热电偶冷端温度；t_0—模件处温度；DCS—分散控制系统

A'B' 为补偿导线，C 为电缆线。

如图 2-16 所示是一个典型的工程测温方案。热电偶产生的热电势经补偿导线送入相应的机柜对应的 TC 热电偶输入模件上，该输入模件同时接受模件处测温元件测得的温度（即热电偶新冷端温度 t_0）信号，然后进行处理并转换成数字信号，经接口送入计算机，然后进行补偿处理后再显示或控制。

采用动圈表显示的测量系统如图 2-17（a）所示。另外还有些采用数字显示仪表的测量系统如图 2-17（b）所示，AB 为热电偶，

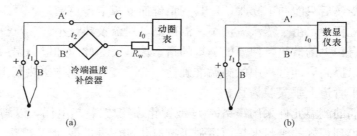

(a) (b)

图 2-17 热电偶配接显示仪表

（a）热电偶配接动圈表；（b）热电偶配接数字显示仪表

A、B—热电极；A'、B'—补偿导线；C—普通导线；R_w—调整电阻；
t_1—热电偶冷端温度；t_2—冷端温度补偿器处温度；t_0—显示仪表处温度

五、热电偶的正确使用

在热电偶测温系统方案构成中，补偿导线、冷端温度补偿器、电缆线和显示仪表的接入，对测量系统中热电势有没有影响呢？要回答这些问题，必须先明确如何正确使用热电偶才能保证最后显示的是实际温度值。其实，科学家们早已为我们提供了科学的答案，并将其总结为热电偶的所谓基本定律。下面我们先来了解这热电偶的三个基本定律。

（一）热电偶的基本定律

下述三条基本定律，对于热电偶测温的实际应用有着重要意义，它们已由实验所确立。

1. 均质导体定律

由一种均质导体（或半导体）组成的闭合回路，不论导体（半导体）的几何尺寸及各处的温度分布如何，都不会产生热电势。由此定律可以得到如下的结论：

（1）热电偶必须由两种不同性质的材料构成。

（2）热电势与热电极的几何尺寸（长度、截面积等）无关。

（3）由一种材料组成的闭合回路存在温差时，回路如产生热电势，便说明该材料是不均匀的。据此，可检查热电极材料的均匀性。

2. 中间导体定律

由不同材料组成的热电偶闭合回路中，若各种材料接触点的温度都相同，则回路热电势的总和等于零。

由此定律可得到以下结论：

在热电偶回路中加入第三、四……种均质材料，只要中间接入的导体的两端温度相等则它们对回路的热电势就没有影响，如图 2-18 所示。利用热电偶测温时，只要热电偶连接显示仪表的两个接点的温度相同，那么仪表的接入对热电偶的热电势没有影响。而且对于任何热电偶接点，只要它接触良好，温度均一，不论用何种方法构成接点，都不影响热电偶回路的热电势。

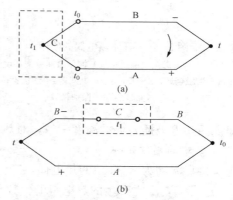

图 2-18 热电偶回路中插入第三种材料

如图 2-19（a）所示导体 C 接在热电极 A、B 之间，设 $t > t_0$、$N_A > N_B > N_C$ 则可写出回路总的热电势为

$$E_{ABC}(t, t_0) = e_{AB}(t) - e_A(t, t_0) - e_{AC}(t_0) + e_{BC}(t_0) + e_B(t, t_0) \tag{2-8}$$

若设回路中各接点温度都相等，则各接点接触电势都为 0，即：

$$e_{AB}(t_0) + e_{BC}(t_0) + e_{CA}(t_0) = 0 \tag{2-9}$$

以此关系代入式（2-8），可得

$$E_{ABC}(t, t_0) = e_{AB}(t) - e_A(t, t_0) - e_{AB}(t_0) + e_B(t, t_0) \tag{2-10}$$

比式（2-10）与式（2-3）可知，两式完全一致，即

$$E_{ABC}(t, t_0) = E_{AB}(t, t_0) \tag{2-11}$$

如图 2-19（b）所示把热电极 B 断开接入中间导体 C。设 $t > t_1 > t_0$，$N_A > N_B > N_C$，则可写出回路中总的热电势

$$E_{ABC}(t, t_1, t_0) = e_{AB}(t) - e_A(t, t_0) - e_{AB}(t_0) + e_B(t_1, t_0) + e_{CB}(t_1) - e_{BC}(t_1) + e_B(t, t_1) \tag{2-12}$$

由式（2-5）有

$$e_B(t_1, t_0) + e_B(t, t_1) = e_B(t_1) - e_B(t_0) + e_B(t) - e_B(t_1) = e_B(t) - e_B(t_0) = e_B(t, t_0) \tag{2-13}$$

代入式（2-12）则

$$E_{ABC}(t,t_1,t_0) = e_{AB}(t) - e_A(t,t_0) - e_{AB}(t_0) + e_B(t,t_0) \tag{2-14}$$

即
$$E_{ABC}(t,t_1,t_0) = E_{AB}(t,t_0)$$

以上两种形式的热电偶回路都可证明本结论是正确的。若在热电偶回路中接入多种均质导体，只要每种导体两端温度相等，同样可证明它们不影响回路的热电势。实际测温中，正是根据本定律这条结论，才可在热电偶回路中接入显示仪表、冷端温度补偿装置、连接导线等组成热电偶温度测量回路而不必担心它们会影响到热电势。也就是说，只要保证连续接导线、显示仪表等接入热电偶回路的两端温度相同，就不会影响热电偶回路的总热电势。另外，热电偶的热端焊接点也相当于第三种导体，只要它与两电极接触良好、两接点温度一致，也不会影响热电偶回路的热电势。因此，在测量液态金属或金属壁面温度时，可采用开路热电偶，如图2-19所示。此时，热电偶的两根热电极 A、B 的端头同时插入或焊在被测金属上，液态金属或金属壁面即相当于第三种导体接入热电偶回路，只要

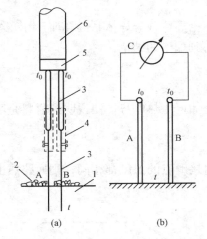

图 2-19　开路热电偶的使用

(a) 测量液态金属温度；(b) 测量金属壁面温度
1—熔融金属；2—渣；3—热电偶；4—连接管；
5—绝缘物；6—保护管

保证两热电极插入处的温度一致，对热电偶回路的热电势就没有影响。

3. 中间温度定律

接点温度为 t_1 和 t_3 的热电偶，产生的热电势等于两支同性质热电偶在接点温度分别为 t_1，t_2 和 t_2，t_3 时产生的热电势的代数和，如图2-20所示。

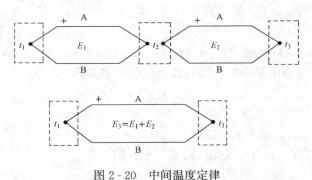

图 2-20　中间温度定律

用公式表达为
$$E_{AB}(t_1,t_3) = E_{AB}(t_1,t_2) + E_{AB}(t_2,t_3) \tag{2-15}$$

式中：t_2 称为中间温度。

此定律可证明如下：
$$E_{AB}(t_1,t_2) + E_{AB}(t_2,t_3) = [f_{AB}(t_1) - f_{AB}(t_2)] + [f_{AB}(t_2) - f_{AB}(t_3)]$$
$$= f_{AB}(t_1) - f_{AB}(t_3) = E_{AB}(t_1,t_3)$$

在式（2-15）中令 $t_2 = t_0$、$t_3 = 0℃$ 则有

$$E_{AB}(t,0) = E_{AB}(t,t_0) + E_{AB}(t_0,0) \tag{2-16}$$

或

$$E_{AB}(t,t_0) = E_{AB}(t,0) - E_{AB}(t_0,0) \tag{2-17}$$

据式（2-16）在制定热电偶分度表时，只需定出热电偶冷端温度为0℃、热端温度与热电势的函数表即可，冷端温度不为0℃时热电偶产生的热电势可按式（2-16）查表修正得到。

由此定律可得以下结论：

（1）已知热电偶在某一给定冷端温度下进行的分度，只要引入适当的修正，就可在另外的冷端温度下使用。这就为制定和使用热电偶的热电势-温度关系分度表奠定了理论基础。

（2）与热电偶同样热电性质的补偿导线可以引入热电偶的回路中，如图2-21所示，相当于把热电偶延长而不影响热电偶应有的

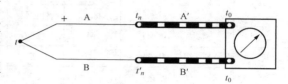

图2-21　补偿导线在测温回路中的连续

A、B—热电偶热电极；A′、B′—补偿导线

t_n—热电偶原冷端温度；t_0—新冷端温度

热电势，中间温度定律为工业测温中应用补偿导线提供了理论依据。

（二）热电偶冷端温度补偿

从热电偶的测温原理中知道，热电偶热电势的大小不但与热端温度有关，而且与冷端温度有关，只有在冷端温度恒定的情况下，热电势才能正确反映热端温度的高低。与热电偶温度传感器配套使用的显示仪表，其标尺一般都是根据所配热电偶分度表按温度刻度的，而分度表是在热电偶冷端温度恒定在0℃条件下实验测试制定的。在测温时若冷端温度偏离0℃，显示仪表的示值就会出现误差。在实际应用时，热电偶的冷端放置在距热端很近的大气中，受高温设备和环境温度波动的影响较大，因此，冷端温度不可能是恒定值。为消除冷端温度变化对测量的影响，可采用以下几种不同的冷端温度补偿方法。

1. 补偿导线法

为了使热电偶的冷端温度保持恒定（最好为0℃），可把热电偶做得很长，使冷端远离工作端，并连同测量仪表一起放置在恒温或温度波动较小的地方（如集中在控制室）。这种方法一方面安装使用不方便，另一方面也要多耗费许多贵重的金属。因此，一般是用一种导线（称补偿导线）将热电偶的冷端延伸，如图2-21所示。

补偿导线也是两种不同的金属材料A′和B′，它在一定的温度范围内（0～100℃）和所连接的热电偶AB具有相同的热电性质，即 $E_{A'B'}(t_n, t_0) = E_{AB}(t_n, t_0)$，因此，可用它们来做热电偶的延伸线。用补偿导线将冷端由温度 t_n 处延长至 t_0 处后，热电势只与温度 t、t_0 有关，与原来冷端温度 t_n 无关。可用中间温度定律来证明补偿导线对热电偶热电势无影响。

根据中间温度定律及补偿导线应满足的条件，我国规定补偿导线分为补偿型和延伸型两种。常用的热电偶的补偿导线及其性能见表2-9。型号中的第一个字母与配用热电偶的分度号相对应；字母"X"表示延伸型补偿导线；字母"C"表示补偿型补偿导线。补偿型补偿导线的材料与对应的热电偶不同，是用廉价金属制成的，但在低温度下它们的热电性质是相同的；延伸型补偿导线的材料与对应的热电偶相同，但其热电性能的准确度要求略低。补偿导线的结构与电缆一样，有单芯、双芯等；芯线又分单股硬线和多股软线；芯线外为绝缘层和保护层，有的还有屏蔽层。根据补偿导线所耐环境温度不同，又可分为一般用和耐热用两

种。根据补偿导线热电势的允许误差大小又可分普通级和精密级两种。就一般而言，补偿导线电阻率较小，线径较粗，这有利于减小热电偶回路的电阻。使用补偿导线时必须注意分度号一致，连接极性正确。

表 2-9　　　　　　　　　　　　　　热电偶补偿导线及其性能

补偿导线型号	分度号	补 偿 导 线				测量端为100℃冷端为0℃时的热电势（mV）
		正极		负极		
		材料	颜色（1）	材料	颜色	
SC	S（铂铑10-铂）	铜	红	铜镍（2）	绿	0.646±0.037（5℃）
KC	K（镍铬-镍硅）	铜	红	康铜（3）	兰	4.096±0.105（2.5℃）
KX	K（镍铬-镍硅）	铜	红	康铜（3）	黑	4.095±0.105（2.5℃）
EX	E（镍铬-考铜）	镍铬	红	考铜（4）	棕	6.319±0.170（2.5℃）
JX	J（铁-铜镍）	镍铬	红	铜镍	紫	5.269±0.135（2.5℃）
TX	T（铜-康铜）	铜	红	康铜	白	4.279±0.047（1℃）

注　1. 补偿导线正负极绝缘表皮的颜色。

　　2. 99.4%Cu；0.6%Ni。

　　3. 60% Cu，40Ni。

　　4. 56% Cu，44%Ni。

2. 计算法（查表修正法）

如果某介质的实际温度为 t，用热电偶进行测量，其冷端温度为室温 t_0，测得的热电势为 $E_{AB}(t, t_0)$，由中间温度定律得：

$$E_{AB}(t,t_0) = E_{AB}(t,0) - E_{AB}(t_0,0)$$
$$E_{AB}(t,0) = E_{AB}(t,t_0) + E_{AB}(t_0,0)$$

可在用热电偶测得热电势 $E_{AB}(t, t_0)$ 的同时，用其他温度计测出热电偶冷端处的室温 t_0，从而查表得到修正热电势 $E_{AB}(t_0, 0)$，将 $E_{AB}(t_0, 0)$ 与热电势 $E_{AB}(t, t_0)$ 相加才得到实际温度 t 所对应的热电势分度值 $E_{AB}(t, 0)$，然后通过分度表查得被测温度 t。

例 2-1　一支镍铬-镍硅热电偶，在冷端温度为室温 25℃ 时测得的热电势为 17.537mV，试求热电偶所测的实际温度。

解　查表得 $E_{AB}(25, 0) = 1mV$，则

$$E_K(t,0) = E_K(t,25) + E_K(25,0) = 18.537mV$$

查表得 $t = 450.5℃$（即为所求实际温度）。

如果用 $E_{AB}(t, 25) = 17.537mV$ 直接查表，则得 $t = 427℃$，显然误差是比较大的。如果以 $427 + 25 = 452℃$ 计算，这样也是不对的，因为热电特性是非线性的，必须把电势相加后再查表。

但在实际应用中，冷端温度不仅不是 0℃，而且还是经常变化的，这样，计算法修正很不方便，往往要求采用自动补偿方法。DCS 显示的测温系统中，如图 2-16 所示，冷端温度采用测温元件进行测量，并将冷端温度也采集进 DCS 系统中，然后就用计算法进行动态修正。

3. 补偿电桥法（冷端温度补偿器）

热电偶所产生的热电势 $E_{AB}(t, t_0) = f_{AB}(t) - f_{AB}(t_0)$，在冷端温度 t_0 升高时将减小，

如能在热电偶测温电路中串联一个能随冷端温度变化的电压，利用它去补偿因冷端温度改变而引起的热电势变化，就可使测量电路的总电压亦即显示仪表的输入电压不受冷端温度变化的影响，从而实现冷端温度的自动补偿。

工业测温中补偿电桥法就是利用不平衡电桥来进行冷端温度补偿的，冷端温度补偿电桥法线路如图 2-22 所示。不平衡电桥串接在补偿导线末端，桥臂电阻 R_1、R_2、R_3 和 R_{Cu} 与热电偶冷端处于相同的环境温度下。其中 $R_1 = R_2 = R_3 = 1\Omega$ 且都是锰铜线绕电阻，R_{Cu} 是铜导线绕制的补偿电阻，E(4V) 是桥路直流电源；R_s 是限流电阻，其阻值因热电偶不同而不同。选择 R_{Cu} 的阻值在桥路平衡温度（0℃或20℃）时与三个锰铜电阻的电阻值相等，即此时桥路输出 $U_{ab} = 0$，显示仪表输入电压 $U_i = E_{AB}(t, 0)$［或 $U_i = E_{AB}(t, 20)$］。当热端温度 t 不变，冷端温度 t_2 升高或降低时电桥失去平衡，$U_{ab} > 0$（或 $U_{ab} < 0$）时，U_{ab} 也随着增大（或减小），而热电偶的热电势 E_x 却随着减小（或增大）。如使 U_{ab} 的增加量等于 E_{AB} 的减少量，那么 $U_i(U_i = E_{AB} + U_{ab})$ 的大小就不随冷端度变化了。即输入动圈表的总电势为 U_i 不变，仍等于 $E_{AB}(t, 0)$ 或 $E_{AB}(t, 20)$，相当于冷端温度自动恒定在 0℃或 20℃。

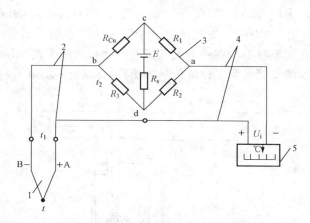

图 2-22 冷端温度补偿电桥法线路

1—热电偶；2—补偿导线；3—冷端补偿器；4—铜导线；5—显示仪表

通过改变限流电阻 R_s 的阻值来改变流过桥臂的电流，可使补偿电桥与不同类型的热电偶配合使用。

使用冷端温度补偿器应注意以下几点：

（1）各种冷端温度补偿器只能在规定的温度范围内，和与其相应型号的热电偶配套使用。

（2）冷端温度补偿器与热电偶连接时，极性不能接错，否则反而会加大测量误差。

（3）冷端温度补偿器电桥平衡温度应与其配接的动圈表的机械零点一致。如果电桥平衡时的温度为 20℃，与其配接的动圈表机械零点应调至 20℃。

（4）冷端温度补偿器必须定期检查与校验。若其输出电压与所配用的热电偶热电特性不一致并超过其补偿误差时，应更换。

冷端温度补偿器通常使用在热电偶与动圈仪表配套的测温系统中。对于与热电偶相配接的温度变送器、数字温度表等，因这些仪表内部的测量线路里设有冷端温度自动补偿装置，将热电偶冷端温度补偿至 0℃，故不必另行单独配置冷端温度补偿器。

4. 显示仪表机械零点调整法

显示仪表机械零点是指仪表在没有外电源即输入端开路时指针在标尺上的位置，一般情况下机械零点即为仪表标尺下限，这种方法特别用于动圈显示表中。

热电势修正法在现场的作法是调整仪表的机械零点，如果热电偶冷端温度比较恒定，与之配套的显示仪表内部没有冷端温度补偿元部件且机械零点调整又较方便，则可采用此法实现冷端温度补偿。预先用另一支温度计测出冷端温度 t_0，然后将显示仪表的机械零点直接调至 t_0 处，这相当于在输入热电偶热电势之前就给仪表输入电势 $E(t_0，0)$，使得在接入热电偶之后输入仪表的电势为 $E(t，t_0)+ E(t_0，0)= E(t，0)$，因为与热电偶配套的显示仪表是根据冷端温度为 0℃ 的热电势与温度关系曲线进行刻度的，因此仪表的指针能指出热端的温度 t。这种调整机械零点的方法特别适用于以温度刻度的动圈仪表上。

应当注意：当冷端温度变化时需要重新调整仪表的机械零点，如冷端温度变化频繁，此法就不宜采用。

5. 冰点槽法

如果在测温时将热电偶冷端置于 0℃ 下，就不需要进行冷端温度补偿，这时需要设置一个温度恒为 0℃ 的冰点槽。如图 2-23 所示是一个简单的冰点槽，把清洁水制成冰屑，冰屑与清洁水相混合后放在保温瓶中，在一个大气压下，冰和水的平衡温度就是 0℃。在瓶盖上插进几根盛有变压器油的试管是为了保证传热性能良好，将热电偶的冷端插到试管里。

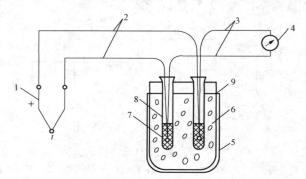

图 2-23　冰点槽

1—热电偶；2—补偿导线；3—铜导线；4—显示仪表；5—保温瓶；
6—冰水混合物；7—变压器油；8—试管；9—盖子

冰点槽法是一个准确度很高的冷端温度处理方法，然而冰水两相共存，使用起来较麻烦，因此这个办法只用于实验室，工业生产中一般不采用。

【任务实施】

一、热电偶检修

1. 检修前的准备工作

检修前的准备工作涉及许多方面，主要有设备基本参数、设备修前状况、人员准备、工具准备、材料准备、备件准备、参考资料准备、施工现场准备等。

（1）检修前交底。检修前交底包括设备运行状况、检修前了解温度检测相关缺陷记录，针对存在的问题有的放矢,提高设备健康水平。测量有问题热电偶原始工程值,作好修前记录,核对对照表。

(2)进行危险点分析和安全措施。

1)严格执行《电业安全工作规程 热力和机械部分》。

2)确认设备解列,工作票办理完毕方可工作。

3)涉及危险源的安全隔离措施见使用的工作票部分。

4)工作时,注意防止发生烫伤和高空坠落事故。

5)在线校验或拆除时,必须确保该热电偶(阻)信号可退出运行。

6)检修过程涉及应急与响应控制程序相关预案。

7)涉及环境因素:抹布执行《固体废弃物控制程序》。

(3)工具准备、材料准备、备件准备、参考资料准备。

工具准备、材料准备、备件准备表见表2-10。使用的计量仪器等应具有有效期内的鉴定、检验合格证书。清点所有专用工具齐全,检查合适,试验可靠。

表2-10　　　　　　　　　　工具准备、材料准备、设备准备表

工 具 准 备			
序号	工器具名称	工具编号	检查结果	备 注
1	万用表(4位半)		☐	1只
2	验电笔		☐	1只
3	螺丝刀(十字、一字)		☐	各1把
4	尖嘴钳		☐	1把
5	活动扳手		☐	2把
6	摇表(500V)		☐	1个
7	对讲机		☐	1副
8	温度校验便携炉		☐	1套
9	塑料桶		☐	1个
10	线轴		☐	1个
11	标准水银温度计		☐	1只
12	斜口钳		☐	1把
13	4~20mA 信号发生器		☐	1只

材 料 准 备					
序号	材料名称	检查结果	序号	材料名称	检查结果
1	白布1m	☐	3	塑料粘胶带1盘	☐
2	棉纱0.5kg	☐	4	橡胶垫1m×1m 1张	☐

备 件 准 备					
序号	备件名称	检查结果	序号	备件名称	检查结果
1	热电偶	☐	3		
2		☐			

（4）参考资料可准备热电偶布置图。

（5）办理工作票，做好安全措施，工作票规范、正确、无涂改。

2. 开工

（1）施工现场准备。

1）由工作负责人与运行人员一起检查安全措施，安全措施已落实。

2）停所检修设备气源、电源及隔离介质。

3）由工作负责人通知相关车间作好检修配合工作，交代相关安全措施及注意事项，确认施工现场准备中工作已完成见表2-11。

表2-11 施工现场准备表

序号	准 备 项 目	检查结果
1	万用表检定合格	☐
2	温度校验便携炉检定合格	☐
3	水银温度计检定合格	☐
4	4～20mA信号发生器检定合格	☐
5	搭建临时安全设施：棚架、隔离围栏等	☐
6	停所检修设备电源、气源及隔离介质	☐

（2）热电偶现场拆除。

1）做好拆除热电偶标记。

2）打开热电偶盖子，解开热电偶接线。

3）用绝缘胶带包扎好接线头并做记号，标明端子号。

4）旋开电缆套管，连同热电偶补偿导线一起抽出。

5）旋开热电偶套管螺丝，将热电偶取出。

（3）热电偶保护套管检查。

3. 外观检查

（1）铭牌应完整清晰；热电偶的铠甲不应有裂纹、严重的腐蚀、明显的缩径和机械损伤等缺陷；热电偶接线端及DCS侧接线端无氧化现象；热电偶冷端密封处完好；热电偶接线螺丝齐全无脱扣；热电偶接线盒盖齐全无损坏。

（2）热电偶应与被测表面接触良好，固定牢靠，集热块插孔无异物进入，靠热端的热电偶电极应沿被测表面敷设不小于250mm的长度，并确保保温和电极之间的绝缘良好。

（3）补偿导线应采用耐高温补偿导线；护套表面应平整、色泽均匀、无机械损伤，并连续印有制造厂名或商标、导线代号、规格、使用范围等清晰的标志；补偿导线的型号与热电偶的分度号、允差等级应相符，连接时极性不得有误。

4. 温度测量系统检修

（1）测量热电偶通路正常，无短路、断路、接地现象。

（2）用标准水银温度计测量中间柜环境温度的同时，在元件接线盒处短路任一热电偶输入信号，记录CRT上对应信号的显示值应与温度计读数一致。

（3）对机务专业有异议的点（在机组检修前确定）进行热电偶校验。检查集热块内部是否有杂物，并进行清理；随后用便携式温度检定炉进行4点校验（300、400、500、600度），其综合误差应满足规定，有问题的元件予以更换。所有校验及更换的元件均应出具正式校验报告。

（4）抽检若干支热电偶，检查集热块内部是否有杂物，并进行清理；随后用便携式温度检定炉进行单点校验（根据额定温度），其综合误差应满足规定。若综合误差不满足要求，应查明原因，消除或更换元件后，重新进行系统综合误差校准。所有校验的元件均应出具正式校验报告。

（5）对确定需要更换的温度元件，应将备件先在试验室校验合格后，方允许在现场使用，更换下来的温度元件，要求也送试验室校验，若合格的应留做备用。

（6）所有温度元件更换时应按规定进行安装，元件的弯曲半径及走向应合理。

（7）所有元件穿罩壳处应封闭严密，否则应对穿出处内外分别进行局部封闭。

（8）就地接线盒接线端子及温度测点远程I/O柜接线检查、紧固，卫生清理，二次线及端子应整齐、清洁、线头接线牢固，接线正确、工艺满足要求，设备标记齐全、线号清晰。

5．绝缘电阻测试

在机械检修工作结束后，解开DCS侧或远程柜及元件侧的接线，以500V摇表，测量补偿电缆芯线间及芯线与屏蔽层绝缘电阻均应不小于5MΩ，否则更换。

6．验收检查

检查元件接线正确无误后，在控制室CRT上检查，示值显示准确，连续无跳变。

7．现场清理

（1）元件及远程I/O器柜内设备及周围，应清扫干净，设备见本色，油漆脱落应重新油漆，现场设备挂牌清晰、正确。

（2）测量回路接线号牌清晰、齐全，接线正确、美观，用手轻拉接线无松动。

8．工作票终结

确认检修设备完全符合标准，工作人员撤离现场，终结工作票。

9．资料汇总

检修后资料主要有主要工作内容总结、目标指标完成情况、主要材料备件消耗统计、修后总体评价、确认完成工作、各方验收签字单。

二、热电偶校验

热电偶在安装前和经过一段时间使用后都要进行校验，以确定是否仍符合精度等级要求。

（一）熟悉检修规程和相关检定规程

熟悉中华人民共和国《国家计量检定规程汇编》、JJF 1033—2001《计量标准考核规范》、JJG 351—1996《工作用廉金属热电偶检定规程》、JJF 1262—2010《铠装热电偶校准规范》等规程，为校验、检定工作做准备。

（二）准备校验设备

1．标准器

（1）测量范围为300℃的标准水银温度计一套（校验300℃以下热电偶）。

（2）标准铂铑-铂热电偶（校验300℃以上热电偶）。

2. 配套设备

(1) 0.05 级，步进值 $1\mu V$ 的电位差计。

(2) 多点转换开关，产生电势小于 $1\mu V$。

(3) 管式检定炉。

(4) 冰点槽。

(5) 精密水银温度计。

(6) 控温设备。

(7) 兆欧表。

(8) 自动温度校验装置。

(三) 按检修规程进行校验

1. 外观检查

校验前一般先进行外观检查，热电偶热端焊点应牢固光滑，无气孔和斑点等缺陷；热电极不应变脆或有裂纹；贵金属热电偶热电极无变色等现象。外观检查无异常方可进行校验。

2. 示值检查

热电偶校验通常采用示值比较法，即比较标准热电偶与被校热电偶在同一温度点的热电势差值。根据国家规定，各种热电偶校验温度点见表 2-12。实际校验时，设备温度应控制在校验温度点 $\pm 10℃$ 之内。

表 2-12　　　　　　　　　　　　　　热 电 偶 校 验 温 度 点

热电偶名称	校验温度点 （℃）			
铂铑 10-铂	600	800	1000	1200
镍铬-镍硅	400	600	800	1000
镍铬-考铜	300	400 或 500		600

对于镍铬-镍硅及镍铬-考铜热电偶，如在 300℃ 以下使用，则应增 100℃ 校验点；对精度要求很高的铂铑 10-铂热电偶，还可以利用辅助平衡点锌凝固点（419.50℃）、锑凝固点（630.74℃）及铜凝固点（1084.5℃）进行标准状态法校验。

一般高于 300℃ 使用的热电偶，其示值比较法校验装置如图 2-24 所示。其主要设备有标准热电偶、管式电炉、冰点槽及电位差计。校验用标准热电偶应符合表 2-13 规定。

表 2-13　　　　　　　　　　　　　检 验 用 标 准 热 电 偶 等 级

检验温度范围（℃）	被校热电偶	标准热电偶名称及等级
0~300	各类	二级标准水银温度计
300~1300	贵金属热电偶	二级（或三级）标准铂铑 10-铂热电偶
300~1300	非贵金属热电偶	三级标准铂铑 10-铂热电偶 标准镍铬-镍硅热电偶（只用于校验镍铬-镍硅热电偶）

管式电炉炉长一般为 600mm，中间应有 100mm 恒温区，电炉通过调压器或自动控温装置调节温度。被校热电偶与标准热电偶的热端应插入电炉中心的恒温区。有时为了使被热电偶校及标准热电偶温度更为一致，还可以在炉中心放入一钻有孔的镍块，并将热电偶热端置于镍块孔中。热电偶冷端置于冰点槽内。调节炉温，使温度达到校验点 ±10℃ 范围内，当温度变化速率小于 0.2℃/min 时，即可通过切换开关用电位差计测量被校及标准热电偶的热电势值。校验读数顺序为（设有三支被校热电偶）：标准→被校 1→被校 2→被校 3→被校 3→被校 2→被校 1→标准。

按以上顺序重复两次读数，取四次读数的平均值作为各热电偶在该温度点的测量值。然后再调节电炉温度，校验其他点。

低于 300℃ 的校验装置，加温设备通常采用油浴恒温器。

3. 校验结果处理

得到各校验点上被校热电偶测值 E_n 及标准热电偶测值 E_B 后，可分别由分度表查出相应的温度 t_n、t_B，则误差 Δt 为

$$\Delta t = t_n - t_B$$

误差 Δt 值符合表 2-2 中允许误差要求的，即认为合格。

若标准热电偶出厂检定证书的分度值与统一分度表不同，则应将标准热电偶测值加上校正值后作为热电势标准值。

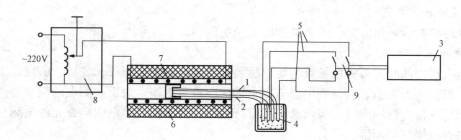

图 2-24　热电偶校验装置

1—被校热电偶；2—标准热电偶；3—电位差计；

4—冰点槽；5—铜导线；6—电炉；7—镍块；

8—调压器；9—切换开关

若是进行热电偶的检定，在计算检定结果时，300℃ 以上被检热电偶的热电动势误差 Δe，计算方法如下：

热电势误差：

$$\Delta e = \bar{e}_{被测} + \frac{e_{标准} - \bar{e}_{标准}}{S_{标}} \cdot S_{被} - e_{分}$$

式中　$\bar{e}_{被测}$——被检热电偶在某检定点附近温度下，测得的热电动势算术平均值；

$e_{标准}$——标准热电偶证书上某检定点温度的热电动势值；

$\overline{e}_{标准}$——标准热电偶在某检定点附近温度下，测得的热电动势算术平均值；

$e_分$——被检热电偶分度表上查得的某检定点温度的热电动势值；

$S_标$、$S_被$——分别表示标准、被检热电偶在某检定点温度的微分热电动势。

示值误差：

$$\Delta t = \frac{\Delta e}{S_被}$$

误差 Δt 值符合表 2-2 允许误差要求的，即认为合格，发给检定证书；不合格的热电偶，发给检定结果通知书。如有需要，可给出热电偶在各检定点的修正值。

热电偶的检定周期一般为半年，特殊情况下可根据使用条件来确定。

三、热电偶测量系统消缺

在热力系统运行过程中，为了保证温度测量值的正确采集和指示，需要对测量系统进行维护，在出现数据指示异常时，主要是操作员站参数显示不正常，或是显示仪表指示不正常，需要热控人员进行故障分析和适当的处理。

1. 接受缺陷通知单

2. 了解仪表的运行状况及相关缺陷记录

进行危险点分析与控制，按《工作票、操作票使用和管理标准》办理工作票、操作票，特别注意"作业危险点分析及预控措施"。由工作负责人与运行人员一起检查安全措施，由工作负责人通知相关车间作好检修配合工作。

3. 准备工具

数字万用表、摇表、螺丝刀等。

4. 制定消缺方案

能处理的应制定出方案，不能处理的应说明原因。

5. 故障分析处理

在检查热电偶时，首先应检查绝缘，然后检查电极是否有裂纹、脱层、磨损，工作端有无小孔，表面是否光洁。若发现电极有以上情况应进行更换。对重要测点的保护套也应进行检查，除外观检查没问题外还应由金相室进行检查。对于铠装热电偶检查元件损坏只能整体更换，并查找烧坏的原因。

热电偶在安装时必须符合安装要求，应避免装在炉孔旁边或与加热物体距离过近以及具有强磁场之外，热电偶的接线盒不应碰到被测介质的容器壁。热电偶参比端的温度一般不应超过 100℃，并且避开被雨淋的地方。在安装高温、高压热电偶时，一定要严格保证其密封面的密封。带瓷保护管的热电偶，必须避免急冷急热，以防瓷管爆裂。

接线要求：在接线时一定要确保良好接触，拧紧空心螺栓，然后盖紧接线盒盖子，对不得不露在空中的热电偶最好加装防雨措施，以防雨淋损坏元件。为保护补偿导线不受外来的机械损伤和由于外磁场而造成对仪表的影响，补偿导线应加以屏蔽，并且不准有曲折迂回的情况。

热电偶常见故障原因及处理方法见表 2-14。

表 2 - 14	热电偶常见故障原因及处理方法	
故障现象	可 能 原 因	处 理 方 法
热电势比实际值小（显示仪表指示值偏低）	热电极短路	找出短路原因，如因潮湿所致，则需进行干燥；如因绝缘子损坏所致，则需更换绝缘子
	热电偶的接线柱处积灰，造成短路	清扫积灰
	补偿导线线间短路	找出短路点，加强绝缘或更换补偿导线
	热电偶热电极变质	在长度允许的情况下，剪去变质段重新焊接，或更换新热电偶
	补偿导线与热电偶极性接反	重新接正确
	补偿导线与热电偶不配套	更换相配套的补偿导线
	热电偶安装位置不当或插入深度不符合要求	重新按规定安装
	热电偶冷端温度补偿不符合要求	调整冷端补偿器
	热电偶与显示仪表不配套	更换热电偶或显示仪表使之相配套
热电势比实际值大（显示仪表指示值偏高）	热电偶与显示仪表不配套	更换热电偶或显示仪表使之相配套
	补偿导线与热电偶不配套	更换补偿导线使之相配套
	有直流干扰信号进入	排除直流干扰
热电势输出不稳定	热电偶接线柱与热电极接触不良	将接线柱螺丝拧紧
	热电偶测量线路绝缘破损，引起断续短路或接地	找出故障点，修复绝缘
	热电偶安装不牢或外部震动	紧固热电偶，消除震动或采取减震措施
	热电极将断未断	修复或更换热电偶
	外界干扰（交流漏电，电磁场感应等）	查出干扰源，采取屏蔽措施
热电偶热电势误差大	热电极变质	更换热电极
	热电偶安装位置不当	改变安装位置
	保护管表面积灰	清除积灰

6. 确认消缺完成

移交运行人员进行试运行，检修现场清理，检修工作结束。

7. 实绩记录、可靠性统计

按照周、月报表式及内容要求进行定期分析，提出改进、改善意见。

【任务验收】

（1）外观清洁，无积灰和明显污迹，表面涂镀层光洁、完好，铠装元件不应有破损，保护套管不能弯曲、扭斜、裂纹及磨损。

（2）热电偶安装牢固、不松动，零部件完整无损，盖帽、紧固螺钉和其他紧固件不得有松动、残缺现象。

（3）热电偶骨架不得有破损、弯曲、裂纹、短路或断路现象。

（4）热电偶与被测量管路或设备连接良好，接头处无泄漏。

（5）热电偶的铭牌应完整、清晰、清洁。

（6）热电偶电缆接线整齐、包扎良好，电缆牌准确、清晰，电缆孔洞封堵良好。

（7）接线盒、保温保护箱外观清洁，无积灰和明显污迹，表面涂镀层光洁、完好；内部清洁，无积灰、积水、积油，接线牢固、整齐，并与设计安装图纸对应。

（8）接线盒螺丝、盖板齐全，铭牌标志清晰。

（9）合格证粘贴良好，书写正确、清晰。

（10）OIS站上显示正确，综合误差符合规定。

（11）校验单、设备台账填写正确，字迹清晰。

（12）投入运行检查。

1）热电偶安装好以后，安装位置无泄漏。

2）处于运行状态的热电偶元件要深入到被测量的地方，避免不必要的误差。

3）定期检查热电偶，检查温度元件是否被腐蚀，其安装地点不应有剧烈的震动。

（13）检修后场地清洁，卫生良好。

（14）资料齐全，温度测量系统检修质量验收记录表完整见表2-15。

表2-15　　　　　　　　　温度测量系统检修质量验收记录表

项目负责人	质量控制点（W、H）	分级检修标准	检修性质		检修项目	检修周期
			A级		全部	5年
			B级		全部	1年
分项	待检点(W、H)	监督点内容			检修标准	工作负责人/日期
开工准备	H	文件准备；工器具准备；检修场地的准，验证工作票				
壁温测量系统检修	W1	冷端补偿电阻检查			CRT上对应的显示值应与温度计读数一致	
		综合误差			满足规定	
		穿罩壳处检查			封闭严密	
绝缘电阻测试	W2	元件及补偿电缆绝缘电阻			电极对铠套及对地绝缘不小于1000MΩ，电缆线间及绝缘电阻不小于5MΩ	
验收检查	W3	CRT示值			显示准确，连续无跳变	
完工验证	H	不符合项的关闭				
	H	品质再鉴定				
	H	质量监督计划表关闭				

注　1. W点——质量见证点，H点——停工待检点。

2. C点须经承包商工作负责人、承包商质检员验收。

3. W点须经承包商质检员、电检员两级验收签字。

4. H点须经承包商质检员、点检员（B）、监理（A）三级验收签字。

5. 检修性质分A、B两级。

【知识拓展】

一、温标及温标的量值传递

（一）温标

温度是表示物体冷热程度的物理参数，它反映了物体内部分子无规则热运动的剧烈程度。物体内部分子热运动越激烈，温度就越高。

人们对于物体冷热的认识最初是由直接感觉来判断的。随着生产实践和科学的发展，人们逐渐发现物体的物理性质的变化与物体的温度有关，因此可以用与温度有关的物体物理性质的变化来反映温度的变化。能够满足这种要求的物理性质有：物体的体积和压力随温度变化的性质，物体的热电性质，电阻随温度变化的性质以及物体的热辐射随温度变化的性质等，这是测量温度的物理基础。

对温度不能只作定性的描述，还必须有定量的表述。用来量度温度高低的尺度叫温度标尺，简称温标。温标是用数值来表示温度的一套规则，它确定了温度的单位。

根据热力学理论，如果热力学温度为 T_1 的高温热源和热力学温度为 T_2 的低温热源之间有一可逆热机进行卡诺循环，热机从高温热源吸热为 Q_1，向低温热源放热为 Q_2，则有下述关系：

$$\frac{T_1}{T_2} = \frac{Q_1}{Q_2} \tag{2-18}$$

如果规定一个数值来表示某一定点的温度值，那么温标就可据此确定。根据热力学原理建立的温标叫热力学温标，它的温度单位定为开尔文（K）。这个某一定点的温度由国际分度大会确定为水的三相点热力学温度 273.16，并将 1/273.16 定为 1K。这样确定的温标，其温度值 $T = 273.16\left(\frac{Q_1}{Q_2}\right)$，就可以由热量的比例求得。由于上述方程式与工质本身的种类和性质无关，所以用这个方法建立起来的热力学温标就避免了分度的"任意性"。

热力学温标是一种理想的温标，卡诺循环是理想的循环，实践中用这一原理建立温标是办不到的。实际上是用氢、氦和氮等近似理想气体作出定容式气体温度计，并根据热力学第二定律定出对这种气体温度计的修正值，然后用气体温度计来实现热力学温标。但是，气体温度计结构复杂，使用不便。现在世界上通用"国际实用温标"。

（二）国际实用温标

国际实用温标是用来复现热力学温标的。自 1927 年建立国际实用温标以来，为了更好地符合热力学温标，先后作了多次修改。

根据第 18 届国际计量大会（CGPM）及第 77 届国际计量委员会（CIPM）的决议，自 1990 年 1 月 1 日起在全世界范围内实行"1990 年国际温标（以下简称 ITS—90）"。我国决定"1991 年 7 月 1 日起有计划地逐步过渡施行 90 国际温标"，1994 年 1 月 1 日起已全面实施新温标。

ITS—90 国际实用温标的主要内容介绍如下：

（1）热力学温度（符号为 T）是基本的物理量，其单位为开尔文（符号为 K），定义 1K 等于水的三相点的热力学温度的 1/273.16。摄氏温度 $t_{90} = T_{90} - 273.15$ 其单位为摄氏度（符号为℃）。

（2）ITS—90 定义了 17 个固定点的温度，见表 2-16。这些固定点不仅保证了基准温度的客观性，且更为实用。

表 2 - 16 ITS—90 定义固定点

序号	温度		物质[①]	状态[②]	W_t (T_{90})
	T_{90}（K）	t_{90}（℃）			
1	3～5	$-270.15～$ -268.15	He	V	
2	13.8033	259.3467	e-H$_2$	T	0.001 190 07
3	≈17	≈-256.15	e-H$_2$ （或 He）	V （或 G）	
4	≈20.3	≈-252.85	e-H$_2$ （或 He）	V （或 G）	
5	24.5561	-248.5939	Ne	T	0.008 449 74
6	54.3584	-218.7961	O$_2$	T	0.091 718 04
7	83.8058	-189.3442	Ar	T	0.215 859 75
8	234.3156	-38.8344	Hg	T	0.844 142 11
9	273.16	0.01	H$_2$O	T	1.000 000 00
10	302.9146	29.7646	Ca	M	1.118 138 89
11	429.7485	156.5985	In	F	1.609 801 85
12	505.078	231.928	Sn	F	1.892 797 68
13	692.677	419.527	Zn	F	2.568 917 30
14	933.473	660.323	Al	F	3.376 008 60
15	1234.93	961.78	Ag	F	4.286 420 53
16	1337.33	1064.18	Au	F	
17	1357.77	1084.62	Cu	F	

注 表中各符号的含义为

V：蒸汽压点；

T：三相点，在此温度下，固、液和蒸汽相呈平衡；

G：气体温度计点；

M，F：熔点和凝固点，在 101 325Pa 压力下，固、液相的平衡温度。

① 除 ^{3}He 外，其他物质均为自然同位素成分。

e-H$_2$ 为正、仲分子态处于平衡浓度时的氢。

② 对于这些不同状态的定义，以及有关复现这些不同状态的建议，可参阅"ITS—90 补充资料"。

（3）规定了不同温度范围内复现热力学温标的标准仪器，建立了标准仪器示值与国际温标温度之间关系的插补公式，从而使连续测温成为可能。

ITS—90 整个温标分四个温区，其相应的标准仪器介绍如下：

（1）0.65～5.0K 之间，T_{90} 是用 ^{3}He 和 ^{4}He 蒸汽压温度计来定义的。

（2）3.0～24.5561K（氖三相点）之间，T_{90} 是用氦气体温度计来定义的。

（3）13.8033K（平衡氢三相点）～961.78℃（银凝固点）之间，T_{90} 是用铂电阻温度计来定义的。

　　（4）961.78℃（银凝固点）以上，T_{90}借助于一个定义固定点和普朗克辐射定律定义，所用仪器为光学或光电高温计。

　　标准仪器示值与国际温标温度之间关系的插补公式分得比较细致，读者可参阅有关资料，本书不再赘述。

　　（三）温标的量值传递

　　温度测量必须通过仪表来实现。根据生产和科研的实际需要，可以选用不同等级和不同形式的仪表，即只有当温标传递到仪表上时，仪表才能有真正的用途，才能使温标与社会生产相联系，并为生产服务。

　　温度仪表按照它们的准确度不同分为若干等级，依照等级制定传递系统，再根据传递系统表逐级向下传递，开展检定工作。通过检定，将国家基准所复现的计量单位的量值，从标准逐级传递到实用计量器具和实际使用的工业仪表上去。唯有这样，才能保证量值的准确一致和仪表的正确使用。

　　通常把温度测量仪表按其在量值传递中的地位分为：

　　（1）基准器。它是国家单位量值传递系统中准确度最高的测量器具，作为统一全国计量单位量值的最高依据。它不用作一般意义的测量。

　　（2）标准器（包括一、二、三等级）。它作为检定依据用的计量器具，具有国家规定的准确度等级。

　　（3）实验室和工厂用的工作仪表，它用于日常测量。

　　中国计量科学研究院承担着复现国际实用温标，建立和保存国家基准器，并协助各省、市和大型企业建立相应的标准并开展检定传递工作，构成一个完整的传递系统网。如此逐级传递，以保证各类仪表的可靠性，从而达到保证产品质量的目的。

二、温度测量方法简介

　　测温方法通常分为接触式和非接触式两大类。接触式测温仪表的感温元件与被测介质直接接触，非接触式测温仪表的感温元件不与被测介质相接触。

　　1. 接触式测温仪表

　　接触式测温仪表的特点：温度计的感温元件与被测物体应有良好的热接触，两者达到热平衡时，温度计便指示出被测物体的温度值，且准确度较高。但是用接触法测温时，由于感温元件与被测物体接触，往往要破坏被测物体的热平衡状态，并受被测介质的腐蚀作用，因此对感温元件的结构、性能要求较高。

　　接触式测温的理论基础：一切达到热平衡的物体都具有相同的温度。测量时，温度计所得到的温度实际上是温度计本身的温度，就是因为其与被测介质达到热平衡，故认为温度计的温度就是被测介质的温度。

　　这里对几种现场常用的接触式温度计进行简单介绍：

　　（1）膨胀式温度计。它利用液体（水银、酒精等）或固体（金属片）受热时产生膨胀的特性制成，测温范围为$-200\sim600℃$。这类温度计的特点是结构简单、价格低廉，一般用作就地测量。

　　双金属温度计是利用不同膨胀系数的双金属元件来测量温度的仪器，双金属温度计原理图如图2-25所示。当温度升高时，膨胀系数较大的金属片B伸长较多，必然会向膨胀系数较小的金属片A的一面弯曲变形，温度越高，产生的弯曲越大。利用双金属片弯曲变形程度的大小可以表示出温度的高低。双金属温度计可分为杆型和盒型两种，通常以杆形双金属温度计使用最多，杆形中按其表盘装置位置的不同，又可分为轴向型和径向型，也有设计成表盘位置可以任意转动的万向型，如图 2-26 所示。双金属温度计的准确度等级自 1.0 级至 2.5 级都有生产。

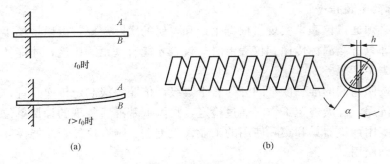

图 2-25　双金属温度计原理图
（a）条形双金属；（b）螺旋形双金属

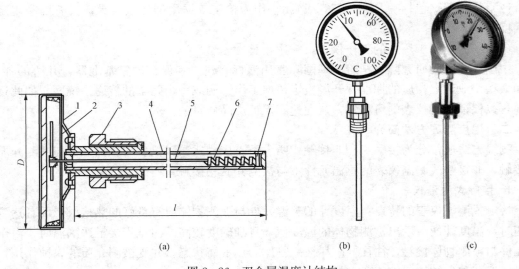

图 2-26　双金属温度计结构
（a）轴向型；（b）径向型；（c）万向型
1—表壳；2—刻度盘；3—活动螺母；4—保护套管；5—指针轴；6—感温元件；7—固定端

　　双金属温度计由于其结构简单，抗震性能好，比水银温度计坚固，且可以避免水银污染，因此工业上已用它逐步取代水银温度计，近几年来它的发展很快，品种规格也在不断增加，以满足工业测温的需要。

　　（2）压力表式温度计。压力式温度计如图 2-27 所示，它利用封闭在一定容积中的气体、液体或某些液体的饱和蒸汽受热时，其体积或压力变化的性质制成，测温范围为 0～300℃。这类温度计的特点是结构简单、防爆、不怕震动，可作近距离指示，但准确度较低，滞后性大。

　　（3）热电阻温度计。它利用导体或半导体受热后电阻值变化的性质制成，测温范围为

−200～960℃。这类温度计的特点是准确度高，能远距离传送指示，适于低、中温测量，但体积较大，测点温较困难。

（4）热电偶温度计。它利用物体的热电性质制成，测温范围为0～1600℃。这类温度计的特点是测温范围广，能远距离传送指示，适于中、高温测量，但需参比端进行温度补偿，在低温段测量的准确度较低。

2. 非接触式测温仪表

非接触式测温仪表的特点：温度计的感温元件不与被测物体相接触，也不改变被测物体的温度分布，热惯性小。它是利用物体的热辐射能随温度变化的性质制成的。从原理上看，用

图2-27　压力式温度计

这种方法测温无上限，通常用来测定1000℃以上的高温物体的温度。测量的准确度受环境条件的影响，需对测量值修正后才能获得真实温度。

非接触式温度测量仪表大致分成两类：一类是光学辐射式高温计，包括单色光学高温计、光电高温计、全辐射高温计、比色高温计等；另一类是红外辐射仪，包括全红外辐射型、单色红外辐射型、比色型等，适于测量较低温度。

常用温度计的种类及特性见表2-17。

表2-17　　　　　　　　　常用温度计的种类及特性

原理	种　类		使用温度范围（℃）	量值传递的温度范围（℃）	准确度（℃）	线性化	响应速度	记录与控制	价格
膨胀	水银温度计		−50～650	−50～550	0.1～2	可	中	不适合	贱
	有机液体温度计		−200～200	−100～200	1～4	可	中	不适合	
	双金属温度计		−50～500	−50～500	0.5～5	可	慢	适合	
压力	液体压力温度计		−30～600	−30～600	0.5～5	可	中	适合	贱
	蒸气压力温度计		−20～350	−20～350	0.5～5	非	中		
电阻	铂电阻温度计		−260～1000	−260～630	0.01～5	良	中	适合	贵
	热敏电阻温度计		−50～350	−50～350	0.3～5	非	快	适合	中
热电动势	势电偶温度计	B	0～1800	0～1600	4～8	可	快	适合	贵
		S,R	0～1600	0～1300	1.5～5	可			贵
		N	0～1300	0～1200	2～10	良	快	适合	中
		K	−200～1200	−180～1000	2～10	良			
		E	−200～800	−180～700	3～5	良			
		J	−200～800	−180～600	3～10	良			
		T	−200～350	−180～300	2～5	良			
热辐射	光学高温计		700～3000	900～2000	3～10	非	—	不适合	中
	光电高温度		200～3000	—	1～10	非	快	适合	贵
	辐射温度计		约100～约3000	—	5～20		中		
	比色温度计		180～3500	—	5～20		快		

任务二　热电阻及测量系统检修

【学习目标】

（1）能表述热电阻的测量原理；能说明不同类型热电阻的使用环境；会使用分度表。

（2）能正确读识热电阻铭牌，分辨热电阻的分度号，相关技术参数等。

（3）能根据检修规程进行检修的设备准备、材料准备、施工现场准备工作，能开具合格的工作票。

（4）能对热电阻进行外观检查，对保护套管、绝缘套管目测性能是否良好；能检查热电阻接线良好情况。

（5）能根据检定规程的要求，正确使用恒温槽、平衡电桥、温度自动检定装置等相关仪器设备，按检修规程完成热电阻绝缘电阻的测试和热电阻的校验，出具校验结果证书或合格证书，完成热电阻的检修。

（6）能根据热电阻测量系统的故障现象，进行消缺，恢复其正常测量。

（7）会按流程结束工作票、整理归档资料，办理正常结束工作手续。

【任务描述】

热电阻及测量系统的检修的任务是能根据被测量温度参数的要求正确分析热电阻温度测量系统构成，说明测量原理及基本技术参数，熟悉相关的规程，如 JJG 229—2010《工业铂、铜热电阻检定规程》、JJF 1098—2003《热电偶、热电阻自动测量系统校准规范》等，并能按电厂工作规程进行热电阻及测量系统的检修，熟练掌握热电阻校验的职业技能。

【知识导航】

一、认识热电阻

热电阻温度计也是应用很广的一种温度测量仪表，在中低温下具有较高的准确度，通常用来测量 −200~650℃ 范围内的温度。实际应用的热电阻如图 2-28 所示。

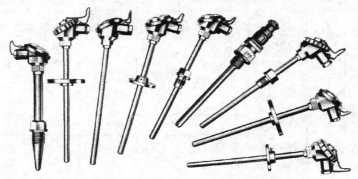

图 2-28　实际应用的热电阻

热电阻温度计由热电阻温度传感器、连接导线及显示仪表组成，如图 2 - 29 所示。与热电偶温度计一样，热电阻温度传感器的输出信号也便于远距离显示或传送。火电厂中，500℃以下的温度测点，如锅炉给水、排烟、热空气温度以及转动机械轴承温度，一般多采用电阻温度计进行测量。

热电阻温度计是利用金属导体或半导体电阻值随其本身温度变化而变化的热电阻效应实施温度测量的。利用热电阻效应制成对温度敏感的热电阻元件。实验证明，大多数金属电阻当温度上升 1℃时，其电阻值大约增大 0.4%～0.6%；而半导体电阻当温度上升 1℃时，电阻值下降 3%～6%。常将金属电阻元件称为热电阻，而将半导体电阻元件称为热敏电阻。

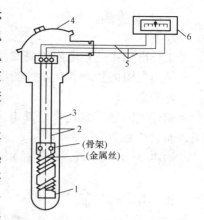

图 2 - 29　电阻温度计的组成
1—感温元件（电阻体）；2—引出线；
3—保护套管；4—接线盒；
5—连接导线；6—显示仪表

金属导体电阻与温度的关系一般是非线性的，在温度变化不大的范围内可近似表示为

$$R_t = R_{t_0}\left[1 + \alpha(t - t_0)\right] \qquad (2 - 19)$$

式中　R_t、R_0——分别是温度为 t 和 t_0 时的电阻值，Ω。

α 是温度在 t_0～t 范围内金属导体的电阻温度系数，即温度每升高 1℃时的电阻相对变化量，单位是 $1/℃$。由于一般金属材料的电阻与温度并非线性关系，故 α 值也随温度而变化，并非常数。

当金属热电阻在温度 t_0 时的电阻值 R_{t_0} 和电阻温度系数 α 都已知时，只要测量出电阻 R_t 就可得知被测温度 t 的高低。

半导体热敏电阻具有负的电阻温度系数 α，比金属导体热电阻 α 值大、电阻率高，热容量小，但电阻温度特性非线性严重，常作为仪器仪表中的温度补偿元件用。其测量范围一般为 -100～300℃。

二、热电阻的型号规格

（一）热电阻材料

一般对测温热电阻的要求如下：

（1）电阻温度系数 α 大，即灵敏度高。

（2）物理化学性质稳定，以能长时期适应较恶劣的测温环境。

（3）电阻率要大，以使电阻体积较小，减小测温的热惯性。

（4）电阻—温度关系近于线性关系。

（5）工艺性好，便于复制，价格低廉。

电阻温度系数 α 的数值受金属热电阻材料的纯度的影响，材料越纯，α 越大。因此，通常用纯金属丝来绕制热电阻。一般常以 100℃及 0℃时的电阻比 R_{100}/R_0 来表示材料纯度。

目前，使用的金属热电阻材料有铜、铂、镍、铁等，其中因铁、镍提纯较困难，其电阻与温度的关系曲线也不很平滑，所以实际应用最广的只有铜、铂两种材料，并已列入标准化生产。

（二）标准化热电阻

1. 铂热电阻

铂热电阻由纯铂电阻丝绕制而成，其使用温度范围为 $-200\sim500℃$。

铂热电阻的物理、化学性能稳定，抗氧化性好，测量准确度高，是目前火电厂应用较广的一种测温元件。

铂热电阻的不足之处是其电阻—温度关系线性度较差，高温下不宜在还原性介质中使用，而且价格较贵。

铂在 $0\sim630.74℃$ 范围内的电阻—温度关系为

$$R_t = R_0(1 + At + Bt^2) \tag{2-20a}$$

在 $-190\sim0℃$ 范围内时为

$$R_t = R_0[1 + At + Bt^2 + C(t-100)t^3] \tag{2-20b}$$

两式中　R_t、R_0——$t℃$ 和 $0℃$ 时的电阻值，R；

A，B，C——常数，其中 $A = 3.968\ 47 \times 10^{-3} 1/℃$，$B = -5.847 \times 10^{-7} 1/℃^2$，$C = -4.22 \times 10^{-12} 1/℃^4$。

目前，工业测温用的标准化铂热阻，其分度号分别为 Pt50，Pt100，相应 $0℃$ 时的电阻值分别为 $R_0 = 50\Omega$，$R_0 = 100\Omega$。基准铂电阻温度计的 R_{100}/R_0 应不小于 1.3925；一般工业用铂电阻的 R_{100}/R_0 应不小于 1.391。纯度 $R_{100}/R_0 \geqslant 1.391$，其中 Pt50、Pt100 热电阻分度表见附表5、附表6。

2. 铜热电阻

铜热电阻一般用于 $-50\sim150℃$ 的测温范围，其优点是电阻温度系数大，电阻值与温度基本呈线性关系，材料易加工和提纯，价格便宜，缺点是易氧化，所以只能用于不超过 $150℃$ 温度且无腐蚀性的介质中。铜的电阻率小，因此电阻体积较大，动态特性较差。

铜热电阻与温度的关系为

$$R_t = R_0(1 + \alpha_0 t) \tag{2-21}$$

式中　R_t 和 R_0——温度为 $t℃$ 和 $0℃$ 时的电阻值，R；

α_0——$0℃$ 下的电阻温度系数，$\alpha_0 = 4.25 \times 10^{-3} 1/℃$。

目前，应用较多的两种铜热电阻分度号分别为 Cu50、Cu100，其 R_0 值分别为 50Ω 和 100Ω 纯度 $R_{100}/R_0 \geqslant 1.425$，分度表分别见附表7和附表8。

我国工业用铂、铜电阻温度计的技术指标见表 2-18。

表 2-18　　　　　　　　　工业用铂、铜电阻温度计的技术指标

分度号	R_0（Ω）	R_{100}/R_0	R_0 的允许误差（%）	准确度等级	最大允许误差（℃）
Pt50	50.00	1.3910 ± 0.0007	±0.05	I	I 级：$-200\sim0℃\pm(0.15+4.5\times10^{-3}t)$ $0\sim500℃\pm(0.15+3.0\times10^{-3}t)$
		1.3910 ± 0.001	±0.1	II	
Pt100	100.00	1.3910 ± 0.0007	±0.05	I	II 级：$-200\sim0℃:\pm(0.3+6.0\times10^{-3}t)$
		1.3910 ± 0.001	±0.1	II	
Pt300	300.00	1.3910 ± 0.001	±0.1	II	$0\sim500℃:\pm(0.3+4.5\times10^{-3}t)$

续表

分度号	$R_0(\Omega)$	R_{100}/R_0	R_0 的允许误差（%）	准确度等级	最大允许误差（℃）
Cu50	50	Ⅱ级：1.425±0.001	±0.1	Ⅰ Ⅱ	Ⅰ级：$-50\sim100℃\pm(0.3+3.5\times10^{-3}t)$ Ⅱ级：$-50\sim100℃\pm(0.3+6.0\times10^{-3}t)$
Cu100	100	Ⅰ级：1.425±0.002	±0.01	Ⅰ Ⅱ	

三、实用热电阻

热电阻温度传感器通常也有装配型和铠装型等结构型式。

普通热电阻产品型号由两节组成，每节一般为三位，第一与第二节之间用一字线隔开。第一节用 WZP 表示铂热电阻，WZC 表示铜热电阻；第二节的代号及含义与普通热电偶相似。

铠装铂热电阻型号为 WZPK。它的外壳采用坚固耐磨的不锈钢作铠套；内部充满高密度氧化物，作为绝缘体，而把感温元件紧固在铠套端部内。热电阻在常温时，其绝缘电阻（100V 兆欧表测量），对于铂热电阻不小于 100MΩ，对于铜热电阻不小于 50MΩ。

装配型金属热电阻温度传感器一般由电阻体（电阻元件）、引线、绝缘子、保护套管及接线盒等组成，其外形与热电偶温度传感器相似。

如图 2-30（a）、（b）所示分别为装配型热电阻温度传感器的电阻体。电阻体是用热电阻丝绕制在绝缘骨架上制成的。一般工业用热电阻丝，铂丝多用 φ0.03～0.07 纯铂裸丝绕制在云母制成的平板骨架上。铜丝多为 φ0.07 漆包丝或丝包线。为消除绕制电感，通常采用双绕并绕（亦称无感绕制）如图 2-30（c）所示。这样，当线圈中通过变化的电流时，由于并绕的两导线电流方向相反，磁通互相抵消，消除了电感。电阻丝绕完之后应经退火处理，以消除内应力对电阻温度特性的影响。

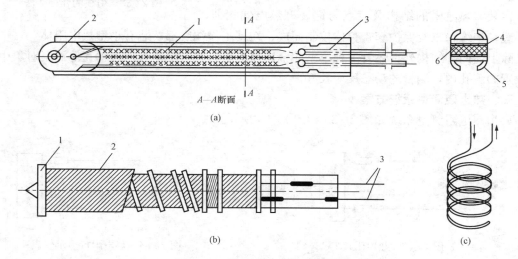

图 2-30　装配型热电阻的电阻体

（a）铂热电阻元件；（b）铜热电阻元件；（c）双线均等无感绕制示意

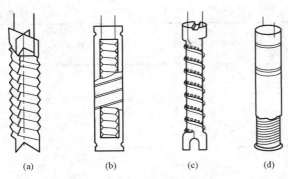

图 2-31 各种热电阻体的骨架

(a) 十字形；(b) 平板形；(c) 螺旋形；(d) 圆柱形

绕制电阻体的骨架要具有较好的耐温性、绝缘性及机械强度，膨胀系数应与热电阻丝的相近。一般，热电阻的使用温度低于 100℃时可采用塑料制作骨架；100～500℃可用云母；500℃以上可用石英及陶瓷材料。骨架形状有十字形、平板形、螺旋形及圆柱形。十字形及平板形骨架的外缘有锯齿形缺口，以免电阻丝匝间短路。如图 2-31 所示为几种骨架的外形结构。绕制好的电阻体，根据结构及要求不同，一般还需用绝缘片夹好或烧结一层珐琅质，或用树脂浸渍，以作为外部绝缘及保护热电阻体之用。

引线的作用是将热电阻体线端引至接线盒，以便与外部导线及显示仪表连接。引线的直径较粗，一般约为 1mm，以减小附加测量误差。引线材料最好与电阻线相同，或者与电阻丝的接触电势较小，以免产生附加热电势。为了节约成本，工业用铂热电阻一般用银做引线。

引线接法有两线、三线及四线几种形式如图 2-32 所示。三线制接法在配合电桥电路测量电阻值时，可以减小或消除因引线电阻所引起的测量误差。四线制接法通常用于标准铂电阻，用以配合电位差计测量电阻时，消除引线电阻的影响。

绝缘子、保护套管及接线盒的作用与要求以及材料选择等，均与热电偶温度传感器件相同，可参阅有关章节。

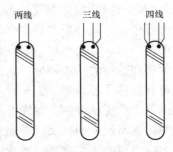

图 2-32 引线的几种接法

铠装型热电阻的结构及特点与铠装型热电偶相似，由引线、绝缘粉末及保护套管整体拉制而成，在其工作端底部，装有小型热电阻体。

除上述两种结构外，还有一种小型的金属热电阻，其电阻体直接入轴瓦等测温对象中专门设置的测孔内，测量的动态反应较好。

四、热电阻测量系统方案

典型热电阻测量系统如图 2-33 和图 2-34 所示。

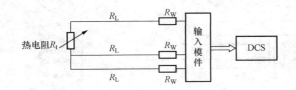

图 2-33 热电阻接 DCS

R_W—调整电阻；R_L—线路电阻

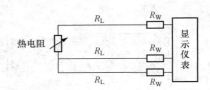

图 2-34 热电阻接显示仪表

R_W—调整电阻；R_L—线路电阻

工业测量系统中，热电阻使用三线制接法，即由热电阻接线盒中引出三根引线，接入 DCS 的 RTD 热电阻输入模件，然后采集进入 DCS 系统中存储和显示，如图 2-33 所示。直接接入显示仪表的热电阻也需采用三线制接法，如图 2-34 所示。

热电阻采用三制接法，可减小连接导线电阻变化而引起的误差。因为当用热电阻来测量温度时，首先就得设法将随温度变化的电阻值转换成毫伏信号，将电阻变化值转换成毫伏信号的部分是测量桥路，它是一不平衡电桥，由电阻 R_0、R_2、R_3 和热电阻 R_t 组成，采用稳压电源为其供电。当被测温度为仪表刻度起始点温度时，电桥平衡，$U_{ab}=0$，没有电流流过检流计，指针指在起始点位置；当热电阻 R_t 随温度变化时，电桥失去平衡，U_{ab} 不等于零，此时电流流过检流计。温度越高，不平衡电压越大，检流计流过电流越大，指针偏转的角度也越大，指针指示相应的温度。反之，亦然。

若采用二线制接法，热电阻的线路电阻全部加在电桥中热电阻所在的桥臂上，如图 2-35 所示，当线路电阻变化时，会引起显示值变化，从面带来测量误差。而采用三线制接法，如图 2-36 所示，连接导线分别加在电桥的两个相邻的桥臂上，环境温度引起的导线电阻变化可以相互抵消一部分，减小了对仪表读数的影响，提高了测量的准确性。

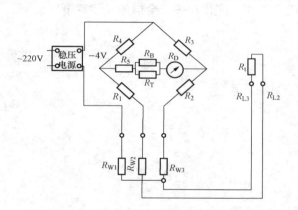

图 2-35　热电阻测量系统的二线制接法

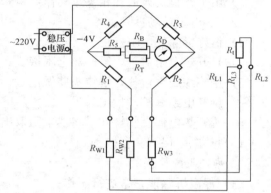

图 2-36　热电阻测量系统的三线制接法

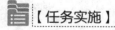【任务实施】

一、热电阻检修

1. 检修前的准备工作

检修前的准备工作涉及许多方面，主要有设备基本参数、设备修前状况、人员准备、工具准备、材料准备、备件准备、参考资料准备、施工现场准备等。

（1）检修前交底。检修前交底包括设备运行状况、检修前了解温度检测相关缺陷记录，针对存在的问题有的放矢，提高设备健康水平。测量有问题热电阻原始工程值，作好修前记录，核对对照表。

（2）进行危险点分析和安全措施。

1）严格执行《电业安全工作规程热力和机械部分》。

2）确认设备解列，工作票办理完毕方可工作。

3）涉及危险源的安全隔离措施见使用的工作票部分。

4）工作时，注意防止发生烫伤和高空坠落事故。

5）在线校验或拆除时，必须确保该热电阻信号可退出运行。

6）检修过程涉及应急与响应控制程序相关预案。

7）涉及环境因素：抹布执行《固体废弃物控制程序》。

（3）工具准备、材料准备、备件准备。

工具准备、材料准备、备件准备表参见表2-10。使用的计量仪器等应具有有效期内的鉴定、检验合格证书。清点所有专用工具齐全，检查合适，试验可靠。

（4）参考资料准备热电阻布置图。

（5）办理工作票，做好安全措施，工作票规范、正确、无涂改。

2. 开工

（1）施工现场准备。

参见项目二任务一相关部分

1）由工作负责人与运行人员一起检查安全措施，安全措施已落实。

2）停所检修设备气源、电源及隔离介质。

3）由工作负责人通知相关车间作好检修配合工作，交代相关安全措施及注意事项。

（2）热电阻现场拆除。

1）做好拆除热电阻标记。

2）打开热电阻盖子，解开热电阻接线。

3）用绝缘胶带包扎好接线头并做记号，标明端子号。

4）旋开电缆套管，抽出。

5）旋开热电偶套管螺丝，将热电阻取出。

（3）热电阻保护套管检查。

3. 热电阻的检修

（1）保温拆除能正常进行工作。

（2）热电阻拆除作好线路标示，标示清楚。

（3）热电阻外部清洁，外观检查端子盒、盖板螺丝应完整无缺，外观无显著锈蚀。

（4）测温插管拆除清洁，插座插管外观检查不应有弯曲、扭斜、堵塞、裂纹、沙眼及严重腐蚀和磨损等缺陷。

（5）热电阻送标准室鉴定，做绝缘、热电极和焊点的检查符合要求。

（6）测温插管送金属室鉴定，做耐1.25倍于工作压力的严密性试验（一分钟无泄露）材料的钢号符合要求，套管内不应有任何杂质。

（7）线路及电源绝缘测试及故障排除符合要求。

（8）线路对接端子检查，氧化层清理，接触良好，标志清晰正确，线路整洁美观，砂纸打磨氧化层。

（9）二次线路整理，接线挂标示牌整齐美观、标志清晰。

（10）热电阻调校、热电阻调校，按一般工业热电阻检验的方法校验符合《检定规程》要求。

4. 验收检查

检查元件接线正确无误后，在控制室CRT上检查，示值显示准确，连续无跳变。

5. 现场清理

（1）元件及远程 I/O 器柜内设备及周围，应清扫干净，设备见本色，油漆脱落应重新油漆，现场设备挂牌清晰、正确。

（2）测量回路接线号牌清晰、齐全，接线正确、美观，用手轻拉接线无松动。

6. 工作票终结

确认检修设备完全符合标准，工作人员撤离现场，终结工作票。

7. 资料汇总

检修后，检修质量验收记录表应完整见表 2-19。资料主要有主要工作内容总结、目标指标完成情况、主要材料备件消耗统计、修后总体评价、确认完成工作、各方验收签字单。

表 2-19　　　　　　　　　　检修质量验收记录表

项目负责人	质量控制点（W、H）	分级检修标准	检修性质	检修项目	检修周期
			A 级	全部	5 年
			B 级	全部	1 年
分项	待检点（W、H）	监督点内容		检修标准	工作负责人/日期
开工准备	H	文件准备；工器具准备；检修场地的准备，验证工作票			
壁温测量系统检修	W1	综合误差		满足规定	
		穿罩壳处检查		封闭严密	
绝缘电阻测试	W2	元件电缆绝缘电阻		电极对铠套及对地绝缘不小于 1000MΩ，电缆线间及绝缘电阻不小于 5MΩ	
验收检查	W3	CRT 示值		显示准确，连续无跳变	
完工验证	H	不符合项的关闭			
	H	品质再鉴定			
	H	质量监督计划表关闭			

注　1. W 点——质量见证点，H 点——停工待检点。
　　2. C 点须经承包商工作负责人、承包商质检员验收。
　　3. W 点须经承包商质检员、电检员两级验收签字。
　　4. H 点须经承包商质检员、点检员（B）、监理（A）三级验收签字。
　　5. 检修性质分 A、B 两级。

二、热电阻的校验

热电阻在安装使用前及使用一段时间之后都要进行精度校验，工业用热电阻的校验方法有两种。

一种是只校验 0℃ 和 100℃ 时的电阻值，求出电阻比 R_{100}/R_0，看是否符合热电阻技术特性的纯度要求，称为纯度核验。

纯度校验一般采用标准状态法，即由冰点槽和水沸腾器产生 0℃ 和 100℃ 温度场，然后测量置于其中的被校热电阻阻值。

另一种是示值比较法校验，校验时采用加热恒温器作为热源。将被校热电阻与标准仪表（标准水银玻璃温度计或标准铂电阻）进行示值比较，确定误差。这种方法可以多校几个温度点，特别是 100℃ 以上的温度点。

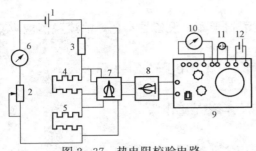

图 2-37　热电阻校验电路

1—电源；2—变阻器；3—标准电阻；4、5—被校电阻
6—毫安表；7，8—开关；9—电位差计；10—检流计；
11—标准电；12—工作电池

通常情况下对热电阻只做纯度校验。冰点槽为一个双层保温瓶，内盛冰水混合物，在冰水中插入试管，其插入深度不小于 200mm，距瓶壁不小于 20mm。热电阻插入试管中，用棉花将试管口封严。

热电阻校验时，热电阻值的测量方法一般采用电位差计法。其测量设备和电路如图 2-37 所示。将被校热电阻 4、5 与标准电阻 3、毫安表 6、变阻器 2 串联后接至电源 1 上。将标准电阻及被校热电阻经开关 7、8 接至电位差计 9 上，确认无误后可按以下步骤测量：

先调整变阻器 2，使毫安表 6 指示在 1mA 左右（电流不可过大，以免热电阻通电发热引起阻值增大，造成误差），电流通过标准电阻及热电阻将产生电压降。

调整好电位差计的工作电流，通过切换开关 7 依次测出标准电阻 R_H 和被校热电阻 R_{t1}、R_{t2} 上的电压降 R_H、R_{R1}、R_{R2}。由于

$$U_H = IR_H, U_{R1} = I R_{t1}, U_{R2} = I R_{t2}$$

即

$$I = \frac{U_H}{R_H}$$

所以

$$R_{t1} = \frac{U_{R1}}{I} = \frac{U_{R1}}{U_H}R_H, R_{t2} = \frac{U_{R2}}{I} = \frac{U_{R2}}{U_H}R_H$$

因为毫安表 6 的指示精确度差，故不能直接用其指示电流来计算电阻值。

用这种方法可同时校验多支热电阻，将多支热电阻串接在电路中，并采用多点切换开关切换读数。校验时读数可按 $U_H \rightarrow U_{R1} \rightarrow U_{R2} \cdots U_{R2} \rightarrow U_{R1} \rightarrow U_H$ 顺序重复两次。

若作纯度校验，则要测得插入冰点槽及插入水沸腾器中的被校热电阻值 0℃和 100℃，计算 R_{100}/R_0 值。R_{100}/R_0 值符合表 2-18 要求的热电阻即认为是合格的。

三、热电阻测量系统消缺

1. 接受缺陷通知单

2. 了解仪表的运行状况及相关缺陷记录

进行危险点分析与控制，按《工作票、操作票使用和管理标准》办理工作票、操作票，特别注意"作业危险点分析及预控措施"。由工作负责人与运行人员一起检查安全措施，由工作负责人通知相关车间作好检修配合工作。

3. 准备工具

数字万用表、摇表、螺丝刀等。

4. 制定消缺方案

能处理的应制定出方案，不能处理的应说明原因。

5. 故障分析处理

外观检查：检查感温元件的瓷管是否完整，电阻丝有无损伤、紊乱、腐蚀现象，然后检

查电阻值。安装和接线检查同热电偶相同。

热电阻测量系统在运行中常见故障及处理方法见表 2 - 20。

表 2 - 20　　　　　　　　　　　热电阻测温系统常见故障及处理方法

故 障 现 象	可 能 原 因	处 理 方 法
显示仪表指示值比实际值低或示值不稳	保护管内有金属屑、灰尘、接线柱间脏污及热电阻短路（水滴等）	除去金属，清扫灰尘、水滴等，找到短路点，加强绝缘等
显示仪表指示无穷大	热电阻或引出线断路及接线端子松开等	更换电阻体，或焊接及拧紧线螺丝等
阻值与温度变化有关系	热电阻丝材料受腐蚀变质	更换电阻体（热电阻）
显示仪表指示负值	显示仪表与热电阻接线有错，或热电阻有短路现象	改正接线，或找出短路处，加强绝缘

热电阻的常见故障是热电阻的短路和断路。一般断路更常见，这是因为热电阻丝较细所致。断路和短路是很容易判断的，用万用表的"×1Ω"挡，如测得的阻值小于 R_0，则可能有短路的地方；若万用表指示为无穷大，则可断定电阻体已断路。电阻体短路一般较易处理，只要不影响电阻丝的长短和粗细，找到短路处进行吹干，加强绝缘即可。电阻体的断路修理必然要改变电阻丝的长短而影响电阻值，为此更换新的电阻体为好；若采用焊接修理，焊后要校验合格后才能使用。

6. 确认消缺完成

移交运行人员进行试运行，检修现场清理，检修工作结束。

7. 实绩记录、可靠性统计

按照周、月报表式及内容要求进行定期分析，提出改进、改善意见。

【任务验收】

（1）外观清洁，无积灰和明显污迹，表面涂镀层光洁、完好，铠装元件不应有破损，保护套管不能弯曲、扭斜、裂纹及磨损。

（2）热电阻安装牢固，不松动，零部件完整无损，盖帽、紧固螺钉和其他紧固件不得有松动、残缺现象。

（3）热电阻骨架不得有破损、弯曲、裂纹、短路或断路现象。

（4）热电阻与被测量管路或设备连接良好，接头处无泄漏。

（5）热电阻的铭牌应完整、清晰、清洁。

（6）热电阻电缆接线整齐、包扎良好，电缆牌准确、清晰，电缆孔洞封堵良好。

（7）接线盒、保温保护箱外观清洁，无积灰和明显污迹，表面涂镀层光洁、完好，内部清洁，无积灰、积水、积油，接线牢固、整齐，并与设计安装图纸对应。

（8）接线盒螺丝、盖板齐全，铭牌标志清晰。

（9）合格证粘贴良好，书写正确、清晰。

（10）OIS 站上显示正确。

（11）校验单、设备台账填写正确，字迹清晰。

（12）投入运行检查。

1）热电阻安装好以后，安装位置无泄漏。

2）处于运行状态的热电阻元件要深入到被测量的地方，避免不必要的误差。

3）定期检查热电阻，检查温度元件是否被腐蚀，其安装地点不应有剧烈的震动。

任务三　显示仪表校验

【学习目标】

（1）对显示仪表的测量原理及不同类型显示仪表的使用范围进行正确说明。

（2）对显示仪表铭牌相关参数正确解读。

（3）使用检查显示仪表接线良好情况，使用摇表检查绝缘性能。

（4）对显示仪表的校准操作正确，出具符合规范的结果证书。

【任务描述】

显示仪表校验的任务是能正确分析显示仪表在温度测量系统中的作用，说明测量原理及基本技术参数，熟悉相关的规程，并能按电厂工作规程进行显示仪表的校验，熟练掌握校验的职业技能。

【知识导航】

数字显示仪表与不同的传感器（变送器）配合，可以对压力、温度、流量、物位、转速等参数进行测量并以数字形式显示被测结果，故称为数字显示仪表。它具有显示直观、没有人为视觉误差、反应迅速、准确度高并能打印测量结果等优点。在火力发电厂中，数字显示仪表已得到了广泛的应用。

一、数字显示仪表的分类及组成

1. 数字显示仪表的分类

按输入信号的形式分，数字显示仪表有电压型和频率型两大类。电压型的输入信号是电压或电流；频率型的输入信号是频率。根据仪表所具有的功能，它又可分为数字显示仪、数字显示报警仪、数字显示记录仪以及具有多种功能的数字显示仪表。

2. 数字显示仪表的组成及工作原理

在热工测量过程中，通常都是将压力、温度、流量等非电量经变送器变换成相等的电量，因此，数字显示仪表一般都是以电压信号作为输入量的。数字显示仪表实际上都是以数字电压表为主组成的仪表。

数字显示仪表通常由前置放大、模/数（A/D）转换、非线性补偿、标度变换及计数显示等五部分组成。电压型数字仪表大致有如图 2-38 所示的几种组成方案。其中，图 2-38（a）所示方案是被测量在模拟信号时就已被线性化了，其测量准确度较低，一般只能达到 0.5%～0.1%，优点是可以直接输出线性化了的模拟信号；图 2-38（b）所示方案是利用非线性的模/数（A/D）变换电路，在完成模/数（A/D）变换的同时也完成了线性化，因而结构简单、准确度高，缺点是只能适用于测量特定的模拟量，所以这种方案多用在单一参数测量的数字式仪表中；图 2-38（c）所示方案使用了数字非线性补偿及标度变换，它可组成多种方案，适用面宽，主要用于计算机数据采集及较大规模的控制系统及测量系统中，其测量准确度高，结构较复杂。随着大规模集成电路的发展，它已用于一般的数字式仪表中。

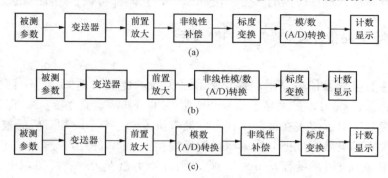

图 2-38 数字显示仪表组成框图

（a）模拟非线性补偿；（b）非线性模/数（A/D）变换补偿；（c）数字非线性补偿及标度变换

二、模/数（A/D）转换

模/数（A/D）转换部分是数字显示仪表的重要组成部分。其功能是使连续变化的模拟量转换成与其成比例的数字量，以便进行数字显示。要完成这一功能，必须用一定的量化单位使连续量整量化，这样才能得到近似的数字量。量化单位越小，整量化的误差也就越小，数字量就越近于连续量本身的值。

在实际测量中经常是先把非电量转换成电压，然后再由电压转换成数字信号，即 A/D 转换。A/D 转换有多种，常用的有两种：双积分型和逐次比较电压反馈编码型。

三、非线性补偿及标度变换

1. 非线性补偿

数字显示仪表的非线性补偿，是指将被测参数从模拟量转换到数字显示这一过程中，如何用显示值和输入信号之间所具有的一定规律的非线性关系，来补偿输入信号和被测参数之间的非线性关系，从而使显示值和被测参数之间呈线性关系，目前，常用的方法有非线性模/数转换补偿和数字式非线性补偿法。

非线性模/数转换补偿法，把非线性补偿与模/数转换巧妙地合并在一个线路中完成，因而线路简单；缺点是通用性差，每块表只能测量一种参数。数字非线性补偿法可以通过逻辑线路，使所乘系数的大小预先设定，以便检测不同的被测量，较多地使用在巡回检测仪表和智能仪表中；其缺点是线路复杂。

2. 标度变换

测量值与工程值之间往往存在一定的比例关系。因此，测量值必须乘上某一常数，才能转换成数字显示仪表所能直接显示的工程值。这一过程就是标度变换。

标度变换与非线性补偿一样，可以先对模拟量进行标度变换，然后送至模/数转换器；也可以先进行模/数转换，再进行数字标度变换。

在 DCS 中，非线性补偿和标度变换都是可通过软件来实现的。

四、数字显示仪表的技术指标

1. 显示位数

显示位数常见的有三位、四位，高准确度的数字显示仪表可达八位。显然，位数越多，读数的准确度就越高。现场使用的多为三位和四位，它们都可以再增加半位，比如 $3\frac{1}{2}$ 位、$4\frac{1}{2}$ 位。所谓半位，是指最高位或者是"1"或者空着。

2. 分辨率

分辨率是指数字显示仪表显示的最小数和最大数的比值。例如，一个四位数字显示仪表，其最小显示值是 0001，最大显示值是 9999，它的分辨率就是 1/9999，即约为 0.01%。

分辨力是指数字显示仪表在最低量程上，最末位改变一个字时相对应的被测信号值，它相当于模拟式仪表的灵敏限。把分辨率与最低量程相乘，即可得出分辨力。如有一数字显示温度表的分辨率是 0.1%，量程是 $0\sim600℃$，则分辨力就是 0.6℃，实际上其分辨力定为 1℃。在有些数字显示仪表的说明书上，把分辨力说成分辨率，这是不正确的，应予注意。

3. 数字显示仪表的误差

数字显示仪表的误差由两部分组成，即 $\pm\alpha\%\pm n$ 个字。前一部分表示仪表准确度等级的相对引用误差；后一部分为数字显示仪表特有的量化误差，与被测量大小无关，通常为 ±1 个字。显然，数字显示仪表的位数越多，这种量化误差对测量准确度的影响就越小。如有一数字温度表，其测量范围为 $0\sim600℃$，准确度等级为 0.5 级，则其允许基本误差为 $\pm0.5\%\times600℃\pm1℃$（个字）$=\pm4℃$。校验此表时，仪表的显示值与相应被校点的标准值之间的最大差值不得超过 $\pm4℃$。

除上述几项指标外，数字显示仪表还有输入阻抗、抗干扰能力、采样速度等一些技术指标。

【任务实施】

1. 校验前的准备工作

检修前的准备工作主要有设备基本参数、设备状况、人员准备、工具准备、材料准备、备件准备、参考资料准备等。

工具准备、材料准备、备件准备表见表 2-21。使用的计量仪器等应具有有效期内的鉴定、检验合格证书。清点所有专用工具齐全，检查合适，试验可靠。

表 2-21　　　　　　　　　　　　　工具准备、材料准备表

工　具　准　备			
序号	工器具名称	工具编号	检查结果	备注
1	标准直流电压源		☐	1台
2	直流标准电流源		☐	1台
3	数字电压表		☐	1台
4	直流毫伏发生器		☐	1台
5	直流电阻箱		☐	1台

工 具 准 备				
序号	工器具名称	工具编号	检查结果	备注
6	补偿导线及0℃恒温器		☐	
7	连接导线		☐	三根
8	绝缘电阻表		☐	1块
9	交流稳压电源		☐	1台
10	万用表		☐	1块
11	平口螺丝刀		☐	1把
12	十字螺丝刀		☐	1把
13	电笔		☐	1支
14	尖嘴钳		☐	1把
材 料 准 备				
序号	材料名称		检查结果	备注
1	酒精		☐	1瓶
2	毛刷♯1		☐	2把
3	黑胶布		☐	若干
4	高压纸垫		☐	若干
5	仪表润滑油		☐	1瓶
6	电子设备清洁剂		☐	1瓶

办理工作票，做好安全措施，工作票规范、正确、无涂改。

2. 开工

（1）施工现场准备。

1）由工作负责人与运行人员一起检查安全措施，安全措施已落实。

2）停所检修设备气源、电源及隔离介质。

3）由工作负责人通知相关车间作好检修配合工作，交代相关安全措施及注意事项。

（2）物资、工器具的确认。

1）根据检修项目编制材料计划。

2）检查并落实备品备件。

3）检修工器具的落实。

4）专用工具、安全用具的检查落实。

（3）检修。

1）确认已办理系统工作票。

2）确认所属系统处于停运状态且工作电源已拉电。

3）拆除数字温度指示仪的电源及信号线，并将裸露线头包扎好。

4）拆下数字温度指示仪。

5）对数字温度指示仪进行清扫，并对其外观进行检查。

6）清扫检查完毕，进行校验，校验合格的，则准备装复（若更换数字温度指示仪，需填报材料见证单）。

7）装复温度指示仪。

8）接线前，测试回路绝缘，并确认正常。

9）恢复数字温度指示仪接线，接线应牢固。

10）检查控制柜接线端子接线情况，确保牢固、正确、标识齐全清晰。

11）清理现场，组织验收。

12）终结工作票。清理工作现场，确保"工完料尽场地净"，并确保废弃物已经正确处理，废弃物依照《废弃物控制程序》处理，满足安全健康环保的要求。清点工具、撤走工作人员，终结工作票。

13）资料汇总。检修后资料主要有主要工作内容总结、目标指标完成情况、主要材料备件消耗统计、修后总体评价、确认完成工作、各方验收签字单。

【任务验收】

（1）仪表（或装置）外壳、外露部件（端钮、面板、开关等）表面应光洁完好，铭牌标志应清楚。

（2）仪表刻度线、数字和其他标志应完整、清晰、准确；表盘上的玻璃应保持透明，无影响使用和计量性能的缺陷；用于测量温度的仪表还应注明分度号。

（3）各部件应清洁无尘、完整无损，不得有锈蚀、变形。紧固件应牢固可靠，不得有松动、脱落等现象，可动部分应转动灵活、平衡，无卡涩。

（4）各可调节部件应操作灵敏、响应正确，在规定的状态时，具有相应的功能和一定的调节范围。

（5）接线端子板的接线标志应清晰，引线孔、表门及玻璃的密封应良好。

（6）检查仪表参数显示应与当时实际情况相符。

（7）带信号接点的测量仪表（或装置），短路发信点或控制室进行仪表报警回路试验，相应的声光报警系统应正常。

（8）校验结束后，必须填写校验报告。

【知识拓展】

由上述可知，热电偶和热电阻仅仅是将被测温度的变化分别转换成热电势和电阻值变化的感温元件，为了直观地将被测温度显示出来，就必须采用显示仪表与它们配套使用，组成一个测温系统，应用的显示仪表有动圈式、自动平衡式、数字显示式等类型。

一、动圈式显示仪表

动圈式显示仪表是我国自行设计制造的系列仪表产品，目前有 XC、XF 等几个系列每一个系列中文分为指示型（Z）和指示，调节型（T）。它与热电偶、热电阻或其他输出为直流毫伏或电阻变化的测量元件配合，可以显示被测介质的温度或其他参数，与热电偶配套的功圈仪表型号为 $X_F^C Z$-101 或 $X_F^C T$-101 等；与热电阻配套的动圈仪表型号为 $X_F^C Z$-102 或 $X_F^C T$-102 等。

动圈式显示仪表具有结构简单、体积小、性能可靠、使用维护方便等优点，因此，在工业生产中，尤其是在中小企业得到广泛应用。

1. 动圈仪表的原理

动圈式仪表采用了磁电测量原理，它是一种直接变换式仪表，变换信号所需的能量是由热电动势供给的。输出信号，即被测参数，是仪表指针相对标尺的位置。国产动圈式温度指示仪表的典型型号是 XCZ-101，XCZ 型动圈仪表工作原理如图 2-39 所示。

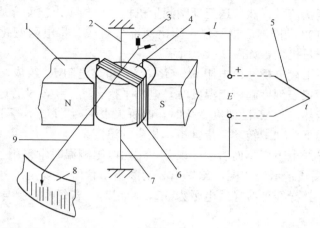

图 2-39 XCZ 型动圈仪表工作原理

1—永久磁铁；2，7—张丝；3—平衡杆和平衡锤；4—铁芯；
5—热电偶；6—动圈；8—刻度面板；9—仪表指针

当被测信号（热电势或其他直流毫伏电势）输入到置于永久磁场中的动圈时，流过动圈的电流与磁场相互作用，在动圈的两有效边（垂直边）上产生了电磁力 F。由于动圈两有效边流过电流的流动方向相反，所以这一对力大小相等、方向相反，形成的转动力矩 M 使动圈转动。转动力矩 M 与电流强度 I 成正比，即

$$M = KI \tag{2-22}$$

式中 K——比例系数。

线圈转动时，支承线圈的张丝便产生一个反力矩 M_n，其大小与动圈的偏转角 φ 成正比，即

$$M_n = K'\varphi \tag{2-23}$$

式中 K'——比例系数，其值由张丝的材料性质和几何尺寸所决定。

当两力矩 M 和 M_n 平衡，即 $M = M_n$ 时，动圈停止在某一位置上，此时动圈的偏转角

$$\varphi = \frac{K}{K'}I = CI \tag{2-24}$$

式（2-24）表明，动圈偏转角度与通过动圈的电流强度 I 具有单值正比关系，式中的常数 C 是仪表的灵敏度。

2. 配接热电偶的动圈仪表的测量线路

热电偶送到动圈仪表的信号是毫伏电势信号，不需要附加别的变换装置，其线路图如图 2-16（a）所示。

$$\varphi = C\frac{E_{AB}(t,t_0)}{\Sigma R} \tag{2-25}$$

在回路总电阻一定时，动圈的转角 φ 与被测温度呈单值函数关系。

实际测温时，仪表以外的电阻根据热电偶的长度、粗细型号规格不同而不同，外接调整电阻 R_W，使外接电阻统一为 15Ω，此值标注在仪表面板上。

3. 配接热电阻的动圈仪表

动圈表要求输入毫伏信号，因此，当用热电阻来测量温度时，首先就得设法将随温度变化的电阻值转换成毫伏信号，然后送至动圈测量机构，以指示出被测介质的温度。因此，与热电阻配套的 XCZ-102 动圈温度指示仪主要由两部分组成，将电阻变化值转换成毫伏信号的测量桥路和动圈测量机构，如图 2-34 所示。

测量桥路是一不平衡电桥，由电阻 R_0、R_2、R_3 和热电阻 R_t 组成，采用稳压电源为其供电。当被测温度为仪表刻度起始点温度时，电桥平衡，$U_{ab}=0$，没有电流流过动圈，指针指在起始点位置；当热电阻 R_t 随温度变化时，电桥失去平衡，U_{ab} 不等于零，此时电流流过动圈，在磁场的作用下，动圈转动，指针指示相应的温度。

为了减小连接导线电阻变化而引起的误差，用热电阻测温时常采用三线制接法。

与 XCZ-101 动圈式指示仪相同，XCZ-102 动圈指示仪统一规定了外接电阻值。对三线制连接法规定每根连接导线外接导线电阻为 5Ω，使用时，若每根连接导线电阻不足 5Ω 时，用调整电阻补足。

4. XFZ 系列动圈表

XFZ 系列动图表也可与热电偶或热电阻配用，它与 XCZ 系列动仪圈表的不同之处在

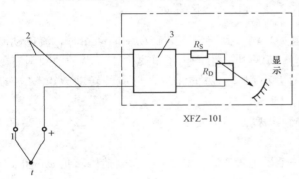

图 2-40　XFZ-101 型动圈仪表组成方框图
1—热电偶；2—补偿导线；3—线性放大器

于：XFZ 系列的测量电路主要由线性集成运算放大器构成，如图 2-40 所示为 XFZ-101 型动圈仪表的组成方框图，测量机构中采用了大力矩游丝、支撑动圈。微弱的输入信号经放大器放大后，输出伏级电压信号，该信号经测量机构线路（R_S 和动圈电阻 R_D）转换为电流，电流在永久磁铁的磁场中产生旋转力矩，驱动动圈及指针偏转，同时引起游丝变形产生反作用力矩；当旋转力矩与反作用力矩相等时，动圈停止转动，动圈及指针的偏转角度与输入电流成正比，该电流取决于输入的热电动势的值，因此，仪表的指针便指示出相应的温度值。

此仪表由于采用了高放大倍数的集成电路线性放大器，通过动圈的电流增大很多，动圈得到的旋转力矩较大，故称为强力矩动圈式仪表，由于采用强力矩游丝作为平衡元件，故稳定性好，具有较强的抗震能力，又因在集成运算放大器中可设置冷端温度自动补偿，故不需在热电偶测温回路中接入冷端温度补偿器，此外，由于运算放大器的输入阻抗很大，外电路的等效电阻与输入阻抗相比，可忽略不计，因此 XFZ-101 型动圈仪表对外电路等效电阻没有具体要求，故为使用带来了方便，也相当于增加了一级串联校正环节，提高了仪表的准确度。

此外，还有该系列动圈式指示调节仪可与热电偶、热电阻等配用。

二、平衡式显示仪表

动圈式显示仪表虽然具有结构简单、价格便宜、易于维护、测量方便等优点，但是它的读数受环境温度和线路电阻的影响较大，测量准确度不高，不宜用于精密测量；另外，它的可动部分容易损坏，怕震动，阻尼时间长，且不便于实现自动记录；使用平衡式显示仪表却可大大减小因上述原因而产生的误差，自动平衡式还可实现自动记录，在实验室和工业生产中得到广泛应用。

平衡式显示仪表的工作原理是电平衡原理。它用已知的标准电压与被测电势相比较，平衡的时候，二者之差值为零，被测电势就等于已知的标准电压。这种测量方法亦称补偿法或零差法。

1. 手动电位差计

实验室用的手动电位差计采用了直流分压线路，如图 2-41 所示，图中标准电池 E_n，标准电阻 R_n、及检流计 G 组成的回路是用来校准工作电流 I_1 的。校准工作电流时将切换开关 K 接向"标准"，调整 R_s 以 I_1 大小，直至 $I_1R_n=E_n$ 时，检流计 G 指针指零；因为标准电池的电势 E_n 是恒定的，R_n 是用锰铜丝绕制的标准电阻，其值也是不变的，所以当检流计 G 指针为零时，I_1 就符合规定值，这个操作过程通常称作为"工作电流标准化"。然后将切换开关接向"测量"位置，调整 B 点位置使检流计指针为零。此时 B 的位置就指出被测电势的大小。由于标准电池及标准电阻的准确度都比较高，加上应用了高灵敏度的检流计，所以电位差计可得到较高的测量准确度；标准电池的电势很稳定，但随温度变化而略有变化，常用的标准电池在+20℃时的电势为 1.018V（准确度达±0.01%）。使用中需注意标准电池不允许通过大于 1μA 的电流。

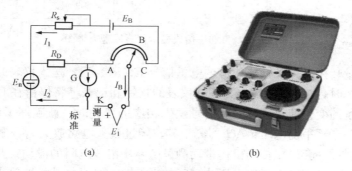

图 2-41 手动电位差计

(a) 原理图；(b) 手动电位差计

2. 手动平衡电桥

手动平衡电桥测量电阻的原理如图 2-42。图中，R_x 是待测电阻，R_2 和 R_3 是锰铜线绕固定电阻（通常取 R_2、R_3 的阻值相等），R_4 是可调电阻，E 是电池的电动势，G 是检流计。

测量 R_x 时，调整 R_4 使检流计 G 指零，这时电桥处于平衡状态，即

$$I_1R_x = I_2R_2 \tag{2-26}$$

$$I_4nR_4 = I_3R_3 \tag{2-27}$$

式中：$n=0\sim1$，为可调电阻 R_4 滑触点的位置系数。上面两式相除，并考虑 $R_2=R_3$，于是有

$$n = \frac{1}{R_4}R_x \qquad (2-28)$$

待测电阻 R_x 可以用 R_4 滑触点在标尺上的位置 n 来表示。

3. 自动平衡式显示仪

手动电位差计（手动平衡电桥）在使用时必须用手调节测量变阻器，因此，不能连续地、自动地指出被测电势（热电阻），因而不适用于实验、生产上能自动地、连续地指示和记录被测参数的要求。

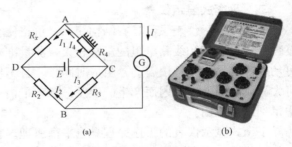

图 2-42　手动平衡电桥
(a) 原理图；(b) 手动平衡电桥

自动平衡式显示仪，如电子自动电位差计、电子自动平衡电桥、ER180 系列记录仪是根据电压平衡原理自动进行工作的，它是用可逆电动机及一套机械传动机构代替了人手进行电压平衡操作，用放大电路代替了检流计来检测不平衡电压并控制可逆电动机的工作。自动平衡式显示仪的组成方框图和原理图如图 2-43 所示。它主要由测量电路、放大电路、可逆电动机、同步电动机、机械传动机构、指示机构、记录机构和调节机构等部分所组成，电路部分热电偶与热电阻不同。

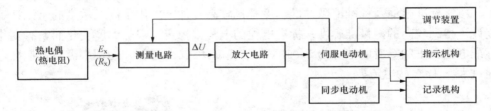

图 2-43　自动平衡式显示仪表原理方框图

被测量经测量转换元件转换成相应的电量信号 $E_x(R_x)$ 后，送入仪表的测量电路，测量电路处于平衡状态时，ΔU 电压输出为零，仪表的指针和记录笔将停留在对应于被测量的刻度点上，当被测量的变化使仪表的输入信号发生相应的变化时，就破坏了原来的平衡状态，测量电路将输出一个不平衡电压，ΔU 不等于零，经过放大电路放大后，驱动可逆电动机旋转，可逆电动机通过一套机械传动机构带动测量电路中滑线电阻的滑动臂，从而改变滑动臂的位置，直至测量电路消除不平衡电压达到新的平衡时，可逆电动机即停止转动；在可逆电动机带动滑动臂移动的同时，还带动指针和记录笔沿着刻度标尺滑动，并停留在新的平衡点所对应的位置，显示出被测量的瞬时值；同步电动机带动走纸、打印、切换等机械传动机构，在记录纸上以曲线或打点的形式，把被测量对应于时间的变化过程描绘成曲线。由此可见，自动平衡式显示仪是一个随动装置，它总是随着输入信号（被测量）的变化，从一个平衡状态过渡到另一个平衡状态。

目前，也有数字显示形式的，不用机械传动及电机。

由于这种测量方法在读数时要达到电压平衡，因此测量精度可以大大提高，通常达精度为 $\pm(0.2\% \sim 0.5\%)$。

项目三 流量测量仪表检修

【项目描述】

　　流量能反映生产过程中物料、工质或能量的产生和传输的量。在热力发电厂中，流体（水、蒸汽、燃料油等）的流量直接反映设备效率、负荷高低等运行情况。因此，连续监视流体的流量对于热力设备的安全、经济运行有着重要意义。表3-1列举了某火电厂600MW机组部分流量测点及传感元件及变送设备。

表 3-1　　　　　　　　　　　流 量 测 点 举 例 列 表

序号	测 点 名 称	数量	单位	设备名称	型 式 及 规 范	安装地点
1	锅炉给水流量测量装置	1	套	长颈喷嘴	刻度流量 1900t/h，最大流量 1900t/h，常用流量 1807.9t/h，最小流量 158t/h，管道内径 416mm，管道外径 508mm，节流件材料 15NiCuMoNb5，L1 = 6000mm，L2 = 12 200mm，L0=1300mm，取样孔 3 对，管道法兰成套供货，对焊，水平安装	就地
2	锅炉给水流量	3	台	差压变送器	0 ～ 60kPa　常用 54.34kPa　静压 35MPa 带 HART 协议	保护柜
3	一级过热器减温水流量测量装置	1	套	标准喷嘴		就地
4	二级过热器减温水流量测量装置	1	套	标准喷嘴		就地
5	再热器减温水流量	1	台	差压变送器	0～40kPa 静压 20MPa 常用 0.8163kPa 带 HART 协议	保护柜
6	A 磨煤机入口一次风流量测量装置	2	只	威力巴管	插入式，垂直安装，直管段长度 1900mm	就地
7	层燃烧器固定端二次风流量测量装置	1	只	机翼	机头直径 0.089m，机翼数 13，收缩比 0.6428，机翼全长 0.267m	就地
8	供油母管流量	1	只	质量流量计		就地

　　本项目的任务是培养学员对流量测量系统整体构成的分析能力，并使学员具备流量测量仪表检修及校验的能力，养成依据规程开展流量测量仪表检修工作的职业习惯。

【教学环境】

　　教学场地是多媒体教室、热工仪表检修室，或一体化教室；校外实训基地。学员在多媒

体教室进行相关知识的学习，小组工作计划的制订，实施方案的讨论；在热工仪表检修室或校外实训基地依据规程进行流量测量仪表的校验、检修。

任务一　节流式流量计检修

【学习目标】

（1）能表述节流式流量测量原理；能说明不同类型节流件的使用环境。

（2）能根据检修规程进行检修的设备准备、材料准备、施工现场准备工作，能开具合格的工作票。

（3）能对节流孔板、喷嘴进行质量检查，能对角接取压装置、法兰取压装置进行质量检查。

（4）能对节流装置的排污阀门、测量筒、进口阀、出口阀、平衡阀进行维护检修。

（5）设备大小修后，投运前完成冲洗测量筒及连接管路等；设备大、小修后，投运前完成冲洗测量筒及连接管路等。

（6）能根据节流式流量系统的故障现象，进行检修，恢复其正常测量。

（7）会按流程结束工作票、整理归档资料，办理正常结束工作手续。

【任务描述】

节流式流量计的检修任务是能根据被测量流量参数的要求正确分析节流式流量测量系统构成，说明测量原理及基本技术参数，熟悉 JJG640—1994《差压式流量计检定规程》等相关规程，并能按电厂工作规程进行节流式计的检修，熟练掌握相应职业技能。

【知识导航】

一、流量测量的初步认识

单位时间内通过管道横截面的流体量，称为瞬时流量 q，简称流量，即

$$q = \frac{\mathrm{d}Q}{\mathrm{d}t} \tag{3-1}$$

式中　$\mathrm{d}Q$——流体量；

　　　$\mathrm{d}t$——时间间隔。

按物质量的单位不同，流量有"质量流量 q_m"和"体积流量 q_v"之分，它们的单位分别为 kg/s 和 m³/s。当流体的压力和温度参数未知时，体积流量的数据只"模糊地"给出了流量，所以严格地说要用"标准体积流量"（标准 m³/s）。"标准体积"即指在温度为 20℃（或 0℃），压力为 1.013×10^5 Pa 下的体积数值。在标准状态下，已知介质的密度 ρ 为定值，所以标准体积流量和质量流量之间的关系是确定的，能确切地表示流量。上述两种流量之间的关系为

$$q_m = \rho q_V \tag{3-2}$$

式中　ρ——被测流体密度。

从 t_1 至 t_2 这一段时间间隔内通过管道横截面的流体量称为流过的总量。显然，流过的总量可以通过在该段时间内瞬时流量对时间的积分得到，所以总量又称为积分流量或累计流量。

$$Q = \int_{t_1}^{t_2} q \mathrm{d}t \tag{3-3}$$

质量流量总量的单位是 kg，体积流量总量的单位是 m^3。

总量除以得到总量的时间间隔就称为该段时间内的平均流量。

测量流量的方法很多，各种方法的选用应考虑到流体的种类（相态、参数、流动状态、物理化学性能等）、测量范围、显示形式（指示、报警、记录、积算、控制等）、测量准确度、现场安装条件、使用条件、经济性等。

二、节流式流量测量

节流式流量计是电厂中使用得最多的流量计，它由节流装置、导压管路和差压计（或差压变送器）等组成。

节流变压降流量计的工作原理是，在管道内装入节流件，流体流过节流件时流束收缩，于是在节流件前后产生差压。对于一定形状和尺寸的节流件，一定的测压位置和前后直管段情况，一定参数的流体和其他条件下，节流件前后产生的差压值随流量而变，两者之间并有确定的关系。因此可通过测量差压来测量流量。

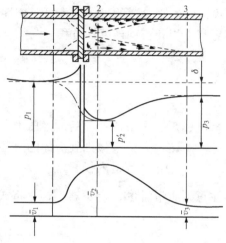

如图 3-1 所示是流体流经节流件时的流动情况示意图。

截面 1 处流体未受节流件影响，流束充满管道，流束直径为 D，流体压力为 p_1'，平均流速为 $\bar{v}_1$，流体密度为 ρ_1。

截面 2 是节流件后流束收缩为最小的截面，对于孔板，它在流出孔板以后的位置，对于喷

图 3-1　流体流经孔板时的压力和流速变化情况

嘴，在一般情况下，该截面的位置在喷嘴的圆筒部分之内。此处流束中心压力为 p_2'，平均流速为 $\bar{v}_2$，流体密度为 ρ_2，流束直径为 d'。

进一步分析流体在节流装置前后的变化情况可知：

（1）沿管道轴向连续地向前流动的流体，由于遇到节流装置的阻挡（近管壁处的流体受到节流装置的阻挡最严重），流体的一部分动压头转化为静压头，节流装置入口端面近管壁处的流体静压力 p_1 升高，即比管道中心处的静压力大，形成节流装置入口端面处的径向压差。这一径向压差使流体产生径向附加速度 v_r，从而改变流体原来的流向。在 v_r 的影响下，近管壁处的流体质点的流向就与管中心轴线相倾斜，形成了流束的收缩运动。

同时，由于流体运动有惯性，所以流束收缩最严重（即流束最小截面）的位置不在节流孔中，而位于节流孔之后，并且随流量大小而改变。

（2）由于节流装置造成流束局部收缩，同时流体保持连续流动状态，因此，在流束截面积最小处的流速达最大。根据伯努利方程式和位能、动能的互相转化原理，在流束截面积最

小处的流体的静压力最低。

流束最小截面上各点的流动方向完全与管道中心线平行，流束经过最小截面后向外扩散，这时流速降低，静压升高，直到又恢复到流束充满管道内壁的情况。

图 3-1 中实线代表管壁处静压力，点划线代表管道中心处静压力。

涡流区的存在，导致流体能量损失，因此，在流束充分恢复后，静压力不能恢复到原来的数值 p_1'，静压力下降的数值就是流体流经节流件的压力损失 δp。

从上述可看出节流装置入口侧的静压力 p_1 比出口侧的静压力 p_2 要大。前者称为正压，常以"＋"标记，后者称为负压，常以"－"标记。并且，流量 q 愈大，流束的局部收缩和位能、动能的转化也愈显著，节流装置两端的差压 Δp 也愈大，即 Δp 可以反映流量 q，这就是节流式流量计的测量原理。

流量公式就是指差压和流量之间的关系式，可通过伯努利方程和流动连续性方程来推导。但必须指出，目前要完全从理论上计算出差压和流量之间的关系是不可能的，因为关系式中的各系数只能靠实验确定。

设流经水平管道的流体为不可压缩性流体并忽略流动阻力损失，对截面 1 和 2 可写出下列伯努利方程和流动连续性方程

$$\frac{p_1'}{\rho}+\frac{\overline{v}_1^2}{2}=\frac{p_2'}{\rho}+\frac{\overline{v}_2^2}{2} \tag{3-4}$$

$$\rho\frac{\pi}{4}D^2\overline{v}_1=\rho\frac{\pi}{4}d'^2\overline{v}_2 \tag{3-5}$$

式中　p_1'、p_2'——节流件前后的静压力；

　　　　d'——流束最细处流体的直径；

　　　　D——管道内径。

注意到质量流量 $q_m=\rho\frac{\pi}{4}d'^2\overline{v}_2$，将式（3-4）、式（3-5）代入该式可得

$$q_m=\sqrt{\frac{1}{1-\left(\frac{d'}{D}\right)^4}}\frac{\pi}{4}d'^2\sqrt{2\rho(p_1'-p_2')} \tag{3-6}$$

由于，上式中的（$p_1'-p_2'$）不是角接取压或法兰取压所测得的差压 Δp，式中的 d' 对于喷嘴，它等于节流件开孔直径 d，对于孔板，它小于开孔直径 d；也没有考虑流动过程中的损失，这种损失对于不同形式的节流件和不同的直径比 $\beta(d/D)$ 是不同的，所以上式还不是我们要求的流量公式。

上式中的（$p_1'-p_2'$）用从实际取压点测得的差压 Δp 代替，用节流件开孔直径 d 代替 d'，并引入流出系数 C 或流量系数 α，则

$$q_m=\frac{C}{\sqrt{1-(\beta)^4}}\frac{\pi}{4}d^2\sqrt{2\rho\Delta p} \tag{3-7}$$

或

$$q_m=\alpha\frac{\pi}{4}d^2\sqrt{2\rho\Delta p} \tag{3-8}$$

其中　$\alpha=\dfrac{C}{\sqrt{1-(\beta)^4}}$。

α 和 C 由实验决定，但从前面分析可以看出，α 和 C 的值与节流件形式、β 值、雷诺数 Re_D、管道粗糙度及取压方式等有关。

从流量式（3-8）可以得出，当 α、ρ、d 参数一定时，流量 q_m 是节流件前后差压 Δp 的函数。通过测量节流件前后差压 Δp，就可得出流体的流量，这就是节流式流量测量的原理。

对于可压缩性流体，为方便起见，规定公式中的 ρ 为节流件前的流体密度 ρ_1，C 或 α 取相当于不可压缩流体的数值，而把全部的流体可压缩性影响用一流束膨胀系数 ε 来考虑。当流体为不可压缩性流体时，$\varepsilon=1$，所以流量公式可以写成：

$$q_m = \frac{C}{\sqrt{1-(\beta)^4}} \varepsilon \frac{\pi}{4} d^2 \sqrt{2\rho_1 \Delta p}$$

$$= \frac{C}{\sqrt{1-(\beta)^4}} \varepsilon \frac{\pi}{4} \beta^2 D^2 \sqrt{2\rho_1 \Delta p} \quad (3-9)$$

$$q_m = \alpha\varepsilon \frac{\pi}{4} d^2 \sqrt{2\rho_1 \Delta p}$$

$$= \alpha\varepsilon \frac{\pi}{4} \beta^2 D^2 \sqrt{2\rho_1 \Delta p} \quad (3-10)$$

式中　q_m——质量流量，kg/s；

　　　D——直径，m；

　　　ρ_1——密度，kg/m³；

　　　Δp——差压，Pa。

三、实际应用的标准节流装置

节流件的形式很多，有孔板、喷嘴、文丘利管、1/4 喷嘴等，如图 3-2 所示。还可以利用管道上的管件（弯头等）所产生的差压来测量流量，但由于差压值小，影响因素很多，很难准确测量。

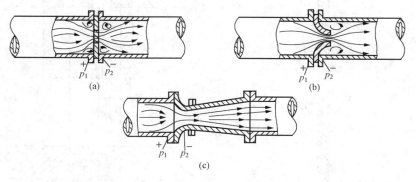

图 3-2　常用节流件的形式
(a) 孔板；(b) 喷嘴；(c) 文丘利管

经过长期研究和使用的，数据和资料比较齐全的节流件，是目前用得最广泛的孔板和喷嘴节流件。这两种形式节流件的外形、尺寸已标准化。还规定了它们的取压方式和前后直管段要求，包括取压装置，总称为"标准节流装置"。

通过大量试验求得标准节流装置的流量与差压的关系，并据此制定"流量测量节流装置国家标准"。凡按照此标准设计、制作和安装的节流装置，不必经过个别标定即可应用，测量准确度一般为±1％～±2％，能满足工业生产的要求。

国际标准 ISO 5167：2003《用插入圆截面管道中的压差装置测量流体流量》已经执行，我国实际情况经过大量的试验研究制定了国家标准 GB/T 2624—2006《用安装在圆形截面管道中的压差装置测量满管流体流量》与国际标准无原则的区别。

标准节流装置只适用于测量直径大于 50mm 的圆形截面管道中的单相、均质流体的流量。它要求流体充满管道，在节流件前后一定距离内不发生流体相变或析出杂质现象，流速小于音速，流动属于非脉动流，流体在流过节流件前，其流束与管道轴线平行不得有旋转流。

（一）标准节流件及其取压装置

1. 标准孔板

标准孔板是用不锈钢或其他金属材料制造，具有圆形开孔，开孔入口边缘尖锐的薄板。孔板开孔直径 d 是一个重要的尺寸，其值应取不少于四个单测值的平均值，任意单测值与平均值之差不超过 0.05％。标准孔板的结构图如图 3-3 所示。图中所注的尺寸在"标准"中均有具体现定。

标准孔板的取压方式有角接取压和法兰取压两种。角接取压又分环室取压和单独钻孔取压。如图 3-4 所示为角接取压装置结构，上半图表示环室取压，下半图表示单独钻孔取压。环室取压的前、后环室装在节流件两边，环室夹在法兰之间，法兰和环室，环室和节流件之间放有垫片并夹紧。节流件前后的压力是从前、后环室和节流件前、后端面之间所形成的连续环隙中取得的，故可以得到均匀取压。单独钻孔取压就是在孔板夹紧环上打孔取压，加工简单，环室尺寸和钻孔尺寸在"标准"中均有规定。

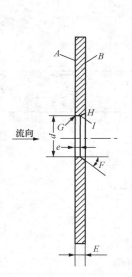
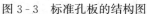

图 3-3　标准孔板的结构图

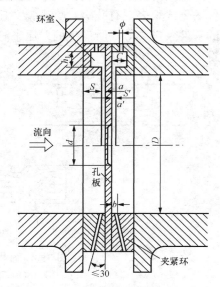

图 3-4　角接取压装置

角接取压的两种取压口中，环室取压有平均压力的效果，压力信号较稳定，但费材料，加工麻烦，一般在 $D < 400 \sim 500\text{mm}$ 才用，$D > 500\text{mm}$ 时常用单独钻孔，若需改善取压效果，可在圆周上均匀地钻多个孔，引出后用环管（叫做均压环）连通，再引向差压计。

如图 3-5 所示为法兰取压装置，孔板夹持在两块特制的法兰中间，其间加两片垫片，厚度不超过 1mm，取压口只有一对，在离节流件前后端面各为 25.4mm±1mm 处法兰外圆上钻孔取得。

应该指出，采用角接取压和法兰取压时，流量系数 α 和介质膨胀系数 ε 的计算公式是不同的。

2. 标准喷嘴

标准喷嘴是由两个圆弧曲面构成的入口收缩部分和与之相接的圆柱形喉部组成的，如图 3-6 所示。

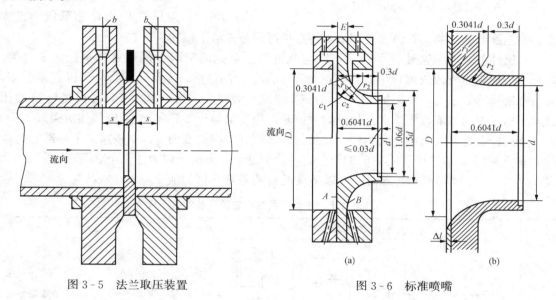

图 3-5 法兰取压装置   图 3-6 标准喷嘴

孔径尺寸 d 是喷嘴的关键尺寸。此外，如尺寸 E、r_1、r_2，端面 A、B 等均须符合"标准"规定。标准喷嘴的取压仅采用角接取压方式。

标准孔板与标准喷嘴的选用，除了应考虑加工易难，静压损失 δp（孔板比喷嘴大）多少外，还须考虑使用条件满足与否。表 3-2 列出了标准节流装置的使用范围。

表 3-2   标准节流装置的使用范围

节流件型式	取压方式	适用管道内径（mm）	直径比 β	雷诺数 Re_D
标准孔板	角接取压	50～1000	0.22～0.80	$5\times10^3\sim10^7$
	法兰取压	50～760	0.20～0.75	$8\times10^3\sim10^7$
标准喷嘴	角接取压	50～500	0.32～0.80	$2\times10^4\sim2\times10^6$

（二）标准节流装置的安装

标准节流装置的流量系数是在节流件上游侧 1D 处形成流体典型紊流流速分布的状态下取得的。如果节流件上游侧 1D 长度以内有漩涡或旋转流等情况，则引起流量系数的变化，故安装节流装置时必须满足规定的直管段条件。

1. 节流件上、下游侧直管段长度的要求

安装节流装置的管道上往往有拐弯、扩张、缩小、分岔及阀门等局部阻力出现，它们将严重扰乱流束状态引起流量系数变化，这是不允许的。因此，在节流件上、下游侧必须设有足够长度的直管段。

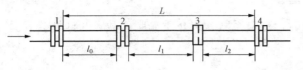

图 3 - 7　整套节流装置示意图
1—上游侧第二个局部阻力件；2—上游侧第一个局部阻力件；
3—节流件；4—下游侧第一个局部阻力件

节流装置的安装管段如图 3 - 7 所示。在节流装置 3 的上游侧有两个局部阻力件 1、2，节流装置的下游侧也有一个局部阻力件 4。在各阻力件之间的直管段分别为 l_0、l_1 和 l_2。

如在节流装置上游侧只有一个局部阻力件 2，则只需 l_1 及 l_2 直管段。直管段必须是圆形截面的，其内壁要清洁，并且尽可能是光滑平整的。

节流件上、下游侧最小直管段长度与节流件上游侧局部阻力件形式和直径比 β 有关，表 3 - 3 中所列直管段长度栏中的数字，为管道直径 D 的倍数，无括号的数字可以直接引用，引用有括号的数字时，要附加 $\pm 0.5\%$ 的流量极限相对误差。如果实际直管段长度与 D 的比值大于括号内的数值，而小于括号外的数值时，仍须附加 $\pm 0.5\%$ 的流量极限相对误差。

节流件上游侧如有两个阻力件，在阻力件之间直管段长度为 l_0，则按第二个局部阻力件形式和 $\beta = 0.7$ 选取表中所列数值的二分之一。但是，如果两个阻力件都是 90° 圆弯头。例如表 3 - 3 中的 3、4 栏所示布置时，可以不设置 l_0 直管段，因为流束基本未被扰乱。

表 3 - 3　　　　　　　　　节流件上、下游侧的最小直管段长度

	节流件上游侧的局部阻力件形式和最小直管段长度 l_1						节流件下游侧最小直管段长度 l_1（左面所有局部阻力件形式）
β	一个 90° 弯头或只有一个支管流动的三通	在同一平面内有多个 90° 弯头	空间弯头（在不同平面内有多个 90° 弯头）	异径管（大变小，$2D \rightarrow D$ 长度 $\geq 3D$；小变大，$\frac{1}{2}D \rightarrow D$ 长度 $\geq \frac{1}{2}D$）	全开球阀	全开闸阀	
1	2	3	4	5	6	7	8
≤ 0.2	10(6)	14(7)	34(17)	16(8)	18(9)	12(6)	4(2)
0.25	10(6)	14(7)	34(17)	16(8)	18(9)	12(6)	4(2)
0.30	10(6)	16(8)	34(17)	16(8)	18(9)	12(6)	5(2.5)
0.35	12(6)	16(8)	36(18)	16(8)	18(9)	12(6)	5(2.5)
0.40	14(7)	18(9)	36(18)	16(8)	20(10)	12(6)	6(3)
0.45	14(7)	18(9)	38(19)	18(9)	20(10)	12(6)	6(3)
0.50	14(7)	20(10)	40(20)	20(10)	22(11)	12(6)	6(3)
0.55	16(8)	22(11)	44(22)	20(10)	24(12)	14(7)	6(3)
0.60	18(9)	26(13)	48(24)	22(11)	26(13)	14(7)	7(3.5)
0.65	22(11)	32(16)	54(27)	24(12)	28(14)	16(8)	7(3.5)
0.70	28(14)	36(18)	62(31)	26(13)	32(16)	20(10)	7(3.5)
0.75	36(18)	42(21)	70(35)	28(14)	36(18)	24(12)	8(4)
0.80	46(23)	50(25)	80(40)	30(15)	44(22)	30(15)	8(4)

节流件上游侧与敞开容器或直径大于 $2D$ 的容器直接相连时，由容器至节流装置的直管段应大于 $30D(15D)$。节流件前如安装温度计套管时，此套管也是一个阻力件，此时确定 l_1 的原则是：当温度计套管直径<$0.03D$ 时，$l_1=5D(3D)$；当套管直径为 $0.03D\sim0.13D$ 时，$l_1=20D(10D)$。

在节流件前后 $2D$ 长的管道上，管道内壁不能有任何凸出的物件，安装的垫圈都必须与管道内壁平齐，也不允许管道内壁有明显的粗糙不平现象。

在节流件上游侧管道的 $0D$、$1/2D$、$1D$、$2D$ 处取与管道轴线垂直的 4 个截面，在每个截面上，以大致相等的角距离取 4 个内径的单测值，这 16 个单测值的平均值即为设计节流件时所用的管道内径。任意单测值与平均值的偏差不得大于 $\pm0.3\%$，这是管道圆度要求。在节流件后的 l_2 长度上也是这样测量直径的，但圆度要求较低，只要任何一个单测值与平均值的偏差在 $\pm2\%$ 以内就可以。

在测量准确度要求较高的场合，为了满足上述要求，应将节流件、环室（或夹紧环）和上游侧 $10D$ 及下游侧 $5D$ 长的测量管先行组装，检验合格后再接入主管道，这种组装的节流装置目前我国已有生产厂可供订购。

2. 节流件的安装要求

节流件安装时必须注意它的方向性，不能装反。例如，孔板以直角入口为"$+$"方向，扩散的锥形出口为"$-$"方向，安装时必须使孔板的直角入口侧迎向流体的流向。

节流件安装在管道中时，要保证其前端面与管道轴线垂直，偏斜不超过 $1°$，同时要保证其开孔与管道同轴，不同心度不应超过 $0.015D(1/\beta-1)$。

夹紧节流件用的垫片，包括环室或法兰与节流件之间的垫片，夹紧后不允许凸出管道内壁。

在安装之前，最好对管道系统进行冲洗和吹灰。

四、节流式流量计的测量系统方案

为了测量物质流量，常用标准孔板（节流件）获得与流量有关的差压信号 Δp，如图 3-8 所示，然后将差压信号输入差压计或差压流量变送器，经过转换、运算，变成电信号，用连接导线将电信号传送到显示仪表，显示出的流量值 q_2 近似于被测流量值 q_1（因为存在误差），或采集进计算机监控系统进行显示记录。

节流式流量计的显示，要采用测量差压的仪表——差压计和差压变送器。

工业上流量测量用差压计的标尺一般都是以流量分度的，并刻出最大流量处的差压值。如前所述，流量标尺与节流件是相配套的。改变节流件的型式和尺寸或者改变被测介质的种类和参数，都必须重新分度标尺。

由于流量与差压之间为平方关系，因此差压计标尺上的流量分度是不均匀的，愈接近标尺上限，分格愈大，这造成读数困难。对于要进行流量积算求得累计流量或者要输入调节系统的流量信号，必须对流量信号进

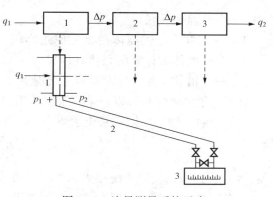

图 3-8 流量测量系统示意

1—节流装置；2—传压管路；3—差压计或差压流量变送器

q_1—被测流量；Δp—差压信号；q_2—流量显示值，$q_1\approx q_2$

行线性化，也就是对差压计输出信号进行开方，使差压与流量呈线性关系。

　　开方器有电子开方器和开方模块两种形式。电子开方器是通过电子元件或电路所构成的开方电路进行开方；开方模块则是用软件的方法进行开方运算，在智能变送器及 DCS 的数据处理时应用。

　　另外，为了求得累计流量，还必须将经过开方的信号通过电子积算线路或积分模块进行累计。

五、节流式流量计的压力温度补偿

　　节流式流量计在测量常温的流体时，测量还是比较准确的。但在电厂高温流体的测量中，如 270℃ 左右的给水流量，500℃ 以上的高温过热蒸汽时，误差很大。为什么呢？这就有节流式流量计的压力温度补偿的问题。

　　当被测流体参数与设计节流装置的数值不一致时，流量公式中的 α、ε、d_t 和 ρ_l 等量都会发生变化，产生很大的流量测量误差。在发电厂等工业测量中，α、ε 等变化的误差，在设计时已经考虑。运行中被测介质压力、温度的变化尤其是机组滑参数运行过程中介质温度和压力的变化将引起密度 ρ_l 较大的变化，进而使同一 Δp 反映不同的 q_m，产生了测量误差。这时对指示值或积算值应乘以修正系数 K_ρ，才能反映真实的流量，这就是压力温度补偿问题。

　　变工况下流量与设计（额定）工况下流量的关系为

$$q_{ms} = \alpha\varepsilon\frac{\pi}{4}d_t^2\sqrt{\rho_{ls}\Delta p} = \sqrt{K_\rho}\,\alpha\varepsilon\frac{\pi}{4}d_t^2\sqrt{\rho_{lJ}\Delta p} = \sqrt{K_\rho}\,q_{mJ} \tag{3-11}$$

$$K_\rho = \frac{\rho_{ls}}{\rho_{lJ}}$$

式中　d_t——节流件在温度 t 时的孔径；

　　　ρ_{ls}——流体设计时密度；

　　　ρ_{lJ}——流体在温度 t 时的实际密度；

　　　K_ρ——密度修正系数。

　　对于液体，密度基本只与温度和相关，其修正系数与温度的关系可表示为

$$K_\rho = \frac{\rho_{ls}}{\rho_{lJ}} = \frac{m/\{V_{20}[1+\mu(t_s-20)]\}}{m/\{V_{20}[1+\mu(t_J-20)]\}} = \frac{1+\mu(t_s-20)}{1+\mu(t_J-20)} \tag{3-12}$$

式中　m——流体质量；

　　　V_{20}——质量 m 的流体在 20℃ 时之容积；

　　　μ——液体的体膨胀系数（1/℃）；

　　t_s、t_J——液体实际温度及额定工况温度。

　　给水流量测量信号可以只采用温度校正。

　　对于近似的理想气体其修正系数为

$$K_\rho = \frac{p_s/(gRT_s)}{p_J/(gRT_J)} = \frac{p_sT_J}{p_JT_s} \tag{3-13}$$

式中　p_J、p_s——设计工况压力和实际压力（绝对压力，MPa）：

　　　T_J、T_s——设计工况温度与实际温度（热力学温度，K）；

　　　　g——重力加速度；

　　　　R——气体常数。

由于高压蒸汽的性质与理想气体差别很大，使用上述理想气体的补偿公式有很大误差，因此，有必要找到一个既简单而又有足够准确度的高压蒸汽密度与温度、压力之间的关系式。可按下列方法分段建立高压蒸汽密度与温度、压力之间关系的经验公式，即

$$\rho = \frac{k_{m}p}{t - c_{m}p + d_{m}} \qquad (3-14)$$

$$k_{m} = \frac{712}{1 - \frac{p_{m}}{921}\left(\frac{1000}{t_{m}+300}\right)^{4.53}}$$

式中

$$c_{m} \approx \frac{k_{m}}{712}\left(\frac{1000}{t_{m}+300}\right)^{3.53}$$

$$d_{m} \approx k_{m}\left(\frac{t_{m}+300}{219}\right) - t_{m}$$

式中　　t_{m}、p_{m}——式（3-14）适用的温度、压力变动范围的中心值。

当温度、压力变动范围较小时，可用算术平均值作中心值；当变动范围较大时，可用几何平均值作中心值。变动范围确定后，t_{m}，p_{m} 为常数，k_{m}、c_{m}、d_{m} 也为常数，可求出此变动范围内的蒸汽密度，从而实现对蒸汽流量的温度补偿。但当温度、压力变动范围较大时，用一个公式计算 ρ 往往准确度达不到要求，可将整个压力、温度变化范围分成几段小范围，根据不同 t_{m}，p_{m} 求出不同的 k_{m}、c_{m}、d_{m}，在不同的范围内，较准确地实现对蒸汽密度 ρ 的补偿。

当过热蒸汽的压力为 2.94~14.7MPa，温度为 400~550℃时，可采用下述公式：

$$\rho = \frac{1857p}{t - 5.61p + 166} \qquad (3-15)$$

当过热蒸汽的压力为 0.098~23.52MPa，温度为 100~580℃时，可采用下述公式：

$$\rho = \frac{10.2p}{4.17 \times 10^{-3}T - 1.36 \times 10^{-3}p + 1.35 \times 10^{-4}Tp}$$
$$(3-16)$$

式中　　p——过热蒸汽压力，MPa；

　　　　t——过热蒸汽温度，℃；

　　　　T——过热蒸汽温度，K。

式（3-15）的计算误差为 1% 左右；式（3-16）的计算误差也为 1% 左右。

实现式（3-15）过热蒸汽密度修正的原理方框图如图 3-9 所示。

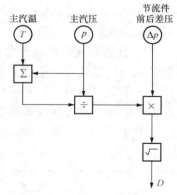

图 3-9　采用节流件测量过热蒸汽流量的压力、温度校正

【任务实施】

一、流量测量仪表的检修

1. 检修前的准备工作

参考项目一中任务一的相关内容。

工具准备、材料准备见表 3-4。

表 3-4 设 备 准 备 表

工 具 准 备				
序号	工器具名称	工具编号	检查结果	备注
1	活扳手		☐	2 把
2	接头		☐	若干个
3	密封圈（垫）		☐	若干个
4	精密压力表		☐	1 只
5	二等活塞压力计		☐	1 台

材 料 准 备					
序号	材料名称	检查结果	序号	材料名称	检查结果
1	棉纱 0.5kg		3	除锈剂	☐
2	清洗剂		4	生料带	☐

2. 开工

（1）施工现场准备。参照项目一的任务一中相关内容。

（2）节流装置。下面进行流量测量仪表中标准节流装置（孔板、喷嘴、长径喷嘴）及配套使用的差压式流量测量仪表的检修。

1）标准孔板检查项目。

a. 孔板上游侧端面上，连接任意两点的直线与垂直于中心线平面之间的斜率应小于 1%；孔板上游端面应无可见损伤，在离中心 1.5d（d 为孔板孔径）范围内的不平度不得大于 0.0003d，相当于 $\overset{3.2'}{\triangledown}$ 的表面粗糙度；孔板下游侧端面应与上游侧端面平行，其表面粗糙度可较上游侧端面低一级。

b. 孔板开孔上游侧直角入口边缘应锐利，无毛刺和划痕；孔板开孔下游侧出口边缘应无毛刺、划痕和可见损伤。

c. 孔板的孔径 d，是不少于 4 个单测值的算术平均值，这 4 个单测值的测点之间应有大致相等的角距，而任一单测值与平均值之差不得超过 0.05%。

d. 孔径 d 的允许公差见表 3-5。

表 3-5 **孔径 d 的允许公差表**

d	5<d≤6	6<d≤10	10<d≤25	d>25
公差	±0.008	±0.010	±0.013	d 值每增加 25mm，公差增大 ±0.013mm

2）标准喷嘴检查项目。

a. 标准喷嘴上游侧端面应光滑，其表面不平度不得大于 0.0003d，相当于不低于 $\overset{3.2'}{\triangledown}$ 的表面粗糙度。喷嘴下游侧端面应与上游侧端面平行，其表面粗糙度可较上游侧端面低一级。

b. 圆筒形喉部直径 d，是不少于 8 个单测值的算术平均值，其中 4 个是在圆筒形喉部的始端、4 个是在终端、在大致相距 45°角的位置上测得的。任一单测值与平均值之差不得超过 0.05%。d 的公差要求为：当 β≤2/3 时，d±0.001d；当 β>2/3 时，d±0.0005%d。

c. 从喷嘴的入口平面到圆筒形喉部的全部流通表面应平滑，不得有任何可见或可检验出的边棱或凸凹不平。圆筒形喉部的出口边缘应锐利，无毛刺和可见损伤，并无明显倒角。

3）长径喷嘴检查项目。

a. 长径喷嘴的直径 d 是不少于 4 个单测值的算术平均值，这 4 个单测值的测点之间应有大致相等的角距，而任一单测值与平均值之差不得超过 0.05%。在圆筒形喉部出口处 d 值可有负偏差，即允许喉部有顺流向的微小收缩，而不允许有扩大。

b. 节流件上游侧的测量管长度不小于 10D（D 为测量管公称内径），下游侧的测量管长度不小于 5D。

c. 测量管段的内径是不少于 4 个单测值的算术平均值，这 4 个单测值的测点之间应有大致相等的角距。任一单测值与平均值之差，对于上游侧应不大于 ±0.3%，对于下游侧应不大于 ±2%。

d. 测量管内表面应清洁，无凹陷相沉淀物及结垢。若测量管段由几根管段组成，其内径尺寸应无突变，连接处不错位，在内表面形成的台阶应小于 0.3%。

4）角接取压装置检查项目。

a. 取压孔应为圆筒形，其轴线应尽可能与管道轴线垂直，与孔板上、下游侧端面形成的夹角允许小于或等于 3°，在夹紧环内壁的出口边缘必须与夹紧环内壁平齐，无可见的毛刺和突出物。

b. 取压孔前后的夹紧环的内径 D_f 应相等，并等于管道内径 D，允许 $1D \leqslant D_f \leqslant 1.02D$，但不允许夹紧环内径小于管道内径。

c. 取压孔在夹紧环内壁出口处的轴线分别与孔板上、下游侧端面的距离等于取压孔直径的一半。上、下游侧取压孔直径应相等。取压孔应按等角距配置。

d. 采用对焊法兰紧固节流装置时，法兰内径必须与管道内径相等。环室取压的前后环室开孔直径 D' 应相等，并等于管道内径 D，允许 $1D \leqslant D' \leqslant 1.02D$，但不允许环室开孔直径小于管道内径。

e. 单独钻孔取压的孔板和法兰取压的孔板，其外缘应有安装手柄。安装手柄上应刻有表示孔板安装方向的符号（＋、－），孔板出厂编号、安装位号和管道内径 D 的设计尺寸值和孔板开孔 d 的实际尺寸值。

5）法兰取压装置检查项目。

a. 上、下游侧取压孔的轴纹必须垂直于管道轴线，直径应相等，并按等角距配置。

b. 取压孔在管道内壁的出口边缘应与管道内壁平齐，无可见的毛刺或突出物。

c. 下游侧取压孔的轴线分别与孔板上下游侧端面之间的距离等于（25.4±0.8）mm。

d. 法兰与孔板的接触面应平齐，外圆表面上应刻有表示安装方向的符号（＋、－）、出厂编号、安装位号和管道内径的设计尺寸值。

（3）运行维护。

1）投运前的检查与验收。流量开关和带信号装置的流量表，设定指针已调至设定值；短路发信接点，报警显示应正常。

2）投运。

a. 设备大小修后，投运前应冲洗测量筒及连接管路。

b. 排污阀门关闭，测量筒汽侧和水侧一次阀门已打开。

c. 投运时先接通仪表电源，缓慢稍开一次阀门，检查确认各接头处无泄漏后，全开一、二次阀门，关闭平衡阀，仪表即启动投入。

3）维护。

a. 用于风烟测量系统的变送器和管路，要定期吹灰、排灰，以防堵灰。

b. 用于汽水测量系统的变送器要定期排污；冬季将临时，检查仪表管路加热装置应工作正常。

4）停用。长期停用时，必须打开平衡阀，关闭一、二次阀门；拆除变送器计时，先打开平衡阀，关闭一、二次阀。

二、流量测量仪表的消缺

（1）接受缺陷通知单。

（2）按《工作票、操作票使用和管理标准》办理工作票、操作票，特别注意"作业危险点分析及预控措施"。

（3）制定消缺方案。能处理的应制定出方案，不能处理的应认真做好记录，以备处理。

（4）准备工具。主要工具见表 3-4。

（5）故障分析处理。

（6）确认消缺完成，投入正确运行，OIS 显示正确。

（7）实绩记录、可靠性统计，按照周、月报表式及内容要求进行定期分析，提出改进、改善意见。

差压式流量测量方面的常见故障及排除方法见表 3-6。

表 3-6　　　　　　　　　　　　流量测量方面的常见故障及排除方法表

故 障 现 象	产 生 原 因	排 除 方 法
输出值小或反映不出被测值的变化	导压管密封不良	消除不密封现象
变送器输出在机械零位	1. 仪表未送电 2. 断线	1. 给仪表送电 2. 检查线路并接通断点
压差值引入后，输出仍为零位或零位附近	1. 平衡阀未关或未关严 2. 导压阀未打开	1. 关紧平衡阀 2. 依次打开导压阀
压差值引入后，输出向负方向走	1. 高、低压导压管安装反了 2. 高压导压管堵 3. 高压导压阀未开	1. 检查并纠正导压管 2. 清通高压导压管 3. 打开高压导压阀
压差值引入后，输出始终为满量程或超过满量程	1. 低压导压管堵 2. 低压导压阀未开	1. 清通低压导压管 2. 打开低压导压阀

🛒【任务验收】━━━━━━━━━━━◎

（1）各种检修技术记录，验收单据完整、准确，书写整齐。

（2）节流件上游侧端面上，表面应平滑，出口边缘应锐利，无毛刺和可见损伤，并无明显倒角。直径等技术要求合格。

（3）取压装置检查项目完成，取压孔应为圆筒形，其轴线应尽可能与管道轴线垂直等技术要求达标。

（4）完成投入前检查。对一、二次阀门，排污门及各管路接头进行检查。取样管路冲洗完成。

（5）正确投入节流装置。排污阀门关闭，测量筒汽侧和水侧一次阀门已打开；投运时先接通仪表电源，缓慢稍开一次阀门，检查确认各接头处无泄漏后，全开一、二次阀门，关闭平衡阀，仪表即启动投入。

（6）检修后场地清洁，卫生良好。

（7）资料齐全。

任务二　电磁流量计检修

【学习目标】

（1）能表述电磁流量计测量原理；能说明其使用环境。

（2）能根据检修规程进行检修的设备准备、材料准备、施工现场准备工作，能开具合格的工作票。

（3）能对电磁流量计进行外观检查。

（4）能对电磁流量计的取样孔、取样阀等进行维护检修。

（5）能对电磁流量计进行校验。

（6）校验完成后能恢复其正常测量。

（7）可以按流程结束工作票、整理归档资料，办理正常结束工作手续。

【任务描述】

电磁流量计的检修任务是能根据被测量流量参数的要求正确分析电磁流量计测量系统构成，说明测量原理及基本技术参数，熟悉 JJG1033—2007《电磁流量计检定规程》等相关规程，并能按电厂工作规程进行节流式计的检修，熟练掌握相应职业技能。

【知识导航】

电磁流量计是利用法拉第电磁感应定律制成的一种测量导电液体体积流量的仪表，它由传感器和智能转换部分组成。它能测量各类导电液体的体积流量，所测量的介质包括酸、碱、盐和纸浆、泥浆、废污水、海水及固液两相等液体。

一、电磁流量计的工作原理

电磁流量计的基本原理是法拉第电磁感应定律，即导体在磁场中切割磁力线运动时在其两端产生感应电动势。如图 3-10 所示，导电性液体在垂直于磁场的非磁性测量管内流动，在与流动方向垂直的方向上产生与流量成比例的感应电势，电动势的方向按右手定则确定。

电磁流量计由流量传感器和转换器两大部分组成。电磁流量传感器是在非磁性管道中测量导电流体的平均流速，传感器结构示意如图 3-11 所示，测量管上下装有励磁线圈，通励磁电流后，产生一个与导管相垂直的交变磁场 B，磁场穿过测量管，若液体在导管内流过，便切割了磁力线，因此，液体中产生了与流体平均流速 v 成比例的电动势 E。一对电极装在测量管内壁与液体相接触，引出感应电势，送到转换器转换成统一输出信号。

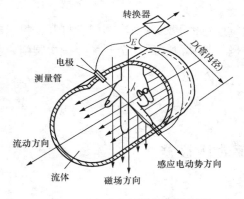

图 3-10　电磁流量计的测量原理

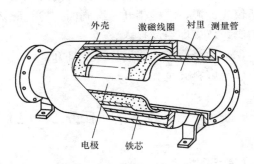

图 3-11　传感器结构示意图

电磁流量计使用时应注意以下几点。

（1）为了避免磁力线被管道壁短路和降低涡流损耗，测量导管应由非导磁的高阻材料制成，一般为不锈钢、玻璃钢或具有高电阻率的合金等。

（2）在用不锈钢等导电材料作导管时，测量导管内壁及内壁与电极之间必须有绝缘衬里，以防止感应电势被短路。衬里材料视工作温度而异，常用耐酸搪瓷、橡胶、聚四氟乙烯等。

图 3-12　一体型电磁流量计

（3）产生交变磁场的励磁线圈结构根据导管口径不同而有所不同。图 3-12 所示的一体型电磁流量计适合大口径导管（100mm 以上），将励磁线圈分成多段，每段匝数的分配按余弦分布，并弯成马鞍形驮伏在导管上下两边。在导管和线圈外面再放一个磁轭，以便得到较大的磁通量，并提高导管中磁场的均匀性。

（4）为了避免极化现象，以及导体与电解质之间通过直流电后产生的吸热或放热反应，工业用电磁流量计通常采用交变磁场，其缺点是干扰较大。

电磁流量计的测量通道是一段光滑直管，不易阻塞，因此，特别适用于测量含有固体颗粒或纤维的液固两相流体，如纸浆、水煤浆、矿浆、泥浆和污水等。

电磁流量传感器具有以下独特优点：不受流体的温度、压力、密度、黏度等参数的影响，不需进行参数补偿；与被测液体接触部分为内衬，可测腐蚀性液体并耐磨损；内部无阻力元件，几乎无压力损失；与其他大部分流量仪表相比，直管段要求较低，要求电磁流量计之前有（5~10）D 的直管段长度。电磁流量计的口径范围比其他品种流量仪表宽，从几毫米到 3m 不等。它可测正反双向流量，也可测脉动流量，只要脉动频率比励磁频率低很多。仪表输出本质上是线性的。

电磁流量计的缺点是不能测量电导率很低的液体，电导率一般要求在 $(20~50)×10^{-8}$ S/cm 以上，因此，不能测量气体、蒸汽、含有较多较大气泡的液体、石油制品和有机溶剂等的流量。其安装地点要远离磁场和振动源。使用中还应注意，测量的准确度会受到测量导管内壁（特别是电极附近）积垢的影响。

二、电磁流量计的选择与安装

合理选用与正确安装电磁流量计，对保证测量准确度、延长仪表的使用寿命都是很重要的。下面就电磁流量计的选用原则、安装条件与使用注意事项做简单介绍。

1. 电磁流量计的选用原则

电磁流量计的选用主要是指变送器的正确选用，而转换器只需要与之配套就可以。

变送器口径通常选用与管道系统相同的口径。如果管道系统有待设计，则可根据流量范围和流速来选择口径。对于电磁流量计来说，流速以 2～4m/s 较为适宜。流速确定以后，可根据 $q_V = D^2$ 确定变送器口径。变送器的量程可以根据两条原则来选择：一是仪表满量程大于预计的最大流量值；二是正常流量大于仪表满量程的 50%，以保证一定的测量精度。

2. 电磁流量计的安装

要保证电磁流量计的测量精度，正确的安装是很重要的。

（1）变送器应安装在室内干燥通风处。尽量避开具有强烈磁场的设备，如大电机、变压器等；避免安装在有腐蚀性气体的场合；安装地点应便于检修。

（2）为了保证变送器测量管内充满被测介质，变送器最好垂直安装，流向自下而上。尤其是对于液固两相流，必须垂直安装。若现场只允许水平安装，则必须保证两电极在同一水平面。

（3）为了避免干扰信号，变送器和转换器之间的信号必须用屏蔽导线传输。

（4）为了避免流速分相对测量的影响，流量调节阀应设置在变送器下游。对于小口径的变送器来说，因为从电极中心到流量计进口端的距离已相当于好几倍直径 D 的长度，所以对上游直管段可以不做规定。但对口径较大的流量计，一般上游应有 5D 以上的直管段，下游一般不做直管段要求。

（5）流量计对安装点的上、下游工艺管有一定的要求，否则影响测量精度。上、下游工艺管的内径与传感器的内径相同，并应满足：$0.98D_N \leqslant D \leqslant 1.05D_N$（式中 D_N 为传感器内径，D 为艺管内径）；工艺管与传感器必须同心，同轴偏差应不大于 $0.05D_N$。

（6）为了方便检修流量计，最好为流量计安装旁通管，另外，对重污染流体及流量计需清洗而流体不能停止的，必须安装旁通管。

【任务实施】

1. 检修前的准备工作

参照项目一中任务一的相关内容。

2. 开工

参照项目一中任务一的相关内容。

标准室环境检查。

（1）标准室环境温度应在 20+5℃。

（2）标准室相对湿度应在 45%<RH<75%。

3. 电磁流量计现场拆除

（1）要求运行人员关闭被测介质一次阀门。

（2）热控人员缓慢打开排污阀门管道泄压。

（3）检修人员关闭二次阀门松开接头及紧固螺帽取下流量计，将接头及引压管接头包扎好。

4. 电磁流量计检修

电磁流量计检修（校验）项目和周期表见表3-7。检修工艺及质量标准见表3-8。

表3-7　　　　　　　　　　**电磁流量计检修（校验）项目和周期表**

序号	检 修 项 目	检 修 周 期			
		A	B	C	D
1	电磁流量计拆回	√	√	√	
2	电磁流量计外观检查、卫生清扫	√	√	√	√
3	电磁流量计性能检查、调校	√	√	√	
4	电磁流量计回装	√	√	√	
5	电磁流量计投运	√	√	√	√
6	电磁流量计日常维护				√

表3-8　　　　　　　　　　**检修工艺及质量标准**

检修项目	检 修 工 艺	质 量 标 准
1. 电磁流量计拆回	关闭取样门后缓慢泄压，拆下压力表	取压管道口封堵良好
2. 电磁流量计外观检查、卫生清扫	1）目测	各项标记正确，读数装置上的防护玻璃应有良好的透明度
	2）带数字显示的流量计检查其显示功能	显示的数字应醒目、整齐，表示功能的文字符号和标志应清晰端正
	3）线路焊接检查	线路的焊接应平整光洁，不得有虚焊、脱焊现象
	4）接插件检查	接插件必须牢固可靠，不得因振动而脱落
	5）法兰、环室、取压孔的检查	各部件表面不应有污物沉积或结垢，取压孔不应有铁屑等杂物堵塞，开孔应规整
3. 电磁流量计性能		
3.1 零点检查	送检	按国家标准执行
3.2 精度校验	送检	按国家标准执行
3.3 密封性检查	将流量计通入1.5倍公称压力液压，切段压力源后历时5min	压力示值不下降，同时其外壳及密封棉处无渗漏和破裂等现象，则为合格
4. 电磁流量计回装	电磁流量计安装牢固、工艺整齐，并采取可靠的密封措施	电磁流量计安装牢固，工艺整齐、美观，接头密封良好
5. 电磁流量计投运		
5.1 仪表投入前检查	安装件及接线	严格检查安装、接线是否正确

续表

检修项目	检修工艺	质量标准
5.2 仪表取样管路冲洗	汽水系统取样管路采用排污冲洗方法，在管道压力低于 0.5MPa 时放水冲洗	汽水系统取样管路冲洗到管道冒出干净的水且无气泡为止
5.3 电磁流量计投运	1）将传感器前后阀门打开	让传感器测量管内充满被测介质
	2）通电检查	仪表显示数值立即上升到一定值，此时认为接线正确无误；若流量方向不对，对调端子或调整转化器的流量方向
	3）零位调整	仪表通电 15min 后，先紧紧的关闭传感器下游侧的阀门，在关闭上游侧的阀门，使管内流体停止流动并且无泄漏，流量显示为零。若发现零位过高或过低，可以在转化器上进行零位调整
6. 电磁流量计日常维护	1）定期进行卫生清扫	保持仪表及其附件的清洁
	2）定期检查取样管路及阀门接头处有无渗漏现象	取样管路及阀门接头处无渗漏
	3）定期检查仪表零点和显示值的准确性	仪表零点和显示值的准确、真实

【任务验收】

（1）仪表校验。电磁流量计检修的验收标准见表 3-8。

（2）仪表投入。电磁流量计检修后的投入的验收标准见表 3-8。

（3）检修后场地清洁，卫生良好。

（4）资料齐全。

【知识拓展】

目前，工业上常用的流量测量方法大致可分为容积式、速度式和质量法三类。

1. 容积法

利用容积法制成的流量计相当于一个具有标准容积的容器，它连续不断地对流体进行度量，在单位时间内，度量的次数越多，即表示流量越大。这种测量方法受流动状态影响较小，因而适用于测量高黏度、低雷诺数的流体，但不宜于测量高温、高压以及脏污介质的流量，其流量测量上限较小。椭圆齿轮流量计、腰轮流量计、刮板流量计等都属于容积式流量计。

2. 速度法

由流体的流动连续方程，截面上的平均流速与体积流量成正比，于是与流速有关的各种物理量都可用来度量流量。如果再有流体密度的信号，便可得到质量流量。

速度式测量方法中又以差压式流量测量方法使用最为广泛，技术最为成熟。本章以节流变压降流量计为重点，此外属于速度式流量计的还有转子流量计、涡轮流量计、电磁流量计、超声流量计等。

3. 质量流量法

无论是容积法，还是速度法，都必须给出流体的密度才能得到质量流量，而流体的密度受流体状态参数影响，这就不可避免地给质量流量的测量带来误差。解决这个问题的一种方法是同时测量流体密度的变化进行补偿。但更理想的方法是直接测量流体质量流量，这种方法的物理基础是测量与流体质量流量有关的物理量（如动量、动量矩等），从而直接得到质量流量。这种方法与流体成分和参数无关，具有明显的优越性。哥氏力流量计就是质量流量法。但目前生产的这种流量计都比较复杂，价格昂贵，因而限制了它们的应用。

流量仪表的结构和原理是多种多样的，产品型号也较繁多，严格地给予分类比较困难。大致分类见表 3-9。

一、无节流元件的主蒸汽流量测量

大容量高参数锅炉出口主蒸汽流量的测量，过去通常采用标准节流装置。但大口径的主蒸汽管所配用的节流装置体积庞大，价格昂贵，安装时所要求的直管段长度往往不能得到满足，影响了测量准确度；主蒸汽流量通过节流元件造成的压力降使机组增加热耗，很不经济。近几年，无节流元件的主蒸汽流量的测量技术，得到了推广。

1. 采用汽轮机调节级后压力测量主蒸汽流量

采用汽轮机调节级后压力测量主蒸汽流量的基本理论公式是费留格尔公式：

$$q = K \frac{p_1}{T_1}$$

式中 q——蒸汽流量；

K——比例系数，由汽轮机类型和设计工况确定；

p_1、T_1——调节级后的汽压与汽温。

上式成立的条件是：调节级后流通面积不变；在调节级后通流部分的汽压均比例于蒸汽流量，在不同流量条件下，流动过程相同，通流部分效率相同。

实际汽轮机运行中不能完全满足上述条件，同时不易直接测量调节级后汽温，即使测得也不能代表调节级组后的平均汽温，因此，一般采用与主汽参数相关的量推算级后温度。

2. 采用压力级组前后压力测量主蒸汽流量

根据单元机组锅炉出口主蒸汽流量等于进入汽轮机的主蒸汽流量的特点，利用汽轮机第一压力级组前后的压力信号及汽温信号可以测量相应的主蒸汽流量。根据费留格公式，汽轮机在变动工况下，通过第一压力级的流量 q_{V1} 可以表示为

$$q_{V1} = K_1 \sqrt{\frac{p_1^2 - p_2^2}{T_1}} \tag{3-17}$$

其中

$$K_1 = q_{1N} \sqrt{\frac{T_{1N}}{p_{1N}^2 - p_{2N}^2}}$$

式中 p_1、T_1——汽轮机第一压力级级前压力和热力学温度；

p_2——汽轮机第一压力级级后压力；

K_1——流量系数，其值由额定工况下的参数计算。

下标字 N 表示额定工况。

表 3-9 某些流量变送器和流量仪表的分类及性能简表（供参考）

方法	类型	名称	输出信号形式	适用流体	压力(MPa)	温度(℃)	雷诺数	量程比	误差(满量程)%	适用管径(mm)	压力损失	是否过滤	安装位置	直管段要求
流速法	节流式	1. 标准孔板	差压	液体、气体、蒸汽	32	600	>5000~8000	3:1	±1.5	50~1000	大	不要	任意	有要求
		2. 标准喷嘴					>20 000		±1.0~2.0	50~600	中			
		3. 标准文丘利管					>30 000		±1.5~4.0	150~400	小			
		4. 小雷诺数节流件					>100		>±2.0	25~250	较大			
		5. 小管径用节流件					>400		±2.0~4.0	15~50	较小			
		6. 脏污流体用节流件					>10 000		±2.0	50~100	大			
	测动压式	1. 皮托管 2. 均速管 3. 翼形管	差压	液体、气体	32	600	>2000 >10 000	3:1	±1.5~4.0	100~1600	很小	不要	任意	有要求
		靶式流量变送器	力	液、气、汽	6.4	400	<2000	3:1	±5.0	15~250	大	不要	任意	有要求
	转子式	1. 金属转子流量计	浮子位置	液、气	25	400	>10 000	10:1	±2.5	4~150	中	不要	垂直	有要求
		2. 玻璃转子流量计			1.6	120								
		涡轮流量计	转数	液、气	32	150		10:1	±0.1~0.5	4~600	中	要	水平	有要求
容积法	容积式	1. 腰轮流量计 2. 椭圆齿轮流量计 3. 刮板流量计	转数	液、气	6.4	360	不限	10:1	±0.2~0.5	10~500	中	要	水平	不要求
流速法		涡街流量计	频率	液、气	32	400	>10^4 <10^5	100:1~ 10:1	±1.5	16~1600	较大	不要	任意	有要求
		电磁流量计	电势	导电液	1.6	60		10:1	±1.5	25~400	无	不要	任意	不要求
		超声波流量计	电压	液	6.4	120	流速 >0.02m/s	不限	±1	>10	无	不要	任意	有要求
质量法		热流量计	电阻	液、气	32			10:1	±3	>1	很小	不要	任意	不要求

汽轮机主蒸汽流量 q_V 与压力级组蒸汽流量 q_{V1} 的关系是：

$$q_V = q_{V1} + q_{V2} + q_{V3} \tag{3-18}$$

式中　q_{V2}——汽轮机高压轴封漏汽量，约占负荷的 $1\% \sim 2\%$（不同机组其值略有不同）；

　　　q_{V3}——主汽门和调速汽门阀杆的漏汽量，约占负荷的 0.25%。

上式可以简化为

$$q_V = kq_{V1}(k > 1) \tag{3-19}$$

第一压力级的进汽调整门沿圆周分布，当负荷变化时，因各调整门的开度不相同，进汽时，混合在第一压力级前的主汽温度 T_1 沿圆周也不相同，为此改用汽轮机第一压力级后的混合蒸汽温度 T_2（实际取第一段抽汽温度来代替）表示。

$$T_1 \approx K_T T_2 \tag{3-20}$$

变工况下，温度系数 K_T 近似为常数。

将式（3-20）代入式（3-17），再代入式（3-19），得

$$q_V = kK_1 \sqrt{\frac{p_1^2 - p_2^2}{K_T T_2}} = K \sqrt{\frac{p_1^2 - p_2^2}{T_2}} \tag{3-21}$$

式中　K——待测定的流量系数，$K = k \dfrac{K_1}{\sqrt{K_T}}$。

由式（3-21）可知，测取第一压力级（调节级）前后的压力值和第一段抽汽温度 T_2，即可测知汽轮机的主蒸汽流量。式（3-21）中，压力代入表压力 p_1'、p_2'，温度代入摄氏温度，即

$$p_2 = p_2' + p_a; \quad p_1 = p_1' + p_a; \quad T_2 = t_2 + 273.15$$

则式（3-21）可改写为

$$q_V = K \sqrt{\frac{(p_1' + p_2' + 2p_a)(p_1' - p_2')}{t_2 + 273.15}} \tag{3-22}$$

式中　p_a——大气压力，可近似取 9.81×10^4 Pa。

利用压力级组前后压力测量主蒸汽流量的方案如图 3-13 所示。

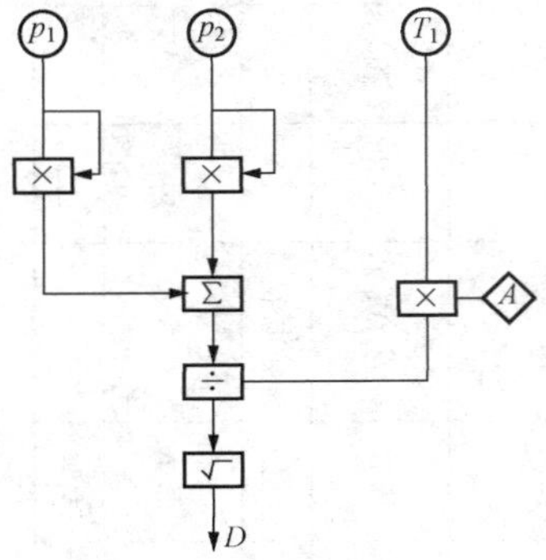

待测定的流量系数 K 通常用现场试验来标定。一般采用汽水流量平衡的方法来求得，水流量从汽轮机凝结水流量计或给水流量计得知；也可以利用原来装有的主蒸汽流量计通过读数比较来求得。

实践证明，采用汽轮机第一压力级组压力、温度为信号的主蒸汽流量表可以长期连续运行。当机组运行参数偏离额

图 3-13　采用调节级前后压力测量主蒸汽流量的方案

定值时，同样可保持测量准确度。当标定系统的准确度控制在 $\pm 0.4\%$ 以内时，此法的在线标定误差可在 $\pm 1\%$ 以内。流量系数在试验期间的最大离散度不超过 1.57%，基本上可以视为常数。

二、涡轮流量计

（一）涡轮流量计的构造和工作原理

涡轮流量计的结构如图 3-14 所示。当被测流体通过流量计时，冲击涡轮叶片，使涡轮旋转，在一定的流量范围内、一定的流体黏度下，涡轮的转速与流体流速成正比。当涡轮转

动时，涡轮上由导磁不锈钢制成的螺旋形叶片轮流接近处于管壁上的检测线圈，周期性地改变检测线圈磁电回路的磁阻，使通过线圈的磁通量发生周期性变化，这时检测线圈产生与流量成正比的脉冲信号。此信号经前置放大器放大整形电路整形，一方面转换为电流输出，供指示表指示瞬时流量；另一方面供积算电路以显示总流量。涡轮流量计的工作原理方框图如图 3-15 所示。将涡轮的转速转换为电脉冲信号的方法，除上述磁阻方法外，也可采用感应方法，这时转子用非导磁材料制成。将一小块磁钢埋在涡轮的内腔，当磁钢在涡轮带动下旋转时，固定于壳体上的检测线圈中感应出电脉冲信号。磁阻方法比较简单，并可提高输出脉冲频率，有利于提高测量准确度。

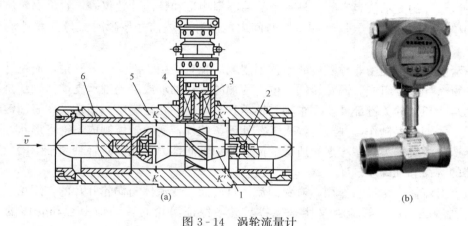

图 3-14　涡轮流量计

(a) 结构原理图；(b) 涡轮流量计

1—涡轮；2—支承；3—永久磁钢；4—感应线圈；5—壳体；6—导流器

图 3-15　涡轮流量计原理方框图

当叶轮处于匀速转动的平衡状态，并假定涡轮上所有的阻力矩均很小时，可得到涡轮运动的稳态公式：

$$\omega = \frac{v_0 \tan\beta}{r} \tag{3-23}$$

式中　ω——涡轮的角速度；

　　　v_0——作用于涡轮上的流体轴向速度；

　　　r——涡轮叶片的平均半径；

　　　β——叶片对涡轮轴线的倾角。

此时检测线圈感应出的电脉冲信号的频率为

$$f = nZ = \frac{\omega}{2\pi} Z \tag{3-24}$$

式中　n——涡轮的转速；

　　　Z——涡轮上的叶片数。

管道内流体的体积流量 q_V 为

$$q_V = v_0 F \tag{3-25}$$

式中　F——流量计的有效通流面积。

将公式（3-25）、式（3-23）代入公式（3-24），得

$$f = \frac{Z\tan\beta}{2\pi rF}q_V = \xi q_V \tag{3-26}$$

式中　ξ——仪表常数 $\xi = \dfrac{Z\tan\beta}{2\pi rF}$ 与仪表结构有关。

涡轮流量计的显示仪表实际上是一个脉冲额率测量和脉冲计数仪表，它将涡轮流量变送器输出的单位时间内脉冲数信号和一段时间内的脉冲总数信号按瞬时流量和累计流量显示出来。

涡轮流量计的外壳用非导磁性的不锈钢制成，装有检测线圈、永久磁钢，流量计内部由涡轮、轴承、导流器组成。涡轮转轴由位于两端的滚珠轴承或滚动轴承支撑。轴承是影响流量计使用寿命长短的关键部件，要求轴与轴承具有耐腐性和耐磨性。通常采用表面镀硬铬处理的导磁不锈钢材料制作，并经过淬火工艺处理。此外，涡轮轴体制成斜锥形形状，可利用流体差压造成的反推力来减小涡轮所受的流体冲动轴向推力，从而减轻轴与轴承的负荷，提高变送器的寿命和准确度。

导流器对流体产生导直作用，避免回流体自旋而改变流体与涡轮叶片的作用角，从而保证仪表的测量准确度。导流器又用来支撑涡轮，保证涡轮的转动轴中心和壳体的中心相重合。

（二）仪表的使用特点和要求

仪表的使用特点介绍如下：

（1）仪表的结构紧凑，体积小，有较高的准确度，可达 0.5 级，不超过 1.0 级。可作为其他流量仪表的标准表。

（2）静压损失小，适于 6.3MPa 和 120℃以下的流体。

（3）动态响应快，时间常数不大于 0.05s，可用于测量脉动流量的瞬时值。

（4）显示仪表采用数字仪表，便于信号远传，且刻度为线性的，量程较宽，最大与最小流量之比可达 6∶1～10∶1。

（5）由式（3-26）可知，仪表常数 ξ 仅与仪表结构有关，但实际上 ξ 值受很多因素的影响。例如，轴承摩擦、电磁阻力矩变化、流体黏度变化等。涡轮流量计在低流量、小口径时，受流体黏度的影响更大。因此，应对涡轮流量计进行实液标定，给出仪表用于不同流体黏度范围时的流量测量下限值，以保证测量的准确度。涡轮流量计测量燃油流量时，要保持油温不变，目的是使黏度不变，以减少对测量的影响。

使用流量计时，需满足以下要求：

（1）被测流体必须洁净，以防止涡轮叶片被卡和减少轴与轴承的磨损。必要时，仪表前的管道上应加装过滤器。

（2）被测流体的黏度和密度必须与仪表刻度标定时的流体密度和黏度相同，否则必须重新标定。

（3）仪表的安装方式要求与校验情况相同。变送器的进出口方向不能装反，仪表一般应

水平安装。仪表除了有导流器外，其前后必须保证有足够的直管段，通常入口直管段长取内径的 15 倍以上，出口取 5 倍以上，必要时加装整流器。

三、靶式流量计

在管道中插入一个阻力件——圆形靶，它对流动的流体造成阻力，通过测取此靶的受力来得出管内流体的速度，从而得知流量，这种变送器称为靶式流量变送器。

靶式流量变送器由检测部分和力平衡转换器组成，输出信号为 0～10mA 直流电流，其准确度可达±1%（用实际介质标定），口径系列范围为 15～200mm，流量测量范围为 0.8～400m³/h（介质为水），也适用于高黏度、低雷诺数的流量测量。

流体流动时，质点冲击在靶上，使靶产生微小的位移，此微小的位移（或流体对靶的作用力）反映了流量的大小。流体对靶的作用力有以下 3 种：

（1）流体对靶的直接冲击力，在靶板正面中心处，其值等于流体的动压力。

（2）靶的背面由于存在"死水区"和旋涡而造成"抽吸效应"，使该处的压力减小，因此，靶的前后存在静压差，此静压差对靶产生一个作用力。

（3）流体流经靶时，由于流体流通截面缩小，流速增加，流体与靶的周边产生黏滞摩擦力。

在流量较大时，前两种力起主要作用，于是将流量信号转变成了力的信号。实际上，靶式流量变送器中除靶体以外，主要是一套力电或力气转换装置。

测量装置包括靶板和测量管。力转换器分电动和气动两种结构型式。具有力——电（电流）转换器的称电动靶式流量变送器；具有力——气（气压）转换器的称气动靶式流量变送器。如图 3-16 所示为双杠杆力平衡式靶式流量变送器，它是电动靶式流量变送器中的一种，其力转换部分原理与力平衡式压力变送器相同。

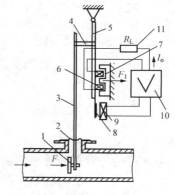

图 3-16　靶式流量计

1—靶；2—密封膜片；3—输出杠杆；4—传力簧片；5—副杠杆；6—反馈圈；7—磁钢；8—检测铝片；9—检线圈；10—放大器；11—负载

靶式流量计的安装与使用介绍如下。

（1）为了保证测量准确度，流量计前后应有必要的直管段。

（2）要保证靶中心线与管道中心线重合。

（3）流量计是按水平位置校验和调整的，故一般应水平安装。若必须安装在垂直管道上时，由于重力影响，会产生零点漂移，安装后必须进行零点调整，另外，安装时要注意流体的流动方向应由下向上。

（4）为了维修方便，流量计的安装处需加装旁路管道。

（5）仪表刻度是按一定流体介质标定的，用于其他流体时，读数需修正。

四、转子流量计

转子流量计（又称浮子流量计）具有结构简单、直观，压力损失小且恒定，测量范围较宽，工作可靠且有线性刻度，对仪表前后直管段长度要求不高，适用性广，维护方便等优点，它适用于直径 $D<150mm$ 管道的流体流量测量，其测量准确度为 2% 左右。

转子流量计分为玻璃管转子流量计和金属管转子流量计两大类。玻璃管转子流量计结构简单、成本低，多用于透明流体的现场测量，金属管转子流量计一般多用于远传信号。

转子流量计是由一根自下向上直径逐渐扩大的垂直锥管及管内的转子组成，如图 3-17 所示。当流体自下而上流经锥形管时，由于受到流体的冲击，转子被托起并向上运动。随着

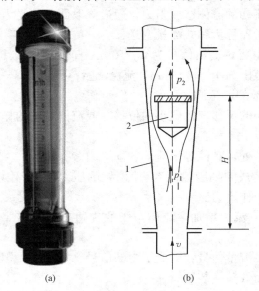

图 3-17　转子流量计

（a）转子流量计；（b）原理结构图

1—锥形管；2—转子

转子的上移，转子与锥形管之间的环形流通面积增大，此处流体流速减低，直到转子在流体中的重量与流体作用在转子上的力相平衡时，转子停在某一高度，保持平衡。当流量变化时，转子便会移到新的平衡位置。由此可见，转子在锥形管中的不同高度代表着不同的流量。将锥形管的高度用流量值刻度，转子上边缘处对应的位置即为被测流量值。

根据流体的连续性方程和伯努利方程，可导出转子流量计的测量公式，即

$$q_V = \alpha A_0 \sqrt{\frac{2\Delta p}{\rho}} \tag{3-27}$$

式中　A_0——转子与锥管内壁间的环形流通面积；

α——流量系数；

Δp——节流差压，$\Delta p = p_1 - p_2$；

ρ——流体密度。

当转子位置不变时，依据受力平衡原理，可求出转子下面和上面的节流差压 Δp 的大小：

$$A_f \Delta p = V_f(\rho_f - \rho)g \tag{3-28}$$

$$\Delta p = \frac{V_f}{A_f}(\rho_f - \rho)g \tag{3-29}$$

式中　A_f、V_f——分别为转子的横截面积及体积；

ρ_f、ρ——分别为转子材料的密度及流体密度。

转子与锥形管之间的环形流通截面 A_0 与转子上升高度 H 有确定的几何关系，一般转子直径与锥形管标尺零点处直径 d_0 相同，由此得出

$$A_0 = \frac{\pi}{4}\left[(d_0 + nH)^2 - d_0^2\right] = \frac{\pi}{4}(2nd_0H + n^2H^2) \tag{3-30}$$

式中　n——锥形管的锥度。

将 Δp 及 A_0 代入式（3-27），可得

$$q_V = \alpha \frac{\pi}{2}(2nd_0H + n^2H^2)\sqrt{\frac{2gV_f(\rho_f - \rho)}{\rho A_f}} \tag{3-31}$$

由上式可看出，被测流量 q_V 与转子高度 H 的关系并非线性的。但由于锥角一般很小在 $11'30'' \sim 12'$ 之间，故锥度 n 值很小，n^2 数值就更小，可忽略 n^2 项，所以

$$q_V = \alpha \frac{\pi}{2}nd_0H\sqrt{\frac{2gV_f(\rho_f - \rho)}{\rho A_f}} \tag{3-32}$$

此时，q_V 与 H 有近似线性关系。由上式可见，当被测介质一定时，q_V 与 H 的关系取

决于流量系数 α。α 与转子形状、流体的流动状态及其物理性质有关。转子流量计在实际使用时，采用了即使流动状态和流体的性质变化，而 α 值几乎不变的浮子形状。一般来说，可认为是雷诺数的函数，其中流体黏度是影响 α 的主要因素。实验证明，当被测流体黏度超过一定界限值，致使雷诺数低于一定值时，流量系数 α 不等于常数。这样 q_V 与 H 就不呈线性关系，从而影响测量准确度。所以，对于被转子流量计测量的流体，其黏度被规定了严格的范围。

五、涡街流量计

涡街流量计是依据涡街方面的理论而发展起来的一种流量计。它具有如下一些特点：其输出为频率信号且与流量成比例变化，便于实现数字化测量及与计算机联用；仪表内部无机械可动部件，构造简单，使用寿命长；可以测量气体、液体及蒸汽的流量，在一定雷诺数范围内，不受流体组成、压力、密度、黏度等因素的影响；与节流式流量计相比，它的压力损失较小，量程比宽（线性测量范围宽达 30：1），测量准确度达 $\pm 1\%$。

1. 测量原理

涡街流量计实现流量测量的理论基础是流体力学中的"卡门涡街"原理。在流动的流体中放置一根其轴线与流向垂直的、有对称形状的非流线形柱体例如，圆柱、三角柱等，如图 3-18（a）、（b）所示，该柱体称漩涡发生体。当流体沿漩涡发生体绕流时，在漩涡发生体下游产生如图 3-18（a）、（b）所示的两列不对称、但有规律的漩涡列，这就是卡门涡街。

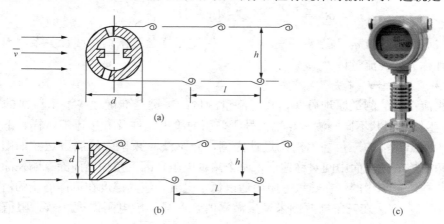

图 3-18　涡街流量计

（a）圆柱体发生"涡街"情况；（b）等边三角形体发生"涡街"情况；（c）涡街流量计

经研究发现，当两漩涡列之间的距离 h 和同列的两个漩涡之间的距离 l 满足 $h/l=0.281$ 时，所产生的涡街是稳定的。此时，漩涡的分离频率 f 与漩涡发生体处流体的平均流速 $\overline{v}_1$ 及柱宽 d 有下述关系：

$$f = S_r \frac{\overline{v}_1}{d} \qquad (3-33)$$

式中　f——漩涡分离频率，Hz；

　　　S_r——斯特劳哈尔数，Strouhal 数；

　　　$\overline{v}_1$——漩涡发生体处的流体平均流速，m/s；

　　　d——漩涡发生体的宽度，m。

斯特劳哈尔数 S_r 与漩涡发生体形状及雷诺数有关。实验得到，在雷诺数 Re_D 为 $3 \times 10^2 \sim 2 \times 10^5$ 范围内，S_r 是个常量。对于三角柱漩涡发生体，$S_r = 0.16$；对于圆柱漩涡发生体，$S_r = 0.20$。

对于涡街流量计，由于管道内插有漩涡发生体，所以漩涡发生体处的平均流速与管道内的平均流速不同，根据流体连续性方程：

$$\bar{v}A = \bar{v}_1 A_1 \tag{3-34}$$

式中　$\bar{v}$、$\bar{v}_1$——分别为管道内流体的平均流速、漩涡发生体处的流体平均流速；

A、A_1——分别为管道截面积、漩涡发生体处管道截面积（两个弓形面积之和）。

设 $A_1/A = m$，当 $d/D = 0.3$（D 为管道直径）时，可近似认为

$$m = 1 - 1.25\frac{d}{D} \tag{3-35}$$

整理式 (3-33)、式 (3-34) 及式 (3-35)，得到圆管中漩涡发生频率 f 与管内平均流速 $\bar{v}$ 的关系为

$$f = \frac{S_r}{\left(1 - 1.25\frac{d}{D}\right)} \frac{\bar{v}}{d} \tag{3-36}$$

所以，体积流量 q_V 与频率 f 之间的关系为

$$q_V = \frac{\pi D^2}{4}\bar{v} = \frac{\pi D^2}{4}\left(1 - 1.25\frac{d}{D}\right)\frac{d}{S_r}f \tag{3-37}$$

由该式可知，流量 q_V 与漩涡脱离频率 f 在一定雷诺数范围内呈线性关系，因此，也将这种流量计称为线性流量计。

2. 漩涡频率的检测方法

由涡街流量计的测量原理可知，实现流量测量的关键是准确地检测出漩涡的发生频率 f。漩涡发生体的形状不同，测量频率信号所采用的检出元件及方法也不一样，下面以用热敏电阻作为检出元件的三角柱涡街流量计为例，介绍漩涡频率的检测方法。如图 3-19 所示，在三角柱体的迎流面中间对称地嵌入两个热敏电阻，因三角柱表面涂有陶瓷涂层，所以热敏电阻与柱体是绝缘的。在热敏电阻中通以恒定电流，使其温度在流体静止的情况下比被测流体高 10℃ 左右。在三角柱两侧未发生漩涡时，两只热敏电阻温度一致，阻值相等。当

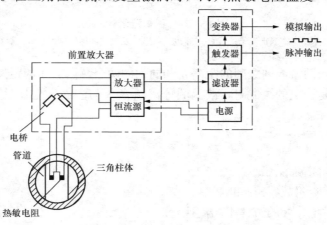

图 3-19　三角柱漩涡流量计框图

三角柱两侧交替发生漩涡时，在发生漩涡的一侧因漩涡耗损能量，流速低于未发生漩涡的另一侧，其换热条件变差，故这一侧热敏电阻温度升高，阻值变小。用这两个热敏电阻作为电桥的相邻臂，电桥对角线上便输出一列与漩涡发生频率相对应的电压脉冲。经放大、整形后得到与流量相对应的脉冲数字输出，或用转换电路转换为模拟量输出。

3. 使用与安装

（1）流量测量范围应与流量计的流量测量范围相符合。涡街流量计的上下限测量范围，除了与 Re_D 范围（S_r 稳定）有关外，其下限还取决于频率测量准确度满足不了要求时的最低流量值。

（2）测量介质温度变化时，应对流量公式进行修正。

（3）为了保证测量准确度，漩涡发生体下游直管段应不小于 $5D$，上游直管段要求见表 3-10。

表 3-10　　　　　　　　　　涡街流量计要求的上游直管段

上游管道方式及阻流件形式	直 管 段 长 度	
	无整流器	有整流器
90°弯管	$20D$	$15D$
两个同平面的 90°弯管	$25D$	$15D$
两个不同平面的 90°弯管	$30D$	$15D$
管径收缩	$20D$	$15D$
管径扩大	$40D$	$20D$

（4）涡街流量计可以水平、垂直或任意角度安装，但测液体时若垂直安装，流量应自下向上。安装漩涡发生体时，应使其轴线与管道轴线相互垂直。

六、动压测量管

（一）动压平均管

动压平均管（均速管），又称阿纽巴（Annubar）管或笛形管，它由一根中空的金属杆（杆上迎流方向钻有成对的测压孔）以及静压管组成，如图 3-20 所示。

1. 动压平均管的特点

（1）结构简单，安装维护方便，制造成本及运行费用低。

（2）压损小，能耗小。动压平均管使用中造成的永久压力损失仅占差压信号的 2%～15%，而孔板流量计的永久压力损失却占差压信号的 40%～80%。长期运行时动压平均管的节能效果非常明显。

（3）适用范围广。除不适用于污秽、有沉淀物的流体外，可适用于气体、液体及蒸汽等多种流体；适用的管径范围为 25mm～9m，而且管径越大，其优越性越突出，适用于测量高温、高压介质的流量。

（4）稳定性和准确度高。流量系数长期稳定不变，测量准确度可达 1.0 级以上。

（5）动压平均管的缺点是与皮托管相比，仅适用于圆形管道，另外使用时量程比较小，输出的差压信号较小，给选用差压变送器带来困难。

2. 动压平均管的流量公式

动压平均管是一只沿管道直径插入管道内的细圆管，在对着来流方向的管壁开一些圆

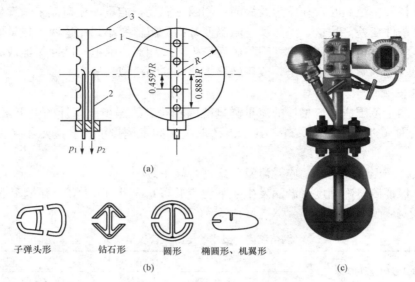

图 3 - 20　动压平均管

（a）动压平均管结构；（b）均速管截面类形；（c）阿纽巴管流量计

1—总压平均管；2—静压管；3—管道

孔，以测量总压。各孔测得的总压由于开孔位置不同而不同，在管内平均后得到平均压力 p_2 并导出，在插入管的中间位置背着来流方向开一圆孔测静压 p_1，其流量测量公式如下

$$q_V = A\bar{v} = \alpha A \sqrt{\frac{2\Delta p}{\rho}}$$

$$\bar{v} = \alpha \sqrt{\frac{2\Delta p}{\rho}} \tag{3 - 38}$$

式中　A——管道横截面积；

　$\bar{v}$、α——分别为平均流速和流量系数；

　ρ、Δp——分别为被测流体密度及总压的平均值与静压之差，$\Delta p = p_2 - p_1$。

　　由于测得的 Δp 是总压的平均值与静压之差，故可按式（3 - 38）求得平均流速 $\bar{v}$。在此，关键问题是动压平均管的总压取压孔的位置和数目，它与紊流流动在圆管截面上的流速分布有关，流速分布不同，开孔位置也不同。流量系数 α 与被测介质及其流动状态（Re_D）以及动压平均管的结构等因素有关，其值一般通过实验确定。

　　均速管流量计按检测杆的截面外表可分成圆形、菱形、椭圆形和子弹头形如图 3 - 20（b）所示。子弹头形均速管流量计商品名为威力巴（Verabar）管，其测量杆截面形状的独特设计使得能产生精确的压力分布和固定的流体分离点，位于测杆后两边、流体分离点之前的低压测压孔可以产生稳定差压信号，在连续工作的情况下克服了阿纽巴等流量测杆易堵塞的弊病。

　　（二）翼形动压管

　　翼形动压管也是基于皮托管测速原理发展而来的一种流量计，其结构形式如图 3 - 20（b）所示。为了克服动压管输出差压小（尤其在流速较低时）的弱点，翼形动压管改变了传统的静压测取方式，通过设置机翼形装置来增大静压取压孔处的流速，以减小静压输出值，使得在管道内平均流速不变的前提下增大了输出差压值。下面根据理想流体绕圆柱体流动时的圆柱体表面压力分布情况，分析其测量原理图如图 3-21（a）所示，在 $0°\leqslant\theta\leqslant90°$ 和 $270°\leqslant\theta\leqslant360°$ 范围内，翼形管头部所受压力为

$$p = p_1 + \frac{1}{2}\rho v_1^2(1 - 4\sin^2\theta) \tag{3-39}$$

式中　p_1、v_1——未受翼形管影响时流体的静压和速度。

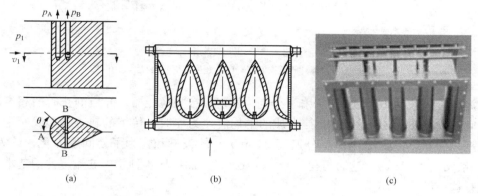

图 3-21　翼形动压管
（a）翼形动压管的基本型；（b）翼形动压管的变型；（c）翼形动压管

由式（3-39）可知，$\theta = 0°$时，$p_A = p_1 + \frac{1}{2}\rho v_1^2$，A 点就是驻点，$p_A$ 为总压，B 点流速最大；$\theta = 90°$时，其静压 $p_B = p_1 - \frac{3}{2}\rho v_1^2$。此时输出差压为

$$\Delta p = p_A - p_B = 2\rho v_1^2$$

或

$$\Delta p = 4 \times \frac{\rho v_1^2}{2} \tag{3-40}$$

将式（3-38）与式（3-40）进行比较，可见翼形管的灵敏度提高了 4 倍。翼形动压管也可以按动压平均管的方式取压，从而使输出差压反映平均流速。如图 3-21（b）、（c）所示是目前火电厂锅炉上矩形送风道内常用的翼形动压管示意图，它结构简单，制造方便，体积大，一般是根据使用工况而具体设计安装的。

七、超声波式流量计

超声波流量计与一般流量计比较有以下特点：

（1）非接触测量。非接触测量则不会扰动流体的流动状态，不产生压力相失。

（2）不受被测介质物理、化学特性的影响，不受黏度、混浊度、导电性等特性的影响。

（3）输出特性呈线性。超时波流量计的安装图和信号路径图如图 3-22 所示。超声波流量计的测量原理是超声波在流动介质中传播时，其传播速度与在静止介质中的传播速度不同，其变化量与介质的流速有关，测得这一变化量就能求得介质的流量。如图 3-23所示为超声波在顺流和逆流中的传播情况。图中 F 为发射换能器；J 为接收换能器；u 为介质流速；c 为介质静止时的声速。顺流中超声波的传播速度为 $c+u$，逆流时的速度为 $c-u$。顺流和逆流之间的速度差与介质的流速 u 有关。测得这一差别就可求得流速，进而经过换算而测得流量值。测量速度差的方法很多，常用的有时间差法、相位差法和频率差法。如图 3-24 所示

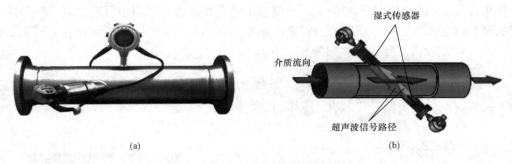

图 3-22　超声波流量计

(a) 超声波流量计管道安装图；(b) 超声波信号路径示意图

为超声波在管壁间的传播轨迹，F 和 J 分别为发射和接收换能器。介质静止时的超声轨迹为实线，它与轴线之间的夹角为 θ，当介质的平均流速为 u 时，传播的轨迹为虚线所示，它与轴线间夹角为 θ'，速度 c_u 为两个分速度（c 和 u）的矢量和，为了使问题简化，认为 $\theta \approx \theta'$（因为一般情况下 $c \gg u$），这时可得 $c_u = c + u\cos\theta$。下面推导各种超声波流量计的基本公式时用的就是这一结论。

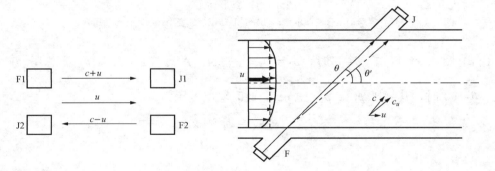

图 3-23　声波在顺、逆流中的传播情况　　　　图 3-24　超声波在管壁间的传播

1）时间差法。时间差法可测量超声脉冲在顺流和逆流中传播的时间差，如图 3-25 所示为时间差法超声波流量计的原理方框图。如果安装在管道两侧的换能器交替地发射和接收超声脉冲波，顺流传播时间为 t_1，逆流传播时间为 t_2，则有下列关系式：

$$t_1 = \frac{D/\sin\theta}{c + u\cos\theta} + \tau$$

$$t_2 = \frac{D/\sin\theta}{c - u\cos\theta} + \tau$$

式中　D——管道直径；

　　　τ——超声脉冲在管壁厚度内传播所需要的时间。

它们之间的差值为

$$\Delta t = \frac{2D\cos\theta}{c^2}u$$

$$u = \frac{c^2\tan\theta}{2D}\Delta t \tag{3-41}$$

对于已安装好的换能器和已定的被测介质。式中的 D、θ 和 c 都是已知的常数，所以体积流量 $q_v = Au$ 与 Δt 成正比。A 为流体管道面积。

如图 3-25 所示为单通道时间差法超声波流量计的一例，主控振荡器以一定的频率控制切换器，使两个换能器以一定的重复频率交替发射和接收超声脉冲波。接收到的信号由接收放大器放大，发射与接收的时间间隔由输出门获得，由输出门控制的锯齿波电压发生器所输出的是有良好线性特性的锯齿波电压，其电压峰值与输出门所输出的方波宽度成正比。由于顺流和逆流传播超声脉冲时所获得的输出方波宽度不同，相应产生的锯齿波电压峰值也不相等，顺流时锯齿波电压的峰值低于逆流时锯齿波电压的峰值，利用受主控振荡器控制的峰值检波器分别将顺流和逆流的锯齿波电压峰值检出后送到差分放大器中进行比较放大，当流量为零时，两个峰值检波器输出相等，相当于两个相等的直流电压送进差分放大器的输入端，这时差分放大器没有输出；当流量不等于零时，差分放大器的输出将与两个峰值检波器输出的差，即 $\Delta t = t_2 - t_1$，成正比，从而与流量成正比，这个差值信号送到显示器去显示流量值。

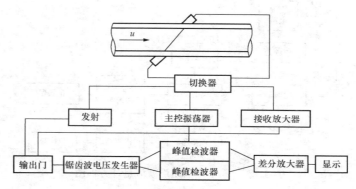

图 3-25 时间差法超声波流量计原理

2）相位差法。连续超声波振荡的相位可以写成 $\varphi = \omega t$，这里角频率 $\omega = 2\pi f$，f 为超声波的振荡频率；如果换能器发射连续超声波或者发射周期较长的脉冲波列，则在顺流和逆流时所接收到的信号之间就产生了相位差 $\Delta\varphi$。$\Delta\varphi = \omega\Delta t$，$\Delta t$ 就是前面所说的时间差，因此可根据时间差法的流速公式，写出相位差法流量计的基本公式：

$$u = \frac{c^2\tan\theta}{2\omega D}\Delta\varphi \qquad (3-42)$$

如图 3-26 所示为相位差法超声波流量计的方框图，换能器采用双通道形式，振荡器发出的连续正弦波电压激励发射换能器发射出连续超声波，经一定时间后此超声波被接收换能器（J1和J2）接收，调相器用来调整相位检波器的起始工作点及校正零点，两个放大器把接收换能器送来的信号放大后送到相位检波器，相位检波器输出的直流电压信号与相位差 $\Delta\varphi$ 成正比。

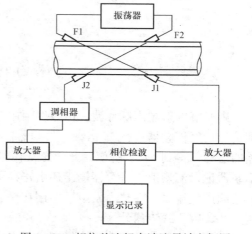

图 3-26 相位差法超声波流量计方框图

即与被测介质流量成正比，直流电压信号送显示记录单元进行流量显示，相位差法的测量精确度比时间差法高。

3）频率差法。频率差法超声波流量计的工作原理是超声换能器向被测介质发射超声脉冲波，经过一段时间后此脉冲波被接收并放大，放大了的信号立即返回去触发发射电路，使发射换能器再次向被测介质发射超声脉冲波，这样形成了脉冲信号按发射换能器——介质——接收换能器——放大发射电路——发射换能器的循环，形成一串回转发射过程，称为回鸣法。频率差法超声波流量计方框图如图 3-27 所示。

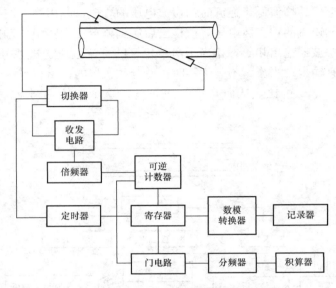

图 3-27　频率差法超声波流量计方框图

设顺流时的重复频率为 f_1，逆流时的重复频率为 f_2，频率差为

$$f_1 = \frac{1}{t_1}\left\{\frac{D}{(c+u\cos\theta)\sin\theta} + \tau\right\}^{-1}$$

$$f_2 = \frac{1}{t_1}\left\{\frac{D}{(c-u\cos\theta)\sin\theta} + \tau\right\}^{-1}$$

$$\Delta f = f_1 - f_2 = \frac{\sin2\theta}{D\left[1+\dfrac{\tau c\sin\theta}{D}\right]^2}u$$

$$u = \frac{D\left[1+\dfrac{\tau c\sin\theta}{D}\right]^2}{\sin\theta}\Delta f \qquad\qquad (3-43)$$

则交替发射超声脉冲波，由收发两用电路来发射及接收信号，顺流和逆流的重复频率分别选出后经倍频器进行 M 倍频，倍频器输出 Mf_1 及 Mf_2 的频率信号去可逆计数器进行频率差的运算，得到 $M\Delta f$ 的值，此值送寄存器寄存，以备数模转换器进行数模转换。转换后送记录器记录流量值，寄存器输出还由寄存器经门电路及分频器去进行流量的累积运算。

超声波流量计在热力发电厂中用在循环水管道的流量测量，也可用于烟气流量的测量。

八、容积式流量计

容积式流量计的原理是流经测量仪表内的流体以固定的容积量依次排出，仪表对排出的

流体固定容积 V 的数目进行计数，该数即可表示累计流量的大小。若测出排放频率，可显示流量。

容积式流量计种类很多，现介绍腰轮流量计及椭圆齿轮流量计的工作原理。它们的结构如图 3-28 及图 3-29 所示。流量计的腰轮或椭圆齿轮在流体压力作用下转动，其转动方向如图所示，每转一周，由出口排放出图中明影部分 V 容积的流体四次。若腰轮（或齿轮）的转速为 n，则排放频率为 $4n$，那么流量为

$$q_V = 4nV \tag{3-44}$$

或

$$n = \frac{q_V}{4V}$$

若某一时间间隔内，经仪表排出流体的固定容积数目为 N，则被测流体的累计流量（总量）可用下式表达：

$$Q_V = NV \tag{3-45}$$

由连接于转轴的转速表及积算器（计数器）指示流体的流量 q_V 及总量 Q_V。

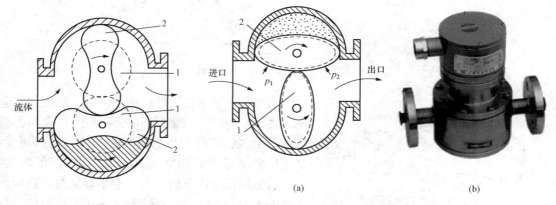

图 3-28 腰轮流量计原理图
1—互相啮合的齿轮；2—精密啮合的腰轮

图 3-29 椭圆齿轮流量计
（a）原理图；（b）椭圆齿轮流量计
1、2—互相啮合的椭圆齿轮

九、哥氏力流量计

在工业生产中，不论是生产过程控制还是成本核算，通常需要准确地获知流体的质量流量 q_m，因此，需要有能直接测定流体质量流量的质量流量计。哥氏力流量计是利用被测流体在流动时的力学性质，直接测量质量流量的装置。它能直接测量液体、气体和多相流的质量流量，并且不受被测流体的温度、压力、密度和黏度的影响，测量准确度高，可达 $0.2\%\sim1.0\%$。

如图 3-30 所示展示了测量不同流量的弯管哥氏力流量计，其结构如图 3-32 所示。

如图 3-31 所示，一根（或者两根）U 形管在驱动线圈的作用下，以约 80Hz 的固有频率振动，其上下振动的角速度为 ω。被测流体以流速 v，从 U 形管中流过，流体流动方向与振动方向垂直。若 U 形管半边管内流体质量为 m，则半边管上所受到的科氏力 F_c 为

$$F_c = 2mv\omega \tag{3-46}$$

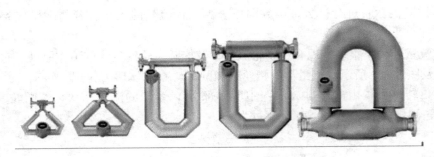

图 3-30 哥氏力流量计

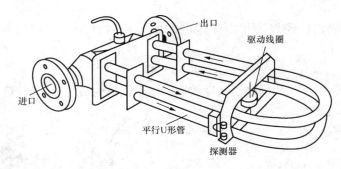

图 3-31 弯管式哥氏力流量计

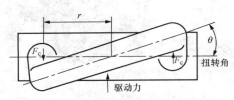

图 3-32 U 形管扭转原理图

力的方向可由右手螺旋法则决定。由于两半管中流体质量相同,流速相等而流向相反,故 U 形管左右两半边管所受的科氏力大小相等、方向相反,从而使金属 U 形管产生扭转,即产生扭转角 θ。当 U 形管振动处于由下向上运动的半周期时,扭转角方向如图 3-32 所示,当处于由上向下运动的半周期时,由于两半管所受的科氏力反向,U 形管扭转角方向与图中方向相反。F_c 产生的扭转力矩 M_c 为

$$M_c = 2rF_c = 4rmv\omega = 4\omega r q_m \tag{3-47}$$

式中　r——U 形管两侧肘管至中心的距离。

U 形管扭转变形后产生的弹性反作用力矩为

$$M_f = K_f \theta \tag{3-48}$$

式中　K_f——U 形管扭转变形弹性系数。

在稳态情况下存在 $M_c = M_f$ 关系,因此流过流量计的流体质量流量 q_m 与 U 形管扭转角之间存在如下关系:

$$\theta = \frac{4\omega r}{K_f} q_m \tag{3-49}$$

当 r、K_f 和 ω 为定值时,U 形管扭转角 θ 直接与被测流体质量成正比,而与流体密度等无关。用安装在 U 形管两侧的磁探测器传感此扭转角,并经适当的电子线路变换为所要求的输出信号,从而直接指示质量流量值。

项目四　水位测量仪表检修

【任务描述】

　　汽包水位是指锅炉汽包内汽水分界面的位置，是火电厂中需要监视和控制的一个重要参数。汽包水位是否正常，直接关系到机组的安全运行。锅炉汽包水位测量对于锅炉的安全运行极为重要，水位过高、过低都将引起蒸汽品质变坏或水循环恶化，甚至造成干锅，引起严重的设备故障。尤其在机炉启停过程中，炉内参数变化很大，水位变动亦大，水位的及时监视就更为重要了。所以在一个汽包上常要装设多套测量水位的仪表，以便直接监视水位、控制水位在正常范围内，并在水位越限时报警。

　　锅炉汽包水位的测量，最简单的是采用云母双色水位计，它是根据连通管原理制作的，就地安装在汽包上，指示直观、准确，可靠；但监视不便。

　　为了控制室远距离监视水位，以及为调节给水控制系统提供水位信号，采用平衡器把水位信号转换为差压信号，用差压计测量水位。差压水位计的指示受汽包压力变化的影响较大，特别是在锅炉启、停过程中，只有对差压式水位计的指示值进行汽包压力补偿，才能比较准确地反映汽包水位。

　　电接点水位计目前应用较广泛，并能方便地远传水位信号，现代化电厂还采用闭路工业电视监视汽包水位。

　　本项目的任务是培养学员对水位测量系统整体构成的分析能力，并使学员具备水位测量仪表检修及校验的能力，养成依据规程开展水位测量仪表检修工作的职业习惯。

【教学环境】

　　教学场地是多媒体教室、热工仪表检修室，或在校外实训基地适时开展实施。学员在多媒体教室进行相关知识的学习，小组工作计划的制订，实施方案的讨论；在热工仪表检修室依据规程进行水位仪表的校验、检修。

任务一　就地水位计检修

【学习目标】

　　(1) 能表述就地水位计的测量原理；能说明不同类型就地水位计的使用环境。

　　(2) 能正确读识就地水位计铭牌，相关技术参数等。

　　(3) 能对就地水位计进行外观检查，能检查就地水位计电子监视系统工作情况，并能进行维护检修。

　　(4) 能根据就地水位计测量系统的故障现象，进行检修，恢复其正常测量。

【任务描述】

就地水位计检修的任务是根据被测量水位参数的要求正确分析水位测量系统构成，说明测量原理及基本技术参数，熟悉相关的规程，并能按电厂工作规程进行就地水位计的检修，熟练掌握相应职业技能。

【知识导航】

一、云母水位计的测量原理

云母水位计是锅炉汽包一般都装设的就地显示水位表。它是一连通器，结构简单，显示直观，如图 4-1 所示。显示部分用云母玻璃制成。根据连通器平衡原理可得

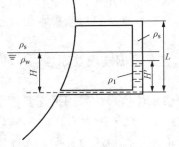

图 4-1 云母水位计

$$H\rho_w g + (L-H)\rho_s g = H'\rho_1 g + (L-H')\rho_s g \quad (4-1)$$

式中 ρ_s——汽包内饱和蒸汽密度；

ρ_w——汽包内饱和水密度；

ρ_1——云母水位计测量管内水柱的平均密度；

H——汽包内重量水位；

H'——显示值；

L——上连通管与下连通管之间的高度。

由式（4-1）可知云母水位计的指示水柱高度 H' 与汽包重量水位高度 H 的关系为

$$H = \frac{\rho_1 - \rho_s}{\rho_w - \rho_s} H' \quad (4-2)$$

由于云母水位计温度低于汽包内温度，因此，云母水位计的指示水柱高度 H' 低于汽包重量水位高度 H。

二、云母水位计的误差

因云母水位计的温度低于汽包内温度而产生的示值误差：

$$\delta H = H' - H = \frac{\rho_w - \rho_1}{\rho_w - \rho_s} H' \quad (4-3)$$

容易分析：δH 不但与云母水位计的温度有关（根本原因），而且还与云母水位计的测量基准线位置及汽包内重量水位有关。

分析表明：

（1）汽包内的重量水位 H 值一定时，压力愈高，$|\delta H|$ 值愈大；压力愈低，$|\delta H|$ 值愈小。

（2）汽包工作压力一定时，汽包内重量水位 H 值愈大，$|\delta H|$ 值愈大；H 值愈小，$|\delta H|$ 值愈小。

如果汽包的正常水位设计在 $H_0 = 300\text{mm}$，而且设计时重量水位就在正常水位线上，则云母水位计的示值误差在压力 $p = 4.0\text{MPa}$ 时，$\delta H = -59.6\text{mm}$；在压力 $p = 10\text{MPa}$ 时，$\delta H = -97.0\text{mm}$；在压力 $p = 14\text{MPa}$ 时，$\delta H = -122.3\text{mm}$；在压力 $p = 16\text{MPa}$ 时，$\delta H = -136.9\text{mm}$。可见，压力每升高 1MPa 时，云母水位计的示值误差平均为 -6.5mm 左右。

三、双色水位计

云母水位计和双色水位计是按连通器原理测量水位的就地式水位计，云母水位计实际上就是一根连通管，对于低、中压锅炉，可以用玻璃作水位计观察窗；对于高压锅炉，炉水对玻璃有较强的腐蚀性，会使玻璃透明度变差而不利于水位监视，故常用优质云母片作观察窗，因而称为云母水位计。无论玻璃板还是云母片，都因汽水界面不易分清，观察水位都相当困难。后来对云母水位计加以改进，研制成功了双色水位计，它是利用光学系统改善了显示清晰度，使观测者看到的汽水分界面是红绿两色的分界面，非常清晰，如图4-2所示。

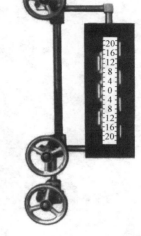

图4-2 无盲区双色水位计

从显示的误差角度看，连通管式液位计共同的主要问题是当液位计中与被测容器中的液温有差别时，液位计显示的液位不同于容器中的液位，此误差还会随着容器内压力的改变而变化。尤其在启、停过程中，误差总是变化的。

根据经验，在额定工况时，高压锅炉的水位示值误差达40～60mm；中压锅炉的水位示值误差达到25～35mm。为了减小这项误差，常需采取保温补偿等措施。

近年来，双色水位计在汽包炉上使用得越来越多，因为它显示清晰，结构简单，水位图像还可用电视远传到操作盘（台），并且有的型号还增加了蒸汽加热的补偿措施，使误差大为减小。这种按连通器原理工作的水位计利用光学系统改善了显示的清晰度，使汽柱显红色，水柱显绿色，分界面十分醒目。

双色水位计的结构及工作原理如图4-3所示，图4-3（a）中光源8发出的光经过红色和绿色滤光玻璃10、11后，只有红色和绿色光达到组合透镜12。在组合透镜12的聚光和色散作用下形成红、绿两股光束射入测量室5。测量室由钢座和两块光学玻璃13及垫片、云母片等构成。两块光学玻璃板与测量室轴线呈一定角度，使测量室中的有水部分形成一段"水棱镜"。由于入射到测量室的绿色光折射率大于红光折射率，在水棱镜作用下绿光偏转大，正好射到观察窗口14上，红光则因折射角度不同，不能达到窗口而被侧壁、保护罩遮挡，观察色见到水柱呈绿色，如图4-3（b）所示。在测量室中，汽侧部分棱镜效应极弱，使得红光束正好达到观察窗口，绿光则被保护罩挡住，如图4-3（c）所示，因此，观察者看到汽柱呈红色。

用于超高压锅炉上的水位计，考虑其强度，窗口玻璃不做成长条形，而是沿水位计高度上开多个圆形窗口，每个窗口的直径约为22mm，窗口中心距为72mm，称为多窗式双色水位计，其缺点是两窗口之间一段是水位指示的盲区。采用云母板作显示窗，则可消除盲区，做成长条形。

为减小水位计内水柱温降带来的测量误差，有时在水位计本体内加装蒸汽加热夹套，由水位计汽侧连通管引入蒸汽（凝结水排入锅炉下降管），以使水柱温度接近于锅炉汽包工作压力下的饱和温度。为了防止锅炉压力突降时测量室中水柱沸腾而影响测量，从安全方面考虑，测量室内的水柱温度还应有一定的过冷度。

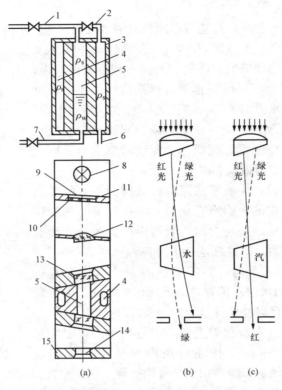

图 4-3　双色水位表的结构和测量原理

1—汽侧边通管；2—进汽管；3—水位表本体；4—加热室；5—测量室；6—出
汽管；7—水侧连通管；8—光源；9—毛玻璃；10—红色滤光玻璃；11—绿色
滤光玻璃；12—组合透镜；13—光学玻璃板；14—观察窗；15—保护罩

四、就地水位计电子监视摄像机系统

就地水位计电子监视摄像机系统如图 4-4 所示。

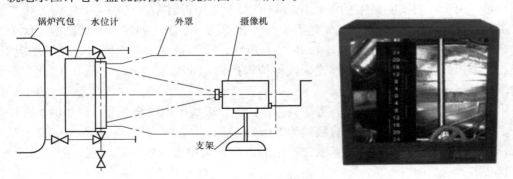

图 4-4　就地水位计电子监视摄像机系统

1. 系统主要特点有

（1）采用了封闭式电子制冷致热防护罩，将电子制冷制热技术应用于摄像机的温度保
护，并使用了符合 IEC 标准的电子制冷致热器件，具有效率高、可靠性好、寿命长等优点。

罩体采用了挤压模铸铝结构铰链气压弹簧辅助前开式顶盖,安装调试方便,整体密封性好,电缆密封过线管接头密封等级为 IP67。散热器采用纯铝材料,并配有长寿命无油轴流风机,散热效率高;罩内装有恒温、超温自动控制电路,控温准确,罩内温度控制在+5℃以下加热、+40℃以上制冷。监视孔采用真空离子镀膜导电玻璃,温控器控制,具有低温加热除霜功能;视窗玻璃涂有无形雨刷膜,具有排斥水、灰尘、雪花的功能,克服了机械雨刷有时愈刷愈模糊、易出现机械故障的缺点。

(2) DCS 控制光圈、变倍、焦距,并有摄像机超温报警等功能。通过调焦控制,可使图像处于清晰状态;光圈控制可使被监视对象在背景亮度较低的情况下,仍能显示清楚,解决了水位表与背景光强度差别太大而看不清周围景物的问题;变倍控制可由运行人员根据实际情况,使水位界面更为明显。当防护罩故障或其他因素造成罩内温度超限时,发出超温报警信号,如温度进一步升高则切断摄像机电源。

(3) 采用彩色摄像机,工作稳定可靠,耐烧伤,无几何失真,抗磁场影响,对振动和冲击损伤的抵抗力极强。

(4) 采用进口彩色画面分割器,使屏幕上能同时显示汽包两侧的水位图像,也能单独显示其中一侧的水位图像。

(5) 采用了电动三可变专业摄像机镜头。该镜头孔径大,成像质量好,变倍效率高。镜头中三可变控制电动使用的是日本进口微型电机,动作可靠平稳,噪声低,体积小。

2. 系统组成及功能

(1) 系统组成。该系统含摄像、监视和控制三部分,在摄像部分采用了一套电子制冷制热、自动控温电路的封闭式恒温装置,可保证摄像机在炉顶周围的高温和高粉尘条件下安全连续运行。

该监视系统为双头单尾结构(即二个摄像机共用一个监视器),通过画面分割器合成或切换监视两侧的水位表。

(2) 系统功能。通过 DCS 控制的有:调焦、光圈、变倍、画面选择及超温报警显示六个对象。

摄像机的三可变镜头的光圈、变倍、焦距操作均由 DCS 进行控制。通过调焦控制,可使图像处于清晰状态,光圈控制可使水位表的牛眼在背景亮度较低的情况下,仍能显示清楚;变倍控制可由运行人员根据需要,使水位界面的显示更为明显。

画面分割器选择 A、B 侧或 AB 两侧的合成图像。摄像机置于密封的电子制冷制热恒温防护罩中,其工作电源由就地电源提供,同时受超温控制电路的控制。当防护罩中超温时能自动切断电源使摄像机停止工作,起到保护摄像机的作用。

3. 安装与使用

(1) 按系统图将视频电缆和控制电缆由安装恒温防护罩处分别送至集控室安装端子排和画面分割器连接处。防护罩内摄像机视频信号连接电缆需穿过防护罩过线接头,再做 BNC 视频信号接头。

(2) 在距水位表 1.3~4m 的正前方处将防护罩安装支架的六个地脚固定块焊在锅炉平台上。将监视器安装在开孔位置上,画面分割器置于监视器上或旁边。根据监视需要,通过 DCS 选择按键,可任选 A、B 侧水位表进行监视,被选侧指示灯亮,此时所对应的那一侧摄像机图像信号显示在屏幕上,选择图像合成按钮也可将两侧图像同时显示在监视器屏幕上。

调节监视器上的对比度、亮度、色饱和度等按钮，使图像清晰，亮度适中，色彩逼真。

（3）为了防止水位表环境随昼夜的变化而使图像色彩产生不稳定的现象（环境色温变化大）或因被测对象环境亮度的较大差别而造成图像质量变差（环境照度变化大），建议用户距水位表前上方约 2m 的地方，安装一盏 200W 的照明灯。

（4）当防护罩内温度低于 5℃ 或超过 40℃ 时，制冷、制热单元将开始工作；如在常温时，可打开防护罩，加热温控单元温度检测元件，强制恒温单元工作在制冷状态。恒温单元工作时，散热、散冷风扇将同时工作。

【任务实施】

1. 检修前的准备工作

参照项目一中任务一的内容。

2. 开工

（1）施工现场准备。

参照项目一中任务一的内容。

（2）就地水位计的检修。

1）水位计云母组件的检查。云母片必须优质、透明、平直、均匀，无斑点、皱纹、裂纹、弯曲等缺陷。玻璃尺寸合适、无裂纹、划痕，透明度好；其他缠绕垫、石墨垫、铜垫也应平直、无裂纹、均匀。

2）水位计组件拆除后，要将粘在水位计表体上的旧垫取干净，并用水砂纸将接合面打磨干净，但不要划伤结合面，结合面应无麻点、裂纹、划痕，否则要进行修研、加工。

3）检查、测量水位计金属压盖、压板的平整度和变形度，如出现变形则应进行处理或更换。

4）水位计压板的紧固螺栓应光洁，无毛刺、乱扣，与螺母配合良好，不能有卡涩现象，在不安装云母组件的情况下，应能轻松地拧到底。

5）一切符合要求后，将水位计组件按顺序放入水位计表体。云母式水位计云母组件的安装顺序为石墨垫—人造云母—天然云母。安装时应保证水位计组件全部放入水位计表体内方可安装压板、压盖。

6）安装水位计压盖、压板后安装紧固螺栓，在压盖拆卸时，最好能在压盖上做记号，以便回装时能够对号入座。

7）要求用专用的力矩扳手紧压盖螺栓，力度由轻到重逐渐增加。对于云母双色水位计，用手拧紧螺母，先紧每块压板中间的一个螺母再对角紧其余 4 个螺母，逐渐加力，紧力要均匀，用 90、120、150、180N·m 的力分 4 次拧紧，最后由同一个人用同一扳手将全部螺母紧一遍，保证紧力均匀。对于牛眼双色水位计，先用手拧紧螺母，再用力矩扳手紧，用 15N·m 的力矩增量紧固水位计压盖螺母，直到 50N·m。对于水位计紧固螺栓扭力的核算，一般是根据锅炉给定的公称压力对紧固力进行反算，最后将计算出的力平均分配到水位计压盖的所有螺栓上，就是每条螺栓的最后紧固力矩；与此同时，计算出的紧固力还应小于螺栓的抗拉强度，以及云母片受的切断力在单位面积上应符合有关技术要求。

（3）调试。

1）再次检查水位计安装及水位计灯的连线，确认无误后，缓慢开启水位计来水、来汽的一次阀。

2）将水位计来汽二次阀缓慢开启 1/5 圈，检查水位计是否有泄漏，没有问题后再缓慢开启水位计来水二次阀 1/5 圈，待水位正常后，汽阀、水阀交替开启，直至全开。一般双色水位计的汽阀、水阀有一个较特殊的结构，在阀门的门体内有一个保险小球，如果在投运水位计时，门开启速度过快或运行时水位计发生泄漏，门内介质流速突然增大，保险小球就会将门口堵住，起到保护作用。

如上所述，因错误操作引起汽侧或水侧保险小球堵死通道时，应将阀门全部关闭，再按上述方法重新操作一次。锅炉正常运行时要保证水位计的来水、来汽门处于全开状态。

3）需要调整水位计的红、绿色时，可通过旋松紧固灯座的螺钉、左右移动灯座、适当调整红、绿玻璃架和反光镜的角度来实现。

4）如配有水位监视系统时，在调整红、绿色时，应面对水位计正前方，距离为 2～5m 均可，摄像头轴线与水位计标尺的零位线应处于同一平面内，且垂直于观测面来观察水位计的液面位置。

（4）运行维护。

1）由于锅炉水质问题，水位计长期运行会发生结垢现象，导致红绿色不清晰，根据实际情况需进行水位计冲洗。

2）水位计的定期冲洗很重要，可提高云母的使用周期，不能等到发现结垢后再进行冲洗。因为，水位计一旦结垢，水垢很难被冲洗掉，直接影响到水位计水位显示效果，水垢也会腐蚀云母，降低云母的使用寿命，形成恶性循环。水位计冲洗方法有如下两种。

a. 汽冲洗。首先将水位计的一、二次阀完全关闭，然后开启排污阀，将汽侧一次阀开启至全开位置，再将汽侧二次阀缓慢开启 1/5 圈，用高压蒸汽冲洗云母片，通过控制汽侧二次阀的开度来调节蒸汽的流量和压力。冲洗时间一般为 3～5min，冲洗完毕，关闭汽侧一次阀、二次阀及排污阀，然后按前面水位计的投运方法将水位计投入运行。

b. 水冲洗。首先关闭水位计汽侧一、二次阀和水侧二次阀，然后打开水位计排污阀，将水位计内水放净后，关闭排污阀。冲洗水位计时，由开、关水侧二次阀来控制冲洗水的压力及流量，使水依次流过水侧二次阀、水汽侧之间的连通管、汽侧二次阀、水位计，使水位计充满水，然后关闭水侧二次阀，开启排汽阀，依靠水位计内的压力与水的自重带走污垢。

由于水的黏性大于蒸汽的黏性，因此，用水侧冲洗水位计比用蒸汽冲洗效果好。

（5）电子监视系统进行维护与检修。由于摄像机镜头放置在密封的防尘罩内，镜头一般不会被灰尘污染。因此，在使用时显示清晰度下降较多时，一般为恒温保护罩前端玻璃积尘所至，可用软布轻轻擦之即可。

在锅炉进行检修期间，注意将就地电源、监视器、分割器的电源切断，这样对提高摄像机和监视器等的使用寿命较为有利。

3. 故障分析与处理方法

运行中水位计常发生水位显示不清或泄漏现象，运行中水位计常见故障原因分析及处理方法见表 4-1。

表 4 - 1　　　　　　　　　　　运行中水位计常见故障原因分析及处理方法

故障	缺 陷 原 因	处理方法及注意事项
显示不清	红、绿颜色调整不好 出现假水位 摄像头位置不正确 水位计灯坏 水位计云母结垢	重新调整水位计灯座角度、红绿玻璃架位置和反光镜角度 重新投水位计 调整摄像头位置 更换新灯柱（或灯泡） 冲洗水位计或更换新的云母组件
限时	汽包超压运行 水位计检修不正确 水位计备件不合乎有关技术指标的要求 水位计表体或压盖变形 云母结垢严重，发生腐蚀 水位计云母密封组件已到使用周期	注意汽包运行压力，一般水位计不参与锅炉超压试验 严格按照水位计说明书或检修工艺进行检修 最好采用与水位计厂家配套的水位计备件 安装水位计密封组件前，要测量水位计表体及压盖的变形度，发现变形及时进行修整或更换。紧固水位计压盖螺栓时一定要用力矩扳手按要求力矩紧到位 定期冲洗水位计，减少水位计的结垢量，延长水位计密封组件的使用周期 水位计云母片的使用周期一般为一个小修周期（10～12月），不泄漏也应定期更换

【任务验收】

（1）各种检修技术记录，验收单据完整，准确书写整齐。

（2）能根据检修规程进行检修的设备准备、材料准备、施工现场准备工作，能开具合格的工作票。

（3）水位计云母组件透明，安装后无泄漏。

（4）水位计投入前检查，操作正确。

（5）水位计冲洗操作规范完成。

（6）摄像机镜头放置在密封的防尘罩内，镜头不被灰尘污染。

（7）集控室内就地水位显示清楚。

（8）检修后场地清洁，卫生良好。

（9）资料齐全。

任务二　电接点水位计检修

【学习目标】

（1）能表述电接点水位计的测量原理；能说明其使用特点。

（2）能根据检修规程进行检修的设备准备、材料准备、施工现场准备工作，能开具合格的工作票。

（3）能进行电接点水位检测仪表的测量筒中点"0水位"检查，电接点座子检查，测量筒与压力容器之间的连接管检查，电接点绝缘检查。

（4）能进行电接点安装，电接点至就地端子箱接线，投入仪表前检查等。

（5）会按流程结束工作票、整理归档资料，办理正常结束工作手续。

【任务描述】

电接点水位计检修的任务是能根据被测量水位参数的要求正确分析水位测量系统构成，说明测量原理及基本技术参数，熟悉相关的规程，并能按电厂工作规程进行电接点水位计的检修，熟练掌握相应职业技能。

【知识导航】

电接点水位计由水位发送器与显示部分组成。其突出优点是指示值不受汽包工作压力变化的影响，在锅炉启停过程中可准确地反映水位情况。仪表构造简单，迟延小，不需要进行误差计算和调整，应用十分广泛。

一、电接点水位计工作原理

电接点水位计是利用水及水蒸气的电阻率明显不同的特性实现水位测量的，它属于一种电阻式水位测量仪表。

试验证明，在 360℃ 以下温度的纯水中，其电阻率小于 $10^4\Omega\cdot m$，而蒸汽的电阻率大于 $10^6\Omega\cdot m$。对于锅炉炉水，其水与蒸汽的电阻率相差更大。电接点水位计就是根据这一特点将水位信号转变为一系列电路开关信号的，该水位计由水位容器、电接点及水位显示仪表等构成，如图 4-5 所示。图中显示器内有氖灯，每一电接点的中心电极芯与相应氖灯组成一条并联支路，电极芯与金属水位容器的外壁绝缘。当某电接点处于蒸汽中时，由于蒸汽电阻很大，电接点的电极芯与水位容器壁面不能形成通路，氖灯不亮。当电接点处于

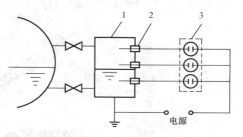

图 4-5　电接点水位计的基本结构
1—水位容器；2—电接点；3—水位显示器

水中时，由于水的电阻小，电极芯通过与水位容器壁面相通，电流由电源通过水位容器壁、水、电接点电极、连接导线及氖灯形成通路，氖灯燃亮，由燃亮氖灯的数量就可以知道水位的高低。

二、电接点式水位发送器

如图 4-6（a）所示，由水位容器、电接点和阀门组成。它的主要作用是将水位高低转变成电极接点接通的多少，然后输送到二次仪表进行水位的测量和显示。

（一）水位容器

由于在汽包上直接装置电接点比较困难，一般都采用水位容器将汽包内的水位引出，电接点装在水位容器中，水位容器通常采用 $\Phi76mm$ 或 $\Phi89mm$ 的 20 号钢无缝钢管制造。其内壁应加工的光滑些，以减少湍流。水位容器的水侧连通管应加以保温。水位容器的壁厚根据强度要求选择，强度根据介质工作压力、温度及容器壁开孔的个数、间距来计算。为了保证容器有足够的强度，安装电接点的开孔，其安排通常呈 120° 夹角，在筒体上分三列排列。一般在正常水位附近，电接点的间距较小，沿高度方向上两个电极之间的最小距离为 15mm。以减小水位监视的误差。电接点式水位表传感器的情况如图 4-6 所示。

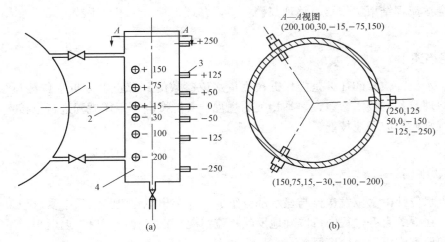

图 4-6　电接点式水位表传感器的结构

(a) 外形；(b) 放大的 A—A 视图

1—汽包；2—汽包零水位；3—电接点；4—容器

电接点水位计各组成部件如图 4-7 所示。

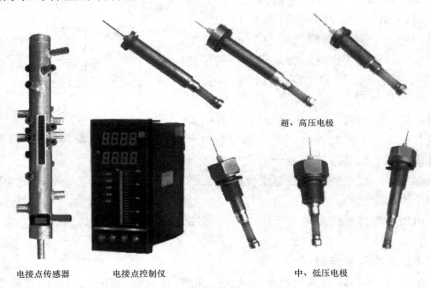

图 4-7　电接点水位计各组成部件

（二）电接点

电接点是电接点式水位发送器的关键部件，它的质量好坏不仅直接影响测量的准确性和可靠性，而且还严重地影响着锅炉的安全运行。在高温、高压下电接点必须有足够的强度、良好的绝缘性能和抗腐蚀能力。

根据使用压力不同，电极可分为两种，即氧化铝绝缘电极和聚四氟乙烯绝缘电极。

1. 超纯氧化铝绝缘电极

超纯氧化铝绝缘电极适用于高压和超高压锅炉的水位计，其结构如图 4-8 所示。电极芯杆 6 和瓷封件 1 钎焊在一起作为一个极；电极螺栓 4 和瓷封件 3 焊在一起，作为另一个极（即公共接地极）。两者之间用超纯氧化铝瓷管绝缘子和芯杆绝缘套 5 隔离开。

瓷封件 1 和 3 用铁钴镍合金加工而成，它的膨胀系数与超纯氧化铝瓷管的很相近，两者之间封接起来能承受温度的变化。瓷封件与氧化铝管之间是用银铜合金或纯铜在一定温度下封接而成的。封接前，瓷管两端用金属化浆涂刷，并放在纯氢中烧结，最后在氢气炉中与瓷封件封接

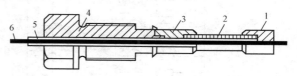

图 4-8　氧化铝绝缘电接点结构
1—瓷封件；2—绝缘子；3—瓷封件；4—电极螺栓；5—芯杆绝缘套管；6—电极芯杆

成整体。封接质量的好坏对电接点的使用寿命有很大的影响。

氧化铝瓷管是由 99.95% 超纯氧化铝做原料，以氧化镁作添加剂，经高温烧制而成的，其具有极佳的高温抗酸碱腐蚀能力，优良的绝缘性及机械强度，一般用于炉水品质较好的高压及超高压锅炉，使用寿命可达一年以上。

在使用这种电接点水位计时，应缓慢预热，以免升温太快而使其破裂，此外拆换电接点时，应避免敲打而震坏。

2. 聚四氟乙烯绝缘电接点

聚四氟乙烯具有很好抗腐蚀性能，即使在较高的温度下它与强酸、强碱和强氧化剂也不发生作用。用它来制作中、低压锅炉电接点水位计的电极绝缘子。

（三）显示部分

电接点式水位计的显示方式有氖灯显示、双色显示和数字显示三种不同方式。

1. 氖灯显示

氖灯显示是结构最简单的显示方式。其电路如图 4-9 所示，由氖灯、限流电阻 R 和并联电阻 R_1 组成。氖灯按上、下顺序排列成灯屏，以灯屏上光带高低指示水位高低。为防止极化现象，一般采用交流电源。容器与显示灯屏表之间的电缆上存在较大分布电容，可能使处于蒸汽中的电极所联的氖灯发光造成误显示。为此在氖灯与限流电阻 R 上并联一个分压电阻 R_1，氖灯启辉前 R_1 的端电压 u_1 为

$$u_1 = u \frac{R_1}{\sqrt{R_1^2 + x_c^2}}$$

式中　u——电源电压有效值；

　　　x_c——电容 C 的容抗。

适当选择 R_1，使电极处于蒸汽中时保证电路中流过小漏电流使氖灯不点燃。

电接点氖灯式水位计不仅能显示水位，还可利用高灵敏度继电器设置水位高、低报警信号（二极报警式发出声光信号）。

2. 双色显示

双色显示是以"汽红"、"水绿"的光色的显示屏上所占高度的变化来表示汽包水位的变化，显示效果更加醒目直观。双色水位计电路如图 4-10 所示。每个电极的线路都是相同的，当电极浸没在水中时电阻 R_1 上的交流电压经整流滤波送至三极管 VT1 基极使 VT1 导通，其射极输出又使 VT2 导通，VT3 截止。此时绿灯亮，红灯灭。当电极处于蒸汽中时，R_1 上无电压，所以 VT1 和 VT2 截止，VT3 导通，此时红灯亮，绿灯灭。

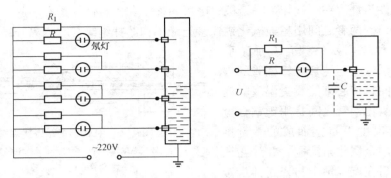

图 4 - 9　氖灯显示电路

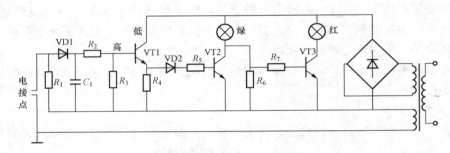

图 4 - 10　双色水位计电路

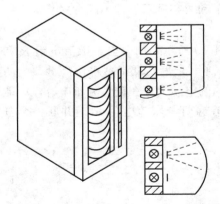

图 4 - 11　双色水位计显示部分结构示意图

双色水位计显示部分结构示意图如图 4 - 11 所示。将一个长方形槽形盒子用隔光片沿垂直方向隔成 19 个暗室（代表 19 个测点）。在每个暗室内并排装有两个指示灯，因指示灯数量较多，考虑散热问题，在槽形盒子背面用厚 15mm 的铝板制成，并将指示灯装在铝板的圆孔中，在圆孔前面盖有红、绿颜色的透光片，以便在指示灯亮时发出红色或绿色的灯光。在槽形盒子最前面的开口部分盖有半圆形的有机玻璃，它能使灯光分散，以便在显示面板上得到光色均匀的光带。

如在所需报警的电接点显示电路中采用触点继电器，则可以利用其他动合或动断接点，实现灯光、音响报警及联锁保护开关信号输出。

3. 数字显示

电接点工作时输出的开关信号，很便于采用数字方式显示，由各电接点来的输入信号经阻抗变换、整形及逻辑环节之后，译码显示水位数值，并可设置模拟电流输出及报警、保护信号输出。

如图 4 - 12 所示为每个电接点信号的阻抗转换及整形电路，其原理与双色显示水位计的显示电路相似。当电接点处于水中时，电接点电路导通，AC 24V 电源加到电接点及电阻 R 上，R 上的电压经二极管 VD1 整流，电容 C 滤波，在 R_2 取出加到射极输出器晶体管 VT 的基极，使 VT 导通，其射极输出 V 为高电位；当电接点处在蒸汽中时，VT 处于截止状态，

VT 射极输出 0V 低电位；这样就把电接点的通（处于水中）断（处于汽中）信号，转换为高、低电位信号。各电极转换电路的输出电平都送至图 4-10 所示的逻辑电路。

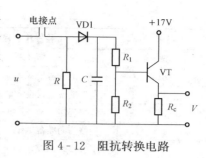

图 4-12 阻抗转换电路

数字显示的工作原理可由图 4-13 说明，图中自身浸在水中，而与之相邻上方的电接点都在蒸汽中的电接点仅有 A_2，其余电接点都不具备这个特点，通过逻辑电路即可判断和实现水位的数字显示。

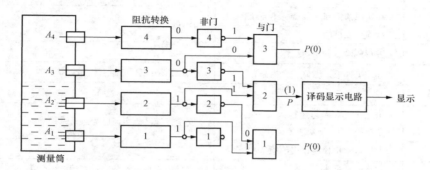

图 4-13 电接点数字式水位计显示原理示意

如果水位上升到淹没电极 A_2 时相应转换电路输出 V_0 为高电平，送至与门 2，电极 A_3 在蒸汽中与之对应的阻抗转换输出为低电平（0），经非门 3 后，与门 2 另输入也为高电平，因此，与电极 2 相对应的与门输出高电平，与门 2 的输出送至译码显示电路，就可以显示出对应的水位值。而与其余水中、汽中各电接点对应的与门的两个输入都是一高一低电平，因而其输出也为低电平。可见逻辑判断后，可以正确指示出 A_2 对应的水位。

【任务实施】

1. 检修前的准备工作

参照项目一中任务一的内容。

2. 开工

（1）施工现场准备。参照项目一中任务一的内容。

（2）电接点水位计检修。电接点水位计检修作业程序及质量控制要求见表 4-2。

表 4-2　　　　　　　　　　电接点水位计检修作业程序及质量控制要求表

序号	检修作业程序	质 控 要 求
一	检修前工作	
1	检修备件耗材计划已编制	计划切合实际，数量定额准确
2	检修主要备件已到货并验收	规格型号符合质量标准要求
3	重要项目安全技术措施已编制	
4	施工进度已编制	

序号	检修作业程序	质 控 要 求
5	试验仪器，标准表已标定	满足精度并在有效期限范围内
6	专用工、器具	已落实、完好
7	资料准备，仪表清单，各表量程	齐全完整
二	检修程序	
1	检修前的准备工作	
1.1	了解仪表在现场的运行状况及相关缺陷记录	针对存在的问题有的放矢，提高设备健康水平
1.2	在检修前应对电接点水位检测仪表进行检查性试验	作好修前记录
1.3	进行危险点分析与控制	
1.4	办理工作票，做好安全措施	工作票规范、正确、无涂改
2	开工	
2.1	由工作负责人与运行人员一起检查安全措施	安全措施已落实，已与运行系统隔断
2.2	电接点水位检测仪表的检查校准	
2.2.1	测量筒的检查	测量筒应垂直安装，垂直偏差不大于1
2.2.1.1	测量筒中点"0水位"检查	与汽包正常水位线应处于同一水面。用连通管加水找中心，电接点中心应按汽包几何中心低150mm设定
2.2.1.2	电接点座子检查	电接点座密封面无可见槽沟和机械损伤，丝牙无滑牙痕迹
2.2.1.3	测量筒与压力容器之间的连接管	应有足够大的流通截面，管路应保温，一次阀门应横装
2.2.1.4	测量容器内传压管检查	机务配合检查，应无裂缝。发现缺陷应消除
2.2.2	电接点检查	电极表面清洁，无裂纹残斑，用500V绝缘表测试绝缘，电极芯对筒壁绝缘电阻应大于20MΩ
2.2.3	电接点安装	安装电接点时，垫圈应完好，垫圈不得歪斜，紧固时不能加太长套筒用力，以免垫圈偏斜
2.2.4	电接点至就地端子箱接线	引线应采用耐高温氟塑料线，线号核对正确，接线牢固
2.2.5	投入仪表前检查	
2.2.5.1	仪表阀门检查	仪表阀门完好，严密，手轮齐全，标志正确清楚，操作灵活（由运行人员检查）
2.2.5.2	电缆绝缘检查	500V绝缘摇表测量绝缘大于20MΩ，检查前电缆应开路测试
2.2.5.3	电缆接线检查	线号核对正确，接线牢固
2.2.5.4	显示仪表检查	显示仪表送上电源，设置水阻120kΩ，汽阻300kΩ
2.2.5.5	测量筒冲洗	水压降压后压力在2MPa左右，关闭水侧一次门，约开汽侧一次门，缓慢开排污门至全开排污门冲洗，冲洗10s左右关闭汽侧一次门。约开水侧一次门冲洗几秒钟。关闭排污门（运行人员冲洗）

序号	检修作业程序	质 控 要 求
2.2.6	电接点水位仪表投入	关闭排污门，打开测量筒汽侧和水侧一次门，送上仪表电源，即应显示水位
2.2.7	测量筒应保温	不能将螺母和引线保温
3	清理或更换仪表标示，仪表阀门标示	标示清晰整齐
4	检修工作结束	工作票终结，该设备投入运行

【任务验收】

（1）各种检修技术记录，验收单据完整，准确书写整齐。

（2）进行测量筒中点"0 水位"检查，电接点中心按汽包几何中心低 150mm 设定。

（3）电接点座子检查，电接点座密封面无可见槽沟和机械损伤，丝牙无滑牙痕迹。测量筒与压力容器之间的连接管检查，应有足够大的流通截面，管路应保温，一次阀门应横装。电接点绝缘检查，电极表面清洁，无裂纹残斑，用 500V 绝缘表测试绝缘，电极芯对筒壁绝缘电阻应大于 20MΩ。

（4）电接点安装，垫圈应完好，垫圈不得歪斜，紧固时，不能加太长套筒用力，以免垫圈偏斜。电接点至就地端子箱接线，引线应采用耐高温氟塑料线，线号核对正确，接线牢固。

（5）测量筒冲洗关闭排污门，打开测量筒汽侧和水侧一次门，送上仪表电源，即应显示水位。不能将螺母和引线保温。

（6）检修后场地清洁，卫生良好。

（7）资料齐全。

任务三　差压式水位计检修

【学习目标】

（1）能表述差压式水位计的测量原理；能说明其使用特点。

（2）能根据检修规程进行检修的设备准备、材料准备、施工现场准备工作，能开具合格的工作票。

（3）能进行平衡容器的检查，平衡容器与压力容器之间的连接管检查，测量容器内传压管检查，仪表阀门检查，电缆绝缘检查。

（4）能进行变送器承压容室清洗，接线，电源检查，投入前检查，取样管路冲洗等。

（5）会按流程结束工作票、整理归档资料，办理正常结束工作手续。

【任务描述】

差压式水位计检修的任务是能根据被测量水位参数的要求正确分析水位测量系统构成，

说明测量原理及基本技术参数，熟悉相关的规程，并能按电厂工作规程进行差压式水位计的检修，熟练掌握相应职业技能。

【知识导航】

差压式水位计是通过把液位高度变化转换成差压变化来测量水位的，由水位——差压转换装置（即平衡容器）、差压变送器和显示仪表三部分组成。差压式水位计准确测量汽包水位的关键是水位与差压之间的准确转换。下面着重讨论平衡容器的结构和水位差压转换原理。

一、平衡容器

1. 简单平衡容器

如图 4 - 14 所示为一种简单的单室平衡容器，由汽包进入平衡容器的蒸汽不断的凝结成水，并由于溢流而保持一个恒定水位，形成恒定的水静压力 p_+，汽包水位也形成一个水静压力 p_-，二者相比较，就得到与水位成比例的压差。汽包水位计标尺，习惯以正常水位 H_0 为零刻度，超过正常水位为正水位（$+\Delta H$），低于正常水位线为负水位（$-\Delta H$）。以汽包水侧引出管口作水平线 A—A 如图 4 - 14 （a）所示为参考标高。对图 4 - 14 （a）的水位—差压关系为

$$
\begin{aligned}
\Delta p &= p_+ - p_- \\
&= (p_b + L\rho_1 g) - \left[p_b + (L - H_0 - \Delta H)\rho_s g + (H_0 + \Delta H)\rho_w g \right] \\
&= L(\rho_1 - \rho_s)g - H_0(\rho_w - \rho_s)g - \Delta H(\rho_w - \rho_s)g \\
&= L(\rho_1 - \rho_s)g - H(\rho_w - \rho_s)g
\end{aligned}
\tag{4-4}
$$

式中：$H = H_0 + \Delta H$；g 为重力加速度，ρ_1 为平衡容器中凝结水的平均密度，ρ_w、ρ_s 分别为汽包压力 p_b 时饱和水和饱和蒸汽的密度。

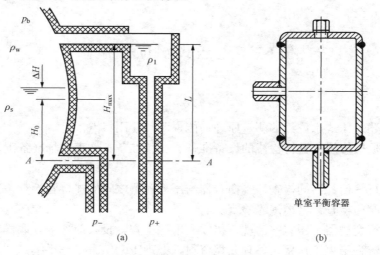

单室平衡容器

图 4 - 14　单室平衡容器

由式（4-4）可以看出，要想使 Δp 仅与 ΔH 成比例，必须使 ρ_1、ρ_w、ρ_s 为恒定值。L、H_0、g 可视为常数，但 ρ_1、ρ_w、ρ_s 是随汽包压力变化而变化的，ρ_1 还与环境温度有关。显

然密度变化是水位测量误差的主要来源。再者按什么办法确定零水位所对应的压差，也是一个难题。如采用保温和蒸汽加热使 ρ_1 接近 ρ_w 并且稳定，可减小平衡容器温度变化带来的误差，或采用双室平衡容器，但并不能解决压力变化带来的误差。

图 4-15 是简单双室平衡容器，正压室是上部与汽包汽侧相通的宽容器，负压室是置于正压室中的汽包水侧连通管。汽包中的饱和蒸汽不断进入正压室并形成凝结水通过溢流保持正压室水位恒定，凝结水密度 ρ_1 一定时，正压值 p_+ 为一定值。负压室与汽包水侧相通，故负压值 p_- 大小反映汽包水位高低。

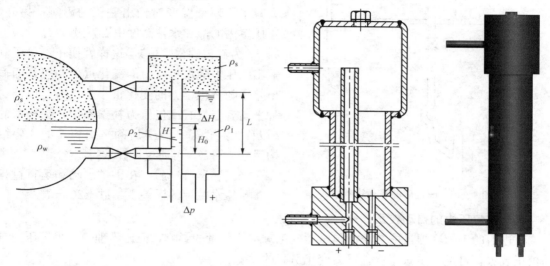

图 4-15　双室平衡容器

当汽包水位为正常水位 H_0 时，平衡容器输出差压为

$$\Delta p_0 = p_+ - p_- = L\rho_1 g - H_0\rho_2 g - (L - H_0)\rho_s g$$

水位偏离正常水位 ΔH 时，双室平衡容器输出差压为

$$\Delta p = \Delta p_0 - (\rho_2 - \rho_s)g\Delta H$$

当 ρ_1、ρ_w、ρ_s 的值为已知的确定值、Δp_0 为常量时，平衡容器输出的差压 Δp 仅与汽包水位的变化 ΔH 有关，两者为线性关系，且水位升高差压减小。

实际上这种双室平衡容器在使用中会出现大的示值误差。由于向外散热，正、负压室中水温由上至下逐渐降低，使 ρ_1、ρ_2 难以准确确定。若采取保温措施，使正负压室中水的密度 ρ_1 与饱和水密度 ρ_w 都相等，即 $\rho_1 = \rho_w$，则可有差压 Δp 与水位 H 的关系为

$$\Delta p = (\rho_w - \rho_s)g(L - H) \tag{4-5}$$

式中：$H = H_0 \pm \Delta H$。

差压式水位计在汽包额定压力下分度，因而即使采取了适当保温措施也仅当锅炉运行在额定压力时水位计指示值才是正确的，而当汽包压力变比时，饱和水与饱和蒸汽的密度 ρ_w、ρ_s 随之而变，必须带来误差，且在低水位时比高水位时的示值误差更大。在锅炉启停过程中，差压式水位计的指示误差可达 100mm 以上，为此必须对平衡容器进行改进。

2. 改进后的平衡容器

改进后的平衡容器如图 4-16 所示。图中宽容器为热套管，它与汽包的汽侧相通，其中

装有正压室和漏盘，正压室的 $(L-l)$ 段为传压管，处于环境温度下。在热套管下端用连接管把它与锅炉下降管相连通，为凝结水提供自然循环回路。热套管上部不保温，使蒸汽不断

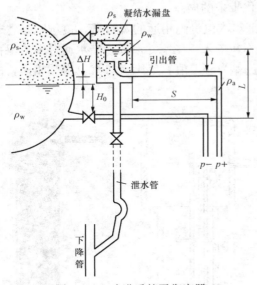

图 4-16　改进后的平衡容器

地凝结成水经漏盘流入正压室，使正压室处在溢流状态，保证正压室的水柱高度一定。由于饱和蒸汽的加热，使正压室段内的水保持饱和状态。负压侧的压力直接从汽包下部引出，其水柱高度随汽包水位而变化。结构改进后，大大减小了环境温度对输出差压的影响；另外，正压室内的饱和水柱高度由 L 减小为 l。若 $l=h_0$（h_0 为汽包的零水位），这样就使正、负压侧输出的压力随汽包压力的变化近似相等，即输出差压随汽包压力的变化很小。也就是说，这种平衡容器具有汽包压力补偿作用，正压室的 l 段称为补偿管。改进后的平衡容器的主要结构尺寸 l 和 L，可通过计算求得。

平衡容器改进后，在锅炉启动和运行过程中，差压水位计的误差不超过 $\pm 20\mathrm{mm}$。

二、汽包压力的自动校正

改进后的平衡容器虽能减小汽包压力变化对水位测量的影响，但还不理想，采用压力自动校正装置，可进一步减小汽包压力变化引起的误差。

对单室平衡容器，由式（4-4）得

$$H = \frac{L(\rho_1 - \rho_s)g - \Delta p}{(\rho_w - \rho_s)g} \tag{4-6}$$

从式（4-6）可以看出：将密度变化信号 $L(\rho_1 - \rho_s)$ 与差压信号 $-\Delta p$ 相加，再除以重度信号 $(\rho_w - \rho_s)g$ 或乘以 $\dfrac{1}{(\rho_w - \rho_s)g}$ 所得信号即能正确反映汽包水位。

随汽包压力变化的关系可根据水蒸气状态图得出，如图 4-17 所示。其中 ρ_1 按环境温度为 50℃时取值。根据压力变化范围大小，可用一段或几段直线模拟两条曲线。一般认为该关系可近似线性函数，即

$$f_1(p) = \rho_1 - \rho_s = K_1 p + a \tag{4-7}$$
$$f_2(p) = \rho_w - \rho_s = K_2 p + a \tag{4-8}$$

式中斜率 K_1、K_2，及截距 a、b 可由图 4-17 数据确定。将两直线方程代入式（4-6）中，即可得到水位与差压 Δp 及汽包压力 p 的函数关系，即

$$H = \frac{L(K_1 p + a)g - \Delta p}{(K_2 p + b)g} \tag{4-9}$$

根据式（4-9）可组成差压式水位计的自动压力校正系统，如图 4-18 所示。差压变送器将平衡容器输出的差压信号如转换为 0～10mA 直流电流送加减器。同时汽包压力经压力变送器转换为 0～10mA 直流电流信号，分别送函数发生器 $f_1(p)$、$f_2(p)$，根据式（4-9）进行压力补偿运算。该系统可由控制仪表或 DCS 可方便地实现。

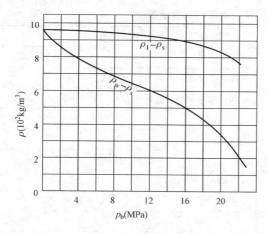

图 4-17　汽包压力与密度差（$\rho_w-\rho_s$）的关系曲线

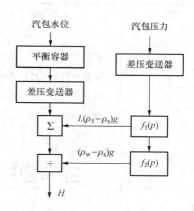

图 4-18　汽包压力自动校正方框图

　　上述压力自动校正系统能在汽包压力大范围变化及任何水位情况下，取得较好的补偿效果，但是环境温度变化对 ρ_1 的影响无法消除。实际中，平衡容器中水的密度 ρ_1 在锅炉启动过程中，水温略有升高，压力也同时升高，这两方面的变化对 ρ_1 的影响基本上相抵消，可以近似认为 ρ_1 是恒值。

　　对双室平衡容器，由式（4-5）改写得到相应的校正公式：

$$H=L-\frac{\Delta p}{(\rho_w-\rho_s)g} \tag{4-10}$$

　　密度差（$\rho_w-\rho_s$）与汽包压力关系如图 4-17 所示。这种关系是非线性的，在压力变化范围内可由一段或多段直线拟合，即

$$\rho_w-\rho_s=k_ip_b+a_i \tag{4-11}$$

式中　k_i——直线段的斜率；

　　　　a_i——直线段在密度坐标上的截距。

　　如对测量准确度要求较高，压力校正的范围又大，甚至要求全程范围的压力校正时，一般采用多段直线拟合的方法。则在不同的压力范围内 k_i 与 a_i 值是各不相同的。

　　由式（4-10）、式（4-11）可得

$$H=L-\frac{\Delta p}{(k_iP_b+a_i)g} \tag{4-12}$$

由式（4-12）组成汽包压力自动校正的水位测量系统方，通常采用 DCS 很方便地实现。

【任务实施】

　　1. 检修前的准备工作

　　参照项目一中任务一的相关内容。

　　2. 开工

　　参照项目一中任务一的相关内容。

　　3. 差压水位计检修

　　差压水位计检修作业程序及质量控制要求见表 4-3。

表 4 - 3 　　　　　　　　　　　差压水位计检修作业程序及质量控制要求表

序号	检修作业程序	质控要求
一	检修前工作	
1	检修备件耗材计划已编制	计划切合实际，数量定额准确
2	检修主要备件已到货并验收	规格型号符合质量标准要求
3	重要项目安全技术措施已编制	
4	施工进度已编制	
5	试验仪器，标准表已标定	满足精度并在有效期限范围内
6	专用工、器具	已落实、完好
7	资料准备，仪表清单，各表量程	齐全完整
二	检修程序	
1	检修前的准备工作	
1.1	了解仪表在现场的运行状况及相关缺陷记录	针对存在的问题有的放矢，提高设备健康水平
1.2	在检修前应对差压检测仪表进行检查性试验	作好修前记录
1.3	进行危险点分析与控制	
1.4	办理工作票，做好安全措施	工作票规范、正确、无涂改
2	开工	
2.1	由工作负责人与运行人员一起检查安全措施	安全措施已落实，已与运行系统隔断
2.2	差压式检测仪表的检查校准	
2.2.1	平衡容器的检查	
2.2.1.1	平衡容器的取样口标高"0水位线"。间距应正确	应符合设计
2.2.1.2	单室平衡容器不保温	
2.2.1.3	平衡容器与压力容器之间的连接管	应有足够大的流通截面，管路应保温，一次阀门应横装
2.2.1.4	测量容器内传压管检查	配合机务检查，应无裂缝。发现缺陷消除
2.2.2	校验前检查	
2.2.2.1	变送器外观检查	外观整洁，部件齐全，编号清楚
2.2.2.2	仪表阀门检查	仪表阀门完好，严密，手轮齐全，标志正确清楚，操作灵活
2.2.2.3	电缆绝缘检查	500V绝缘摇表测量绝缘大于20MΩ，检查前电缆应开路测试
2.2.2.4	变送器承压容室清洗	无污垢
2.2.2.5	接线，电源检查	线号清楚，接线正确牢固，引线无破损伤痕。DC24V电源正常

续表

序号	检修作业程序	质控要求
2.2.3	校验	
2.2.3.1	智能变送器用通信器设定零点、量程	根据设计值设定，仪表输入端通大气情况下差压应显示零值
2.2.3.2	用压力源和标准表进行系统校验	校验点不少于5点，应包括常用点。仪表的综合误差不应超过允许综合误差，主要仪表常用点的综合误差不应超过允许综合误差的1/2。仪表的回程误差不应超过允许综合误差的绝对值。做好校验记录
2.2.3.3	水位仪表投入	
2.2.3.3.1	投入前检查	
2.2.3.3.1.1	一、二次阀门、排污门及各管路接头检查	高压管路接头应用紫铜垫片，管路、接头、阀门盘根应严密不漏。二次门关闭，平衡门开启，排污门关闭
2.2.3.3.1.2	取样管路冲洗	水系统管路在加压后，生炉时采用排污冲洗，压力在2MPa左右进行，冲洗前变送器工作门关闭，平衡门开启。冲洗时应经运行人员同意，作好必要的防溅措施。冲洗至管路无污垢
2.2.3.3.1.3	变送器线路，电源检查	接线正确，DC 24V电源已送正常
2.2.3.3.2	水位仪表投入	管路冲洗停止后冷却有凝结水，缓慢稍开一次阀门，检查管路各接头，盘根无泄漏，稍开正压二次阀门，变送器排空气，然后关闭排气阀，全开一次门，全开二次正压门，关闭平衡门，开启负压门，水位仪表即投入
3	清理或更换仪表标示，仪表阀门标示	标示清晰整齐
4	检修工作结束	工作票终结，该设备投入运行

🛒 【任务验收】 ◎

（1）各种检修技术记录，验收单据完整，准确书写整齐。

（2）能进行平衡容器的检查，平衡容器的取样口标高"0水位线"。间距应正确。单室平衡容器不保温，平衡容器与压力容器之间的连接管检查，应有足够大的流通截面，管路应保温，一次阀门应横装。测量容器内传压管检查，配合机务检查，应无裂缝。发现缺陷应消除。

（3）仪表阀门检查，仪表阀门完好，严密，手轮齐全，标志正确清楚，操作灵活。电缆绝缘检查，500V绝缘摇表测量绝缘大于20MΩ，检查前电缆应开路测试。

（4）能进行变送器承压容室清洗，无污垢。接线，电源检查，线号清楚，接线正确牢固，引线无破损伤痕。DC 24V电源正常。

（5）投入前检查，一、二次阀门、排污门及各管路接头检查，取样管路冲洗完成。

（6）检修后场地清洁，卫生良好。

（7）资料齐全。

【知识拓展】

一、磁翻板液位计初步认识

UXJ 磁翻板液位计以磁浮子为测量元件，经磁系统耦合将容器中被测介质的液位传至指示器以显示被测液位。其基本型为现场指示液位并配有液位报警磁记忆开关，可实现远距离液位上、下限二位或上上、上、下、下下限四位报警。基本型与磁致伸缩线液位变送器配合，可将液位的变化转换成 4～20mA 电流输出，实现液位的远传、监测和控制。它广泛应用于水电站以及石油、化工等部门各类密闭或敞开容器内的液位测量中。

二、磁翻板液位计如何测量

UXJ 磁翻板液位计由厚壁不锈钢管、磁记忆开关、红白间色磁翻柱不锈钢指示板、钛合金性浮子和液位变送器等部件组而成。

UXJ 液位计设计制造是基于连通式的液位测量原理。焊于不锈钢管侧壁的上、下连接法兰将液位计与被测容器相连，使液位计内的介质条件与被测容器的介质条件完全相同。根据浮子的重量和浮子排开液体体积重量相等原理，使装有永久磁钢的浮子浮在被测介质中，并随液位的变化上、下浮动。浮子内磁钢所在位置（实际液位的高度）通过磁系统耦合，使液位计的磁翻板翻动，磁翻板的位置也就反映了压力容器内液体的实际液位。磁翻板结构示意图如图 4-19 所示。

磁翻板液位计提供了三合一液位检测功能，即现地液位指示，通过红白间色指示器直观目测容器内液位高度；安装于液位计管壁外侧的磁记忆开关，可多点设置、滑动调整位置，提供了液位开关量报警功能；内置于测量管中心的液位变送器，可输出高精准 4～20mA 模拟量输出，便于监控系统远程监测液位。

液位计使用的钛合金极性浮子，具有耐压高，重量轻的特性，在相同介质密度条件下，钛合金浮子比传统不锈钢浮子体积减小许多。从而可以缩小因浮子高度影响造成的测量零点盲区，也便于液位计整体安装。

钛合金双极性浮子具有独特的内外双磁场的结构。径向内磁场与磁致伸缩线液位变送器耦合，使之准确感应液位位置。

钛合金极性浮子内置磁钢采用镍铁硼材料制作而成。磁场强度大小精确，易控

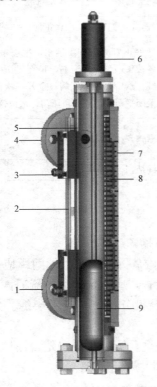

图 4-19 磁翻板结构示意图

1—安装下活动法兰；2—开关安装滑轨；3—磁记忆开关；4—安装上活动法兰；5—不锈钢管；6—液位变送器；7—不锈钢指示板；8—磁翻柱；9—钛合金双极性浮子

制，遇热、碰撞不易消磁，可长期稳定使用。

三、磁翻板液位计技术特点

（1）结构简单、坚固耐用。

（2）磁翻柱指示器与介质隔离独立安装，可拆卸更换。

（3）钛合金双极性浮子体积小、强度高，便于液位计安装。

（4）技术参数。测量范围（安装法兰中心距）500～3000mm。磁翻柱指示精度：±10mm。环境温度：0～600°。

侧装式磁翻板液位计主要用于对密闭压力容器的液位测量，侧装式磁翻板液位计可通过上、下两个活动法兰与压力容器直接相连。

四、磁翻板液位计安装及维护

磁翻板液位计安装示意图如图4-20所示。

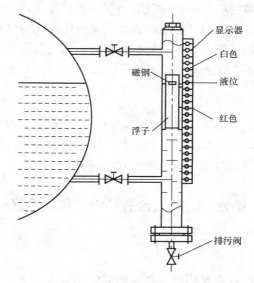

图4-20 磁翻板液位计安装示意图

（1）液位计腔内不得有异物例如，焊渣、铁锈等。

（2）液位计必须垂直安装在压力容器上。

（3）运行中应避免重物撞击和强磁性物接近。

（4）如介质中有沉淀或不清洁物，修检时应松开液位计下端的螺钉排污。

项目五　烟气监测仪表检修

【项目描述】

　　锅炉燃烧质量的好坏，直接关系到电厂燃料消耗率。炉烟成分自动分析就是为了连续监督燃烧质量，以便及时控制燃料和空气的比例，使燃烧维持在良好的状态下。

　　在电厂、冶金、化工等工业部门，烟气监测仪表被广泛用来测量锅炉及多种加热炉烟道气体的含氧量，组成氧量自动控制系统实现最佳燃烧控制，从而达到节约能源，经济运行的目的。同时，为了减少环境污染，需实时监测烟气中的有害气体。

　　本项目的任务是培养学员对烟气监测仪表及系统整体构成的分析能力，使学员具备对烟气监测仪表进行检修及校验的能力，养成依据规程开展烟气监测仪表检修工作的职业习惯。

【教学环境】

　　教学场地是多媒体教室、热工仪表检修室，或一体化教室；校外实训基地。学员在多媒体教室进行相关知识的学习，小组工作计划的制订，实施方案的讨论；在热工仪表检修室或校外实训基地依据规程进行烟气监测仪表的校验、检修。

任务一　烟气含氧量测量仪表检修

【学习目标】

　　（1）能表述氧量测量计的测量原理；能说明其使用特点。

　　（2）能根据检修规程进行检修的设备准备、材料准备、施工现场准备工作，能开具合格的工作票。

　　（3）能进行采样气路系统检查、氧化锆探头外观检查、探头内阻的检查、探头本底电势的检查、绝缘检查等。

　　（4）能完成调校项目，整套仪表的示值校准等，出具校验证书。

　　（5）能正确投入氧量测量系统，能进行准确测量，检查管路各接头，盘根无泄漏。

　　（6）会按流程结束工作票、整理归档资料，办理正常结束工作手续。

【任务描述】

　　氧量测量仪表检修的任务是培养学员能根据被测量烟气含氧量参数的要求，对烟气含氧量测量系统构成的分析能力，使学员熟悉 JJG 535—2004《氧化锆氧分析器检定规程》等相关规程，具备按电厂工作规程进行含氧量仪表检修的能力。

【知识导航】

为了使燃料达到完全燃烧，同时又不过多地增加排烟量和降低燃烧温度，首先控制燃料与空气的比例，使过剩空气系数 α 保持在一定范围内。例如，对于燃煤炉，α 约在 $1.20\sim1.30$；对于燃油炉，α 约在 $1.10\sim1.20$。过剩空气系数的大小可通过分析炉烟 CO_2 和 O_2 含量来判断，它们之间的关系还与燃料品种、燃烧方式和设备结构有关。如图 5-1 所示为烟煤燃烧产物中 CO_2 及 O_2 含量 φ（%）与过剩空气系数 α 的关系曲线。

由于氧含量与 α 之间有单值关系，而且此关系受燃料品种的影响较小；另外，由于氧量计的反应比二氧化碳表快，所以，目前电厂中一般只采用烟气中含氧量作为燃烧过程中燃料量与空气量比例是否恰当的判断标准，用以控制锅炉的送风量。主要是采用氧化锆氧量测量烟气含氧量。

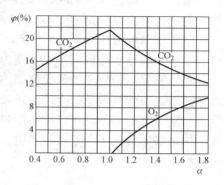

图 5-1 烟煤燃烧产物 CO_2 及 O_2 的
含量 φ（%）与 α 的关系曲线

随着锅炉容量的增大和环境保护要求的提高，希望全面分析炉烟中各成分的含量。例如，CO_2 的含量与燃油炉结焦和 SO_2 含量有一定关系，而 SO_2 含量直接影响锅炉尾部的腐蚀情况；另外 SO_2 和 NO 的含量是环境保护所要控制的指标，因此发展快速响应的自动气相色谱仪用于炉烟的全分析是值得重视的。

炉烟成分正确分析的首要条件是分析的气样要有代表性。因此，取样点应设置在燃烧过程已结束，烟气不存在分层、停滞，以及烟气温度为取样装置所能耐受的地方。由于烟道处于负压下，特别要防止空气漏入而影响测量正确性。取样装置一般放在高温省煤器出口烟气侧，也可放在过热器出口烟气侧。实验证明，对于大截面烟道，截面上各处烟气成分是不相同的，有明显分层倾向，而且在各排不同喷燃器投入运行的情况下，分层情况也不同。因此，最好设置多个取样点，然后取其平均值，但这样做会增加测量滞后，有时就用试验方法求取一个较好的取样点位置作为经常测量的取样点。

快速响应是对成分分析仪的一个突出的要求，应尽可能缩短取样管路，以减少纯滞后，因此，最好装设大口径旁路烟道，分析仪的取样装置则可安装在旁路烟道内。

氧化锆氧量计是近年来发展起来的一种新型分析仪表。它的探头可直接插入烟道内检测，并且具有结构简单，精度较高，对氧含量变化反应迅速等特点。

一、氧化锆氧量分析仪的工作原理

氧化锆氧分析仪（也称为氧量计）的基本原理是氧化锆作为固体电解质，高温下此电解质两侧氧浓度不同时形成浓差电池，浓差电池产生的电势与两侧氧浓度有关，如一侧氧浓度固定，即可通过测量输出电势来测量另一侧的氧含量，氧化锆氧量计的浓差电池就是用一根氧化锆管制成的。

氧化锆管是由氧化锆（ZrO_2）中渗入一定（12%～15%克分子数）的氧化钙（CaO）或氧化钇（Y_2O_3）并经高温焙烧后制成，它的气孔率很小。在管子的内外壁上用高温烧结等方法附上金、银或铂的多孔性电极和引线，如图 5-2 所示。

经上述掺杂和焙烧而成的氧化锆材料，其晶型为稳定的萤石型立方晶格，晶格中部分四

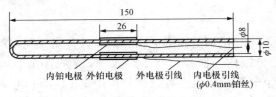

图 5-2　氧化锆管

阶的锆离子被二阶钙离子或三阶的钇离子所取代而在晶格中形成氧离子空穴。由于氧离子空穴存在，在 $600\sim1200℃$ 高温下，这种氧化锆材料成为对氧离子有良好传导性的固体电介质。在氧化锆管两侧的多孔铂电极构成了氧的浓差电池。两侧铂电极分别经引线接至毫伏表，如图 5-3 所示。在氧浓差电池的两侧分别通过不同的气体（例如，空气和烟气，它们的含氧量分别为 20.6％和 3％左右），其氧的分压力不同，设空气中氧的分压力为 p_0，烟气中氧的分压力为 p。在 650℃以上的高温下，氧分子要夺取铂电极上的电子成为氧离子（一个氧分子夺取 4 个电子变为两个氧离子）。在两侧氧分压力差的作用下，氧离子由一侧经具有氧离子空穴的氧化锆固体电解质到达另一侧，放出 4 个自由电子还原成氧分子随气体流走。虽然两侧铂极上均有正反应和逆反应产生，但含氧量高的一侧的正反应大于逆反应；含氧量低的一侧的正反应小于逆反应。所以空气侧的铂电极因失去电子而带正电，烟气侧的铂电极因得到了电子而带负电，当达到动态平衡时，建立起氧的浓差电势。两电极上氧化还原反应式为

正反应式

$$O_2 + 4e \longrightarrow 2O^{2-} \tag{5-1}$$

逆反应式

$$2O^{2-} - 4e \longrightarrow O_2 \uparrow \tag{5-2}$$

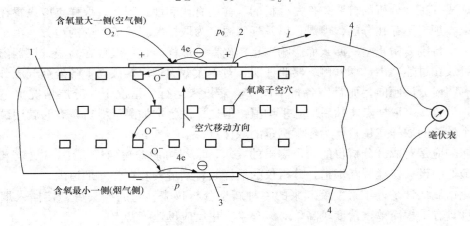

图 5-3　氧浓差电池
1—氧化锆；2、3—铂电极；4—导线

氧化锆两侧氧的浓度差越大，氧的浓差电势也越大，其关系可用能斯特（Nernst）公式表示，即

$$E = \frac{RT}{nF}\ln\frac{p_A}{p_C} \tag{5-3}$$

式中：E 为氧浓差电势；R 为理想气体常数，$R=8.314J/(mol\cdot K)$；T 为氧化锆管处的热力学温度，K；F 为法拉第常数，$F=96\ 500C/mol$；n 为一个氧分子传输的电子数，$n=4$；p_A 为参比气体氧的分压力；p_C 为被测气体氧的分压力或含氧量。

若两侧气体的压力相同均为 p 则上式可写成

$$E = \frac{RT}{nF} \ln \frac{\varphi_A}{\varphi_C} \tag{5-4}$$

式中　　φ_A——参比气体中氧的容积含量，$\varphi_A = \frac{p_A}{p}$；

φ_C——被测气体中氧的容积含量，$\varphi_C = \frac{p_C}{p}$。

空气的平均含氧量为 20.6%。式中的 R、n、F 均为常数，若氧化锆管处的温度也保持恒定不变，则氧的浓差电势就随代表烟气的含氧量的 φ_C 值而变化，因此测出氧的浓差电势大小，就可知烟气含氧量的高低。如果氧化锆测量元件周围的温度随烟气温度而变化，氧的浓差电势与烟气的含氧量就不是单值函数关系，而且也是温度的函数。表 5-1 是以空气作参比气体情况下，不同温度时被测气体含氧量与氧浓差电势的关系。

表 5-1　　氧浓差电势与气体含氧量的数值关系

O_2(%)　　E(mV)　　温度(℃)	1	2	3	4	5	6	7	8	9	10
600	57.09	43.93	36.44	31.02	26.83	23.40	20.20	17.99	15.78	13.79
650	60.20	46.40	38.30	32.70	28.20	24.60	21.50	18.90	16.50	14.40
700	63.63	48.96	40.61	34.58	29.90	26.08	22.85	20.05	17.58	15.37
750	66.60	51.30	42.50	36.20	31.20	27.20	23.80	20.90	18.30	15.95
800	70.17	54.00	44.78	38.13	32.97	28.76	25.20	22.11	19.39	16.95
850	73.44	56.51	46.87	39.91	34.51	30.10	26.37	23.14	20.29	17.740

为了提高烟气含氧量测量的精确度，在使用氧化锆管时应注意以下几点：

（1）保持氧化锆管周围温度恒定或采取补偿措施。由式（5-3）可以看出，只有在 $T=$ 常数时，E 与 p 才呈单一函数关系。一般把氧化锆管的工作温度恒定在 800℃ 左右，或采取局部补偿或完全补偿的措施。不同厂家的产品有不同的恒定温度值，例如，有的产品恒定为 780℃±10℃，有的产品恒定为 750℃。恒定的温度太低，会降低测量的灵敏度；恒定的温度太高，烟气中的氧会在铂的催化下，易与可燃物质化合，使含氧量降低，输出电势增大。

（2）参比气体和被测气体的总压力必须基本相等。这样才能用两种气体氧的分压力比代表氧的含量之比。

（3）氧化锆管内、外侧气体要不断流动更新，否则两侧气体含氧量会趋于平衡。

（4）由于氧浓差电势与含氧量的关系为非线性的对数关系，若以输出的氧浓差电势作为燃烧过程自动控制系统的被调量信号，应对输出信号进行线性化处理。

二、氧化锆氧量分析仪的结构

氧化锆氧化析仪主要由氧化锆探头和氧量变送器两部分组成。

氧化锆探头是氧量分析仪的检测部分，其核心部件就是作为氧浓差电池的氧化锆管。它的作用是将被测气体的含氧量转换成氧浓差电势。

氧化锆管的结构型式一般有一端封闭型和两端开口型两种，如图 5-4 所示。目前我国只采用一端封闭型氧化锆管，其内外壁所敷的多孔铂电极的位置，有在中间部位和在半圆形底部两种布置方式。如图5-5所示的 ZO 系列氧化锆分析器的铂电极就是敷在半圆形底部的内外壁部分，然后分别用铂丝引出。氧化锆管处于电加热炉 3 内，温度控制在 650℃以上、1150℃以下的某一温度，炉温由热电偶 4 测量。氧浓差电势、热电势信号均送至氧量变送器。

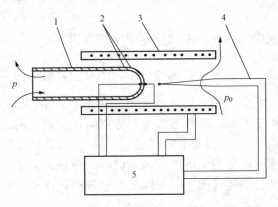

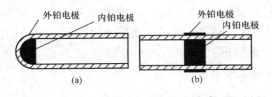

图 5-4　氧化锆管结构

（a）一端封闭型管；（b）两端开口型管

图 5-5　ZO 系列氧化锆氧量分析器结构原理图

1—氧化锆管；2—铂电极；3—加热炉；

4—热电偶；5—氧量变送器

　　ZO 系列氧量计的氧化锆传感器探头结构如图5-6所示。空气以自然对流方式不断流过氧化锆管的外侧；烟气经陶瓷过滤器（图中未标出）流经氧化锆管内侧。热电偶用于控制加热炉的温度。校正用的标准气样经校正气管引入氧化锆管内侧。

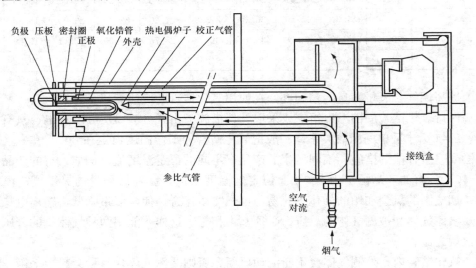

图 5-6　氧化锆传感器探头示意图

　　氧量变送器的作用是将浓差电势转换成 DC 0～10mA 或 DC 4～20mA 输出给显示仪表或调节器或进行数字显示。

　　氧量变送器组成框图如图5-7所示，由阻抗变换级、温度变换级、除法器倒相器及线性化电路组成。

　　氧浓差电池本身具有较大内阻，为使浓差电势信号全部（或接近全部）输送给氧量变送器，必须使流过浓差电池的电流基本为零（或接近零）。为此，变送器输入回路采用高输

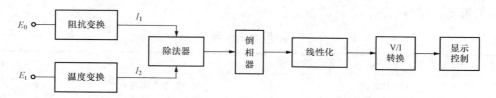

图 5-7　氧量变送器组成框图

入阻抗的阻抗变换级以保证流经浓差电池的电流近似为 0。

温度变换的作用是采用热电偶产生的热电势对氧浓差电势进行补偿运算，使氧量计输出的氧浓差电势与温度无关。

浓差电势 E 与被测氧浓度量呈对数函数的非线性关系，而且氧浓度越低，其输出毫伏越大，经倒相器和线性化处理将除法器输出处理成为与浓差电势成正比的直流毫伏信号后，再经电压/电流转换，最后变送器输出与被测气体氧浓度成线性对应关系的直流电流信号。

三、氧化锆式氧量计测量系统

目前，用氧化锆式氧量计来测量炉烟含量的系统形式很多，大致可分为抽出式和直插式两类。

抽出式带有抽气和净化系统，能除去杂质和 SO_2 等有害气体，对保护氧化锆管有利。氧化锆管处于 800℃ 的定温电炉中工作，准确性较高，但系统复杂，并失去了反应快的特点。

直插式是将氧化锆管直接插入烟道高温部分，如图 5-8 所示。在一端封闭的氧化锆管内外，分别通过空气和被测烟气，在管外装有铂铑-铂热电偶，测定氧化锆管的工作温度，并通过控制设备把定温炉的温度控制在 800℃，为了防止炉烟尘粒污染氧化锆，加装了多孔性陶瓷过滤器。用泵抽吸烟气和空气使它们的流速在一定范围内，同时使空气和烟气侧的总压力大致相等，也可不用定温电炉，而在测出工作温度后用除法电路对输出电势进行温度补偿。直插式的特点是反应迅速，响应时间约为 1s 左右，加装过滤器后响应时间大约在 3s 左右。

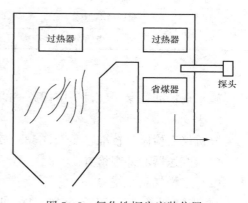

图 5-8　氧化锆探头安装位置

目前，氧化锆材料存在的问题是，在高温下膨胀而易出现裂纹或使铂电极脱落；另外，在氧化锆管表面有尘粒等污染时测量误差较大，甚至使铂电极中毒，所以使用过程中要经常清理。

【任务实施】

1. 检修前的准备工作

参照项目一中任务一的相关内容。

工具准备、材料准备、备件准备见表5-2。

表 5-2　　　　　　　　　　　　设 备 准 备 表

工 具 准 备				
序号	工器具名称	工具编号	检查结果	备注
1	万用表		☐	1个
2	电笔		☐	1个
3	螺丝刀		☐	各1个
4	钳子		☐	2把
5	扳手		☐	2把
6	摇表		☐	1个
7	六方		☐	1套
8	对讲机		☐	1副

材 料 准 备				
序号	材料名称	检查结果	序号	材料名称	检查结果
1	白布	☐	3	塑料粘胶带	☐
2	棉纱	☐	4	标气	☐

备 件 准 备				
序号	备件名称	检查结果	序号	备件名称	检查结果
1	氧化锆探头		3	电加热器	☐
2	K型热电偶	☐			

2. 开工

施工现场准备参照项目一中任务一的相关内容。

3. 检修

分析仪表检修与校准参照 JJG 535—2004《氧化锆氧量分析仪检定规程》进行。

(1) 变送器的外观检查。

(2) 采样气路系统检查。

1) 取样烟道应流畅、不漏风、保温良好；若为旁路烟道应进行吹扫，保证管道畅通。

2) 气泵、空气过滤器、流量计应完好，必要时解体清洗，保证其清洁、畅通和密封性。

(3) 氧化锆探头检查。

1) 外观检查：碳化硅滤尘器透气性应良好，无堵死、积灰、机械损伤现象；氧化锆管应清洁，无裂纹、弯曲、严重磨损和腐蚀；铂电极应引线完好，黏结剂无脱落；氧化锆管和氧化铝管封接应严密、不漏气；法兰接合面应无腐蚀，密封垫完好，法兰螺丝紧固；接线盒应无严重积灰、锈蚀。

2) 探头内阻的检查：在探头温度为700℃时，以离子传导方式为依据的测量探头，其内阻一般应不大于100Ω。

3) 探头本底电势的检查：在探头温度为700℃时，从工作气口和参比气口分别通入

300mL/h 的清洁空气,测量探头的本底电势应不大于±5mV。

4)探头安装后,参比气孔与标准气孔应朝下;探头至转换器的屏蔽线应完好。

(4)绝缘检查。

1)常温下,用 500V 兆欧表测量探头的绝缘电阻,热电偶对外壳绝缘电阻应大于 100MΩ,加热丝对外壳绝缘电阻应大于 500MΩ,内电极引线对外壳绝缘电阻应大于 20MΩ。

2)常温下,用 500V 兆欧表测量变送器的绝缘电阻,应不小于 40MΩ。

4. 调校项目与技术标准

(1)温度控制准确性校准:将探头温度升到给定点,稳定 30min,测量热电偶温度,其值与给定值之差应不大于±5℃。

(2)温度稳定性校准:每隔 5min 测量一次热电偶温度,连续测量 10 次。10 次读数的最大差值应不大于±4℃。

(3)转换器的校准:用电位差计在"氧势"(浓差电势)输入端分别输入相当于含氧量为 0.5%、2%、4%、6%、8% 和 10% 的毫伏信号(查表值加探头本底电势值),测量并记录转换器输出电流值,其值与标准输出值之差的最大值应不大于转换器的基本误差,否则应进行调整。

(4)恒流性能校准:输出电流为满量程时,负载电阻在规定范围内每变化 1kΩ,输出电流的变化应不大于 0.1mA。

(5)整套仪表的示值校准:调好显示装置的起点和终点指示后,使用保质期内的标准气体,按制造厂规定的流量(如制造厂未规定流量,则以 300mL/min 的流量)通入探头,进行整套仪表的示值校准。

1)量程的校准:旋开探头标准气螺堵,接上 20.6% 含氧量的标准气或通入 20.6% 的新鲜空气,观察二次仪表(或 CRT)显示读数,待稳定后若有偏差,调整量程微调使显示至 20.6%。

2)零点的校准:换上 1% 左右含氧量的标准气体,观察二次仪表(或 CRT)显示读数,待稳定后若有偏差,调整零点微调使显示至对应标准气体含氧量的值。

3)重复 1)和 2)步骤,直至量程和零位均达到要求(量程和零位微调幅度均不可太大,以免影响基准电压)。

4)精度检查:量程和零位校准后,换上接近烟气氧量的标准气体(若未进行量程和零位校准,则分别将满量程 1%、4%、8% 的三种标准气体)依次通入探头,观察显示装置的显示值,待指示稳定后记录读数,重复 3 次;显示值与标准气体含氧量之差的最大值应不大于量程(10%)的±5%。

(6)整套仪表示值重复性校准:在进行上述整套仪表的示值校准时,每 2 次间读数的最大差值应不大于量程的±0.2%。

5. 运行维护

(1)投运前的准备。

1)检查探头、连接导线、气路系统、转换器和显示仪表等应符合要求。

2)对于新安装的系统,检查取样点炉烟温度应符合要求。

3)探头一般应在锅炉点火前安装好,随锅炉启动逐渐升温;若在锅炉运行中安装或更换探头,应将探头升温到额定温度后方可置入烟道内。

（2）投入。

1）点火前 1～2 天，应先接通电源，以避免因锆管的骤冷或骤热而造成断裂。

2）将参比气体流量调到 250mL/min；对于正压燃烧的锅炉，应适当加大参比气体的流量。

3）当探头温度升到额定值时，稳定 30min，检查温控设备工作状况应正常。

（3）维护。

1）对于第一次投入使用的仪表，在第一周内，应每天检查一次加热丝电压和探头温度，以后可延长到每周检查一次。

2）每季度用标准气体（含氧量约为 4% 和 8% 两种，流量为 300mL/min）校对仪表示值一次。

3）为防止探头损坏，锅炉检修时前应将探头从烟道中抽出，清除积灰保管好。

4）做好系统设备安装、维护时间和标定记录。

（4）停用。

1）切断仪表和气泵电源。

2）随锅炉检修停运的仪表，应在检修前将探头抽出烟道并保管好。

6. 清理或更换仪表标示，仪表阀门标示清晰整齐

7. 检修工作结束工作票终结，该设备投入运行

8. 整理相关检修资料、记录等

【任务验收】

（1）设备验收合格率 100%。

（2）各种检修技术记录，验收单据完整，准确书写整齐。

（3）采样气路系统检查，保证其清洁、畅通和密封性。氧化锆探头检查，外观检查、探头内阻的检查、探头本底电势的检查、绝缘检查等规范操作。

（4）调校项目，整套仪表的示值校准等规范操作，出具校验证书。

（5）氧量测量系统能进行准确测量，检查管路各接头，盘根无泄漏。

（6）投入氧量测量系统规范，在 OIS 上显示正常。

（7）检修后场地清洁，卫生良好，铭牌齐全。

（8）资料齐全。

任务二　CEMS 烟气在线监测仪表检修

【学习目标】

（1）能表述 CEMS 烟气在线监测仪表的测量原理；能说明其使用特点。

（2）能根据检修规程进行检修的设备准备、材料准备、施工现场准备工作，能开具合格的工作票。

（3）能进行采样气路系统检查、CEMS 烟气在线监测仪表外观检查、探头的检查、绝缘检查等。

（4）能完成调校项目，整套仪表的示值校准等，出具校验证书。

（5）能正确投入 CEMS 烟气在线监测仪表，能进行准确测量，检查管路各接头，盘根无泄漏。

（6）会按流程结束工作票、整理归档资料，办理正常结束工作手续。

【任务描述】

CEMS 烟气在线监测仪表检修的任务是能根据被测量烟气二氧化硫（SO_2）浓度、氮氧化物（NO_x）浓度等参数的要求正确分析测量系统构成，说明测量原理及基本技术参数，熟悉相关的规程，并能按电厂工作规程进行 CEMS 烟气在线监测仪表的检修，熟练掌握相应职业技能。

【知识导航】

一、CEMS 系统

CEMS 是烟气在线连续监测系统（continuous emission monitoring systems）的简称，是一种大型的在线分析成套系统。CEMS 烟气在线监测系统由粉尘监测装置、气态污染物（SO_2、NO_x）监测子系统、烟气排放参数测量子系统、数据采集、传输、处理与报表系统等组成。

CEMS 烟气排放连续监测系统被用来实时监测烟气、烟尘污染物排放情况及相关的参数，包括粉尘含量、二氧化硫（SO_2）浓度、氮氧化物（NO_x）浓度、氧气（O_2）浓度、流量、温度、压力、湿度等。

CEMS 系统将烟道中的气体按照分析仪器能够接受的压力、温度、流量、含水量、含尘量以及干净程度完成其处理功能。主要完成以下几项工作：

（1）样品抽取。用取样泵将烟道中气体抽取，供分析仪器测量 SO_2、NO_x、O_2、CO 的含量。

（2）气水分离。样气温度下降出现游离水，气水分离器将气、水分开，然后将水排出。

（3）冷凝除水。压缩机致冷器除水，蠕动泵排水，并且用膜式除湿器除去样气中含水量。

（4）精密过滤。进一步除尘，保证整个过滤精度在 $0.5\mu m$ 以下。

（5）标定。定时对仪器进行零点和量程标定。

（6）快速回流。在满足仪器所需流量情况下，为提高分析效果减少滞后所采取的措施。

（7）流量调节。保证仪器的进样流量在 $1.2\sim2L/min$。

PLC（可编程序控制器）是 CEMS 系统的数据采集、控制单元。提供 24h 的记录接口系统，可以将加工过的数据传输给 DAS。主要完成以下几项工作：

（1）自动控制烟气抽取，将样气提供给分析仪。

（2）执行分析仪的零点和量程校准。

（3）自动反吹和冷凝液排放。

（4）显示 CEMS 状态（采样/校零/反吹）。

（5）报警，计算，定义，扩展。

（6）信号传输与 DAS 通信。

二、烟气测量技术

针对大气与空气污染，我国制定了《环境监测技术规范》，规定了大气环境污染监测与污染源监测的目的、布点原则、监测项目、采样方法和监测技术等。我们主要介绍监测技术。

（一）二氧化硫的测定

大气中含硫的污染物主要有 H_2S、SO_2、SO_3、CS_2、H_2SO_4 和各种硫酸盐，而二氧化硫在各种大气污染物中分布最广、影响最大，所以，在硫化物的监测中常常以二氧化硫为代表。

SO_2 是主要的大气污染物之一，来源于煤和石油等燃料的燃烧、含硫矿石的冶炼等化工产品生产排放的废气，其测量方法有分光光度法、紫外荧光法、电导法、火焰光度法、库仑滴定法等。这里对紫外荧光法进行介绍。

荧光通常是指某些物质受到紫外光照射时，各自吸收了一定波长的光之后，发射出比照射光波长长的光，而当紫外光停止照射后，这种光也随之很快消失。

1. 原理

荧光通常发生于具有 $\Pi\text{-}\Pi$ 电子共轭体系的分子中，如果将激发荧光的光源用单色器分光后照射这种物质，测定每一种波长的激发光及其强度，以荧光强度对激发光波长或荧光波长作图，便得到荧光激发光谱或荧光发射光谱。不同物质的分子结构不同，其激发光谱和发射光谱不同，以此来进行定性分析。在一定条件下，物质发射的荧光强度与浓度之间有一定的关系，以此来进行定量分析。

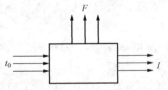

图 5-9　观测荧光方向示意

含被测物质的溶液被入射光（I_0）激发后，可以在溶液的各个方向观测到荧光强度（F）。但由于激发光源能量的一部分透过溶液，故在透射方向观测荧光是不行的。一般在与激发光源发射光垂直的方向观测，如图 5-9 所示。

根据比耳定律，透过光的比例为

$$\frac{I}{I_0} = 10c^{\varepsilon bc}$$

式中　I_0——入射光激光强度；

　　　I——透过光强度；

　　　c——被测物质的浓度；

　　　ε——被测物质摩尔吸光系数；

　　　b——透过液层厚度。

总发射荧光强度 F，对于一定的荧光物质，当测定条件确定后，即上式中的 I_0、ε、b 均为常数，则有

$$F = kc$$

即荧光强度与荧光物质浓度呈线性关系。荧光强度与荧光物质浓度仅限于很稀的溶液。影响荧光强度的因素有激发光照射时间、溶液浓度的 pH 值、溶剂种类及伴生的各种散射光等。

2. 荧光计及荧光分光光度计

用于荧光分析的仪器有目视荧光计、光电荧光计和荧光分光光度计等。它们由光源、滤

光片、单色器、样品池及检测系统等部分组成。光电荧光计以高压汞灯为激发光源，滤光片为色散元件，光电池为检测器，将荧光强度转换为光电流，用微电流表测定。该系统结构简单，可用于微量荧光物质的测定。

如果对荧光物质进行定性研究，则需要使用荧光分光度计，其结构示意图如图 5-10 所示。它以氙灯作光源（在 250～600nm 有很强的连续发射，峰值在 470nm 处），棱镜或光栅为色散元件，光电倍增管为检测器。荧光信号通过光电倍增管转换为电信号，经放大后进行显示和记录；也可以送入数据处理系统经处理后进行数显、打印等。

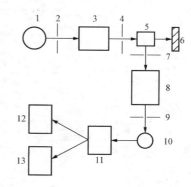

图 5-10 荧光分光度计结构示意图
1—光源；2、4、7、9—狭缝；3—激发光单色器；5—样品池；6—表面吸光物质；8—发射光单色器；10—光电倍增管；11—放大器；12—指示器；13—记录仪

3. 大气中 SO_2 的测定

紫外荧光法测定大气中的 SO_2，具有选择性好、不消耗化学试剂、适用于连续自动监测等特点，已被世界卫生组织在全球监测系统中采用。目前，广泛用于地面环境自动监测系统中。

若用波长 190～230nm 紫外光照射大气样品，样品则吸收紫外光而被变为激发态，激发态 SO_2^* 不稳定，瞬间返回基态，发射出波峰为 330nm 的荧光，发射荧光强度和 SO_2 浓度成正比，用光电倍增管及电子测量系统测量荧光强度，即可得知大气中的密度。

荧光法测定 SO_2 的主要干扰物质是水分和芳香烃化合物。水的影响一方面是由于 SO_2 可溶于水造成损失，另一方面是由于 SO_2 遇水产生荧光猝灭而造成的负误差，可用半透膜渗透法或反应室加热法除去水的干扰。芳香烃化合物在 190～230nm 紫外光激发下也能产生荧光，造成正误差，可用装有特殊吸附剂的过滤器预先除去。

紫外荧光 SO_2 监测仪由气路系统及荧光计两部分。如图 5-11 和图 5-12 所示。大气试样经除尘过滤器后通过采样阀进入渗透膜除水器、除烃器到达荧光反应室，反应后的干燥气体经流量计测定流量后排出。

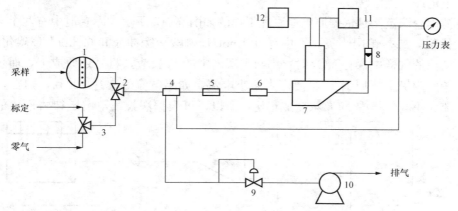

图 5-11 紫外荧光监测仪气路系统
1—除尘过滤器；2—采样电磁阀；3—零气/标定电磁阀；4—渗透膜过滤器；5—毛细管；6—除烃器；7—反应室；8—流量计；9—调节阀；10—抽气泵；11—电源；12—信号处理及显示系统

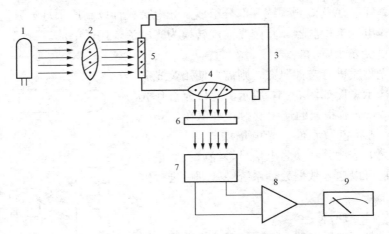

图 5 - 12　　监测仪荧光计工作原理

1—紫外光源；2、4—透镜；3—反应室；5—激发光滤光片；6—发射光滤光片；

7—光电倍增管；8—放大器；9—显示器

　　气样流速为 1.5L/min。荧光计脉冲紫外光源发射脉冲紫外光经激发光滤光片（光谱中心 220nm）进入反应室，分子在此被激发产生荧光，经发射光滤光片（光谱中心 330nm）投射到光电倍增管上，将光信号转换成电信号，经电子放大系统等处理后直接显示深度读数。

　　该仪器操作简便。开启电源预热 30min，待稳定后通入零气，调节零点，然后通入标准气，调节指示标准气浓度值，继之通入零气清洗气路，待仪器指零后即可采样测定。如果采用微机控制，可进行连续自动监测，其最低检测浓度可达 1ppb。

　　（二）氮氧化物的测定

　　氮气是大气组成中占绝对多数的气体。氮的氧化物有一氧化氮、二氧化氮、三氧化二氮、四氧化三氮等多种形式，大气中的氮氧化物主要以一氧化氮、二氧化氮的形式存在。一氧化氮在大气中易被氧化成二氧化氮，二者可以分开测量，也可以测量其总量。常用的方法有盐酸钠乙二胺分光光度法、化学发光法、恒电流库仑滴定法及原电池库仑滴定法等，这里只介绍原电池库仑滴定法。

　　原电池库仑滴定法是依据原电池原理工作的如图 5 - 13 所示。库仑池中有两个电极，一是活性炭阳极，二是铂网阴极，池内存 0.1mol/L 磷酸盐缓冲液和 0.3mol/L 碘化钾溶液；当进入库仑池的气样中含有 NO_2 时，则与电解液中的 I^- 反应，将其还原成 I_2，而生成的 I_2 又立即在铂网阴极上还原为 I^-，便产生微小电流。如果电流效率达 100%，则在一定条件下，微电流大小与气样中 NO_2 浓度成正比，所以，可根据法拉第电解定律将产生的电流转

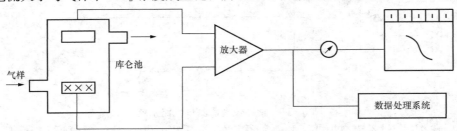

图 5 - 13　原电池库仑滴定法测定 NO_x 原理

换成 NO_2 浓度, 直接进行显示和记录。

该方法的缺点是 NO_2 流经水溶液时发生歧化反应, 造成电流损失, 使测得的电流仅为理论值的 70%。此外, 该仪器维护量较大, 连续运行能力差, 应用受到限制。

三、CEMS 系统投运操作

1. 启动前准备

(1) 按顺序合上断路器, 注意: 分析仪开启前外壳必须要被关好和接地。

(2) 打开分析仪表后电源让其预热。

(3) 按下操作面板上的自动按钮。

(4) 打开计算机电源, 启动检测画面。

(5) 接通送环保电源和连接网络通信。

2. 运行操作

(1) 仪表预热 30min 后才能获得真正的测量精度, 开始正常测量。

(2) 系统气路和电路正常工作时, 仪表流量计的指示在 $1.2 \sim 2.0L/min$。

(3) 样气取样管道及采样探头电伴热接通, 温控器设定在 $110 \sim 130℃$。

(4) 功能检查。

1) 转换开关置"维护"位置, 手动控制反吹开关, 系统进入反吹状态, 反吹灯亮, 进样阀关闭, 抽气泵停止, 反吹阀打开。

2) 转换开关置"自动"位置, 自动指示灯亮。在 PLC 控制下, 处于自动运行状态。进样阀和抽气泵开。

3) 报警检查, 将"工作-校对"转换阀置"校对"位置, 流量降低报警灯亮, 或通入 SO_2 标准气, 分析仪指示若达到报警设定值, 报警灯亮。

(5) 观察除湿器制冷状态 (除湿器温度设定在 $2 \sim 5℃$)。

(6) 观察吹扫压力, 压力应为 $0.3 \sim 0.7MPa$, 检查空气过滤器中是否有水和油, 应及时排水。

(7) 观察分析仪输出、DAS 画面、送环保的数据一致性。

(8) 小室内的排气扇和空调应投入, 保证空气流通, 避免气体中毒。

【任务实施】

一、CEMS 系统定期校准和校验

1. 定期校准

(1) 无颗粒物自动校准功能的 CEMS 应至少每三个月用校准装置校正仪器的零点和量程。

(2) 无气态污染物自动校准功能的 CEMS 应至少 15h 用零气和高浓度标气 ($80\% \sim 100\%$ 的满量程值) 或校准装置校正仪器的零点和量程。

(3) 无流速自动校准功能的 CEMS 应至少每三个月校准仪器的零点。

2. 定期校验

至少 6 个月做一次标定校验, 用参比方法和 CEMS 同时段数据进行比对。

3. 标准物质的使用

(1) 标准物质的选择 (不确定度正确, 具备资质和鉴定证书)。

（2）标准物质浓度的选择。

（3）使用有效期内。

（4）取样管线的选择：防吸附。

（5）气瓶压力：低于 0.1MPa 时，应停止使用。

（6）取样管路的严密性。

4. 校准结果判断及处理

CEMS 检测项目与技术指标见表 5-3。

表 5-3　　　　　　　　　　　　　CEMS 检测项目与技术指标

CEMS 类型	检验项目	技术指标要求	失控指标
颗粒物	零点漂移	不超过±2.0%F.S.	超过±8.0%F.S.
	跨度漂移	不超过±2.0%F.S.	超过±8.0%F.S.
气态污染物	零点漂移	不超过±2.0%F.S.	超过±5.0%F.S.
	跨度漂移	不超过±2.0%F.S.	超过±10.0%F.S.
流速	零点漂移	不超过±3.0%F.S. 或绝对误差不超过±0.9m/s	不超过±8.0%F.S. 或绝对误差不超过±1.8m/s

注　F.S. 为仪器满量程值。

二、日常维护保养

1. SO_2 监测系统

（1）易耗品的定期更换。探头过滤器芯，分析仪内各种过滤器芯，泵膜及轴承，密封圈（垫）等易耗品的定期更换。

（2）定期清理采样管线。需要检查系统管路冷凝水管壁吸附情况，及时吹扫干净，检查对管路及测点进行的定期反吹，检查伴热温度在 130℃左右，检查仪表的进气流量。

（3）定期检查冷凝装置。检查制冷装置工作情况，热交换管是否堵塞，排液蠕动泵是否正常工作，冷凝液是否正常排出，热交换管是否严重吸附。

（4）定期检查分析仪表。需要每 30 天进行零点漂移、量程漂移的检查和校正。标定时注意检查标气的有效期，当高压钢瓶标准气体的残压低于 0.1MPa 时，应停止使用。同时还要对仪器光源电压、电流、温度等内部参数进行检查，及时更换使用寿命到期的部件。

（5）环境的清洁，检测小屋室内温度保持 18～28℃，湿度在 60% 以内。排风扇和空调运行正常。系统排气、排水必须接到室外。站房的门窗是否密封，应保持环境卫生，减少灰尘。压缩气路中的冷凝、储气装置中的水应放掉。

2. 颗粒物监测系统

（1）清洁颗粒物窗口。

（2）校准光路准直。

（3）反吹系统的维护。定期更换系统的过滤器，检查管路的密封情况，检查风机的工作状况和风压大小。

（4）定期对零点、量程进行校准。反光镜片和滤光片来模拟零点漂移和量程漂移，每三个月还需要采用手工标准分析方法进行相关校准。

（5）外观的维护。对仪器防尘罩进行清洁，对电缆、管线的破损情况进行检查，检查仪器的密封圈（垫）以及设备腐蚀情况。

3. 烟气参数检测系统

（1）定期检查探头腐蚀情况。将皮托管、氧量、温度、湿度等探头从烟道抽出，检查是否堵塞、锈蚀穿孔，进行清洗和更换。检查皮托管的反吹管路、控制阀等是否正常工作，控制阀是否漏气，必要时可清洗更换。

（2）定期零点校准。定期校准仪器的零点。

（3）反吹系统检查。探头清洁，并慎重选择反吹的频率和压力。

（4）易损易耗品检查。检查含氧量、含湿量，对传感器及有寿命要求的器件及时更换。

（5）外观检查。防止灰尘，雨水附着，检查取压管路是否有泄漏。

4. 数据采集系统

（1）检查分析仪表读数。正常状态下分析仪表的读数应该与显示终端上的数据保持一致。

（2）检查各项参数的状态。检查烟道尺寸、大气压力、温度、湿度、速度场系数、标准空气过剩系数、颗粒物校准参数、体积与质量换算系数等是否正确，是否有改动。

（3）检查数据存储情况。检查历史数据的存储情况，分钟、小时、日、月、年历史记录等原始数据库记录，是否有缺失数据现象。检查系统状况参数、工况参数、折算参数是否对应，并与相关法规要求相符，确保上传数据的有效性。

（4）其他。检查数据备份与硬盘维护、通信协议、通信卡、网络连接、硬盘容量、登录日志、报警日志等。

三、常见故障及处理方法

CEMS 常见故障及处理方法见表 5 - 4。

表 5 - 4　　　　　　　　　　　CEMS 常见故障及处理方法

常 见 故 障			处 理 方 法
采样系统故障	1	采样探头堵塞	吹扫、疏通
	2	采样管路漏气	堵漏
	3	加热系统失效	检查加热元件、温度元件、数显表、控制回路
	4	采样流量降低	调整样气流量、检查样气管路是否泄漏、堵塞，清洗或更换过滤元件，检查分水器
	5	除水系统	检查蠕动泵、冷凝器、分水器、排水管路
	6	过滤元部件失效	清洗或更换
直接测量系统	1	镜片灰尘堆积	清除积灰
	2	检测孔堵塞	疏通、吹扫
分析仪器故障	1	漂移	校准
	2	量程不匹配	重新设置量程
	3	标定失误	采用合格标气重新标定
	4	光路污染	检查、清洗气室
	5	器件寿命	修理或更换
	6	成分干扰	检查气室、各组分传感器

【任务验收】

（1）各种检修技术记录，验收单据完整，准确书写整齐。

（2）按 CEMS 技术管理指标要求，分析仪、取样系统、数据采集系统工作正常。

（3）检修后场地清洁，卫生良好。

（4）资料齐全。

【知识拓展】

（一）飞灰含碳量

飞灰含碳量习惯上叫做飞灰可燃物含量（简称飞灰可燃物），是指飞灰中碳的质量占飞灰质量的百分比（测点为空气预热器出口处）。炉渣可燃物是指炉渣中碳的质量占炉渣质量的百分比。飞灰可燃物（炉渣可燃物）除与燃料性质有关外，很大程度上取决于运行人员的操作水平，与过量空气系数、炉膛温度、燃料与空气的混合情况有关。监督检查时以测试报告或现场检查为准，煤粉炉的飞灰可燃物一般控制在 4% 以下，流化床锅炉的飞灰可燃物一般控制在 8% 以下。

飞灰可燃物的测量有的厂已采用连续采样分析装置，其飞灰可燃物为在线测量装置分析结果的算术平均值。但大多数厂仍由化学试验人员定期采样化验分析，所以计算飞灰可燃物时，应根据每班飞灰可燃物数值，求得算术平均值。

飞灰可燃物和炉渣可燃物决定了机械不完全燃烧热损失，但是由于炉渣的数量很小，不足总灰量的 10%，所以炉渣可燃物的影响很小。燃煤的挥发分越高，灰分越少，煤粉越细，排烟携带的飞灰和锅炉排除的炉渣含量就越少，由它所造成的机械未完全燃烧热损失就越少，锅炉效率就越高。安装高质量的飞灰可燃物在线监测装置和煤质在线监测装置，可以使运行人员根据煤质和飞灰可燃物的大小及时调整一、二次风的大小和比例，调整最合理的煤粉细度，进一步降低飞灰可燃物。

（二）飞灰含碳量对经济性的影响

一座装机容量 1000MW 的火电厂，一年原煤消耗量约 300 万 t，按灰分含量为 27% 计算，年灰渣产生量 81 万 t。如果燃烧不完全，灰渣中残存 2% 的可燃物，则有 1.62 万 t 纯碳未能利用，因而锅炉热效率将受到影响。灰渣影响锅炉热效率的主要因素是机械未完全燃烧热损失，机械未完全燃烧热损失中由于从烟气带出的飞灰含有未参加燃烧的碳所造成的飞灰热损失。飞灰可燃物每降低 1%，锅炉效率约提高 0.3%。但是具体到一台机组，必须根据设计资料进行计算得到飞灰可燃物对机组经济性的影响幅度。

飞灰含碳量与燃料性质、燃烧方式、炉膛结构、锅炉负荷，以及司炉的操作水平有关。

（三）飞灰含碳量的在线检测

锅炉飞灰含碳量是影响火力发电厂燃煤锅炉燃烧效率的重要指标。传统测量飞灰含碳量是采用化学灼烧失重法，这是一种离线的实验室分析方法，由于采样工作量大，采集的数据量小，取样代表性差，而且分析时间滞后，难以及时反映锅炉燃烧工况，不能真正起到指导锅炉运行的作用，因而锅炉运行人员无法实时控制飞灰的含碳量。

连续准确地测量飞灰含碳量，将有利于实时监测锅炉燃烧情况，有利于指导锅炉燃烧调整，提高锅炉燃烧效率。所以国内外工程人员都在致力于飞灰含碳量在线检测的研究开发，一般采用微波测量技术、红外线测量技术和放射线测量技术。红外线测量技术是利用红外线对飞灰中碳粒反射率不同的原理进行测量的，按实际标定的反射率直接得出测量结果。丹麦、荷兰和英国有多家公司生产此产品，如丹麦制造的 RCA—2000 型连续飞灰含碳量分析仪，测量时间大约 3min，测量相对误差不大于 0.5%。

放射线测量技术是把飞灰看成是由两类物质组成的混合物，一类是高原子序数物质（例如，Si、Al、Fe、Ca、Mg 等）；另一类是低原子序数物质（例如，C、H、O 等）。低能 γ射线与物质相互作用的主要机理是光电效应和康普顿散射效应。当飞灰中含碳量低时，光电效应较强而康普顿散射效应较弱；反之则光电效应较弱而康普顿散射效应较强。因此，通过核探测器记录的反散射 γ 射线强度的变化就可以测量出飞灰中含碳量。黑龙江省科学技术物理研究所进行了相关的技术开发，样品的试验测量精度为 0.5%。

微波测量技术是利用飞灰中的碳粒能够吸收微波能量的机理进行测量。锅炉尾部烟气中的飞灰由于煤粉燃烧不完全而含有碳粒，这些碳粒能够吸收微波能量，引起微波能量的衰减；同时由于飞灰中其他成分对微波的吸收不敏感，因此，通过微波谐振测量技术，获取衰减的微波能量和含碳量的关系，就可以分析确定飞灰中碳的含量。

微波测量技术是根据飞灰中碳的颗粒对特定波长微波能量的吸收和对微波相位的影响这一特性而设计的，它采用微波喇叭天线与石英管配套的结构，通过检测微波功率衰减量来获得石英管中飞灰的含碳数值。研究表明，当飞灰中含碳量高时，微波能量损耗就大，也就是说，当飞灰含量变化时，微波衰减随之变化，这样只要测出微波能量的损耗就可方便地算出飞灰中碳的含量。微波测量技术是目前研究最多，测量精度最高，测量速度最快的测量方法。主要产品有：深圳赛达力电力设备有限公司生产的 MCM-Ⅲ 型飞灰测碳仪，测量精度为0.5%；澳大利亚 CSIRO 矿产和工程公司开发的微波测碳仪，测量精度为 0.08%～0.28%，测量时间小于 3min；南京大陆中电科技股份有限公司开发的 WBA 型电站锅炉飞灰含碳量在线检测装置。微波测量技术和其他测量方法一样均存在测量腔堵灰问题，最新的解决方案是把烟道作为测量腔直接对飞灰进行测量，但是由于烟道对于微波发射设备而言是一个大空间，这时微波不仅仅是保持直线穿过烟道空间，同时还有很大部分的能量向通道两端逸散掉了，于是接收端所测到的能量衰减就不完全是由灰样吸收微波能量所造成的，而且逸散掉的能量与烟气含灰量和烟气流场密切相关，若要精确测量飞灰而不堵腔则必须首先解决该问题。因此，加强对烟道式飞灰微波测量系统的研究开发很有必要。在新的测量仪器没有研究开发出来前，电厂要加强对现有测量仪器的维护，主要做到发现问题及时解决，现有的飞灰测量仪还是能够发挥一定的运行指导作用的。

1. 飞灰含碳量在线检测装置介绍

南京大陆中电科技股份有限公司开发的 WBA 型电站锅炉飞灰含碳量在线检测装置采用微波谐振测量技术。该装置根据飞灰中未燃尽的碳对微波谐振能量的吸收特性，分析确定飞灰中碳的含量，能实时、在线、准确地测量锅炉飞灰含碳量，效果良好。

该装置工作过程如下：系统采用无外加动力、自抽式动态取样器，自动等速地将烟道中的灰样收集到微波测试管中并自动判别收集灰位的高低。当收集到足够的灰样时，系统对飞灰含碳量进行微波谐振测量。测量信号经过现场预处理后传送到集控室，再经主机单元作进一步变换、运算和存储，并在真空荧光屏上显示含碳量的数值及曲线。已分析完的灰样根据主机程序中的设置命令或手动控制状态，可以自动排放回烟道或者送入收灰容器，以便于实验室分析化验，然后进行下一次飞灰的取样和含碳量的测量。该装置由飞灰取样器、微波测试单元、电控单元、主机单元、电缆及气路单元五个部分组成。装置采用两套独立的飞灰取样和微波测量系统，而共用一套电控和主机处理系统的结构如图 5-14 所示。

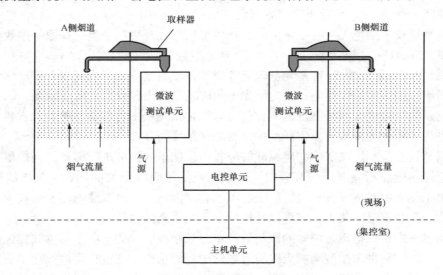

图 5-14　系统结构框图

（1）飞灰取样器。飞灰取样器由吸嘴、取样管、喷射管、压力调节管、旋流集尘器、静压管等部件组成。飞灰取样器利用锅炉运行时烟道负压在喷射管的喉部形成真空，由于取样器吸嘴处和喷射管喉部存在压力差，烟气便会沿着取样管流动，当烟气流动到旋风分离器（在旋流集尘器中）时，飞灰颗粒和空气分离，飞灰颗粒落入微波测试管，而空气则由喷射管进入烟道。当锅炉负荷调整时，烟道内的压力发生相应变化，飞灰取样器的喷射管喉部压力也跟随改变，使得取样管吸嘴处的动静压保持平衡，保证了装置能自动跟踪锅炉烟道流速的变化而保持等速取样状态。

（2）微波测试单元。微波测试单元由微波源、隔离器、微波测量室、微波检测器、振动器、灰位探测器、气动组件、加热器、前置处理电路等组成。在微波测量室中对飞灰灰样进行微波测量分析，测量完的飞灰根据程序设置或手动操作命令返回烟道或装入收灰容器，而测量数据则由前置处理电路处理后发送给主机单元。

（3）电控单元。电控单元由控制操作器、电源变换箱、专用接线端子及机柜等组成，完成系统手动操作功能、现场处理单元的电源分配以及信号的转接工作。

（4）主机单元。主机单元由工业微处理器、A/D 模块、D/A 模块、DIO 隔离模块、模量隔离模块、工业级电源、专用键盘、真空荧光显示器、机箱等组成，实现对现场信号的采集、处理，以及人机接口界面的实现。

（5）气源。气路由现场仪用气源管道通过金属硬管传输到每个测试箱附近，同装置配备的金属软管相连接，要求气源压力不小于 0.6MPa，供气量不小于 0.3m³/min。采用高温压缩空气对测试管路进行吹扫，这样可将测试管内的飞灰吹入烟道。这种吹扫是在每一个测量周期进行的，因此测试管内无残留飞灰存在，实践证明这些措施可以有效防止测试灰路的堵塞或黏结。

（6）性能指标。性能指标如下：

1）测量范围：0～15％（含碳量）。

2）测量精度：±0.4％（含碳量在 0～6％时），±0.6％（含碳量在 6％～15％时）。

3）测量周期：2～6min。

4）历史数据：保留 1 年。

2. 飞灰含碳量在线检测装置功能

（1）实现飞灰的等速取样。装置采用无外加动力、自抽式飞灰取样器，实现对烟道飞灰的连续等速采样。

（2）实时、平均、历史含碳量数值及曲线显示。装置采用真空荧光显示器，通过操作主机面板上不同的功能键可以查看飞灰含碳量的实时数值和曲线、平均数值和曲线、历史数值和曲线。

（3）系统报警及状态指示。当检测到系统有故障或者检测的飞灰含碳量数值超过报警设定值对，装置会给出报警指示；当系统处于强行吹扫或装置留灰时，装置会给出相应的指示。

（4）灰样保留。根据程序设置或电控箱内手操开关的状态，装置自动将微波分析后的灰样装入微波测试箱外的收灰桶内，提供了收取灰样的接口，方便实验室人员随时取灰和校验。

（5）该装置采用一拖二方式，一套在线检测装置能同时实现双烟道飞灰含碳量的同步测量，具有较高的经济性。

该装置测量精度高，能够在线反应飞灰含碳量数值，有利于指导运行人员正确调整风煤比，提高锅炉燃烧控制水平，降低飞灰含碳量。实践证明，飞灰含碳量平均至少降低 0.5％。按年利用小时为 5000h，实际燃煤的低位发热量 23 800kJ/kg，飞灰可燃物每降低 1％，锅炉效率增加 0.31％。

项目六　热 工 测 量 系 统 点 检

【项目描述】

　　点检定修制是一种在设备运行阶段以点检为核心对设备实行全员、全过程管理的设备管理模式。国内外实践证明，推行点检定修制的设备管理模式，可以有效地防止设备的"过维修"和"欠维修"，提高可靠性，降低故障发生率，减少设备的维护检修费用。

　　随着电力行业的深化改革，依据 DL/Z 870—2004《火力发电企业设备点检定修管理导则》，采用点检定修制管理设备的发电企业越来越多，需要掌握有关点检定修管理的内容和实施的具体方法来规范管理行为。

　　本项目的任务是培养学生在读识热工测控系统的 P&ID 图的基础上，进行热工测量系统点检的能力，培养认真负责严谨的职业工作态度。

【教学环境】

　　教学场地是多媒体教室、热工控制系统检修室，或一体化教室；校外实训基地。学员在多媒体教室进行相关知识的学习，小组工作计划的制订，实施方案的讨论；在热工控制系统检修室或校外实训基地依据规程进行热工测量系统点检。

任务一　热工测控系统的 P&ID 图识绘

【学习目标】

　　(1) 能根据 P&ID 图分析相关热力系统。
　　(2) 能说明 P&ID 图中的图符，其标注的 KKS 编码的含义。
　　(3) 能根据 P&ID 图说明热工测点在热力系统中的分布。
　　(4) 能说明标注的热工测点的作用及相关参数值。
　　(5) 能使用 CAD 绘图软件绘制 P&ID 图。

【任务描述】

　　热工测控系统的 P&ID 图识绘的任务是使学生建立检测系统的完整概念，掌握检测系统的分析方法，训练绘图能力和查阅参考资料的能力，强化误差分析方法能力。

【知识导航】

一、国内外电厂标识系统概况

电厂有成千上万的各种设备，为了确保电厂安全、经济和可靠的运行，必须加强设备管理工作，设备管理过程中必然涉及大量的技术数据、图纸等资料，必然借助于计算机，显然，这些技术数据及资料的录入需要有一种公用语言，其应具有易于计算机处理、能提供足够的信息且不含有特定语种文法翻译等特点。同时，由于不同电厂的工艺差别，设备命名规范不同，这使得电力系统及其电厂之间在管理和联络上产生一系列的问题，尤其是随着电厂规模的不断发展，设备自动化程度不断提高，管理工作日趋复杂化和现代化，这就要求有一套统一的电厂设备编码系统，来满足管理的要求。

近几十年来，欧美的工业化国家一直致力电厂标识系统（即对设备和系统的标注）的工作，并创造了 CCC、EDF、EIIS、ERDS、KKS 等电厂标识系统。

1. CCC 公共核心代码编码标准

由英国 GEC 公司定义的 CCC（common core code，CCC 编码）核心编码是各类电站建设项目、生产与经营管理的编码核心结构。其核心码用 5 位阿拉伯数字涵盖所有系统的基本框架，每位编码的含义由实施者自行定义。

电厂所有管理对象都可以根据 CCC 编码的编码法则来编制相应的编号，如设备材料编号、图纸资料编号、电缆编号、项目管理网络计划作业编号等。CCC 编码使得各个系统有机地联系在一起，构成一个完整的电厂管理编码系统。

2. 法国 EDF 编码标准

法国电力公司 EDF 是在核电站和火电站设计中采用的系统和设备编码方式，仅应用在法国承包商的势力范围内，由机组标识、厂房标识、房间标识，系统标识和设备标识 5 部分组成。广泛用于电站设计、采购供货、安装、调试、运行、维护的管理过程中，在我国的大亚湾、岭澳等核电站中已成功应用。

3. 美国国家标准 EIIS 标识系统

1979 年 4 月，美国发电委员会电站设计分委会成立了电厂及相关设备的唯一性标识工作组，开始编制电厂及相关设备的唯一性标识的系列化推荐标准 EIIS（energy industrial identification system）。虽然此编码系统是以美国国家标准的形式发布，但是其应用和国际影响力并不显著。

4. 欧共体核电站编码系统

前欧共体在建立核电站可靠性数据库时设计了一套 ERDS（european reliability data system）编码，它将轻水堆（包括压水堆和沸水堆）电厂的全部设备按其在电厂安全和运行中的功能划分大约 200 个系统，又将系统按其共同属性归并为 13 个系统组，于是形成整个核电厂由系统组（system groups）、系统（systems）和部件（components）构成的一种严密而规整的层次化结构体系。

5. 国内系统设备标识系统

国内电厂编码应用主要有两类情况：①直接采用随设备进口来的国外的标识系统，例如，外高桥电厂、田湾核电站等采用 KKS，岳阳电厂采用 CCC 编码，大亚湾及岭澳核电站采用 EDF 的编码等；②参考国外的分类方法，自己设计编码的字段及码位组合，例如，按照系统、子系统和设备的层次结构，以数字为标识或按照系统、子系统和设备的层次结构，结合字母和数字作为标识。但存在着标识不唯一，不易于计算机处理，包含信息少，对外沟通困难等问题。

6. KKS 标识系统

KKS（kraftwerk-kennzeichen system）编码起源于德国，其含义是电厂标识系统。1970年，来自欧洲的电厂计划、经营、运行、维护、决策等部门的有关专家组成了 VGB（大型电站协会）技术委员会，借鉴了多种电厂标识系统的特点，共同创建了 KKS 编码系统。1978 年 6 月，VGB 以手册的形式发布了第一版，当时就得到了电力工业的广泛采用。1983年发布了改正修订后的第二版，1988 年发布了第三版，1995 年发布了第四版，此时它在欧洲的电力工业几乎无处不在，以至控制系统的程序编码都直接引用了该编码，基本上形成了一套完整的发电厂标识系统，其应用范围包括电站工程规划、设计、施工、验收、运行、维护、预算和成本控制等。

KKS 编码根据标识对象的功能、工艺和安装位置等特征，来明确标识电厂中的系统和设备及其组件的一种代码。KKS 编码用字母和数字，按照一定的规则，通过科学合理的排列、组合，来描述（标识）电厂各系统、设备、元件、建（构）筑物的特征，从而构成了描述电厂状况的基础数据集，以便于对电厂进行管理（例如，分类、检索、查询、统计等）。

我国最早于 20 世纪 90 年代开始引进和使用 KKS，目前，大部分新建的电厂从建设数字化电厂的角度出发，要求必须采用 KKS 编码系统，统一编码并标识图纸及现场的设备挂牌标识，国内电力设计院、发电集团、电力企业等相继组织编制了 KKS 企业标准，并在企业内部推广应用。国家有关部门已发布了相关标准 DL/T 950—2005《电厂标识系统设计则》，并在积极联系发布更详细的细则；在 DL/T 924—2005《火力发电厂厂级监控信息系统技术条件》中第 4.5 条款明确规定采用 DL/T 950—2005 标准；在实际中，KKS 编码实现了设计图纸的标注和现场的设备挂牌标识，成为信息系统（MIS、EAM、SIS、DCS 等，包括状态检修系统）各功能模块联系的纽带，从而被广泛应用。

KKS 编码被广泛用于电厂的规划设计、工程建设和经营管理过程之中；它拥有足够的容量且可扩充，能够标识不同类型电厂所有的设备；KKS 编码的逻辑结构和组成体系层次分明，代码简单明了，能够不依赖于计算机程序语言而独立存在。这些特点使它适合作为基础数据供计算机处理，为电厂信息系统（例如 MIS、ERP、EAM、SIS）的建立提供强有力的支撑，为企业进行成本核算、计划统计和预决算等管理提供良好的基础数据平台。另外，KKS 编码可以与其他编码混合使用，例如，文档编码、备品备件编码等，这对于电厂管理功能的集成具有重要价值，也为工程建设各单位以及国内和国际之间的多元化交流提供了方便。

二、热控专业 KKS 编码简述

1. 概述

本专业 KKS 标识适用于热工测量控制系统，其范围包括工艺和仪表流程图（process & instrument diagram，P&ID）中的一次元件（如就地测量元件、就地仪表、变送器和开关等）、二次仪表、盘、台、箱、柜的标识。

系统图上热控一次元件、二次仪表的标识字符只标识到就地测量元件、就地指示表、变送器、开关和盘上指示表等。

工艺相关标识的格式：

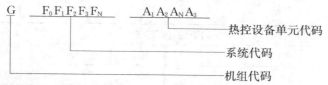

其中机组代码和系统代码 G $F_0 F_1 F_2 F_3 F_N$ 由机务专业编制，热控专业的设备单元代码 $A_1 A_2 A_N A_3$ 由热控专业编制。如果代码是唯一的，则 A_3 的字母或数字可省略。

2. 锅炉和汽轮机系统部分 KKS 编码

表 6 - 1　　　　　　　　　锅炉和汽轮机系统部分 KKS 编码（部分）

锅 炉 部 分			
编号	系 统	编号	系 统
HAG	锅炉汽包系统	HLD	空预器风系统和烟道系统
HBG	锅炉部分辅助蒸汽系统	HLY	引风机油系统
HFA	煤粉仓及给粉机系统	HLS	火检冷却风机系统
HFC	给煤机、磨煤机系统	HNC	引风机本体系统
HFC	输粉机	HNY	空预器油系统
HFF	排粉机系统	LAB	汽水系统
HFY	磨煤机高压、低压润滑油系统	LAE	过热器减温系统
HHA	煤粉火焰检测系统	LAF	再热器微调喷水减温系统
HHG	锅炉燃起仪表系统	LBA	过热器蒸汽系统
HHL	锅炉左右侧墙风箱系统	LBB	再热器系统
HFE	磨煤机、排粉机风系统	LCQ	锅炉疏水系统
HLB	送风机系统	PCC	锅炉房工业水系统

汽 轮 机 部 分			
编码	系 统 名 称	编码	系 统 名 称
LAA	四段抽汽系统（二）/除氧水箱	MAA	高压缸排汽及疏水系统/汽轮机本体金属壁温仪表控制系统
LAB	除氧器部分/汽动给水泵水系统/高加给水系统	MAB	中、低压缸进汽及疏水系统/汽轮机本体金属壁温仪表控制系统
LAC	汽动给水泵本体部分	MAC	中、低压缸进汽及疏水系统
LAD	高加液位	MAG	凝汽器部分
LAH	电动给水泵水系统	MAJ	凝汽器抽真空系统
LAJ	电动给水泵本体部分	MAL	疏水集管部分
LAY	电动给水泵润滑油系统	MAN	低压旁路系统
LBA	高压缸进汽及疏水系统	MAV	汽轮机主油箱/顶轴油/润滑油系统
LBB	中、低压缸进汽及疏水系统/中压缸启动系统	MAX	汽轮机抗燃油系统
LBC	高压缸排汽及疏水系统	MAZ	给水泵汽机润滑油、抗燃油系统
LBF	高压旁路系统	MKA	发电机本体及轴承部分

续表

汽 轮 机 部 分

编码	系 统 名 称	编码	系 统 名 称
LBG	辅助蒸汽系统	MKF	发电机水冷系统
LBQ	一、二、三段抽汽系统	MKG	发电机氢气系统
LBR	给水泵汽机高压缸进汽及疏水系统	MKW	发电机密封油系统
LBS	四（一）、五、六、七、八段抽汽系统	MTSI	给水泵汽轮机安全监视系统
LBW	轴封供汽、溢流系统/低压轴封减温/轴封回汽及门杆漏汽系统	PAB	凝汽器循环水系统
LCA	凝结水泵部分/喷水及减温/轴封加热器/五、六、七、八低加	PAH	凝汽器胶球清洗/循环水坑水位
LCC	低加液位	PCB	汽轮机房冷却水系统
LCH	高压加热器疏水系统	PCC	工业水系统
LCJ	低压加热器疏水系统	TSI	汽机安全监视系统
LCP	凝结水补水系统		

3. 热控设备单元代码的编制

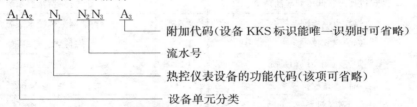

$A_1A_2 \quad N_1 \quad N_2N_3 \quad A_3$

附加代码（设备 KKS 标识能唯一识别时可省略）

流水号

热控仪表设备的功能代码（该项可省略）

设备单元分类

例　1 号机组用于主蒸汽压力测量的变送器可表示为 10LBAPT001；1 号机组用于主蒸汽压差测量的变送器可表示为 10LBAPDT001（其中 D 作为 P 的修饰词，PD 被看做一个字母代码。）

设备代码索引表见表 6-2。

表 6-2　　　　　　　　　热 控 设 备 代 码 表

KKS代码	说 明	备 注
AX	电厂维修试验和检测设备	
B	火焰监视	
D	密度	
E	电气参数	
F	流量	
FQ	流量积算	Q 为修饰词，FQ 被视为一个字母代码
ZS	位置（状态）行程开关	
L	物位	
M	湿度	
P	压力	

续表

KKS代码	说　　明	备　　注
PD	压差	D为修饰词，PD被视为一个字母代码
A	分析仪表	
S	转速、速度、频率	
T	温度	
U	复合参数	
W	重量和质量	
Y	机械监视参数	
G	电气设备	
GH	就地仪表箱	
GJ	计算机存储设备	
GK	计算机外围设备	
H	手操设备（电磁阀、电动阀）	
HC	非二位式手操设备	
HS	二位式手操设备	
H	手操设备（电动机）	
NC	非二位式手操设备	
CS	控制按钮	
HK	手动操作站	
II	电流指示表	
VI	电压指示表	
WI	功率指示表	
HZI	频率指示表	

【任务实施】

（1）任务前准备。

工具准备：CAD制图软件。

资料准备：P&ID图若干，I/O设备清册。

（2）按要求完成电厂P&ID图读识。

（3）采用CAD制图软件绘制P&ID图。

（4）完成技术报报和图纸。

（5）整理工作场所。

【任务验收】

（1）与P&ID图相关热力系统分析正确。

（2）P&ID图中的图符进行正确说明，标注的KKS编码的含义进行正确说明。

（3）P&ID 图中热工测点在热力系统中的分布进行正确说明。

（4）标注的热工测点的作用及相关参数值进行正确说明。

（5）使用 A4 纸打印用 CAD 绘图软件绘制 P&ID 图，图标题栏正确，布局合理，图形规范。

（6）工作场所清洁，卫生良好。

【知识拓展】

P&ID 图例（仅供参考）

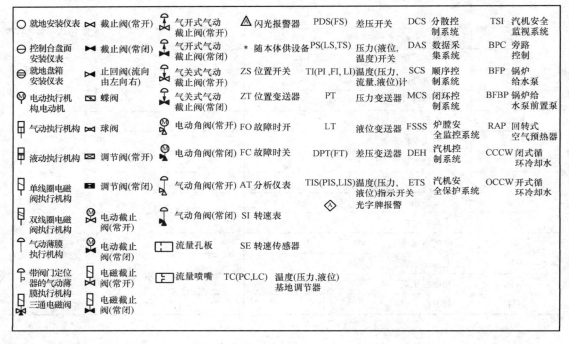

任务二　热工测量系统点检

【学习目标】

（1）了解 DL/Z 870—2004《火力发电企业设备点检定修管理导则》基本内容。

（2）能按点检作业流程进行系统点检。

（3）能填写点检标准表。

【任务描述】

　　热工测量系统点检的任务是在理解 DL/Z 870—2004《火力发电企业设备点检定修管理导则》基础上，培养学员以认真负责严谨的职业工作态度，对在设备运行阶段实施点检，按要求填报相关报表的职业能力和素质。

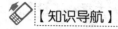

【知识导航】

一、点检定修制

设备点检（the spot checking of equipment）是借助人的感官和检测工具按照预先制定的技术标准，定人、定点、定期地对设备进行检查的一种设备管理方法。

设备定修（regularly equipment repairing）是在推行设备点检管理的基础上，根据预防检修的原则和设备点检结果确定检修内容、检修周期和工期，并严格按计划实施设备检修的一种检修管理方式。其目的是合理地延长设备检修周期，缩短检修工期，降低检修成本，提高检修质量，并使日常检修和定期检修负荷达到最均衡状态。

点检定修制（the regulartions of spot checking and regularly repairing）以点检人员为责任主体的全员设备检修管理制度，可以使设备在可靠性、维护性、经济性上达到协调优化管理。在点检定修制中，点检人员既负责设备点检，又负责设备全过程管理。点检、运行、检修三方面之间，点检处于核心地位。

点检管理包括点检标准的编制、点检计划的编制和实施（含定期点检、精密点检和技术监督）、点检实绩的记录和分析、点检工作台账。

定修管理包括定修计划的编制和执行、定修的实绩记录和分析、定修项目的质量监控管理。

标准化管理包括检修技术标准、点检标准、检修作业标准、设备维护保养标准以及和上述标准相配套的管理标准的制定和贯彻执行。

二、设备点检管理的基本原则

（1）定点：科学地分析、找准设备易发生劣化的部位，确定设备的维护点以及该点的点检项目和内容。

（2）定标准：按照检修技术标准的要求，确定每一个维护检查点参数（如间隙、温度、压力、振动、流量、绝缘等）的正常工作范围。

（3）定人：按区域、按设备、按人员素质要求，明确专业点检员。

（4）定周期：制定设备的点检周期，按分工进行日常巡检、专业点检和精密点检。

（5）定方法：根据不同设备和不同的点检要求，明确点检的具体方法，例如，用感观或用仪器、工具进行。

（6）定量：采用技术诊断和劣化倾向管理方法，进行设备劣化的量化管理。

（7）定作业流程：明确点检作业的程序，包括点检结果的处理程序。

（8）定点检要求：做到定点记录、定标处理、定期分析、定项设计、定人改进、系统总结。

三、点检路线图和作业流程

（1）运行岗位应编制有每运行班相应的巡检路线图。

（2）点检员应根据点检标准的要求，按开展点检工作方便、路线最佳并兼顾工作量的原则编制。

（3）点检的作业流程按"计划、实施、检查、总结"（PDCA）循环进行。其典型的点检作业流程如图 6-1 所示。

点检作业和点检结果的处理称为点检业务流程，其日常点检和专业点检的典型工作流程如图 6-1 所示，它是按照科学的方法和程序进行管理，简化了设备维修管理程序，能起到应急反应快，计划项目落实好的作用。这种程序化的闭环管理（PDCA）大大提高了设备管理水平和工作效率。

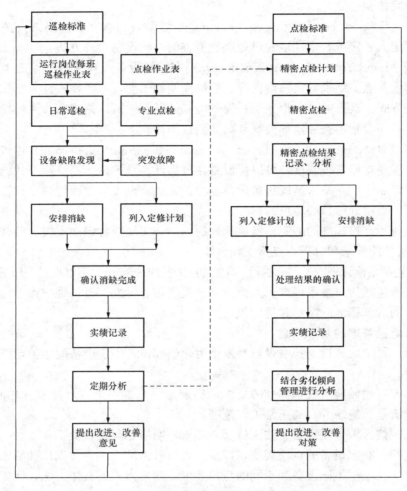

图 6-1　典型的点检作业流程

明确点检作业的程序，包括点检结果的处理程序。其点检业务内容和目的总结如下：

1）制定、修改设备技术标准。

2）编制、修订日常点检和专业点检计划。

3）进行日常点检和专业点检作业，专业点检员根据点检作业对运行人员进行日常巡检、日常维护等业务指导并督促检查和改进。

4）搜集设备状态情报，进行倾向管理和定量分析，掌握设备劣化程度及趋势。

a. 确定项目——选定对象设备。

b. 制订计划——倾向检查管理表。

c. 实施与记录——根据数据统计、作出曲线。

d. 分析与对策——预测更换和修理周期，提出改善意见。

5）编制检修项目预定表，并列出检修工程计划。立项内容来自周期管理项目、劣化倾向管理项目、点检结果、改善委托项目、上次维修遗留项目。

6）根据备件预期使用计划和检修计划的需要，做好编制维修资材需用计划及资材领用等准备工作。

7）参加事故、故障分析处理，提出修复、预防及改善设备性能的意见。

8）编制维修费用预算，并加以使用。

9）做好维修记录，分析维修效果，提出改善管理、改善设备的建议。

10）参与精密点检。

（4）规定设备的点检部位、点检项目、点检内容、点检周期、点检方法和管理值，是点检员对设备进行预防性检查的依据，也是编制各种点检计划的依据。

设备点检定修管理应充分利用信息化手段，建立完整的点检信息统计和分析系统，科学地利用离线数据和在线数据进行统计和分析，有条件的企业可将点检信息系统与 SIS（厂级监控系统）和 EAM（资产管理系统）相结合，成为设备维护和检修的重要技术支持，建立点检定修信息化管理平台。

四、发电设备定修管理

发电设备在开展定修管理时分成 A、B、C 三类。点检定修工作的重点应放在 A、B 类设备上。A、B、C 类设备根据其在生产中的重要性不同，采用不同的定修策略。

（1）A 类设备以预防性检修为主要检修方式，并结合日常点检管理、劣化倾向管理和状态监测的结果，制定设备的检修周期，并严格执行。

（2）B 类设备采用预防性检修和预知检修相结合的检修方式，检修周期应根据日常点检管理、劣化倾向管理和状态监测的结果及时调整。

（3）C 类设备以事后检修为主要检修方式。

表 6-3　　　　　　　　　　　　　点 检 标 准 表

设备名称[a]：_____ 设备编码[b]：_____

序号	部件编号	部位	项目	内容[c]	点检类型及周期[d]			设备状态		点检方法[e]	点检标准
					日常巡检	专业点检	精密点检	运行	停止		

a：设备名称和设备编码栏的填写应与检修技术标准一致。

b：项目栏填写设备可能发生劣化的部位和检查的项目。

c：内容栏填写点检要素，如压力、流量、温度、泄漏、异音、振动、给油脂情况、磨损、松弛、裂纹、腐蚀、绝缘等。

d：周期栏填写表示方式为：h—小时，S—每运行班，D—天，W—周，M—月，Y—年。

e：点检方法栏应按下列名称填写，即看、听、触摸、嗅、敲打、仪器检测、解体。当使用其他方法时可作具体说明。

编制：_____ 审核：_____

【任务实施】

(1) 任务准备。

熟悉热力生产过程，熟悉点检作业流程。准备点检标准表，见表 6 - 3 点检设备，填写点检表。

(2) 按点检作业流程实施点检，并认真填写点检标准表。

(3) 资料整理。

(4) 提出建设性意见。

【任务验收】

(1) 能清楚明确表述热力生产过程。

(2) 能按点检作业流程实施点检。

(3) 填写的点检作业标准表正确清晰。

(4) 资料归档有序。

附录 A 压力检修技术记录卡

版 次：第 1 版	四 检修技术记录卡（A）		页码：
设备名称	压 力 开 关	设备编号	

系统名称：_____

Ⅰ被检表型号及规格

设备名称：_____ 用 途：_____

仪表型号：_____ 安装位置：_____

制 造 厂：_____ 室 温：_____

出厂编号：_____ 相对湿度：_____

精度等级：_____ 测量范围：_____

Ⅱ标准装置（设备）

仪表名称：_____ 仪表型号：_____

仪表编号：_____ 仪表量程：_____

仪表精度：_____ 制 造 厂：_____

Ⅲ 外 观：_____

密 封 性：_____

Ⅳ 检定记录：

检定点（ ）	被校表示值（ ）		基本误差（ ）		回程误差（ ）
	上行程	下行程	上行程	下行程	

Ⅴ 基本误差及回程误差

基本误差允许值：_____ 实际最大值：_____

回程误差允许值：_____ 实际最大值：_____

Ⅵ 报警动作值

定值：_____ 动作值：_____ 返回值：_____ 接点对外壳阻值：_____

定值：_____ 动作值：_____ 返回值：_____ 接点间阻值：_____

Ⅵ 检定结果：_____

检定员：_____ 验 收：_____ 检定时间：_____

附录 B 热工工作票（票样）

热控工作票（票样）

1. 工作负责人（监护人）：＿＿＿＿＿＿＿＿班组：＿＿＿＿＿＿＿编号：＿＿＿＿＿＿＿

2. 工作班成员：＿＿＿＿＿＿＿＿＿＿＿＿＿＿＿＿＿＿＿＿＿＿＿＿＿＿＿＿＿＿＿＿

3. 工作地点及内容：＿＿＿＿＿＿＿＿＿＿＿＿＿＿＿＿＿＿＿＿＿＿＿＿＿＿＿＿＿

4. 工作时间：自＿＿年＿＿月＿＿日＿＿时＿＿分至＿＿年＿＿月＿＿日＿＿时＿＿分

5. 需要热工保护或自动装置名称：＿＿＿＿＿＿＿＿＿＿＿＿＿＿＿＿＿＿＿＿＿＿＿

6. 必须采取的安全措施：　　　　　　　　　　　　　　　　　　　7. 措施执行情况：

具体安全措施：	执行情况（√）
（1）由运行人员执行的有：	
（2）运行值班人员补充的安全措施（工作许可人填写）	
（3）由工作负责人执行的有：	

8. 工作票签发人：＿＿＿＿＿＿＿＿＿＿年＿＿月＿＿日＿＿时＿＿分

9. 工作票接收人：＿＿＿＿＿＿＿＿＿＿年＿＿月＿＿日＿＿时＿＿分

10. 批准工作时间：自＿＿年＿＿月＿＿日＿＿时＿＿分至＿＿年＿＿月＿＿日＿＿时＿＿分
值长（或单元长）：＿＿＿＿＿＿＿＿

11. 由运行人员负责的安全措施已全部执行，核对无误。从许可开始工作。
运行值班负责人：＿＿＿＿＿＿＿＿工作负责人：＿＿＿＿＿＿＿＿工作许可人：＿＿＿＿＿＿

12. 工作负责人变更：自原工作负责人离去，变更为＿＿＿＿＿＿＿＿担任工作负责人。
工作票签发人：＿＿＿＿＿＿＿＿运行值班负责人：＿＿＿＿＿＿＿＿

13. 工作票延期：
值长（或单元长）：＿＿＿＿＿＿运行值班负责人：＿＿＿＿＿＿工作负责人：＿＿＿＿＿

14. 检修设备需试运（工作票交回，所列安全措施已拆除，可以试运）			15. 检修设备试运后，工作票所列安全措施已全部执行，可以开始工作：		
允许试运时间	工作许可人	工作负责人	允许恢复 工作时间	工作许可人	工作负责人
月日时分			月日时分		

16. 工作结束：工作人员已全部撤离，现场已清理完毕。
全部工作于＿＿年＿＿月＿＿日＿＿时＿＿分结束。工作负责人：＿＿工作许可人：＿＿

附录 C 分 度 表

附表 1　　　　　　　　　　铂铑 10—铂热电偶分度表

分度号：S（冷端温度为 0℃）

温度 （℃）	0	1	2	3	4	5	6	7	8	9
	热电势（mV）									
−50	−0.236									
−40	−0.194	−0.199	−0.203	−0.207	−0.211	−0.215	−0.220	−0.224	−0.228	−0.232
−30	−0.150	−0.155	−0.159	−0.164	−0.168	−0.173	−0.177	−0.181	−0.186	−0.190
−20	−0.103	−0.108	−0.112	−0.117	−0.122	−0.127	−0.132	−0.136	−0.141	−0.145
−10	−0.053	−0.058	−0.063	−0.068	−0.073	−0.078	−0.083	−0.088	−0.093	−0.098
0	−0.000	−0.005	−0.011	−0.016	−0.021	−0.027	−0.032	−0.037	−0.042	−0.048
0	0.000	0.005	0.011	0.016	0.022	0.027	0.033	0.038	0.044	0.050
10	0.055	0.061	0.067	0.072	0.078	0.084	0.090	0.095	0.101	0.107
20	0.113	0.119	0.125	0.151	0.137	0.142	0.148	0.154	0.161	0.167
30	0.173	0.179	0.185	0.191	0.197	0.203	0.210	0.216	0.222	0.228
40	0.235	0.241	0.247	0.254	0.260	0.266	0.273	0.279	0.286	0.292
50	0.299	0.305	0.312	0.318	0.325	0.331	0.338	0.345	0.351	0.358
60	0.365	0.371	0.378	0.385	0.391	0.398	0.405	0.412	0.419	0.425
70	0.432	0.439	0.446	0.453	0.460	0.467	0.474	0.481	0.488	0.495
80	0.502	0.509	0.516	0.523	0.530	0.537	0.544	0.551	0.558	0.566
90	0.573	0.580	0.587	0.594	0.602	0.609	0.616	0.623	0.631	0.638
100	0.645	0.653	0.660	0.667	0.675	0.682	0.690	0.697	0.704	0.712
110	0.719	0.727	0.734	0.742	0.749	0.757	0.764	0.772	0.780	0.787
120	0.795	0.802	0.810	0.818	0.825	0.833	0.841	0.848	0.856	0.864
130	0.872	0.879	0.387	0.895	0.903	0.910	0.918	0.926	0.934	0.942
140	0.950	0.957	0.965	0.973	0.981	0.989	0.997	1.005	1.013	1.021
150	1.029	1.037	1.045	1.053	1.061	1.069	1.077	1.085	1.093	1.101
160	1.109	1.117	1.125	1.133	1.141	1.149	1.158	1.166	1.174	1.182
170	1.190	1.198	1.207	1.215	1.223	1.231	1.240	1.248	1.256	1.264
180	1.273	1.281	1.289	1.297	1.306	1.314	1.322	1.331	1.339	1.347
190	1.356	1.364	1.373	1.381	1.389	1.398	1.406	1.415	1.423	1.432

温度 (℃)	0	1	2	3	4	5	6	7	8	9
	热电势（mV）									
200	1.440	1.448	1.457	1.465	1.474	1.482	1.491	1.499	1.508	1.516
210	1.525	1.534	1.542	1.551	1.559	1.568	1.576	1.585	1.594	1.602
220	1.611	1.620	1.628	1.637	1.645	1.654	1.663	1.671	1.680	1.689
230	1.698	1.706	1.715	1.724	1.732	1.741	1.750	1.759	1.767	1.776
240	1.785	1.794	1.802	1.811	1.820	1.829	1.838	1.846	1.855	1.864
250	1.873	1.882	1.891	1.899	1.908	1.917	1.926	1.935	1.944	1.953
260	1.962	1.971	1.979	1.988	1.997	2.006	2.015	2.024	2.033	2.042
270	2.051	2.060	2.069	2.078	2.087	2.096	2.105	2.114	2.123	2.132
280	2.141	2.150	2.159	2.168	2.177	2.186	2.195	2.204	2.213	2.222
290	2.232	2.241	2.250	2.259	2.268	2.277	2.286	2.295	2.304	2.314
300	2.323	2.332	2.341	2.350	2.359	2.368	2.378	2.387	2.396	2.405
310	2.414	2.424	2.433	2.442	2.451	2.460	2.470	2.479	2.488	2.497
320	2.506	2.516	2.525	2.534	2.543	2.553	2.562	2.571	2.581	2.590
330	2.599	2.608	2.618	2.627	2.636	2.646	2.655	2.664	2.674	2.683
340	2.692	2.702	2.711	2.720	2.780	2.739	2.748	2.758	2.767	2.776
350	2.786	2.795	2.805	2.814	2.823	2.833	2.842	2.852	2.861	2.870
360	2.880	2.889	2.899	2.908	2.917	2.927	2.936	2.946	2.955	2.965
370	2.974	2.984	2.993	3.003	3.012	3.022	3.031	3.041	3.050	3.059
380	3.069	3.078	3.088	3.097	3.107	3.117	3.126	3.136	3.145	3.155
390	3.164	3.174	3.183	3.193	3.202	3.212	3.221	3.231	3.241	3.250
400	3.260	3.269	3.279	3.288	3.298	3.308	3.317	3.327	3.336	3.346
410	3.356	3.365	3.375	3.384	3.394	3.404	3.413	3.423	3.433	3.442
420	3.452	3.462	3.471	3.481	3.491	3.500	3.510	3.520	3.529	3.539
430	3.549	3.558	3.568	3.578	3.587	3.597	3.607	3.616	3.626	3.636
440	3.645	3.655	3.665	3.675	3.684	3.694	3.704	3.714	3.723	3.733
450	3.743	3.752	3.762	3.772	3.782	3.791	3.801	3.811	3.821	3.831
460	3.840	3.850	3.860	3.870	3.879	3.889	3.899	3.909	3.919	3.928
470	3.938	3.948	3.958	3.968	3.977	3.987	3.997	4.007	4.017	4.027
480	4.036	4.046	4.056	4.066	4.076	4.086	4.095	4.105	4.115	4.125
490	4.135	4.145	4.155	4.164	4.174	4.184	4.194	4.204	4.214	4.224

温度 （℃）	0	1	2	3	4	5	6	7	8	9
	热电势 （mV）									
500	4.234	4.243	4.253	4.263	4.273	4.283	4.993	4.303	4.313	4.323
510	4.333	4.343	4.352	4.362	4.372	4.382	4.392	4.402	4.412	4.422
520	4.432	4.442	4.452	4.462	4.472	4.482	4.492	4.502	4.512	4.522
530	4.532	4.542	4.552	4.562	4.572	4.582	4.592	4.602	4.612	4.622
540	4.632	4.642	4.652	4.662	4.672	4.682	4.692	4.702	4.712	4.722
550	4.732	4.742	4.752	4.762	4.772	4.782	4.792	4.802	4.812	4.822
560	4.832	4.842	4.852	4.862	4.873	4.883	4.893	4.903	4.913	4.923
570	4.933	4.943	4.953	4.963	4.973	4.984	4.994	5.004	5.014	5.024
580	5.034	5.044	5.054	5.065	5.075	5.085	5.095	5.105	5.115	5.125
590	5.136	5.146	5.156	5.166	5.176	5.186	5.197	5.207	5.217	5.227
600	5.237	5.247	5.258	5.268	5.278	5.288	5.298	5.309	5.319	5.329
610	5.339	5.350	5.360	5.370	5.380	5.391	5.401	5.411	5.421	5.431
620	5.442	5.452	5.462	5.473	5.483	5.498	5.503	5.514	5.524	5.584
630	5.544	5.555	5.565	5.575	5.586	5.596	5.606	5.617	5.627	5.637
640	5.648	5.658	5.668	5.679	5.689	5.700	5.710	5.720	5.731	5.741
650	5.756	5.762	5.772	5.782	5.793	5.803	5.814	5.824	5.834	5.845
660	5.855	5.866	5.876	5.887	5.897	5.907	5.918	5.928	5.939	5.949
670	5.960	5.970	5.980	5.991	6.001	6.012	6.022	6.033	6.043	6.054
680	6.064	6.075	6.085	6.096	6.106	6.117	6.127	6.138	6.148	6.159
690	6.169	6.180	6.190	6.201	6.211	6.222	6.232	6.243	6.253	6.264
700	6.274	6.285	6.295	6.306	6.316	6.397	6.338	6.348	6.359	6.369
710	6.380	6.390	6.401	6.412	6.422	6.433	6.443	6.454	6.465	6.475
720	6.486	6.496	6.507	6.518	6.528	6.539	6.549	6.560	6.571	6.581
730	6.592	6.603	6.613	6.624	6.635	6.645	6.656	6.667	6.677	6.688
740	6.699	6.709	6.720	6.731	6.741	6.752	6.763	6.773	6.784	6.795
750	6.805	6.816	6.827	6.838	6.848	6.859	6.870	6.880	6.891	6.902
760	6.913	6.923	6.934	6.945	6.956	6.966	6.977	6.988	6.999	7.009
770	7.020	7.031	7.042	7.053	7.063	7.074	7.085	7.096	7.107	7.117
780	7.128	7.139	7.150	7.161	7.171	7.182	7.193	7.204	7.215	7.225

续表

温度 （℃）	0	1	2	3	4	5	6	7	8	9
	热电势（mV）									
790	7.236	7.247	7.258	7.269	7.280	7.291	7.301	7.312	7.323	7.384
800	7.345	7.356	7.367	7.377	7.388	7.399	7.410	7.421	7.432	7.443
810	7.454	7.465	7.476	7.486	7.497	7.508	7.519	7.530	7.541	7.552
820	7.563	7.574	7.585	7.596	7.607	7.618	7.629	7.640	7.651	7.661
830	7.672	7.683	7.694	7.705	7.716	7.727	7.738	7.749	7.760	7.771
840	7.782	7.793	7.804	7.815	7.826	7.837	7.848	7.859	7.870	7.881
850	7.892	7.904	7.915	7.926	7.937	7.948	7.959	7.970	7.981	7.992
860	8.003	8.014	8.025	8.036	8.047	8.058	8.069	8.081	8.092	8.103
870	8.114	8.125	8.136	8.147	8.158	8.169	8.180	8.192	8.203	8.214
880	8.225	8.236	8.247	8.258	8.270	8.281	8.292	8.303	8.314	8.325
890	8.336	8.348	8.359	8.370	8.381	8.392	8.401	8.415	8.426	8.437
900	8.448	8.460	8.471	8.482	8.493	8.504	8.516	8.527	8.538	8.549
910	8.560	8.572	8.583	8.594	8.605	8.617	8.628	8.639	8.650	8.662
920	8.673	8.684	8.695	8.707	8.718	8.729	8.741	8.752	8.763	8.774
930	8.786	8.797	8.808	8.820	8.831	8.842	8.854	8.865	8.873	8.888
940	8.899	8.910	8.922	8.933	8.944	8.955	8.967	8.978	8.990	9.001
950	9.012	9.024	9.085	9.047	9.058	9.069	9.081	9.092	9.103	9.115
960	9.126	9.138	9.149	9.160	9.172	9.183	9.195	9.206	9.217	9.229
970	9.240	9.252	9.263	9.275	9.282	9.298	9.309	9.320	9.332	9.343
980	9.335	9.366	9.378	9.389	9.401	9.412	9.424	9.435	9.447	9.459
990	9.470	9.481	9.493	9.504	9.516	9.527	9.539	9.550	9.562	9.573
1000	9.585	9.596	9.608	9.619	9.631	9.642	9.654	9.665	9.677	9.689
1010	9.700	9.712	9.723	9.735	9.746	9.758	9.770	9.781	9.793	9.804
1020	9.816	9.828	9.839	9.851	9.862	9.874	9.886	9.897	9.909	9.920
1030	9.932	9.944	9.955	9.967	9.979	9.990	10.002	10.013	10.025	10.037
1040	10.048	10.060	10.072	10.083	10.095	10.107	10.118	10.130	10.142	10.154
1050	10.165	10.177	10.189	10.200	10.212	10.224	10.235	10.247	10.259	10.271
1060	10.282	10.294	10.306	10.318	10.329	10.341	10.353	10.364	10.376	10.388
1070	10.400	10.411	10.423	10.455	10.447	10.459	10.470	10.482	10.494	10.506

温度 (℃)	0	1	2	3	4	5	6	7	8	9
	热电势（mV）									
1080	10.517	10.529	10.541	10.553	10.565	10.576	10.588	10.600	10.612	10.624
1090	10.635	10.647	10.659	10.671	10.683	10.694	10.706	10.718	10.730	10.742
1100	10.754	10.765	10.777	10.789	10.801	10.813	10.825	10.835	10.848	10.860
1110	10.872	10.884	10.896	10.908	10.919	10.931	10.943	10.955	10.967	10.979
1120	10.991	11.003	11.014	11.026	11.038	11.050	11.062	11.074	11.086	11.098
1130	11.110	11.121	11.133	11.145	11.157	11.169	11.181	11.193	11.205	11.217
1140	11.229	11.241	11.252	11.264	11.276	11.288	11.300	11.312	11.324	11.336
1150	11.348	11.360	11.372	11.374	11.396	11.408	11.420	11.402	11.443	11.455
1160	11.467	11.479	11.491	11.503	11.515	11.527	11.539	11.551	11.563	11.575
1170	11.587	11.599	11.611	11.623	11.635	11.647	11.659	11.671	11.683	11.695
1180	11.707	11.719	11.731	11.743	11.755	11.767	11.779	11.791	11.803	11.815
1190	11.827	11.839	11.851	11.863	11.875	11.887	11.899	11.911	11.923	11.935
1200	11.947	11.959	11.971	11.983	11.995	12.007	12.019	12.031	12.043	12.055
1210	12.067	12.079	12.091	12.103	12.116	12.128	12.140	12.152	12.164	12.175
1220	12.188	12.200	12.212	12.224	12.236	12.248	12.260	12.279	12.284	12.296
1230	12.308	12.320	12.332	12.345	12.357	12.369	12.381	12.393	12.405	12.417
1240	12.429	12.441	12.453	12.465	12.477	12.489	12.501	12.514	12.526	12.553
1250	12.550	12.562	12.574	12.586	12.598	12.610	12.622	12.634	12.647	12.659
1260	12.671	12.683	12.695	12.707	12.719	12.731	12.743	12.755	12.767	12.780
1270	12.792	12.804	12.816	12.828	12.840	12.852	12.864	12.876	12.888	12.901
1280	12.913	12.925	12.937	12.949	12.961	12.973	12.985	12.997	13.010	13.022
1290	13.034	13.046	13.058	13.070	13.082	13.094	13.107	13.119	13.131	13.143
1300	13.155	13.167	13.179	13.191	13.203	13.216	13.228	13.240	13.252	13.264
1310	13.276	13.238	13.300	13.313	13.325	13.337	13.349	13.361	13.373	13.385
1320	13.397	13.410	13.422	13.434	13.446	13.458	13.470	13.482	13.495	13.507
1330	13.519	13.531	13.543	13.555	13.567	13.579	13.592	13.604	13.616	13.628
1340	13.640	13.652	13.664	13.677	13.689	13.701	13.713	13.725	13.737	13.749
1350	13.761	13.774	13.786	13.798	13.810	13.822	13.834	13.846	13.859	13.871
1360	13.883	13.895	13.907	13.919	13.931	13.942	13.956	13.968	13.980	13.992

续表

温度 (℃)	0	1	2	3	4	5	6	7	8	9
	热电势（mV）									
1370	14.004	14.016	14.028	14.040	14.053	14.065	14.077	14.089	14.101	14.113
1380	14.125	14.138	14.150	14.162	14.174	14.186	14.198	14.210	14.222	14.235
1390	14.247	14.259	14.271	14.283	14.295	14.307	14.319	14.332	14.344	14.356
1400	14.368	14.380	14.392	14.404	14.416	14.429	14.441	14.453	14.465	14.477
1410	14.489	14.501	14.513	14.526	14.538	14.550	14.562	14.574	14.586	14.598
1420	14.610	14.622	14.635	14.647	14.659	14.671	14.683	14.695	14.707	14.719
1430	14.731	14.744	14.756	14.763	14.780	14.792	14.804	14.816	14.828	14.840
1440	14.852	14.865	14.877	14.889	14.901	14.913	14.925	14.937	14.949	14.961
1450	14.973	14.985	14.998	15.010	15.022	15.034	15.046	15.058	15.070	15.082
1460	15.094	15.106	15.118	15.130	15.143	15.155	15.167	15.179	15.191	15.203
1470	15.215	15.227	15.239	15.251	15.263	15.275	15.287	15.299	15.311	15.324
1480	15.336	15.348	15.360	15.372	15.384	15.396	15.408	15.420	15.432	15.444
1490	15.456	15.468	15.480	15.492	15.504	15.516	15.528	15.540	15.552	15.564
1500	15.576	15.589	15.601	15.613	15.025	15.637	15.649	15.661	15.673	15.685
1510	15.697	15.709	15.721	15.733	15.745	15.757	15.769	15.781	15.793	15.805
1520	15.817	15.829	15.841	15.853	15.865	15.877	15.889	15.901	15.913	15.925
1530	15.937	15.940	15.960	15.973	15.985	15.997	16.009	16.021	16.033	16.045
1540	16.057	16.069	16.080	16.092	16.104	16.116	16.128	16.140	16.152	16.164
1550	16.176	16.188	16.200	16.212	16.224	16.236	16.248	16.260	16.272	16.284
1560	16.296	16.308	16.319	16.331	16.343	16.355	16.367	16.379	16.391	16.403
1570	16.415	16.427	16.439	16.451	16.462	16.474	16.486	16.498	16.510	16.522
1580	16.534	16.546	16.558	16.569	16.581	16.593	16.605	16.617	16.629	16.641
1590	16.653	16.664	16.676	16.688	16.700	16.712	16.724	16.736	16.747	16.759
1600	16.771									

附表 2　　　　　**镍铬—镍硅（镍铬—镍铝）热电偶分度表**

分度号：K（冷端温度为 0℃）

温度 (℃)	0	1	2	3	4	5	6	7	8	9
	热电势（mV）									
−50	−1.889	−1.925	−1.961	−1.996	−2.032	−2.067	−2.102	−2.137	−2.173	−2.208
−40	−1.527	−1.563	−1.600	−1.636	−1.673	−1.709	−1.745	−1.781	−1.817	−1.853

续表

温度 (℃)	0	1	2	3	4	5	6	7	8	9
	热电势（mV）									
−30	−1.156	−1.193	−1.231	−1.268	−1.305	−1.342	−1.379	−1.416	−1.453	−1.490
−20	−0.777	−0.816	−0.854	−0.892	−0.930	−0.968	−1.005	−1.043	−1.081	−1.118
−10	−0.392	−0.431	−0.469	−0.508	−0.547	−0.585	−0.624	−0.662	−0.701	−0.739
0	−0.000	−0.039	−0.079	−0.118	−0.157	−0.197	−0.236	−0.275	−0.314	−0.353
0	0.000	0.039	0.079	0.119	0.158	0.198	0.238	0.277	0.317	0.357
10	0.397	0.437	0.477	0.517	0.557	0.597	0.637	0.677	0.718	0.758
20	0.798	0.838	0.879	0.919	0.960	1.000	1.041	1.081	1.122	1.162
30	1.203	1.244	1.285	1.325	1.366	1.407	1.448	1.489	1.529	1.570
40	1.611	1.652	1.693	1.734	1.776	1.817	1.858	1.899	1.949	1.981
50	2.022	2.064	2.105	2.146	2.188	2.229	2.270	2.312	2.358	2.394
60	2.436	2.477	2.519	2.560	2.601	2.643	2.684	2.726	2.767	2.809
70	2.850	2.892	2.933	2.975	3.016	3.058	3.100	3.141	3.183	3.224
80	3.266	3.307	3.349	3.390	3.432	3.173	3.515	3.556	3.598	3.639
90	3.681	3.722	3.764	3.805	3.847	3.888	3.930	3.971	4.012	4.054
100	4.095	4.137	4.178	4.219	4.261	4.302	4.343	4.384	4.426	4.467
110	4.508	4.549	4.590	4.632	4.673	4.714	4.755	4.796	4.837	4.878
120	4.919	4.960	5.001	5.042	5.083	5.124	5.164	5.205	5.246	5.287
130	5.327	5.368	5.409	5.450	5.490	5.531	5.571	5.612	5.652	5.693
140	5.733	5.771	5.814	5.855	5.895	5.936	5.976	6.016	6.057	6.097
150	6.137	6.177	6.218	6.258	6.298	6.338	6.378	6.419	6.459	6.499
160	6.539	6.579	6.619	6.659	6.699	6.739	6.779	6.819	6.859	6.899
170	6.939	6.979	7.019	7.059	7.039	7.139	7.179	7.219	7.259	7.299
180	7.338	7.378	7.418	7.458	7.498	7.538	7.578	7.618	7.653	7.697
190	7.737	7.777	7.817	7.857	7.897	7.937	7.977	8.017	8.057	8.097
200	8.137	8.177	8.216	8.256	8.296	8.336	8.376	8.416	8.456	8.497
210	8.537	8.577	8.617	8.657	8.697	8.737	8.777	8.817	8.857	8.898
220	8.938	8.978	9.018	9.058	9.099	9.139	9.179	9.220	9.260	9.300
230	9.341	9.381	9.421	9.462	9.502	9.543	9.583	9.624	9.664	9.705
240	9.745	9.786	9.826	9.867	9.907	9.948	9.989	10.029	10.070	10.111
250	10.151	10.192	10.233	10.274	10.315	10.355	10.396	10.437	10.478	10.519
260	10.560	10.600	10.641	10.682	10.723	10.764	10.805	10.846	10.887	10.928
270	10.969	11.010	11.051	11.093	11.134	11.175	11.216	11.257	11.298	11.339
280	11.381	11.422	11.463	11.504	11.546	11.587	11.628	11.669	11.711	11.752

温度 （℃）	0	1	2	3	4	5	6	7	8	9
					热电势（mV）					
290	11.793	11.835	11.876	11.918	11.959	12.000	12.042	12.083	12.125	12.168
300	12.207	12.249	12.290	12.332	12.373	12.415	12.456	12.498	12.539	12.581
310	12.623	12.664	12.706	12.747	12.789	12.831	12.872	12.914	12.955	12.997
320	13.039	13.080	13.122	13.164	13.205	13.247	13.289	13.331	13.372	13.414
330	13.456	13.497	13.539	13.581	13.623	13.665	13.706	13.748	13.790	13.832
340	13.874	13.915	13.957	13.999	14.041	14.083	14.125	14.167	14.208	14.250
350	14.292	14.334	14.376	14.418	14.460	14.502	14.544	14.586	14.628	14.670
360	14.712	14.754	14.796	14.838	14.880	14.922	14.964	15.006	15.048	15.090
370	15.132	15.174	15.216	15.258	15.300	15.342	15.384	15.426	15.468	15.510
380	15.552	15.594	15.636	15.679	15.721	15.763	15.805	15.847	15.889	15.931
390	15.974	16.016	16.058	16.100	16.142	16.184	16.227	16.269	16.311	16.353
400	16.395	16.438	16.480	16.522	16.564	16.607	16.649	16.691	16.733	16.776
410	16.818	16.860	16.902	16.945	16.987	17.029	17.072	17.114	17.156	17.199
420	17.241	17.283	17.326	17.368	17.410	17.453	17.495	17.537	17.580	17.622
430	17.664	17.707	17.749	17.792	17.834	17.876	17.919	17.961	18.004	18.046
440	18.088	18.131	18.173	18.216	18.258	18.301	18.343	18.385	18.428	18.470
450	18.513	18.555	18.598	18.640	18.683	18.725	18.768	18.810	18.853	18.895
460	18.938	18.980	19.023	19.065	19.108	19.150	19.193	19.235	19.278	19.320
470	19.363	19.405	19.448	19.490	19.533	19.576	19.618	19.661	19.703	19.746
480	19.788	19.831	19.873	19.916	19.959	20.001	20.044	20.086	20.129	20.172
490	20.214	20.257	20.299	20.342	20.385	20.427	20.470	20.512	20.555	20.598
500	20.640	20.683	20.725	20.768	20.811	20.853	20.896	20.938	20.981	21.024
510	21.066	21.109	21.152	21.194	21.237	21.280	21.322	21.365	21.407	21.450
520	21.493	21.535	21.578	21.621	21.663	21.706	21.749	21.791	21.834	21.876
530	21.919	21.962	22.004	22.047	22.090	22.132	22.175	22.218	22.260	22.303
540	22.346	22.388	22.431	22.473	22.516	22.659	22.601	22.644	22.687	22.729
550	22.772	22.815	22.857	22.900	22.942	22.985	23.028	23.070	23.113	23.158
560	23.198	23.241	23.284	23.326	23.369	23.411	23.454	23.497	23.539	23.582
570	23.624	23.667	23.710	23.752	23.795	23.837	23.880	23.923	23.966	24.008
580	24.050	24.093	24.136	24.178	24.221	24.263	24.306	24.348	24.391	24.434
590	24.476	24.519	24.561	24.604	24.646	24.689	24.731	24.774	24.817	24.859
600	24.902	24.944	24.987	25.029	25.072	25.114	25.157	25.199	25.242	25.284

温度 (℃)	0	1	2	3	4	5	6	7	8	9
	热电势（mV）									
610	25.327	25.369	25.412	25.454	25.497	25.539	25.582	25.624	25.666	25.709
620	25.751	25.794	25.836	25.879	25.921	25.964	26.006	26.048	26.091	26.133
630	26.176	26.218	26.260	26.303	26.345	26.387	26.430	26.472	26.515	26.557
640	26.599	26.642	26.684	26.726	26.769	26.811	26.853	26.896	26.938	26.980
650	27.022	27.065	27.107	27.149	27.192	27.234	27.276	27.318	27.361	27.403
660	27.445	27.487	27.529	27.572	27.614	27.656	27.698	27.740	27.783	27.825
670	27.867	27.909	27.951	27.993	28.035	28.078	28.120	28.162	28.204	28.246
680	28.288	28.330	28.372	28.414	28.456	28.498	28.540	28.583	28.625	28.667
690	28.709	28.751	28.793	28.835	28.877	28.919	28.961	29.002	29.044	29.086
700	29.128	29.170	29.212	29.254	29.296	29.338	29.380	29.422	29.464	29.505
710	29.547	29.580	29.631	29.673	29.715	29.756	29.798	29.840	29.882	29.924
720	29.965	30.007	30.049	30.091	30.132	30.174	30.216	30.257	30.299	30.341
730	30.383	30.121	30.466	30.508	30.549	30.591	30.632	30.674	30.716	30.757
740	30.799	30.840	30.882	30.924	30.965	31.007	31.048	31.090	31.131	31.173
750	31.214	31.256	31.297	31.339	31.380	31.422	31.463	31.504	31.546	31.587
760	31.629	31.670	31.712	31.753	31.794	31.886	31.877	31.918	31.960	32.001
770	32.042	32.084	32.125	32.166	32.207	32.249	32.290	32.331	32.372	32.114
780	32.455	32.496	32.537	32.578	32.619	32.661	32.702	32.743	32.784	32.825
790	32.866	32.907	32.918	32.990	33.031	33.072	33.113	33.154	33.195	33.236
800	33.277	33.318	33.359	33.400	33.441	33.482	33.523	33.564	33.604	33.645
810	33.686	33.727	33.768	33.809	33.850	33.891	33.931	33.972	34.013	34.054
820	34.095	34.136	34.176	34.217	34.258	34.299	34.339	34.380	34.421	34.461
830	34.502	34.543	34.588	34.624	34.665	34.705	34.746	34.787	34.827	34.868
840	34.909	34.949	34.990	35.030	35.071	35.111	35.152	35.192	35.233	35.273
850	35.314	35.354	35.395	35.435	35.476	35.516	35.557	35.597	35.637	35.678
860	35.718	35.758	35.799	35.839	35.880	35.920	35.960	36.000	36.041	36.081
870	36.121	36.162	36.202	36.242	36.282	36.323	36.363	36.403	36.443	36.483
880	36.524	36.564	36.604	36.644	36.684	36.724	36.764	36.804	36.844	36.885
890	36.925	36.965	37.005	37.045	37.085	37.125	37.165	37.205	37.245	37.285
900	37.325	37.363	37.405	37.445	37.484	37.524	37.564	37.604	37.644	37.684
910	37.724	37.764	37.803	37.843	37.883	37.923	37.963	38.002	38.042	38.082
920	38.122	38.162	38.204	38.241	38.281	38.320	38.360	38.400	38.439	38.479
930	38.519	38.558	38.598	38.638	38.677	38.717	38.756	38.796	38.836	38.875

温度 (℃)	0	1	2	3	4	5	6	7	8	9
	热电势（mV）									
940	38.915	38.954	38.994	39.033	39.073	39.112	39.152	39.191	39.231	39.270
950	39.310	39.349	39.388	39.428	39.467	39.507	39.546	39.585	39.625	39.664
960	39.703	39.743	39.782	39.821	39.861	39.900	39.939	39.970	40.018	40.057
970	40.096	40.136	40.175	40.214	40.253	40.292	40.332	40.371	40.410	40.449
980	40.488	40.527	40.566	40.605	40.645	40.684	40.723	40.762	40.801	40.840
990	40.897	40.918	40.957	40.996	41.035	41.074	41.113	41.152	41.191	41.230
1000	41.269	41.308	41.347	41.385	41.424	41.463	41.502	41.541	41.580	41.619
1010	41.657	41.696	41.735	41.774	41.813	41.851	41.890	41.929	41.968	42.006
1020	42.045	42.084	42.123	42.101	42.200	42.239	42.277	42.316	42.355	42.393
1030	42.432	42.470	42.509	42.548	42.586	42.625	42.663	42.702	42.740	42.779
1040	42.817	42.856	42.894	42.933	42.971	43.010	43.048	43.087	43.125	43.164
1050	43.202	43.240	43.279	43.317	43.356	43.394	43.432	43.471	43.509	43.547
1060	43.585	43.624	43.662	43.700	43.739	43.777	43.815	43.853	43.891	43.930
1070	43.968	44.006	44.044	44.082	44.121	44.159	44.197	44.235	44.273	44.311
1080	44.349	44.387	44.425	44.463	44.501	44.539	44.577	44.615	44.653	44.691
1090	44.729	44.767	44.805	44.843	44.881	44.919	44.957	44.995	45.033	45.070
1100	45.108	45.146	45.184	45.222	45.260	45.297	45.335	45.373	45.411	45.448
1110	45.486	45.524	45.561	45.599	45.637	45.6750	45.712	45.75	45.787	45.825
1120	45.863	45.900	45.938	45.973	46.013	46.051	45.088	46.126	46.163	46.201
1130	46.238	46.275	46.313	46.350	46.388	46.425	46.463	46.500	46.537	46.575
1140	46.612	46.649	46.687	46.724	46.761	46.799	46.836	46.873	46.910	46.948
1150	46.985	47.022	47.059	47.096	47.134	47.171	47.208	47.245	47.282	47.319
1160	47.356	47.393	47.430	47.463	47.505	47.542	47.579	47.616	47.653	47.689
1170	47.726	47.763	47.800	47.837	47.874	47.911	47.948	47.985	48.021	48.058
1180	48.095	48.132	48.169	48.205	48.242	48.279	48.316	48.352	48.389	48.426
1190	48.462	48.499	48.536	48.572	48.609	48.645	48.682	48.718	48.755	48.792
1200	48.828	48.865	48.901	48.937	48.974	49.010	49.047	49.083	49.120	49.156
1210	49.192	49.229	49.265	49.301	49.338	49.374	49.410	49.446	49.483	49.519
1220	49.555	49.591	49.027	49.663	49.700	49.736	49.772	49.808	49.844	49.880
1230	49.916	49.952	49.988	50.024	50.060	50.096	50.132	50.168	50.204	50.240
1240	50.276	50.311	50.347	50.383	50.419	50.455	50.491	50.526	50.562	50.598
1250	50.633	50.669	50.705	50.741	50.776	50.812	50.847	50.883	50.919	50.954

续表

温度 (℃)	0	1	2	3	4	5	6	7	8	9
	热电势 （mV）									
1260	50.990	51.025	51.061	51.096	51.132	51.167	51.203	51.238	51.274	51.309
1270	51.344	51.380	51.415	51.450	51.486	51.521	51.556	51.592	51.627	51.662
1280	51.697	51.733	51.768	51.803	51.838	51.873	51.908	51.943	51.979	52.014
1290	52.049	52.084	52.119	52.154	52.189	52.224	52.259	52.294	52.329	52.364
1300	52.398	52.433	52.468	52.503	52.538	52.573	52.608	52.642	52.677	52.712
1310	52.747	52.781	52.816	52.851	52.886	52.920	52.955	52.989	53.024	53.059
1320	53.093	53.128	53.162	53.197	53.232	53.266	53.301	53.335	53.370	53.404
1330	53.439	53.473	53.507	53.542	53.576	53.611	53.645	53.679	53.714	53.748
1340	53.782	53.817	53.851	53.885	53.920	53.954	53.988	54.022	54.057	54.091
1350	54.125	54.159	54.193	54.228	54.262	54.296	54.330	54.364	54.398	54.432
1360	54.466	54.501	54.535	54.569	54.603	54.637	54.671	54.705	54.739	54.773
1370	54.807	54.841	54.875							

附表 3　　　　　　　　　铜—康铜热电偶分度表

分度号：T（冷端温度为 0℃）

温度 (℃)	0	1	2	3	4	5	6	7	8	9
	热电势 （mV）									
−90	−3.089	−3.118	−3.147	−3.177	−3.206	−3.235	−3.264	−3.293	−3.321	−3.350
−80	−2.788	−2.818	−2.849	−2.879	−2.909	−2.939	−2.970	−2.999	−3.029	−3.059
−70	−2.475	−2.507	−2.530	−2.570	−2.602	−2.633	−2.664	−2.695	−2.726	−2.757
−60	−2.152	−2.185	−2.218	−2.250	−2.283	−2.315	−2.348	−2.380	−2.412	−2.444
−50	−1.819	−1.853	−1.886	−1.920	−1.953	−1.987	−2.020	−2.053	−2.087	−2.120
−40	−1.475	−1.510	−1.544	−1.579	−1.614	−1.648	−1.682	−1.717	−1.751	−1.785
−30	−1.121	−1.157	−1.192	−1.228	−1.263	−1.299	−1.334	−1.370	−1.405	−1.440
−20	−0.757	−0.794	−0.830	−0.867	−0.903	−0.940	−0.976	−1.013	−1.049	−1.085
−10	−0.383	−0.421	−0.458	−0.496	−0.534	−0.571	−0.608	−0.646	−0.683	−0.720
−0	−0.000	−0.039	−0.077	−0.116	−0.154	−0.193	−0.231	−0.269	−0.307	−0.345
0	0.000	0.039	0.078	0.117	0.156	0.195	0.234	0.273	0.312	0.351
10	0.391	0.430	0.470	0.510	0.549	0.589	0.629	0.669	0.709	0.749
20	0.789	0.830	0.870	0.911	0.951	0.992	1.032	1.073	1.114	1.155
30	1.196	1.237	1.279	1.320	1.361	1.403	1.444	1.486	1.528	1.569
40	1.611	1.653	1.695	1.738	1.780	1.822	1.865	1.907	1.950	1.992
50	2.035	2.078	2.121	2.164	2.207	2.250	2.294	2.337	2.380	2.424
60	2.467	2.511	2.555	2.599	2.643	2.687	2.731	2.775	2.819	2.864
70	2.908	2.953	2.997	3.042	3.087	3.131	3.176	3.221	3.266	3.312

温度 (℃)	0	1	2	3	4	5	6	7	8	9
	热电势(mV)									
80	3.357	3.402	3.447	3.493	3.538	3.584	3.630	3.676	3.721	3.767
90	3.813	3.859	3.906	3.952	3.998	4.044	4.091	4.137	4.184	4.231
100	4.277	4.324	4.371	4.418	4.465	4.512	4.559	4.607	4.654	4.701
110	4.749	4.796	4.844	4.891	4.939	4.987	5.035	5.083	5.131	5.179
120	5.227	5.275	5.324	5.372	5.420	5.469	5.517	5.566	5.615	5.663
130	5.712	5.761	5.810	5.859	5.908	5.957	6.007	6.056	6.105	6.155
140	6.204	6.254	6.303	6.353	6.403	6.452	6.502	6.552	6.602	6.652
150	6.702	6.753	6.803	6.853	6.903	6.954	7.004	7.055	7.106	7.156
160	7.201	7.258	7.309	7.360	7.411	7.462	7.513	7.564	7.615	7.666
170	7.718	7.789	7.821	7.872	7.924	7.975	8.027	8.079	8.131	8.183
180	8.235	8.287	8.339	8.391	8.443	8.495	8.548	8.600	8.652	8.705
190	8.757	8.810	8.863	8.915	8.968	9.021	9.074	9.127	9.180	9.233
200	9.286	9.339	9.392	9.446	9.499	9.553	9.606	9.659	9.713	9.767
210	9.820	9.874	9.928	9.982	10.036	10.090	10.144	10.198	10.252	10.306
220	10.360	10.414	10.469	10.523	10.578	10.632	10.687	10.741	10.796	10.851
230	10.905	10.960	11.015	11.070	11.125	11.180	11.235	11.290	11.345	11.401
240	11.456	11.511	11.566	11.622	11.677	11.733	11.788	11.844	11.900	11.956
250	12.011	12.061	12.123	12.179	12.235	12.291	12.347	12.403	12.459	12.515
260	12.572	12.628	12.684	12.741	12.797	12.854	12.910	12.967	13.024	13.080
270	13.137	13.194	13.251	13.307	13.364	13.421	13.478	13.585	13.592	13.650
288	13.707	13.764	13.821	13.879	13.936	13.993	14.051	14.108	14.166	14.223
290	14.281	14.339	14.396	14.454	14.512	14.570	14.628	14.686	14.744	14.802
300	14.860	14.918	14.976	15.034	15.092	15.151	15.209	15.267	15.326	15.384
310	15.443	15.501	15.560	15.619	15.677	15.736	15.795	15.853	15.912	15.971
320	16.030	16.089	16.148	16.207	16.266	16.325	16.384	16.444	16.503	16.562
330	16.621	16.681	16.740	16.800	16.859	16.919	16.978	17.068	17.097	17.157
340	17.217	17.271	17.336	17.396	17.456	17.516	17.576	17.636	17.696	17.756
350	17.816	17.877	17.987	17.997	18.057	18.118	18.178	18.238	18.299	18.359
360	18.420	18.480	18.541	18.602	18.662	18.723	18.784	18.845	18.905	18.966
370	19.027	19.088	19.149	19.210	19.271	19.332	19.393	19.455	10.516	19.577
380	19.638	19.699	19.701	19.822	19.883	19.945	20.006	20.068	20.129	20.191
390	20.252	20.314	20.376	20.437	20.499	20.560	20.622	20.684	20.746	20.807
400	20.869									

附表 4　　　　　　　　　**镍铬—康铜热电偶分度表**

分度号：E（冷端温度为 0℃）

温度 （℃）	0	1	2	3	4	5	6	7	8	9
	热电势（mV）									
−50	−2.787	−2.839	−2.892	−2.944	−2.996	−3.048	−3.100	−3.152	−3.203	−3.254
−40	−2.254	−2.308	−2.362	−2.416	−2.469	−2.522	−2.575	−2.628	−2.681	−2.134
−30	−1.709	−1.764	−1.819	−1.874	−1.929	−1.983	−2.038	−2.092	−2.146	−2.200
−20	−1.151	−1.208	−1.264	−1.320	−1.376	−1.432	−1.487	−1.543	−1.599	−1.654
−10	−0.581	−0.639	−0.696	−0.154	−0.811	−0.868	−0.925	−0.982	−1.038	−1.095
0	0.000	−0.059	−0.117	−0.170	−0.234	−0.292	−0.350	−0.408	−0.406	−0.524
0	0.000	0.059	0.118	0.176	0.235	0.295	0.354	0.413	0.472	0.532
10	0.591	0.651	0.711	0.770	0.830	0.890	0.950	1.011	1.071	1.151
20	1.192	1.252	1.313	1.373	1.434	1.495	1.556	1.617	1.678	1.739
30	1.801	1.862	1.924	1.985	2.047	2.109	2.171	2.253	2.295	2.357
40	2.419	2.482	2.544	2.607	2.669	2.732	2.795	2.858	2.921	2.954
50	3.047	3.110	3.173	3.237	3.300	3.364	3.428	3.491	3.555	3.619
60	3.683	3.748	3.812	3.876	3.941	4.005	4.070	4.134	4.199	4.264
70	4.329	4.394	4.459	4.524	4.590	4.655	4.720	4.786	4.852	4.917
80	4.983	5.049	5.115	5.181	5.247	5.314	5.380	5.446	5.513	5.579
90	5.646	5.713	5.780	5.846	5.913	5.981	6.048	6.115	6.182	6.250
100	6.317	6.385	6.452	6.520	6.588	6.656	6.724	6.792	6.860	6.928
110	6.996	7.064	7.133	7.01	7.270	7.339	7.401	7.476	7.545	7.614
120	7.683	7.752	7.821	7.890	7.960	8.029	8.099	8.168	8.238	8.307
130	8.377	8.447	8.517	8.587	8.657	8.727	8.797	8.861	8.958	9.008
140	9.078	9.149	9.220	9.290	9.861	9.432	9.503	9.573	9.614	9.715
150	9.787	9.858	9.929	10.000	10.072	10.143	10.215	10.286	10.358	10.429
160	10.501	10.573	10.645	10.717	10.789	10.861	10.933	11.005	11.077	11.150
170	11.222	11.294	11.367	11.439	11.512	11.585	11.657	11.730	11.803	11.876
180	11.949	12.022	12.095	12.168	12.241	12.314	12.387	12.461	12.534	12.608
190	12.681	12.755	12.828	12.902	12.975	13.049	13.123	13.197	13.271	13.345
200	13.419	13.493	13.567	13.641	13.715	13.789	13.864	13.938	14.012	14.087
210	14.161	14.236	14.310	14.385	14.460	14.534	14.609	14.684	14.759	14.834
220	14.909	14.984	15.059	15.134	15.209	15.284	15.359	15.485	15.510	15.585

温度 (℃)	0	1	2	3	4	5	6	7	8	9
	热电势(mV)									
230	15.601	15.736	15.812	15.887	15.963	16.038	16.114	16.190	16.266	16.341
240	16.417	16.493	16.569	16.645	16.721	16.797	16.873	16.949	17.025	17.101
250	17.178	17.254	17.380	17.406	17.483	17.559	17.636	17.712	17.789	17.865
260	17.942	18.018	18.095	18.172	18.248	18.325	18.402	18.470	18.556	18.633
270	18.710	18.781	18.864	18.941	19.018	19.095	19.172	19.249	19.326	19.404
280	19.481	19.558	19.636	19.713	19.790	19.868	19.945	20.023	20.100	20.178
290	20.256	20.333	20.411	20.488	20.566	20.644	20.722	20.800	20.877	20.955
300	21.033	21.111	21.189	21.267	21.345	21.423	21.501	21.579	21.657	21.735
310	21.814	21.892	21.970	22.048	22.127	22.205	22.283	22.362	22.440	22.518
320	22.597	22.675	22.754	22.832	22.911	22.989	23.068	23.147	23.225	23.304
330	23.883	23.461	23.540	23.619	23.698	23.777	23.855	23.934	24.013	24.092
340	24.171	24.250	24.829	24.408	24.487	24.566	24.645	24.724	24.803	24.882
350	24.961	25.041	25.120	25.199	25.278	25.357	25.437	25.516	25.595	25.675
360	25.754	25.833	25.913	25.992	26.072	26.151	26.230	26.310	26.389	26.469
370	26.549	26.628	26.708	26.787	26.867	26.947	26.026	27.106	27.186	27.265
380	27.345	27.425	27.504	27.584	27.664	27.744	27.824	27.903	27.983	28.063
390	28.143	28.223	28.303	28.383	28.463	28.543	28.623	28.703	28.783	28.863
400	28.943	29.023	29.103	29.183	29.263	29.343	29.423	29.503	29.584	29.664
410	29.744	29.824	29.904	29.984	30.065	30.145	30.225	30.305	30.386	30.466
420	30.546	30.627	39.707	30.787	30.868	30.948	31.028	31.109	31.189	31.270
430	31.350	31.430	31.511	31.591	31.672	31.752	31.833	31.913	31.994	32.074
440	32.155	32.235	32.316	32.396	32.477	32.557	32.638	32.719	32.799	32.880
450	32.960	33.041	33.122	33.202	33.283	33.364	33.444	33.525	33.605	33.686
460	33.767	33.848	33.928	34.009	34.090	34.170	34.251	34.332	34.413	34.493
470	34.574	34.655	34.736	34.816	34.897	34.978	35.059	35.140	35.220	35.301
480	35.382	35.463	35.544	35.624	35.705	35.786	35.867	35.948	36.029	36.109
490	36.190	36.271	36.352	36.433	36.514	36.595	36.675	36.756	36.837	36.918
500	36.999	37.080	37.161	37.242	37.323	37.403	37.484	37.565	37.646	37.727
510	37.808	37.889	37.970	38.051	38.132	38.213	38.293	38.374	38.455	38.536
520	38.617	38.698	38.779	38.860	38.941	39.022	39.103	39.184	39.264	39.345

温度 (℃)	0	1	2	3	4	5	6	7	8	9
	热电势(mV)									
530	39.426	39.507	39.588	39.669	39.750	39.831	39.912	39.993	40.074	40.155
540	40.236	40.316	40.397	40.478	40.559	40.640	40.721	40.802	40.883	40.964
550	41.045	41.125	41.206	41.287	41.368	41.449	41.530	41.611	41.692	41.773
560	41.853	41.934	42.015	42.096	42.177	42.258	42.339	42.419	42.500	42.581
570	42.662	42.743	42.824	42.904	42.985	43.066	43.147	43.228	43.308	43.389
580	43.470	43.551	43.632	43.712	43.793	43.874	43.955	44.035	44.116	44.197
590	44.278	44.358	44.439	44.520	44.601	44.681	44.762	44.843	44.923	45.004
600	45.085	45.165	45.246	45.327	45.407	45.488	45.569	45.649	45.730	45.311
610	45.891	45.972	46.052	46.133	46.213	46.294	46.375	46.455	46.536	46.616
620	46.697	46.777	46.858	46.938	47.019	47.099	47.180	47.260	47.341	47.421
630	47.502	47.582	47.663	47.743	47.824	47.904	47.984	48.065	48.145	48.226
640	48.306	48.386	48.467	48.547	48.627	48.708	48.788	48.866	48.949	49.029
650	49.109	49.189	49.270	49.350	49.430	49.510	49.591	49.671	49.751	49.831
660	49.911	49.992	50.072	50.152	50.232	50.312	50.392	50.472	50.553	50.633
670	50.713	50.793	50.873	50.953	51.033	51.113	51.193	51.273	51.353	51.433
680	51.513	51.593	51.673	51.753	51.833	51.913	51.993	52.073	52.152	52.232
690	52.312	52.392	52.472	52.552	52.632	52.711	52.791	52.871	52.951	53.031
700	53.110	53.190	53.270	53.350	53.429	53.509	53.589	53.668	53.748	53.828
710	53.907	53.987	54.066	54.146	54.226	54.305	54.385	54.464	54.544	54.623
720	54.703	54.782	54.862	54.941	55.021	55.100	55.180	55.259	55.339	55.418
730	55.498	55.577	55.656	55.736	55.815	55.894	55.974	56.053	56.132	56.212
740	56.291	56.370	56.449	56.629	56.608	56.687	56.766	56.845	66.924	57.004
750	57.083	57.162	57.241	57.320	57.399	57.478	57.557	57.836	57.751	57.794
760	57.873	57.952	58.031	58.110	58.189	58.268	58.347	58.426	58.505	58.584
770	58.663	58.742	58.820	58.899	58.978	59.057	59.136	59.214	59.293	59.372
780	59.451	59.529	59.608	59.687	59.765	59.844	59.923	60.001	60.080	60.159
790	60.237	60.316	60.394	60.473	60.551	60.630	60.708	60.787	60.865	60.944
800	61.022	61.101	61.179	61.258	61.336	61.414	61.493	61.571	61.649	61.728
810	61.806	61.884	61.962	62.041	62.119	62.197	62.275	62.353	62.432	62.510
820	62.588	62.666	62.744	62.822	62.900	62.978	63.056	63.134	63.212	63.290
830	63.368	63.446	63.524	63.602	63.680	63.758	63.836	63.914	63.992	64.069
840	64.147	64.225	64.303	64.380	64.458	64.539	64.614	64.691	64.799	64.347

附表 5　　　　　　　　铂热电阻（Pt50）分度表

$R_0 = 50.00\Omega$　　分度号：Pt50

$A = 3.968\ 47 \times 10^{-3} 1/℃；B = -5.847 \times 10^{-7} 1/℃^2；C = -4.22 \times 10^{-12} 1/℃^4$

温度 （℃）	0	1	2	3	4	5	6	7	8	9
	热电阻值（Ω）									
−100	29.82	29.61	29.41	29.20	29.00	28.79	28.58	28.38	28.17	27.96
−90	31.87	31.67	31.46	31.26	31.06	30.85	30.64	30.44	30.23	30.03
−80	33.92	33.72	33.51	33.31	33.10	32.90	32.69	32.49	32.28	32.08
−70	35.95	35.75	35.55	35.34	35.14	34.94	34.73	34.53	34.33	34.12
−60	37.98	37.78	37.58	37.37	37.17	36.97	36.77	36.56	36.36	36.16
−50	40.00	39.80	39.60	39.40	39.19	38.99	38.79	38.59	38.39	38.18
−40	42.01	42.81	42.61	42.41	42.21	42.01	40.81	40.60	40.40	40.20
−30	44.02	43.82	43.62	43.42	43.22	43.02	42.82	42.61	42.41	42.21
−20	46.02	45.82	45.62	45.42	45.22	45.02	44.82	44.62	44.42	44.22
−10	48.01	47.81	47.62	47.42	47.22	47.02	46.82	46.62	46.42	46.22
−0	50.00	49.80	49.60	49.40	49.21	49.01	48.81	48.61	48.41	48.21
0	50.00	50.20	50.40	50.59	50.79	50.99	51.19	51.39	51.58	51.78
10	51.98	52.18	52.38	52.57	52.77	52.97	53.17	53.36	53.56	53.76
20	53.96	54.15	54.35	54.55	54.75	54.94	55.14	55.34	55.53	55.73
30	55.93	56.12	56.32	56.52	56.71	56.91	57.11	57.30	57.50	57.70
40	57.89	58.09	58.28	58.48	58.67	58.87	59.06	59.26	59.45	59.65
50	59.85	60.04	60.24	60.43	60.63	60.82	61.02	61.21	61.41	61.60
60	61.80	62.00	62.19	62.39	62.58	62.78	62.97	63.17	63.36	63.55
70	63.75	63.94	64.14	64.33	64.53	64.72	64.91	65.10	65.30	65.49
80	65.69	65.88	66.08	66.27	66.46	66.65	66.85	67.04	67.23	67.43
90	67.62	67.81	68.01	68.20	68.39	68.58	68.78	68.97	68.17	68.36
100	69.55	69.74	69.93	70.13	70.32	70.51	70.70	70.89	71.09	71.28
110	71.48	71.67	71.86	72.05	72.24	72.43	72.62	72.81	73.00	73.29
120	73.30	73.58	73.77	73.96	74.15	74.43	74.53	74.73	74.92	75.11
130	75.30	75.49	75.68	75.87	76.06	76.25	76.44	76.63	76.82	77.01
140	77.20	77.39	77.58	77.77	77.96	78.15	78.34	78.53	78.72	78.91
150	79.10	79.29	79.48	79.67	79.86	80.05	80.24	80.43	80.62	80.81
160	81.00	81.19	81.38	81.57	81.76	81.95	82.14	82.32	82.51	82.70

续表

温度 (℃)	0	1	2	3	4	5	6	7	8	9
	热电阻值(Ω)									
170	82.89	83.08	83.27	83.46	83.64	83.83	84.01	84.20	84.39	84.58
180	84.77	84.95	85.14	85.33	85.52	85.71	85.89	86.08	86.27	86.46
190	86.64	86.83	87.02	87.20	87.39	87.58	87.77	87.95	88.14	88.33
200	88.51	88.70	88.89	89.07	89.26	89.45	89.63	89.82	90.01	90.19
210	90.38	90.56	90.75	90.94	91.12	91.31	91.49	91.68	91.87	92.05
220	92.24	92.42	92.61	92.79	92.98	93.16	93.35	93.53	93.72	93.90
230	94.09	94.27	94.46	94.64	94.83	95.01	95.20	95.38	95.57	95.75
240	95.94	96.12	96.30	96.49	96.67	96.86	97.04	97.22	97.41	97.59
250	97.78	97.96	98.14	98.33	98.51	98.69	98.88	99.06	99.25	99.43
260	99.61	99.79	99.98	190.16	100.34	100.53	100.71	100.89	101.08	101.26
270	101.44	101.62	101.81	101.99	102.18	102.36	102.54	102.72	102.90	103.08
280	103.26	103.45	103.63	103.81	103.99	104.17	104.26	104.54	104.72	104.90
290	105.08	105.26	105.44	105.63	105.81	105.99	106.17	106.35	106.53	106.71
300	106.89	107.07	107.25	107.44	107.62	107.80	107.98	108.16	108.34	108.52
310	108.70	108.88	109.06	109.24	109.42	109.60	109.78	109.96	110.14	110.32
320	110.50	110.68	110.86	111.04	111.22	111.40	111.58	111.76	111.04	112.11
330	112.29	112.47	112.65	112.83	113.01	113.19	113.37	113.55	113.72	113.90
340	114.08	114.26	114.44	114.62	114.80	114.97	115.15	115.33	115.51	115.69
350	115.86	116.04	116.22	116.40	116.58	116.76	116.93	117.11	117.29	117.46
360	117.64	117.82	118.00	118.17	118.25	118.53	118.70	118.88	119.06	119.24
370	119.41	119.59	119.77	119.94	120.12	120.30	120.47	120.65	120.32	121.00
380	121.18	121.35	121.63	121.71	121.83	122.06	122.23	122.41	122.58	122.76
390	122.94	123.11	123.29	123.46	123.64	123.81	123.99	124.16	124.34	124.51
400	124.69	124.86	125.04	125.21	125.39	125.56	125.74	125.91	126.09	126.20
410	126.44	126.61	126.79	126.96	127.13	127.31	127.43	127.66	127.83	128.00
420	128.18	128.35	128.53	128.70	128.87	129.05	129.22	129.39	129.57	129.74
430	129.91	130.09	130.26	130.43	130.61	130.78	130.95	131.13	131.30	131.47
440	131.64	131.82	131.99	132.16	132.32	132.51	132.68	132.85	133.03	133.20
450	133.37	133.54	133.71	133.88	134.06	134.23	134.40	134.57	134.74	134.91
460	135.09	135.26	135.43	135.60	135.77	135.94	136.11	136.29	136.46	136.63

温度 (℃)	0	1	2	3	4	5	6	7	8	9
	热电阻值（Ω）									
470	136.80	136.97	137.14	137.21	137.48	137.65	137.82	137.99	138.16	138.33
480	138.50	138.68	138.85	139.02	139.19	139.36	139.53	139.70	139.87	140.04
490	140.20	140.37	140.54	140.71	140.83	141.05	141.22	141.39	141.56	141.73
500	141.90	142.07	142.24	142.41	142.58	142.75	142.91	143.08	143.25	143.42
510	143.59	143.76	143.93	144.10	144.26	144.43	144.60	144.77	144.94	145.10
520	145.27	145.44	145.61	145.78	145.94	146.11	146.28	146.45	146.61	146.78
530	146.95	147.12	147.28	147.45	147.62	147.79	147.95	148.12	148.29	148.45
540	148.62	148.79	148.96	149.12	149.29	149.45	149.62	149.79	149.95	150.12
550	150.29	150.45	150.62	150.79	150.95	151.12	151.28	151.45	151.61	151.78
560	151.95	152.11	152.28	152.44	152.61	152.77	152.94	153.11	153.27	153.44
570	153.60	153.77	153.93	154.10	154.26	154.43	154.59	154.75	154.92	155.08
580	155.25	155.41	155.53	155.74	155.91	156.07	156.23	156.40	156.56	156.73
590	156.89	157.05	157.22	157.38	157.55	157.71	157.87	158.04	158.20	158.36
600	158.53	158.69	158.85	159.02	159.18	159.34	159.50	159.67	159.83	159.99
610	160.16	160.32	160.48	160.65	160.81	160.97	161.13	161.30	161.46	161.62
620	161.78	161.94	161.11	162.27	162.43	162.59	162.75	162.92	163.08	163.24
630	163.40	163.56	163.72	163.89	164.05	164.21	164.37	164.53	164.69	164.85
640	165.01	165.17	165.34	165.50	165.66	165.82	165.98	166.14	166.30	166.46
650	166.62	—	—	—	—	—	—	—	—	—

附表 6　　　　　　　　铂热电阻（Pt100）分度表

$R_0 = 100.00\Omega$ 　　　分度号：Pt100

$A = 3.968\,47 \times 10^{-3}\,1/℃$；$B = -5.847 \times 10^{-7}\,1/℃$；$C = -4.22 \times 10^{-12}\,1/℃^4$

温度 (℃)	0	1	2	3	4	5	6	7	8	9
	热电阻值（Ω）									
−100	59.65	59.23	58.82	58.41	58.00	57.59	57.17	56.76	56.35	55.93
−90	63.75	63.34	62.93	62.52	62.11	61.70	61.29	60.88	60.47	60.06
−80	67.84	67.43	67.02	66.61	66.21	65.80	65.39	64.98	64.57	64.16
−70	71.91	71.50	71.10	70.69	70.28	69.88	69.47	69.06	68.65	68.25
−60	75.96	75.56	75.15	74.75	74.34	73.94	73.53	73.13	72.72	72.32
−50	80.00	79.60	79.20	78.79	78.39	77.99	77.58	77.18	76.77	76.37
−40	84.03	83.63	83.22	82.82	82.42	82.02	81.62	81.21	80.81	80.41

温度 (℃)	0	1	2	3	4	5	6	7	8	9
	热电阻值(Ω)									
−30	88.04	87.64	87.24	86.84	86.44	86.04	85.63	85.23	84.83	84.43
−20	92.04	91.64	91.24	90.84	90.44	90.04	89.64	89.24	88.84	88.44
−10	96.03	95.63	95.23	94.83	94.43	94.03	93.63	93.24	92.84	92.44
0	100.00	99.60	99.21	98.81	98.41	98.01	97.62	97.22	96.82	96.42
0	100.00	100.40	100.79	101.19	101.59	101.98	102.38	102.78	103.17	103.57
10	103.96	104.36	104.75	105.15	105.54	105.94	106.33	106.73	107.12	107.52
20	107.91	108.31	108.70	109.10	109.49	109.88	110.28	110.67	111.07	111.46
30	111.85	112.25	112.64	113.03	113.43	113.82	114.21	114.60	115.00	115.39
40	115.78	116.17	116.57	116.96	117.35	117.74	118.13	118.52	118.91	119.31
50	119.70	120.09	120.48	120.97	121.26	121.65	122.04	122.43	122.82	123.21
60	123.60	123.99	124.38	124.77	125.16	125.55	125.94	126.33	126.72	127.10
70	127.49	127.88	128.27	128.66	129.05	129.44	129.82	130.21	130.60	130.99
80	131.37	131.78	132.15	132.54	132.92	133.31	133.70	134.08	134.47	134.86
90	135.24	135.63	136.02	136.40	136.79	137.17	137.56	137.94	138.33	138.72
100	139.10	139.49	139.87	140.26	140.64	141.02	141.41	141.79	142.18	142.56
110	142.95	143.33	143.71	144.10	144.48	144.86	145.25	145.63	146.01	146.40
120	146.78	147.16	147.55	147.93	148.31	148.69	149.07	149.46	149.84	150.22
130	150.60	150.98	151.37	151.75	152.13	152.51	152.89	153.27	153.65	154.03
140	154.41	154.79	155.17	155.55	155.93	156.31	156.69	157.07	157.45	157.83
150	158.21	158.59	158.97	159.35	159.73	160.11	160.49	160.86	161.24	161.62
160	162.00	162.38	162.76	163.13	163.51	163.89	164.27	164.64	165.02	165.40
170	165.78	166.15	166.53	166.91	167.28	167.66	168.03	168.41	168.79	169.16
180	169.54	169.91	170.29	170.67	171.04	171.42	171.79	172.17	172.54	172.92
190	173.29	173.67	174.04	174.41	174.79	175.16	175.54	175.91	176.28	176.68
200	177.03	177.40	177.78	178.15	178.52	178.90	179.27	179.64	180.02	180.39
210	180.76	181.13	181.51	181.88	182.25	182.62	182.99	183.36	183.74	184.11
220	184.48	184.85	185.22	185.59	185.96	186.33	186.70	187.07	187.44	187.81
230	188.18	188.55	188.92	189.29	189.66	190.03	190.40	190.77	191.14	191.51
240	191.88	192.24	192.61	192.98	193.35	193.72	194.09	194.45	194.82	195.19

温度 (℃)	0	1	2	3	4	5	6	7	8	9
					热电阻值(Ω)					
250	195.58	195.92	196.29	196.66	197.03	197.39	197.76	198.13	198.50	198.86
260	199.23	199.59	199.96	200.33	200.69	201.06	201.42	201.79	202.16	202.52
270	202.89	203.25	203.62	203.98	204.35	204.71	205.08	205.44	205.80	206.17
280	206.53	206.90	207.26	207.63	207.99	208.35	208.72	209.08	209.44	209.81
290	210.17	210.53	210.89	211.26	211.62	211.98	212.34	212.71	213.07	213.43
300	213.79	214.15	214.51	214.88	215.24	215.60	215.96	216.32	216.68	217.04
310	217.40	217.76	218.12	218.49	218.85	219.21	219.57	219.93	220.29	220.64
320	221.00	221.36	221.72	222.08	222.44	222.80	223.16	223.52	223.88	224.23
330	224.59	224.95	225.31	225.67	226.02	226.38	226.74	227.10	227.45	227.81
340	228.17	228.53	228.88	229.24	229.60	229.95	230.31	230.67	231.02	231.88
350	231.73	232.09	232.45	232.80	233.16	233.51	233.87	234.22	234.58	234.93
360	235.29	235.64	236.00	236.35	236.71	237.06	237.41	237.77	238.12	238.48
370	238.83	239.18	239.54	239.89	240.24	240.60	240.95	241.30	241.65	242.01
380	242.36	242.71	243.06	243.42	243.77	244.12	244.47	244.82	245.17	245.53
390	245.88	246.23	246.58	246.93	247.28	247.63	247.98	248.33	248.68	249.03
400	249.38	249.73	250.08	250.43	250.78	251.13	251.48	251.83	252.18	252.53
410	252.88	253.23	253.58	253.92	254.27	254.62	254.97	255.32	255.67	256.01
420	256.36	256.71	257.06	257.40	257.75	258.10	258.45	258.79	259.14	259.49
430	259.88	260.18	260.53	260.87	261.22	261.57	261.91	262.26	262.60	262.95
440	263.29	263.64	263.98	264.33	264.67	265.02	265.36	265.71	266.05	266.40
450	266.74	267.09	267.43	267.77	268.12	268.46	268.80	269.15	269.49	269.83
460	278.18	270.52	270.86	271.21	271.55	271.89	272.23	272.53	272.92	273.26
470	273.60	273.94	274.29	274.63	274.07	275.31	275.65	275.99	276.33	276.67
480	277.01	277.36	277.70	278.04	278.38	278.72	279.06	279.40	279.74	280.08
490	280.41	280.75	281.08	281.42	281.76	282.10	282.44	282.78	283.12	283.46
500	283.80	284.14	284.48	284.82	285.16	285.50	285.83	286.17	286.51	286.85
510	287.18	287.52	287.86	288.20	288.53	288.87	289.20	289.54	289.88	290.21
520	290.55	290.39	291.22	291.56	291.89	292.23	292.56	292.90	293.23	293.57
530	293.91	294.24	294.57	294.91	295.24	295.58	295.91	296.25	296.58	296.91
540	297.25	297.58	297.92	298.25	298.58	298.91	299.25	299.58	299.91	300.25

温度 (℃)	0	1	2	3	4	5	6	7	8	9
	热电阻值(Ω)									
550	300.58	300.91	301.24	301.58	301.91	302.24	302.57	302.90	303.23	303.57
560	303.90	304.23	304.56	304.89	305.22	305.55	305.88	306.22	306.55	306.88
570	307.21	307.54	307.87	308.20	308.53	308.86	309.18	309.51	309.84	310.17
580	310.50	310.83	311.16	311.49	311.37	312.15	312.47	312.80	313.13	313.46
590	313.79	314.11	314.44	314.77	315.10	315.42	315.75	316.08	316.41	316.73
600	311.06	317.39	317.71	318.04	310.37	318.69	319.01	319.34	319.67	319.99
610	320.32	320.65	320.97	321.30	321.62	321.95	322.27	322.60	322.92	323.25
620	323.57	323.89	324.22	324.54	324.37	325.19	325.51	325.84	326.16	326.48
630	326.80	327.13	327.45	327.78	328.10	328.42	328.74	329.06	329.39	329.71
640	330.03	330.35	330.68	331.00	331.32	331.64	331.96	332.28	332.60	332.93
650	333.25	—	—	—	—	—	—	—	—	—

附表 7 　　　　　　　　　铜热电阻(Cu100)分度表

$R_0 = 100.00Ω$　　　分度号:Cu100

温度 (℃)	0	1	2	3	4	5	6	7	8	9
	热电阻值(Ω)									
−50	78.49	—	—	—	—	—	—	—	—	—
−40	82.80	82.36	81.94	81.50	81.08	80.64	80.20	79.78	79.34	78.92
−30	87.10	86.68	86.24	85.82	85.38	84.96	84.54	84.10	83.65	83.22
−20	91.40	90.98	90.54	90.12	89.68	89.26	88.82	88.40	87.96	87.54
−10	95.70	95.28	94.34	94.42	93.98	93.56	93.12	92.70	92.26	91.84
0	100.00	99.56	99.14	98.70	98.28	97.64	97.42	97.00	97.56	98.14
0	100.00	100.42	100.86	101.28	101.72	102.14	102.56	103.00	103.42	103.86
10	104.28	104.72	105.14	105.56	106.00	106.42	106.86	107.28	107.72	108.14
20	108.56	109.00	109.42	109.84	110.28	110.70	111.14	111.56	112.00	112.42
30	112.84	113.28	113.70	114.14	114.56	114.98	115.42	115.84	116.28	116.70
40	117.12	117.56	117.98	118.40	118.84	119.26	119.70	120.12	120.54	120.98
50	121.40	121.84	122.26	122.68	123.12	123.54	123.98	124.40	124.82	125.25
60	125.68	126.10	126.54	126.96	127.40	127.82	128.24	128.68	129.10	129.52
70	129.96	130.38	130.82	131.24	131.66	132.10	132.52	132.96	133.38	133.80
80	134.24	134.66	135.08	135.52	135.94	136.38	136.80	137.24	137.66	138.08

温度 (℃)	0	1	2	3	4	5	6	7	8	9
	热电阻值（Ω）									
90	138.52	138.94	139.30	139.80	140.22	140.66	141.08	141.52	141.94	142.36
100	142.80	143.22	143.66	144.08	144.50	144.94	145.36	145.80	146.22	146.66
110	147.08	147.50	147.94	148.36	148.80	149.22	149.66	150.08	150.52	150.94
120	151.36	151.80	152.22	152.66	153.08	153.52	153.94	154.38	154.80	155.24
130	155.66	156.10	156.52	156.96	157.38	157.92	158.24	158.68	159.10	159.54
140	159.96	160.40	160.82	161.26	161.68	162.19	162.54	162.98	163.40	163.84
150	164.27	—	—	—	—	—	—	—	—	—

附表 8　　　　　　铜热电阻（Cu50）分度表

$R_0 = 50.00\Omega$　分度号：Cu50

温度 (℃)	0	1	2	3	4	5	6	7	8	9
	热电阻值（Ω）									
−50	39.24	—	—	—	—	—	—	—	—	—
−40	41.40	41.18	41.97	41.75	41.54	41.32	41.10	39.89	39.67	39.46
−30	43.55	43.34	43.12	42.91	42.69	42.48	42.27	42.05	41.83	41.61
−20	45.70	45.49	45.27	45.06	44.84	44.63	44.41	44.29	43.98	43.77
−10	47.85	47.64	47.42	47.21	46.99	46.78	46.56	46.35	46.13	45.92
−0	50.00	49.78	49.57	49.35	49.14	48.92	48.71	48.50	48.28	48.07
0	50.00	50.21	50.43	50.64	50.86	51.07	51.28	51.50	51.71	51.93
10	52.14	52.36	52.57	52.78	53.00	53.21	53.43	53.64	53.86	54.07
20	54.28	54.50	54.71	54.92	55.14	55.35	55.57	55.78	56.00	56.21
30	56.42	56.64	56.85	57.07	57.28	57.49	57.71	57.92	58.14	58.35
40	58.56	58.78	58.99	59.20	59.42	59.63	59.85	60.06	60.27	60.49
50	60.70	60.92	61.13	61.34	61.56	61.77	61.98	62.20	62.41	62.63
60	62.84	63.05	63.27	63.48	63.70	63.91	64.12	64.34	64.55	64.76
70	64.98	65.19	65.41	65.62	65.83	66.05	66.26	66.48	66.69	66.90
80	67.12	67.33	67.54	67.76	67.97	68.18	68.40	68.62	68.83	69.04
90	69.26	69.47	69.68	69.90	70.11	70.33	70.54	70.76	70.97	71.18
100	71.40	71.61	71.83	72.04	72.25	72.47	72.68	72.90	73.11	73.33
110	73.54	73.75	73.97	74.18	74.40	74.61	74.83	75.04	75.26	75.47
120	75.68	75.90	76.11	76.33	76.54	76.76	76.97	77.19	77.40	77.62
130	77.83	78.05	78.26	78.48	78.69	78.91	79.12	79.34	79.55	79.77
140	79.98	80.20	80.41	80.63	80.84	81.06	81.27	81.49	81.70	81.92
150	82.13	—	—	—	—	—	—	—	—	—

参 考 文 献

［1］朱小良，方可人. 热工测量及仪表. 3版. 北京：中国电力出版社，2012.

［2］何适生. 热工参数测量及仪表. 北京：中国电力出版社，1989.

［3］华东六省一市电机（电力）学会. 热工自动化（第二版）. 北京：中国电力出版社，2006.

［4］郭绍霞. 热工测量技术. 北京：中国电力出版社，1997.

［5］中国动力工程学会. 火力发电设备技术手册. 北京：机械工业出版社，2000.

［6］乐嘉谦. 仪表工手册. 北京：化学工业出版社，2004.

［7］朱祖涛. 热工测量和仪表. 北京：水利电力出版社，1991.

［8］潘汪杰. 热工测量及仪表. 北京：中国电力出版社，2006.